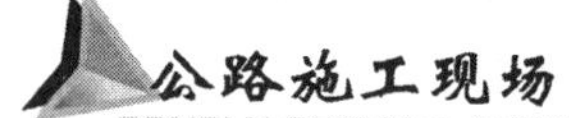

技术人员培训教材

公路施工安全技术

Gonglu Shigong Anquan Jishu

文德云　主编

中国公路建设行业协会组织审定

龙建路桥股份有限公司　主审

人民交通出版社
China Communications Press

内 容 提 要

本书为《公路施工现场技术人员培训教材》之一。公路施工安全保障是任何一个工程项目施工的五大控制目标之一，必须高度重视。本书根据施工现场和施工过程中的安全要求，对安全管理、施工准备工作中的安全要点、路基施工中的安全要点、路面施工中的安全要点、桥涵施工中的安全要点、混凝土预制场与预制构件运输作业中的安全要点、隧道工程施工中的安全要点、主要工序作业中的安全要点及其他相关施工作业中的安全要点作了有针对性的说明；具体介绍了施工安全技术措施编制的要求、方法及内容，并举例作了应用说明；对文明施工与环境保护的意义、内容、要求亦作了相当详细的介绍。

本教材主要供公路施工企业现场技术人员培训之用，也可作为交通职业高等教育相关专业教材，并适合公路施工企业其他管理人员学习参考。

图书在版编目(CIP)数据

公路施工安全技术/文德云主编. —北京：人民交通出版社，2003.3(重印 2008.6)

ISBN 978-7-114-04573-8

I.公… II.文… III.道路工程—工程施工—安全技术 IV.U415.12

中国版本图书馆 CIP 数据核字(2003)第 002749 号

公路施工现场技术人员培训教材

书　　名：公路施工安全技术
著 作 者：文德云
责任编辑：蒋明耀
出版发行：人民交通出版社
地　　址：(100011)北京市朝阳区安定门外外馆斜街 3 号
网　　址：http://www.ccpress.com.cn
销售电话：(010)59757973
总 经 销：人民交通出版社发行部
经　　销：各地新华书店
印　　刷：北京盈盛恒通印刷有限公司
开　　本：787 × 1092　1/16
印　　张：17.25
字　　数：422 千
版　　次：2003 年 6 月　第 1 版
印　　次：2015 年 1 月　第 12 次印刷
书　　号：ISBN 978-7-114-04573-8
印　　数：23501 – 26500 册
定　　价：30.00 元

总　序

自1998年以来，为了应对亚洲金融危机，国家采取了积极的财政政策，中央与地方明显加大了基础设施投资力度。经过公路交通职工努力奉献，扎实工作，以国道主干线为重点的高等级公路建设突飞猛进，公路交通通达深度和覆盖面明显增强，公路的总量与质量都实现了重大突破，公路交通对国民经济发展的制约状况得到初步缓解。

按照党的十六大全面建设小康社会的总体部署，需要公路交通提供安全、便捷、快速、可靠的保障，以满足将生产分工与合作、资源与市场紧密联系的要求，交通部制定了我国公路发展规划，今后一段时间内，在公路交通基础设施方面，除继续加快国道主干线建设外，西部开发省际通道和东部国家重点干线也在建设。此外，各地路网改造和县际农村公路也要按计划加紧实施，全国公路交通建设将保持良好发展势头。因此，在公路建设规模大、任务重的背景下，依靠科技进步，全方位地加强工程建设质量管理，增强全体建设者的质量意识，始终坚持“百年大计，质量第一”的方针，对于确保优质高效地完成公路建设目标具有重要意义。

近些年来，为适应公路建设的快速发展，确保工程建设质量的要求，交通部连续多年开展了公路建设质量年活动，开展了针对提高公路修筑质量的技术攻关与针对公路工程质量通病的专项科研与治理工作。加强了工程质量管理制度的建设，强化质量监督，全面落实质量责任制，使全员的质量意识与管理水平得到明显的提高，对确保公路工程质量起到了积极的作用。公路工程质量的提高与多方面因素有关，这其中，最重要的因素之一则是从事公路建设的一线技术人员水平的提高。活跃在施工现场的技术人员，他们是公路工程项目的组织者与实施者，他们的专业和业务背景不尽相同，加强对他们的技术和业务培训，一方面是提高他们的管理水平，再就是提高他们的专业技术素质，使他们真正成为综合素质优的一线技术骨干，这样才能使公路建设质量得到最为直接的保证。从另一个角度而言，施工企业要取得效益，最为根本的还是提高工程的质量。施工单位应对施工人员进行岗位“应知、应会”教育，质量检查活动中应对现场技术人员的培训工作进行重点检查。针对今后持续发展的公路建设，尤其是大规模开展的农村公路建设项目，加强施工现场技术人员的培训，提高全体公路参建人员的素质，是确保工程质量的关键。有鉴于此，人民交通出版社与中国公路建设行业协会共同协商，组织编写一套《公路施工现场技术人员培训教材》，供各地开展培训之用。

该教材是在公路大发展的背景下，为配合各地对公路施工一线技术人员的培训工作的开展而设计的。教材的主要内容包括各类技术人员的工作职责、专业基础知识、管理细则等。教材编写的基本思路是：

(1)注重反映施工项目现场作业与操作的重点环节，体现了项目实施过程中管理与技术的内容。

(2)注重基本知识、基本操作技能的反映，内容选择上本着够用、实用为原则。注重反映近年来所涌现的新技术、新材料、新工艺与新设备在工程中的具体应用。

(3)在编写上考虑了语言简练、叙述清楚循序渐进的原则，各分册内容体系相对完整，既可作为培训教材使用，也可供一线技术人员自学及作为技术参考书使用。

该教材分为6册，涵盖公路工程施工的主要方面。教材主要包括《公路施工技术》、《公路施工测量技术》、《公路工程定额与统计》、《公路工程试验与检测》、《公路工程材料与管理》、《公路施工安全技术》。本套教材由人民交通出版社具体组织，中国公路建设行业协会组织审定。路桥集团公路一局、路桥集团公路二局、龙建路桥股份有限公司(原黑龙江路桥建设集团)、湖南路桥建设集团公司、江苏省交通工程总公司等公路施工企业，长期在公路施工现场从事项目管理的技术人员参与了具体审定工作。

虽然本套丛书是为公路施工一线技术人员量身定做的，但是各个施工企业背景不同，人员水平不一，加之教材本身编写水平有限，很难完全满足大家的要求。在培训过程中，各地应根据具体情况与要求，对教材内容进行适当增删调整，以取得好的培训效果。

本教材的出版，将有助于各施工建设单位培训工作的开展。也希望大家在使用过程中，及时发现问题，总结经验，以便教材修订时充实完善。

此外，需要说明的是，本套教材除可作为施工现场技术人员培训教材使用，也可作为交通职业高等教育相关专业教材。

中国公路建设行业协会

人民交通出版社

2003年4月22日

《公路施工现场技术人员培训教材》

出　版　说　明

党的十六大提出全面建设小康社会的奋斗目标,公路交通建设要实现新的跨越式发展对公路建设质量提出了更高的要求。作为活跃在施工现场基层的技术人员,其业务技术与管理水平的高低已成为公路建设项目能否高质量、高效率完成的关键。

近年来随着公路建设的发展,公路建设从业人员队伍的不断扩大,多行业的施工企业加入到公路建设之中,专业素质和业务能力差异较大,使得公路建设从业人员技术和管理水平参差不齐,他们十分需要进行较系统地培训、学习。因此,对施工技术人员规范化地进行技术培训,提高他们的业务素质和专业技能是一项十分必要和紧迫的工作。为确保公路工程建设质量,国家和行业主管部门对加强施工现场技术人员(包括劳务人员)的技术培训,提高他们的业务素质提出了明确的要求,要求施工单位应组织施工人员进行所在岗位的培训,并应取得相应岗位的资格。中国公路建设行业协会按照行业主管部门的要求,结合公路建设项目的特点,将开展公路施工现场技术人员技术培训工作,并把编写出版一套内容全面的培训教材列入协会近期的一项重要工作。本教材由人民交通出版社和中国公路建设行业协会牵头组织,由中国公路建设行业协会组织审定。

本套教材主要内容包括各种技术人员的工作职责、专业技术知识、业务管理细则等。其特点是针对性强,基本涵盖了施工现场技术人员在工作中可能遇到的要点、难点,通俗易懂,实用性强,可操作性好,是一套拿来就可用的教学参考书,也是各类技术人员不可或缺的工具书。

本套教材包括如下6个分册:

1.公路施工技术

2.公路施工测量技术

3.公路工程定额与统计

4.公路工程试验与检测

5.公路工程材料与管理

6.公路施工安全技术

本套教材的出版,将有利于公路交通行业从业人员培训工作的开展,同时,本套教材也适用于农村公路建设从业人员的技术与管理培训之用。欢迎各施工企业根据自身的实际情况选用。

2003年4月20日

前言

Preface

公路工程施工任务艰巨，规模越来越大、技术要求越来越高，机械化程度越来越高、机具品种越来越多，所遇到的地质条件也越来越复杂，且施工环境处于野外，既有平地施工作业，又有高空作业，地下作业，既有水上作业，也有水下作业。如何保证施工安全就成了工程的关键之一。“生产必须安全，安全为了生产”，必须坚持“质量第一”和“安全第一”的方针。本书主要介绍公路工程施工安全管理的中心内容、范围与原则及安全管理保证体系的相关内容要点，并较详细地介绍了国家《安全生产法》相关的内容及当前国家经贸委、国家技术监督局正在推行的《职业安全健康管理体系指导意见》中关于职业安全健康管理体系的核心要素及其内容；联系公路工程施工的实际，分别详细地对施工准备工作中的安全要点、路基工程施工中的安全要点、路面施工中的安全要点、桥涵工程施工中的安全要点、隧道工程施工中的安全要点、主要工序作业中的安全要点及其他相关施工作业中的安全要点等作了说明，同时对施工安全技术措施设计的编制及文明施工与环境保护等作了详细的说明，并在各相关部分配以相当多的施工图式和相关的资料，以供学习应用时参考，对安全技术措施文件的编制还列举了示例。本书由龙建路桥股份有限公司（原黑龙江省路桥建设集团）审定。

由于编者的水平有限，加上时间紧迫，不妥和错误之处，恳请同行和读者批评指正。

文德云

2003年3月于长江

目录

Contents

绪论 …… 1
第一章　安全管理 …… 5
　第一节　安全管理的中心、范围与原则 …… 5
　第二节　安全管理保证体系 …… 13
第二章　施工准备工作中的安全要点 …… 59
　第一节　施工现场的安全要点 …… 59
　第二节　施工测量中的安全要点 …… 72
　第三节　场内交通及水电设施的安全要点 …… 73
　第四节　砂、石采取及堆放工作中的安全要点 …… 74
　第五节　施工机械的安全要点 …… 75
　第六节　临时码头的安全要点 …… 75
第三章　路基工程施工中的安全要点 …… 77
　第一节　清理场地施工中的安全要点 …… 77
　第二节　土方工程施工中的安全要点 …… 79
　第三节　石方工程施工中的安全要点 …… 88
　第四节　防护工程施工中的安全要点 …… 92
第四章　路面工程施工中的安全要点 …… 95
　第一节　基层施工中的安全要点 …… 95
　第二节　沥青路面施工中的安全要点 …… 96
　第三节　水泥混凝土路面施工中的安全要点 …… 100
　第四节　其他施工作业中的安全要点 …… 102
第五章　桥涵工程施工中的安全要点 …… 104
　第一节　基础工程施工中的安全要点 …… 106
　第二节　墩台工程施工中的安全要点 …… 117
　第三节　上部施工中的安全要点 …… 118
　第四节　混凝土预制场与预制构件运输作业中的安全要点 …… 133
第六章　隧道工程施工中的安全要点 …… 136
　第一节　洞口、开挖、凿孔及爆破施工中的安全要点 …… 138
　第二节　洞内运输作业中的安全要点 …… 141
　第三节　支护、衬砌作业中的安全要点 …… 143
　第四节　辅助坑道施工中的安全要点 …… 146

第五节　通风、防尘、照明、排水、防火及瓦斯防治施工中的安全要点 …… 153
第七章　主要工序作业中的安全要点 …… 163
第一节　模板作业中的安全要点 …… 163
第二节　木工机械作业中的安全要点 …… 169
第三节　支架、脚手架、钢筋、焊接及锅炉作业中的安全要点 …… 171
第四节　起重吊装、高处作业中的施工要点 …… 195
第五节　水上作业、潜水作业的安全要点 …… 226
第八章　其他相关施工作业中的安全要点 …… 230
第一节　特殊季节与夜间施工中的安全要点 …… 230
第二节　边通车、边施工地段的交通安全要点 …… 232
第九章　施工安全技术措施编制示例及说明 …… 233
第一节　投标书中施工安全保障的基本内容 …… 233
第二节　实施性安全保障措施与示例 …… 243
第三节　安全技术措施交底 …… 246
第十章　文明施工与环境保护 …… 249
第一节　文明施工 …… 249
第二节　施工现场环境保护 …… 256
附录　关于加强公路沿线地质灾害防治工作的紧急通知 …… 262
主要参考文献 …… 264

绪论 XULUN

安全生产是党和国家的一贯方针和基本国策，是保护人民生命安全、健康，促进社会生产力发展的基本保证，也是保证社会主义经济发展、进一步实行改革开放的基本条件。因此切实做好安全生产工作具有十分重大的意义。《中华人民共和国安全生产法》(以下简称《安全生产法》)是我们开展和做好安全生产工作依据的根本大法，必须认真学习，贯彻执行。

2002 年 4 日 1 日起实行的《中华人民共和国安全生产法》明确规定加强安全生产监督管理，是为了防止和减少生产安全事故、保障人民群众生命和财产安全，促进经济发展。

《安全生产法》规定：

生产经营单位的主要负责人和安全生产管理人员必须具备与本单位所从事的生产经营活动相应的安全生产知识和管理能力。

生产经营单位应当对从业人员进行安全生产教育和培训，保证从业人员具备必要的安全生产知识，熟悉有关的安全生产规章制度和安全操作规程，掌握本岗位的安全操作技能。未经安全生产教育和培训合格的从业人员，不得上岗作业。

生产经营单位采用新工艺、新技术、新材料或者使用新设备时，必须了解、掌握其安全技术特性，采取有效的安全防护措施，并对从业人员进行专门的安全生产教育和培训。

生产经营单位的特种作业人员必须按照国家有关规定经专门的安全作业培训，取得特种作业操作资格证书，方可上岗作业。

生产经营单位新建、改建、扩建工程项目(以下统称建设项目)的安全设施，必须与主体工程同时设计、同时施工、同时投入生产和使用。安全设施投资应当纳入建设项目概算。

建设项目安全设施的设计人、设计单位应当对安全设施设计负责。

生产经营单位应当在有较大危险因素的生产经营场所和有关设施、设备上，设置明显的安全警示标志。

安全设备的设计、制造、安装、使用、检测、维修、改造和报废，应当符合国家标准或者行业标准。

生产经营单位使用的涉及生命安全、危险性较大的特种设备，以及危险物品的容器、运输工具，必须按照国家有关规定，由专业生产单位生产，并取得专业资质的检测、检验机构检测，检验合格，取得安全使用证或者安全标志，方可投入使用。检测、检验机构应对检测、检验结果负责。

生产经营单位不得使用国家明令淘汰、禁止使用的危及生产安全的工艺、设备。

生产、经营、储存、使用危险物品的车间、商店、仓库不得与员工宿舍在同一座建筑物内，并应当与员工宿舍保持安全距离。生产经营场所和员工宿舍应当设有符合紧急疏散要求、标志明显、保持畅通的出口。禁止封闭、堵塞生产经营场所或者员工宿舍的出口。

生产经营单位进行爆破、吊装等危险作业，应当安排专门人员进行现场安全管理，确保操作规程的遵守和安全措施的落实。

生产经营单位应当教育和督促从业人员严格执行本单位的安全生产规章制度和安全操作规程；并向从业人员如实告知作业场所和工作岗位存在的危险因素、防范措施以及事故应急措施。

生产经营单位必须为从业人员提供符合国家标准或者行业标准的劳动防护用品、并监督、教育从业人员按照使用规则佩带、使用。

生产经营单位的安全生产管理人员应当根据本单位的生产经营特点，对安全生产状况进行经常性检查；对检查中发现的安全问题，应当立即处理；不能处理的，应当及时报告本单位有关负责人。检查及处理情况应当记录在案。

生产经营单位应当安排用于配备劳动防护用品、进行安全生产培训的经费。

两个以上生产经营单位在同一作业区域内进行生产经营活动，可能危及对方生产安全的，应当签订安全生产管理协议，明确各自的安全生产管理和应当采取的安全措施，并指定专职安全生产管理人员进行安全检查与协调。

生产经营单位不得将生产经营项目、场所、设备发包或者出租给不具备安全生产条件或者相应资质的单位或者个人。

生产经营项目、场所有多个承包单位、承租单位的，生产经营单位应当与承包单位、承租单位签订专门的安全生产管理协议；或者在承包合同、租赁合同中约定各自的安全生产管理职责；生产经营单位对承包单位，承租单位的安全生产工作统一协调、管理。

生产经营单位发生重大生产安全事故时，单位的主要负责人应当立即组织抢救，并不得在事故调查处理期间擅离职守。

生产经营单位必须依法参加工伤社会保险，为从业人员缴纳保险费。

《安全生产法》还明确规定：

安全生产管理的方针是：坚持安全第一、预防为主。

生产经营单位必须遵守本法（安全生产法）和其他有关安全生产的法律、法规，加强安全生产管理，建立、健全安全生产责任制度，完善安全生产条件，确保安全生产。

从上述所摘列的《安全生产法》中的部分法律条文就可以清楚地看出，我们要做好安全生产工作是不容易的，首先是必须认真学习《安全生产法》，领会其精神实质，特别是要结合我们所从事工作的实际，不折不扣地贯彻执行。

本书重点介绍公路工程施工项目的安全管理与保证施工安全的具体措施及要求规定。

一、公路施工的技术经济特点

公路工程施工的特点是由公路建筑产品的特点决定的。

1.公路建筑产品的特点

(1)产品的固定性

公路工程的构造物固定于一定的地点不能移动，例如路基路面、桥梁、隧道等构造物，只能在设计规定的地方供长期使用。

(2)产品形体的庞大性

公路工程是一种暴露于大自然中的线形构造物，其组成部分的形体庞大，占用土地及空间多。

(3)产品的多样性

公路各组成部分的具体使用目的、技术等级、技术标准、所处自然条件、位置以及功能和使用要求的不同,结构千差万别,复杂多样。

(4)产品部分结构的易损性

公路暴露于大自然之中,直接受自然因素的影响和行车的作用,容易损坏。

2.公路施工的技术经济特点

公路施工线长点多,工种复杂,涉及材料和机械众多,既有人工施工、机械施工,还有爆破施工,既有陆地作业,水上、水下作业,也有高空作业,在同一工作面的施工时间不同,同一时间又有不同工作面上的施工,每项工程功能不同、施工条件不同,不仅要个别设计,还要个别组织施工。所需材料品种繁多,要求不同;施工必须保证足够的燃料、动力和运输;必须各个部门通力合作、密切配合。公路工程包括路基、路面、桥梁、涵洞、隧道、防护构造物、交通工程设施等,产品形体庞大而又具不可分割性,使用时间长,建造中需大量人力、物力和财力,其建设工期长,同时,公路建设受自然因素影响大,气候冷暖、地形地貌、地质条件、洪水、雨雪等,加上施工条件、施工环境等对工程进度、工程质量、成本等均影响极大。易损性的存在,又使得建成的公路需进行维修养护,才能维持要求的使用功能。凡此种种,突出了公路施工的技术经济特点:

(1)施工的流动性大。

(2)施工的协作性高。

(3)施工的周期长。

(4)施工受外界干扰及自然因素影响大。

(5)施工中的安全保障工作要求高且细。

二、安全的内容与主要控制措施

安全包括人身安全、健康和财产安全。

安全法规、安全技术和工业卫生是安全控制的三大主要措施。职业安全健康方针、组织、计划与实施评价、改进是职业安全健康管理体系的核心要素,要坚持持续改进。该体系是实现安全目标的基本保证。

安全法规又称劳动保护法规,是采用立法的手段制定保护职工安全生产的政策、规程、条例、制度。

安全技术是在施工过程中为防止和消除伤亡事故或减轻繁重劳动所采取的措施。

工业卫生是指在施工过程中为防止高温、严寒、粉尘、噪声、振动、毒气、废液、污染等对劳动者身体健康的危害而采取的防护和医疗措施。

上述三大措施与控制对象和控制内容的关系是:安全法规侧重于对劳动者的管理、约束劳动者的不安全行为,因此,其控制的主要内容是安全生产责任制、安全教育、安全事故的调查处理。安全技术侧重于对劳动对象和劳动手段的管理,消除、减弱物的不安全状态,其控制的主要内容是安全检查和安全技术管理。工业卫生侧重于环境的管理,以形成良好的劳动条件,其控制的主要内容亦是安全检查和安全技术管理。

上述的控制对象(人、物、环境),构成了安全施工体系,安全控制管人、管物、管环境。

三、质量、进度、成本与安全的关系

公路工程施工的质量、进度、成本与安全是密切相关、相互制约又相辅相成并有机地联系在一起的系统工程的关键要素。

必须明确:施工项目的质量与安全是工程建设的核心,是决定工程建设成败的关键。“生产必须安全,安全为了生产”。“安全第一”与“质量第一”并不是矛盾的,而是辩证的统一。安全是为质量服务的,质量亦需以安全作保证,安全也是质量的特点之一。抓住质量与安全这两个环节,施工就能顺利进行,就能获得良好的社会效益、经济效益和环境效益。施工进度的实现,必须以安全为保证,这是显而易见的,为实现施工进度而不断发生安全事故,施工进度当然无法实现。投资和成本与安全亦是息息相关,如果施工中经常出安全事故,则进度、质量均受影响,投资效益受损,成本就要增加。

总之,安全生产是党和国家的一贯方针和基本国策,它保护劳动者的安全和健康及国家财产不受侵害,使工程建设顺利进行,它是促进社会生产力发展的基本条件。

四、安全生产的基本原则与要求

基本原则是:“安全第一,预防为主”和坚持“管生产必须管安全”的原则。

基本要求是:在施工中要以安全生产为方针,以“安全第一,预防为主”和“管生产必须管安全”为基本原则,依靠科学管理和技术进步,推动安全生产工作的开展,控制人身伤亡事故的发生及国家财产的安全。以国家颁布的各项政策和安全法规、规程,例如《安全生产法》、《建筑安全生产监督管理规定》、《公路工程施工安全技术规程》、《公路环境保护设计规范》及其他相关的标准、规范等为依据,结合工程的实际情况建立和健全安全健康管理体系,制定各项具有可操作性且行之有效的规章制度,以确保施工顺利进行和生产安全。

第一章　安全管理

施工项目安全管理，就是在公路工程施工项目的施工过程中，从工程开始到结束，组织安全生产的全部管理活动。通过对生产因素具体状态的控制，使生产因素不安全行为和状态减少或消除，不引发人为事故，尤其是不引发使人受到伤害的事故，使施工项目的质量、进度、费用等各项目标的实现得到充分的保证。

安全寓于生产活动之中，并对生产发挥着促进与保证作用。因此，安全与生产虽然有时会出现矛盾，但从安全、生产管理的目标、目的上，则表现出高度的一致性和完全的统一性。而这种高度的一致性和完全的统一性，只有通过科学的安全管理才能实现。安全的基本含义：一是预知危险和风险，二是消除危险和风险，即告诉人们怎样去识别危险和风险并防止事故危害和风险。

第一节　安全管理的中心、范围与原则

安全生产管理，必须坚持安全第一、预防为主的方针。

公路工程的全部施工活动是在规定的时间（工期、进度计划时间）和特定的空间进行人、财、物动态组合的过程。在其过程中，材料、构件、机械和人员等频繁流动、工程线长而点多、生产周期长和产品的一次性、流动性大等是其施工生产的显著特点，这也就决定了对组织安全生产的特殊性、针对性、细致性和可操作性的动态管理的要求。同时也决定了对组织安全生产的重要性、系统组织的严密性与管理科学性的要求。

施工项目要实现以经济效益、社会效益为中心的工期、费用、质量、安全等综合目标的管理，则必须对与实现效益相关的生产因素进行有效的控制。

安全生产是施工项目的重要控制目标之一，也是衡量施工项目管理水平的重要标志。

一、安全管理的中心与范围

安全管理的中心是保护生产活动中，人与设备的安全与健康，保证施工生产顺利进行。

1.宏观的安全管理

（1）劳动保护

劳动保护侧重于以政策、规程、条件、制度等形式，规范操作或管理行为，从而使劳动者的劳动安全与身体健康，得到应有的法律保障。

具体来说，劳动保护的任务是：

①积极开展安全生产工作，力争减少或消除工伤事故；

②积极开展劳动保护工作，力争防止和消灭职业危害；

③搞好劳逸结合,保证劳动者有合理的休息时间,使劳动者精力充沛;

④根据妇女的特点,对劳动妇女进行特殊保护。

劳动保护的内容主要是:

劳动保护,概括来说,是指国家、企业对劳动者(包括工人、工作人员、技术人员、领导者)在直接从事施工生产过程中的生命安全和身体健康的保护。其具体措施有:

①安全技术措施

采取有效的安全技术措施,以防止劳动者在施工生产中发生工伤事故;

②劳动卫生技术措施

采取有效的劳动卫生技术措施,以防止劳动者在施工生产中发生职业中毒和职业病危害,保护劳动者身体健康;

③个人保护措施

采取各种政策所规定的对个人的保护措施,以保护劳动者在施工生产过程中的安全和健康。

(2)安全技术

安全技术侧重对"劳动手段和劳动对象"的管理,包括预防伤亡事故的工程技术和安全技术规范、技术标准、规定、条例等,以规范物的状态,减轻或消除对人的威胁。

例如,《公路工程施工安全技术规程》(JTJ 076—95)规定,关于在爆破中,当采用电力起爆时,必须遵守:

"在同一爆破网路上必须使用同厂、同型号的电雷管,其电阻值差不得超过规定值(应控制在$\pm 0.2\Omega$以内)。"等共六项规定。

(3)工业卫生

工业卫生着重对施工生产中高温、粉尘、振动、噪声、毒物的管理。例如:《公路工程施工安全技术规程》(JTJ 076—95)对隧道工程施工中关于"通风及防尘"就作出了:"粉尘允许浓度,每立方米空气中,含有10%以上游离二氧化硅的粉尘必须在2mg以下"等共七条规定。通过防护、医疗、保健等措施,防止劳动者的安全与健康受到有害因素的危害。

2.生产管理中的安全管理

安全管理就是在进行生产管理的同时,通过采用计划、组织、技术等手段,依据并适应生产中人、物、环境因素的运动规律,充分发挥其积极性,而又有利于控制事故的一切管理活动。例如:在生产管理过程中实行作业标准化,通过培训取得上岗证并按操作规程操作,组织安全点检查,安全、合理地进行作业现场布置,建立与完善安全生产管理制度等。

针对生产中的人、物或环境等因素的状态,有侧重地采用控制人的具体不安全行为或物和环境的具体不安全状态的措施。这种具体的、动态的安全控制措施,是实现安全管理的有力保障。

施工现场是施工生产因素的集中地,其动态的特点是多工种立体作业,施工设施的临时性,作业环境的多变性,人机的流动性和自然因素的变化影响等。

不言而喻,施工现场中直接从事施工作业的人员密集,机、料集中,并处于流动之中,存在着众多的不安全和危险因素。因此,施工现场是事故多发区域。控制人的不安全行为和物的不安全状态,特别是在流动中的不安全状态,是施工现场安全管理的重点,也是预防和避免不安全与伤害事故,保证生产处于最佳安全状态的根本环节。

由于直接从事施工操作的人随时随地活动于危险因素的包围之中,随时受到自身行为失误和危险状态的威胁或伤害。因此，对施工现场的人、机、料和环境系统的可靠性，必须进行经常性的检查、分析、判断、调整、强化动态中的安全管理活动。

二、安全管理的基本原则

安全管理是一门综合性的系统科学。

安全管理的对象是生产中一切人、物、环境的状态管理与控制，安全管理是一种动态管理。

管理是指通过计划、组织、实施、监督、控制、协调等行动，对相应的各种因素进行组织优化，以取得最佳的安全效果。

控制是指为了达到安全目标，对影响安全的各种潜在和可能的因素进行分析，并采取相应的对策和措施，预防和减少或避免安全事故的发生，如发生了，要尽可能使其造成的损害最小并进行相应的处理。

施工现场施工生产活动的安全管理内容，大体可归纳为四个方面：

1.安全组织管理；

2.场地与设施管理；

3.行为控制管理；

4.安全技术管理。

对生产中的人、物、环境分别进行上述四个方面的具体管理与控制，达到安全目标的实现。为此，必须：

（一）正确处理五种关系

1.安全与危险的关系

安全与危险是并存的，它们是在同一事物的运动中相互对立，相互依赖而存在的关系。因为有危险，才要进行安全管理，通过管理来防止危险的发生。安全与危险并非是等量并存、平静相处，而是随着事物的运动变化，安全与危险也每时每刻都在变化，进行着此消彼长的斗争。事物的状态将向斗争的胜方倾斜。这也说明，在事物的运动中，不会存在着绝对的安全或绝对的危险。

坚持以预防为主，积极采取各种措施，危险因素是完全可以控制的。

例如：在挖孔灌注桩的施工中，根据地质条件，可能出现基坑坑壁坍塌、有害瓦斯等危险，但如果我们采取了可靠的支护措施、通风措施等，则可以控制上述危险不发生而保证施工的安全。

2.安全与生产的关系

安全与生产是辩证的统一。生产是人类社会存在和发展的基础。生产中的人、物、环境如果都处于危险状态，则生产无法进行。因此，安全是生产的客观要求。生产给社会增加财富、改善人们的生活，人参加生产就可获得应有报酬，增加自身的财富，因而也就有条件去过更好的生活。如果，人们参加生产，总是处于危险之中，总是出事故，人身安全和健康受到伤害，人们自然就没有生产的积极性，也就不敢去生产，就无法通过生产增加社会财富，促进社会经济发展。只有生产有了安全保障，经济才能稳定持续发展。当生产与安全发生矛盾，生产危及职工生命或国家财产时，生产活动必须停顿下来进行整治，并采取各种措施来消除危险因素，以使施工生产活动继续并更好地进行。“安全第一”的提法，强调的是安全的重要性，体现了安全在生产活动中的重要位置，绝非把安全与生产对立起来，如果施工活动完全停止，安全也就失去意义。就生产的目的性来说，组织好安全生产就是对国家、对参与生产活动的人们、对社会最大的负责。

3.安全与质量的关系

从全面质量的意义来说,质量包括产品质量和工作质量,其中也包含着安全工作质量。而安全概念也内含着质量,交互作用,互为因果,这就是安全与质量的包含关系。安全第一,质量第一,两个第一并不矛盾。安全第一是从保护生产因素的角度提出来的,而质量第一则是从对产品成果的要求提出来的,安全为质量服务,质量需要安全保证。施工生产活动中丢掉哪一头,都要陷于失控状态。人是生产要素中最活跃的关键要素,物包括材料、机械等则是生产要素中不可缺少的物质基础,但材料、机械等均是要靠人去掌握、应用,这才能产生构造物,才有构造物的质量,如果人在使用机械、材料中老是受到不安全因素的威胁,人的活动自然受到限制和严重影响,这也就必然会导致对产品质量的影响。只有人们在施工生产活动中感到安全,才有可能全身心地投入施工生产活动之中并做出高质量的产品。

4.安全与速度的关系

显而易见,施工生产活动中一味蛮干、乱干,在侥幸中求快,缺乏真实与可靠,一旦酿成不幸,出现安全事故,就必须停工、必须找出事故原因并采取相应措施进行处理,自然就影响了施工的速度。必须明确地认识到,速度应以安全做保障,安全就是速度。我们追求的应是在保证质量的前提下的安全加速度。安全与速度成正比例关系。当速度与安全发生矛盾时,应暂时减缓速度,甚至暂停施工,在确保安全之后,再复工和加快速度,决不可蛮干。安全与速度是一种互保的关系。

5.安全与效益的关系

《安全生产法》明确规定:"生产经营单位应当具备的安全生产条件所必需的资金投入,由生产经营单位的决策机构、主要负责人或者个人投资人予以保证,并对由于安全生产所必需的资金投入不足导致的后果承担责任。"

必须认识到采取各种有效的安全技术措施,按国家规定保证劳动保护条件,创造和改善好劳动条件,必将大大调动职工的生产积极性,焕发劳动热情,带来经济效益,为保证安全而投入的支出费用当会得到回报或获得超出投入更多的回报。从这个意义上说,安全与效益是完全一致的,安全会促进效益的增长。

当然,在安全管理中,投入要适度、适当,要按政策和实际需要办事,要精打细算、统筹安排,既要保证安全生产,又要经济合理。安全和效益应相互兼顾。

(二)安全管理的基本原则

1.管生产同时管安全的原则

安全管理是生产管理的重要组成部分。安全与生产在实施过程中,两者存在着密切的有机的联系,存在着进行共同管理的基础。

例如,为了提高施工质量和加快施工进度而采用一种新型的先进机械,从生产管理来说必然要研究制定使用这种先进机械的实施方案,以达到提高质量和加快进度的目的,但此时,由于对先进机械并不熟悉和了解,在使用中就必然存在不安全因素。因此,在研究制定实施方案时,就不能只是考虑质量与进度的措施,还必须同时研究制定相应的安全保证措施,这样,才能制定出一个完整而有效的实施方案。

国务院在《关于加强企业生产中安全工作的几项规定》中明确指出:各级领导人员在管生产的同时,必须负责管理安全工作。企业中各有关专职机构,都应在各自业务范围内,对实现安全生产的要求负责。交通部颁布的《公路工程施工安全技术规程》(JTJ 076—95)也明确规定:“施工企业的各级领导干部、工程技术人员和生产管理人员,必须熟悉和遵守本规程的各项规定,做到生产与安全工作同时计划、布置、检查、总结和评比。”并应结合实际情况,制定各项规章制度。贯彻执行“安全第一、预防为主”和坚持“管生产必须管安全”的原则。由此可见,一切与生产有关的机构、人员,都必须参与安全管理并在管理中承担责任。决不能片面、错误地认为安全管理只是安全部门的事。而对各级人员安全生产责任制度和规章的建立,管理责任的真正落实,便体现了管生产同时管安全。

2.坚持安全管理的目的性原则

安全管理的内容主要是对生产施工活动中的人、物、环境因素状态的管理,有效地控制人的不安全行为和物的不安全状态,消除或避免事故,达到保护劳动者的健康与安全的目的。

这里对环境因素作出说明。影响安全的环境因素很多,这里只就几个方面进行说明:

(1)工程技术环境

工程技术环境主要是指工程地质、水文、气象等环境。例如,在隧道施工中,由于地质条件复杂,可能发生塌方,出现瓦斯等有毒气体,这会危及到人的安全和健康,也会危及施工设备。因此,必须采取有效的安全措施进行控制。

(2)安全管理环境

安全管理环境主要是指安全保证体系是否已经建立并完善和有效,安全责任制度、规章是否已经建立并完善、有效、落实。只有安全管理环境达到规定要求,才能使施工生产活动中的安全得到保证。

(3)劳动环境

劳动环境主要是指劳动组合、作业和生活场所、工作面等环境。如果劳动组合不合理,分工不合理,工作无序,将带来很多不安全的人际关系和矛盾;如果生活环境有问题,则可能引发疾病,饮食不卫生或工人休息不好或用电设施不符合要求等,都将带来危害人的健康和出现不安全的问题。尤其是施工现场,这是人员和材料、机械集中的地方,同时又处于流动之中,更应该建成文明施工和文明生产的环境,保持材料、工件堆放有序,道路畅通,工作场所清洁整齐,施工程序井井有条,为确保质量和安全创造良好条件。

总之在环境因素中潜伏着众多的不安全因素,我们必须通过加强安全管理,进行有效的控制。

没有明确目的的安全管理是一种盲目行为。盲目的安全管理,充其量只能算是花架子,劳民伤财,危险因素依然存在。从某种意义上说,盲目的安全管理,是不负责任的管理,只能纵容威胁人的安全和健康状态向更为严重的方向发展和变化。这种盲目管理还会麻痹人们的安全意识,使人们丧失警惕,危害甚大。

3.必须贯彻以预防为主的原则

安全生产的原则是“安全第一、预防为主”。安全第一是从保护生产力的角度和高度,表明在生产范围内,安全与生产的关系,肯定安全在生产活动中的位置和重要性。

进行安全管理不是处理事故,而是在生产活动中,针对施工生产的特点,对生产因素采取管理措施,有效、及时地控制不安全因素的发展与扩大,把可能发生的事故,消灭在萌芽状态,以达到保证施工生产活动中,人的安全与健康的目的。

贯彻预防为主,要端正对施工生产中不安全因素的认识,端正消除不安全因素的态度,选准消除不安全因素的时机,选择消除不安全因素的有效方法和可靠措施,并在安排和布置施工生产内容时同步进行。同时,应在施工生产活动中,经常检查预防措施的有效性,发现新的不安全因素与变化,并采取措施尽快予以消除。

4.坚持"四全"动态管理的原则

安全管理必须是全员的管理、全过程的管理。没有全员的参与,安全管理工作就不会有生气,不会有好的效果,本来安全就是与工程所有职工息息相关的,也是职工的自身要求。这种全员参与将会使我们更多更及时地发现各种不安全因素,而且可广集智慧,想办法来消除不安全因素。这种全员性的参与管理并不否定安全管理第一责任人和安全机构的作用,而是会促进其安全工作做得更细、更全面、更有效。因此安全管理第一责任人和安全机构应组织和发动全体职工参与安全管理,对做得好的单位和个人,应给予表彰奖励。

安全管理涉及到施工生产的方方面面,涉及从开工准备到开工、竣工交付营运的全过程,涉及到全部的施工生产时间,涉及到一切变化着的生产因素。因此,施工生产活动中必须坚持:全员、全过程、全方位、全天候的动态安全管理。

5.安全管理重在控制的原则

我们强调要坚持动态管理和控制是因为在施工生产过程中有很多的干扰因素,它们均包含着潜在的不安全因素。具体来说,可以概括为以下几个方面:

(1)人的不安全行为;

(2)物的不安全状态,包括材料、机械设备存在的不安全因素;

(3)工艺及技术上的不安全因素;

(4)环境的不安全因素。

而这些方面在整个施工过程中都是处于动态的变化之中,如果不进行根据动态中的变化进行有效、及时的控制,则达不到安全生产的目的。下面,我们还将对上述几方面作更为详细的说明。

需要强调的是:在安全管理的四项主要内容中,虽然都是为了达到安全管理的目的,但是对生产因素状态的控制,与安全管理的目的更直接,显得更为突出。因此,对生产中的人的不安全行为和物的不安全状态的控制,必须看作是动态的安全管理的重点。事故发生,是由于人的不安全行为运动轨迹与物的不安全状态运动轨迹交叉的结果。事故发生的原理,也说明对生产因素状态的控制,应该作为安全管理的重点,而不能把约束当作安全管理的重点,因为约束缺乏带有强制性的手段。

安全控制是指在实现行为对象目标(安全生产)的过程中,行为主体按预定的计划(安全计划)实施,在实施的过程中会遇到许多干扰(不安全因素),行为主体(领导者、安全人员、全员)通过检查,收集到实施状态的信息(安全信息),将它与原计划作比较,发现问题,采取措施解决,从而保证计划正常实施,并不断发现新的问题(新的不安全问题)并及时采取措施解决,达到预定目标(安全生产)的全部活动过程。

就安全控制而言,其基本原理要点主要是:

(1)控制是一定主体为实现一定的目标而采取的一种行为。要实现最优化控制,必须首先满足两个条件:一是要有一个合格的控制主体;二是要有明确的系统目标。

(2)控制是按事先拟定的计划和要求进行的。控制活动就是要检查实际发生的情况与计划是否存在差距,差距是否造成不允许的问题出现,是否应采取控制措施及采取何种措施进行纠正。

(3)控制方法是检查、分析、监督、引导和纠正。

(4)控制是针对被控制系统而言的。既要对被控制系统进行全过程控制,又要对其所有要素进行全面控制。全过程控制包括事先控制、事中控制和事后控制。要素控制包括:人、物、环境等。

(5)控制是动态的。其控制原理图如图1-1所示。

(6)提倡主动控制,即在问题发生之前预先分析出现问题的可能性,进行预控。

(7)控制是一个大系统,主要包括组织、程序、手段、措施、目标和信息六个分系统,其中信息系统贯穿于施工的全过程。

6.在管理实践中不断发展提高的原则

由于安全管理是在变化着的施工生产活动中的管理,是动态的,因此其管理也就是不断发展的、变化的,也只有如此,才能适应变化的施工生产活动,消除新的危险因素。同时,更需要不间断地摸索安全管理新的规律,总结管理、控制的办法与经验,以指导新的变化后的管理,从而使安全管理不断地上升到新的高度。

(三)建筑施工安全的控制特点

(1)安全控制的难点多

公路工程施工生产活动受自然因素的影响很大、高处作业多、地下作业多、机械品种和大型机械多、用电作业多、施工工序多、水下和近水作业多、易燃物多、爆破器材多等等,因此,安全事故引发点多,从而导致安全控制的难点必然大量存在。

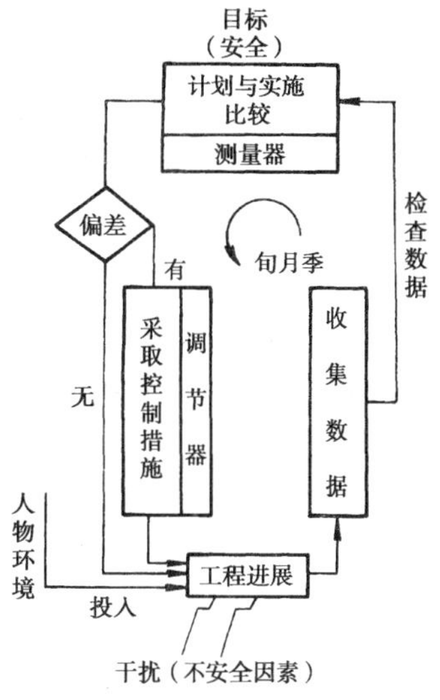

图1-1 控制原理图

(2)安全控制的劳保责任重

这是因为公路工程施工生产过程中还存在相当多的手工作业,人员相当密集且有相当的数量,交叉作业多,并有相当的水下作业和爆破作业及材料的自采加工等等,因此,作业的不安全因素和危险性大。因此必须要通过劳动保护创造安全施工条件。

(3)施工项目安全控制处在企业安全控制的大环境之中,它包括以下分系统:安全组织系统、安全法规系统和安全技术系统。安全组织系统是企业内部的安全部门和安全管理人员;安全法规系统指企业必须执行国家、行业、地方政府制定的安全法规,也必须有企业自身的安全管理制度;安全技术系统按操作对象、工种、机械的特点进行专业分类,如施工电气安全技术、脚手架安全技术、起重吊装安全技术、锅炉和压力容器安全技术、工业卫生安全技术、防火安全技术等。

(4)施工现场是安全控制的重点。这是因为施工现场人员集中、物资集中,作业场所事故一般都发生在现场。

三、安全生产管理体制

当前国家经贸委、国家技术监督局正在推行的《职业安全健康管理体系指导意见》中关于职业安全健康管理体系框架是:

国家安全生产监督管理局负责拟定、实施和定期评审国家关于在用人单位内建立和推进职业安全健康管理体系的政策。负责职业安全健康管理体系工作的统一管理和宏观控制,保证各机构间的必要协作关系,并定期评审职业安全健康管理体系工作的有效性;根据用人单位的规模、基础设施、危害的种类和风险级别等因素,拟定具体的职业安全健康管理体系实施规范。

职业安全健康管理体系认证指导委员会负责指导全国职业安全健康管理体系认证工作。指导委员会下设职业安全健康管理体系认证机构认可委员会和职业安全健康管理体系审核员注册委员会,分别负责认证单位的资格认可工作和审核员的培训、考核、注册工作。

国家经贸委安全科学技术研究中心为全国的职业安全健康管理体系工作提供技术支持,拟定职业安全健康管理体系审核规范及实施指南。

国务院有关部门和地方政府的安全生产监督管理机构在各自职责范围内在本地区推动职业安全健康管理体系工作。

国家认可的职业安全健康服务机构协助用人单位建立并保持职业安全健康管理体系。

我国职业安全健康管理体系工作应遵循的原则是:

1.国家鼓励、支持和指导企业结合现代企业制度,建立职业安全健康管理体系,使职业安全健康管理成为企业全面管理的一部分;

2.用人单位自愿建立和保持职业安全健康体系,鼓励员工及其代表积极参与此项 活动,确保其各项职业安全健康要求不仅适用于自己的员工,也同样适用于承包方人员和直接雇用的临时工。高风险企业以及曾经发生重大事故的用人单位更应该建立和保持职业安全健康管理体系;

3.建立职业安全健康管理体系的用人单位,可申请国家认可的认证机构的审核与认证;

4.鼓励国家认可的职业安全健康服务机构为用人单位的职业安全健康管理体系工作提供服务。

关于职业安全健康管理体系的核心要素等将在第二节中介绍。

完善安全管理体制,建立健全安全管理制度、安全管理机构和安全生产责任制是安全管理的重要内容,也是实现安全生产目标管理的组织保证。

1.企业负责

《安全生产法》明确规定:“生产经营单位的主要负责人对本单位安全生产工作全面负责”。

企业负责这条原则,明确了企业应认真贯彻执行劳动保护和安全生产的政策、法令和规章制度,要对本企业的劳动保护和安全生产工作负责。

2.行业管理

企业行政主管部门根据“管生产必须管安全”的原则。管理本行业的安全生产工作,建立安全管理机构,配备安全技术干部,组织贯彻执行国家安全生产方针、政策、法规;制定行业的规章制度和规范标准;对本行业安全生产工作进行计划、组织和监督检查、考核。

3.国家监察

《安全生产法》明确规定:“国务院负责安全生产监督管理的部门依照本法(即安全生产法),对全国安全生产工作实施综合监督管理;县级以上地方各级人民政府负责安全生产监督管理的部门依照本法,对本行政区域内安全生产工作实施综合监督管理。”工作中是由各级安全生产监督部门按照国务院要求实施国家劳动安全监察。国家监察是一种执法监察,主要是监察国家法规,政策的执行情况,预防和纠正违反法规、政策的偏差。它不干预企事业内部执行法规、政策的方法、措施和步骤等具体事务,它不能替代行业管理部门日常管理和安全检查。

4.群众(工会组织或职业安全健康委员会)监督

《安全生产法》明确规定:“工会依法组织职工参加本单位安全生产工作的民主管理和民主监督,维护职工在安全生产方面的合法权益”。“工会有权对建设项目的安全设施与主体工程同时设计、同时施工、同时投入生产和使用进行监督，提出意见”；“工会对生产经营单位违反安全生产法律、法规，侵犯从业人员合法权益的行为，有权要求纠正；发现生产经营单位违章指挥、强令冒险作业或者发现事故隐患时，有权提出解决的建议，生产经营单位应当及时研究答复；发现危及从业人员生命安全情况时，有权向生产经营单位建议组织从业人员撤离危险场所，生产经营单位必须立即作出处理。工会有权依法参加事故调查，向有关部门提出处理意见，并要求追究有关人员的责任。”

这些法律规定充分说明保护职工的安全健康是工会的职责。工会对危害职工安全健康的现象有抵制、纠正以至控告的权力，这是一种自下而上的群众监督。这种监督是与国家安全监察和行政管理相辅相成的，应密切配合，相互合作，互通情况，共同搞好安全生产工作。

5.劳动者遵章守纪

事实证明，众多事故发生的原因，大多与职工的违章行为有直接关系。因此，劳动者在施工生产过程中应该自觉遵守安全生产规章制度和劳动纪律，严格执行安全技术操作规程，不违章操作。劳动者遵守规章纪律也是减少事故，实现安全生产的重要保证。这里要强调指出，作为公路工程施工生产的职工，特别要熟悉和遵守《公路工程施工安全技术规程》(JTJ 076—95)中的各项规定。

6.工程监理

工程监理应认真执行监理职责，把安全监理工作做好。

我国公路工程施工，现在均实施监理制度，监理工程师必须把安全监理作为监理任务的重要组成部分，把安全监理工作做好。

第二节　安全管理保证体系

一、职业安全健康管理体系要点

我国公路工程建设迅速发展，任务艰巨，对建设施工中的安全要求越来越高。我国加入WTO后，公路工程单位亦将更多地打入世界市场，公路工程建设必须与世界接轨，对安全也提出了更高的要求。因此，必须建立以预防为主、持续改进的管理模式，健全自我约束机制，有效保护劳动者的安全与健康，国家经贸委职业安全卫生培训中心依据我国职业安全健康法律法规，结合国家经贸委颁布并实施《职业安全卫生管理体系试行标准》所取得的经验，参考国际劳动组织《职业安全健康管理体系导则》制定了《职业安全健康管理体系指导意见》(以下简称《指导意见》)，这对我们建立职业安全健康管理体系提出了规范化和标准化的指导要求，为施工单位结合自身实际，开展职业安全健康体系各要素的整合工作并使其成为全面管理的组成部分提供了指导。现将《指导意见》中若干内容进行介绍，以供大家学习应用。

1.职业安全健康管理体系的核心要素

职业安全健康管理体系包括方针、组织、计划与实施、评价和改进措施五大要素，其相互关系如下图1-2所示。

2.职业安全健康管理体系

职业安全健康管理体系包括：

(1)职业安全健康方针

①单位最高管理者应根据本单位的规模和活动类型，在征询员工及其代表的意见基础上，

制定书面的职业安全健康方针。该方针应传达到全体员工,可为外部相关方所获取。最高管理者应对职业安全健康方针开展评审工作,确保其持续适用性。

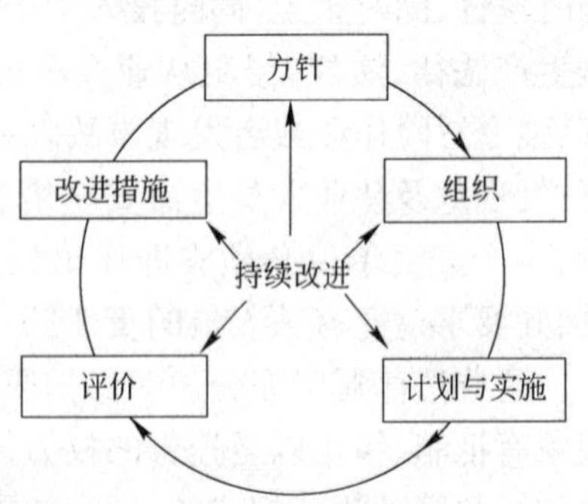

图 1-2 职业安全健康管理体系的核心要素

②方针应包括下述原则和目标:

a.遵守相关的职业安全健康法规及其签署的关于职业安全健康内容的自愿计划、集体协议和其他要求;

b.防止发生与作业相关的工伤、疾病和事件,保护全体员工的安全和健康;

c.确保与员工及其代表进行协商,并鼓励他们积极参与职业安全健康管理体系所有要素的活动;

d.持续改进职业安全健康管理体系绩效。

③所建立的其他体系(如质量保证体系)应与职业安全健康管理体系保持一致。

④员工参与:

a.参与建立职业安全健康管理体系是员工的权利和义务。

b.单位应确保与员工及其职业安全健康代表进行协商,并对他们进行职业安全健康知识的培训,包括与其工作有关的应急预案的培训。

c.单位应做出安排,以保证员工及其安全健康代表有时间和资源来积极参与职业安全健康管理体系的组织、计划与实施,评价和改进措施等活动。

d.单位可根据实际情况,建立职业安全健康委员会,使其承担起相应的职能。

(2)组织

①责任与义务

a.最高管理者应对员工的安全与健康问题负全面责任,并在单位的职业安全健康活动中起领导作用;

b.单位应规定各部门和各级人员的职责,以确保职业安全健康管理体系的建立、实施与运行,确保实现相应的职业安全健康目标;

c.单位负有的义务:

(a)组织实施职业安全健康管理体系的各项原则;

(b)制定并实施职业安全健康方针和可测量的目标;

(c)保证各部门和各级人员均已了解并接受自己所承担的职业安全健康管理职责;

(d)确定职责辨识、评价或控制职业安全健康危害及风险人员的职责,并传达至全体员工;

(e)进行有效和必要的监督管理活动,确保员工的安全健康得到保护;

(f)促进单位内成员(包括员工及代表)间的合作与交流;

(g)制定有效的管理方案,以辨识、消除和控制与作业有关的各类危害和风险,确保员工作业过程中的安全;

(h)制定各项预防和健康改善方案;

(i)确保在实现职业安全健康方针过程中员工及其代表的全面参与;

(j)提供各项必备的资源,以确保负责职业安全健康事务的人员(包括职业安全健康委员会)能顺利开展工作。

d.单位可在最高管理层中指定一名或多名人员作为管理者代表,负责下列工作:

(a)建立、实施、定期评审和评价职业安全健康管理体系;

(b)定期向最高管理层报告职业安全健康体系的绩效;

(c)促进单位所有员工的参与。

②能力与培训

a.单位应确定各类人员所必需的职业安全健康能力要求,制定并保持各项管理方案,以确保全体员工有能力完成其所承担的职业安全健康方面的任务和职责;

b.最高管理者应具备足够的职业安全健康管理能力或可以利用的资源,以辨识、消除或控制与作业相关的危害或风险,实施职业安全健康体系;

c.单位应根据其规模及活动的性质制定培训方案,其内容应包括:

(a)培训对象为单位的所有员工;

(b)由专业人员来完成;

(c)规定定期提供有效及时的新员工培训和知识更新培训;

(d)进行定期评审,根据需要对培训方案进行修改以保证其相关性与有效性,单位设有职业安全健康委员会者,它应参与培训方案的评审工作;

d.培训应是免费的,并在工作时间内进行。

③职业安全健康管理体系文件化

a.单位应根据其规模及活动的类型,建立并保持职业安全健康体系文件,其内容包括:

(a)单位的职业安全健康方针和目标;

(b)为实施职业安全健康管理体系所确定的关键岗位与职责;

(c)单位的重大职业安全健康危害或风险以及它们的预防和控制措施;

(d)职业安全健康管理体系框架内的管理方案、程序、作业指导书和其他内部文件。

b.职业安全健康管理体系文件应满足下述条件:

(a)文字通俗易懂,便于使用者理解;

(b)定期评审,必要时予以修改,同时向单位内所有相关人员或受其影响的人员进行传达。

c.单位应编写、管理和保存职业安全健康记录,记录应具有可识别性,记录的保存时间应予以确定。

d.在遵守有关保密规定的同时,员工有权获取与其作业环境和健康相关的记录。

e.职业安全健康记录应包括:

(a)国家关于职业安全健康问题的法律或法规;

(b)实施职业安全健康管理体系所产生的记录;

(c)有关工伤、疾病和事件的记录;

(d)影响员工安全健康的有毒物质暴露量、作业环境监测与员工健康监护的记录;

(e)主动与被动的测量记录。

④交流

a.单位应制定并保持有关交流的管理方案和程序,以达到下列目的:

(a)对内外部有关职业安全健康的信息予以接收、文件化并做出合理的响应;

(b)确保单位内各级职能部门间职业安全健康信息的顺利交流;

(c)确保员工及其代表所关心的职业安全健康问题,以及对这些问题的想法和建议被收集,并得到考虑和响应。

(3)计划与实施

①初始评审

a.单位应根据实际情况，通过实施初始评审对现有职业安全健康管理体系及相关管理方案进行评价。如果单位尚未建立职业安全健康体系或刚刚建成，则初始评审过程可作为建立职业安全健康管理体系的基础。

b.初始评审工作应由专业人员进行，并与员工及其代表进行协商交流。初始评审的内容包括：

(a)辨识现有的适用法律和法规、职业安全健康管理体系实施规范，以及单位签署的自愿计划和其他要求；

(b)对现有的和计划中的作业环境和作业组织中存在的危害和风险进行辨识、预测和评价；

(c)确定现有措施或计划采取的措施是否能消除危害或控制风险；

(d)对员工健康监护数据予以分析。

c.初始评审的结果应形成书面报告，并作为建立职业安全健康管理体系中各项决策的基础，为持续改进单位的职业安全健康体系提供衡量的基准。

②体系策划、实施与运行

a.单位开展职业安全健康管理体系策划工作的目的是督促其遵守国家的法律和法规，持续改进职业安全健康绩效。

b.单位应根据初始评审、复评的结果或其他可获得的资料做出安排，以制定充分合理的职业安全健康策划。策划方案应有助于保护员工的职业安全与健康，其内容包括：

(a)明确单位的职业安全健康目标和优先级，并根据实际情况对目标予以量化；

(b)制定为实现每一目标而需采取的计划，明确职责和绩效标准；

(c)选择相应的测量标准，以确认目标是否实现；

(d)提供足够的资源，包括人力、奖金及技术支持。

c.单位所制定的职业安全健康策划方案中应覆盖职业安全健康管理体系所有要素。

③职业安全健康目标

a.单位应依据职业安全健康方针和初始评审或复评结果为基础，依据有关法律法规，结合单位的特点、规模、活动类型及职业安全健康技术、制定具有实际意义并可测量的职业安全健康目标。目标的重点应放在持续改进员工的职业安全健康防护措施上，以达到最好的职业安全健康绩效。

b.目标应予以文件化，并向单位内所有相关职能部门和各层次的人员进行传达。

c.单位应对职业安全健康目标进行定期评审，必要时予以更新。

④危害预防

a.预防与控制措施

(a)单位应识别和评价各类影响员工职业安全和健康状况的危害和风险，并按如下优先顺序实施预防和保护措施：

ⓐ消除危害或风险；

ⓑ通过工程措施或组织措施从源头来控制危害或风险；

ⓒ制定安全作业制度，包括制定管理性的控制措施来消弱危害或风险；

ⓓ采用上述方法仍然不能控制残余危害或风险时，单位应免费提供个体防护用品(包括防护服)，并采取措施确保其得到使用和维护。

(b)单位应制定危害预防与控制程序或管理方案，这些程序或管理方案应符合下述要求：

ⓐ符合国家法律法规的要求,并得到有效的实施;

ⓑ与单位存在的危害和风险情况相适应;

ⓒ定期评审,必要时予以修订;

(c)单位在制定危害预防与控制程序或管理方案时,应考虑现有知识水平,以及其他单位(如劳动安全监察机构、职业安全健康服务机构及其他服务机构)的报告或信息。

b.动态管理

(a)单位内部的变化(如新用工制度、引入新工艺、新操作程序、新组织机构等)和外部的变化(如国家法律法规的修订、职业安全健康知识和技术的新发展等)对职业安全管理的影响都应进行评价,并在变化前采取适当的预防性措施;

(b)单位修改或引入新作业方法、材料、工艺或设备之前,应进行作业场所危害辨识和风险评价活动。风险评价时,应与员工及其代表、以及职业安全健康委员会进行协商,并请他们参与此项工作;

(c)单位实施各项变革措施前,应确保相关员工都得到通知和相应的培训。

c.应急预案与响应

(a)单位应建立并保持应急预案与响应计划,辨识潜在的事故和紧急情况,并阐明相应的预防性措施;

(b)应急预案与响应计划应与单位的规模和活动的性质相适应,并符合下述要求:

ⓐ保证在作业场所发生紧急情况时,能提供必要的信息、内部交流和协作,以保护全体人员的安全;

ⓑ通知并与有关的主管机构、邻近单位和应急响应部门建立联系;

ⓒ阐明急救和医疗救援、消防和作业场所内全体人员疏散问题;

ⓓ向单位内全体人员提供相关的信息和培训,包括定期开展应急预案与响应计划的演练活动。

(c)制定应急预案与响应计划时,应与外部应急响应服务机构和其他机构合作。

d.采购和租赁

(a)单位应当建立并保持有关采购和租赁活动的程序。采购和租赁活动应符合下述要求:

ⓐ符合相关的法律法规要求;

ⓑ在采购货物与享受服务前,识别出自身的职业安全健康要求;

ⓒ符合单位在采购和租赁说明书中提出的职业安全健康方面的要求;

ⓓ做出安排以确保使用前符合各项要求。

e.承包

(a)单位应建立并保持程序,以确保用人单位的各项职业安全健康要求(或至少相类似的要求)适用于承包商及其员工;

(b)针对单位作业场所内承包商所制定的程序应符合下述要求:

ⓐ包括评价和选择承包商时的职业安全健康标准;

ⓑ确保作业开始前,单位与承包方间在适当级别建立有效的交流与协调机制,包括有关危害情况交流、预防与控制措施的各项规定;

ⓒ包括承包方的人员在单位内作业时,如何报告作业场所内的工伤、疾病和事件的规定;

ⓓ在作业开始前和作业时,对承包方或其员工开展必要的职业安全健康知识教育和培训活动;

ⓔ定期监测作业现场承包方各项活动的职业安全健康绩效；

ⓕ确保承包方遵守现场职业安全健康管理程序和方案。

(4)评价

①绩效监测与测量

a.单位应制定并定期评审职业安全健康绩效的定期监测、测量和记录程序。明确管理部门中不同层次的人员在绩效监测方面的职责。

b.单位应根据其规模和活动的性质以及职业安全健康目标选择绩效指标。

c.单位应根据所辨识出的各类危害和风险，以及在职业安全健康方针和目标中所做出的承诺，确定适用的定性和定量测量方法。这些方法应能支持单位的评价过程，包括管理评审过程。

d.绩效监测与测量应包括主动的和被动的绩效测量，而不仅以工伤、疾病和事故的统计为基础。作为一种方法，其目的是确定职业安全健康方针和目标是否得到实施，风险是否得到控制。绩效监测与测量结果应予以记录。

e.监测活动应提供有关职业安全健康绩效的反馈信息，用来确定日常的危害辨识、预防和控制措施是否有效的信息和为改善危害辨识、风险控制和职业安全健康管理体系所需的决策依据。

f.主动的绩效监测应符合下述要求：

(a)符合国家法律法规及单位签署参加的各类关于职业安全健康问题的共同协议和承诺；

(b)监测各项具体计划、绩效标准和目标的实施效果；

(c)系统检查各项作业制度、房屋、车间与设备；

(d)监测作业环境状况，包括作业组织状况；

(e)定期对员工实施健康监护，即通过有效的体检或对员工的早期受损害症状进行追踪，以确定疾病预防和控制措施的有效性。

h.被动的绩效测量包括对如下事项的确认、报告和调查：

(a)工伤、疾病与事件；

(b)其他损失，如财产损失；

(c)不良的职业安全健康绩效和职业安全健康管理体系的失效；

(d)员工康复及恢复计划。

②工伤、疾病和事件及其对职业安全健康绩效影响的调查

a.单位对工伤、疾病和事件起因及潜在原因的调查应辨识出职业安全健康管理体系中存在的不足，调查结果应形成文件。

b.调查应由专业人员进行，必要时邀请员工及其代表参与。

c.建立职业安全健康委员会的单位，调查结果应与职业安全健康委员会交流，委员会应提出合理的建议。

d. 调查结果或职业安全健康委员会提出的建议还应与负责采取纠正措施的人员交流，作为管理评审的一项内容并在持续改进活动中予以考虑。

e.通过上述调查而采取的正确纠正措施应予以实施，以免类似的工伤、疾病和事件重复发生。

f.单位在符合保密要求的条件下，应参照内部调查报告处理方式进行处理外部调查机构(如监察机构和社会保险机构等)提出的调查报告。

③审核

a.单位应制定计划定期开展审核活动,确定职业安全健康管理体系及其要素是否恰当、充分、有效地保护员工的职业安全健康 ,预防各类事件发生。

b.单位应制定有关审核的原则和程序,包括明确审核员能力、审核范围、审核频次、审核方法和报告方式。

c.审核应包括对单位的职业安全健康管理体系各要素或一组要素的评价。

d.审核结论应确定所建立的职业安全健康管理体系各要素或一组要素是否达到下列要求:

(a)能确保单位遵守各项法律法规;

(b)能有效地满足单位的职业安全健康方针和目标;

(c)能有效地促进全体员工参与;

(d)对单位绩效评价结果及前次审核结果有所响应;

(e)能实现持续改进目标和获得最佳职业健康管理经验。

e.审核应由单位内部或外部专业人员进行,审核人员应与被审核活动无关。

f.审核结果与结论应与负责纠正措施的人员交流。

g.员工必要时可参与审核员的选择以及作业场所审核的各阶段工作,包括审核结果的分析。

④管理评审

a.单位应对下述事项管理评审:

(a)评价职业安全健康管理体系的总策略,以确定其是否能满足计划实现的绩效目标;

(b)评价职业安全健康体系是否能满足单位及其投资方,包括员工及政府主管机构的要求;

(c)评价是否需要对职业安全健康体系做出调整,包括对职业安全健康方针和目标的调整;

(d)识别为及时纠正不足应采取的措施,包括对单位管理机构及绩效测量方式所做出的调整;

(e)为制定有效的计划和持续改进措施提供反馈信息,包括各项措施的优先顺序;

(f)评价单位职业安全健康目标和纠正措施的进展;

(g)评价前次管理评审所制定的各项措施的有效性。

b.单位应根据其自身的需求与条件,确定最高管理者参加职业安全健康管理体系管理评审的频次与范围。

c.管理评审应考虑如下因素:

(a)工伤、疾病和事故的调查结果,绩效监测与测量结果,审核活动的结果;

(b)内部和外部因素及各种可能影响单位的职业安全健康管理体系的变化,包括单位内部的变化;

d.管理评审的发现应予记录,并向负责职业安全健康管理体系相关要素的人员、职业安全健康委员会、员工及其代表正式通报,以便他们能采取适当措施。

(5)改进措施

①预防与纠正措施

a.单位应针对职业安全健康管理体系绩效监测与测量、审核和管理评审所提出的预防与

纠正措施,制定管理方案并予以保持,方案中应包括如下内容:

ⓐ辨识并分析与职业安全健康法规和(或)职业安全健康管理体系不符合的根本原因;

ⓑ启动、策划、实施、检查各项纠正与预防措施的有效性,包括职业安全健康管理体系自身的变化,并形成文件。

b.单位评价职业安全健康管理体系时,如发现或其他资料显示危害预防与控制措施不够充分或可能不充分时,应按预防与控制措施的优先顺序进行及时合理的调整,并将此过程形成文件。

②持续改进

a.单位制定管理方案并予以保持,以持续改进职业安全健康管理体系各有关要素及整个体系。方案中应考虑以下因素:

(a)国家法律法规、自愿计划和共同协议;

(b)单位的职业安全健康目标;

(c)危害辨识与风险评价的结果;

(d)绩效监测与测量的结果;

(e)工伤、疾病和事件的调查及审核的结果与建议;

(f)管理评审的结果;

(g)单位所有成员,包括职业安全健康委员会对持续改进的建议;

(h)所有新的相关信息;

(i)有关健康保护与促进计划的结果。

b.单位的职业安全健康过程与绩效应与其他单位相比较,以改善其职业安全健康绩效。

根据建筑行业的特点、性质和体制等实际情况,众多企业的安全保证体系目前一般分为:

1.以企业经理为首的各级生产指挥,安全管理保证体系;

2.以党委书记为首的各级党委部门把思想政治工作贯穿于安全生产中的安全思想工作保证体系;

3.以工会主席为首的发挥工会组织"教育、协助、监督"职能的群众监督保证体系;

4.以团委书记为首的青年职工安全生产保证体系;

5.以总工程师、总经济师、总会计师为首的安全技术、安全技术措施计划、安全技术经费计划保证体系;

6.以安全部门为主的专业安全管理、检查保证体系。

下面我们以公路工程施工项目为对象,对相关的内容进行介绍。

二、安全管理体系及安全职责

(一)施工项目安全控制要点和安全职责

1.执法和守法。项目经理部在学习国家、行业、地区安全法规的基础上,制定自己的安全管理制度,并以此为依据,对施工项目的安全施工进行经常的、制度化和规范化的管理,也就是执法。守法是按照安全法规的规定进行工作,使安全法规变为行动,产生效果。

2.建立施工项目安全组织系统和施工安全责任保证体系(图 1-3)以加强安全组织工作。

3.进行安全教育。安全教育包括安全思想教育和安全技术教育,目的是提高职工的安全施工意识,提高安全操作技能。

4.采用安全技术组织措施,其中包括技术措施和组织措施,既要科学合理地进行措施的设计和制定，又要确保其实施。只要思想重视、措施得当，就会将不安全因素排除，防患未然，变有害作业为安全作业，确保安全施工。

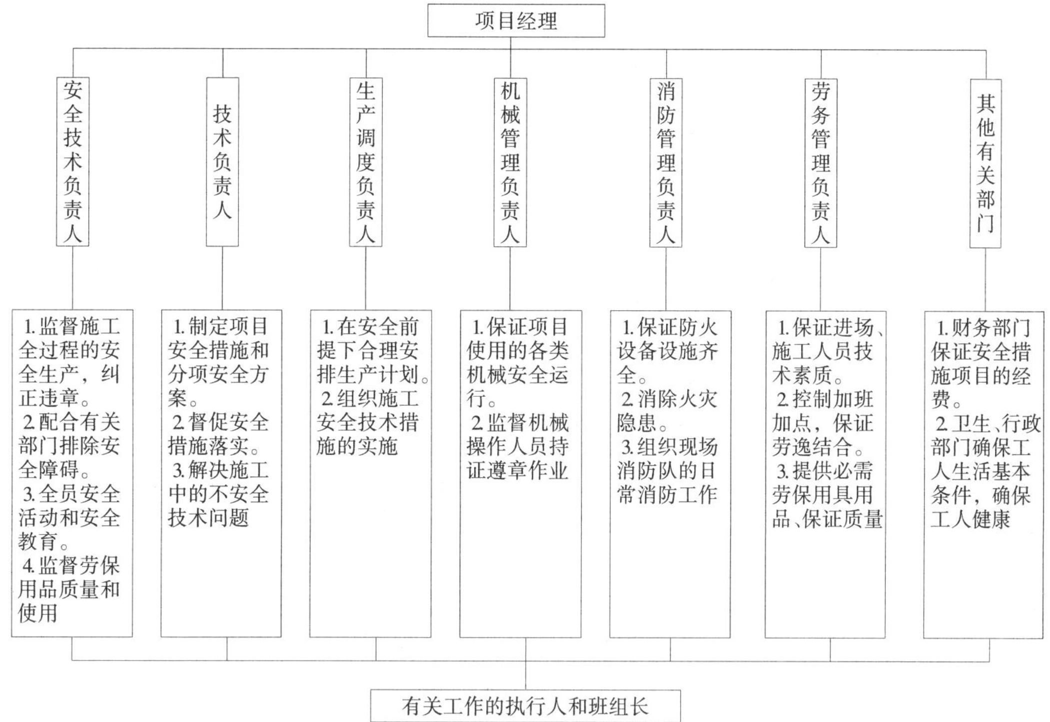

图 1-3　施工项目安全施工责任保证体系

5.开展安全防护和安全施工的研究，发现施工过程中有损职工身体健康和人身安全的各种因素，开发劳动保护和事故预防的新途径，使安全施工科学化，提高安全施工的保障水平。

6.加强安全检查和考核，发现安全防护的薄弱环节、检查执行安全纪律和规章制度的状况、工人的劳动条件是否安全等，从而解决问题，进行安全改进，推广经验，提高安全施工水平。

(二)项目经理的安全职责

《安全生产法》明确规定：生产经营单位的主要负责人对本单位安全生产工作负有下列职责：

1.建立、健全本单位安全生产责任制；

2.组织制定本单位安全生产规章制度和操作规程；

3.保证本单位安全生产投入的有效实施；

4.督促、检查本单位的安全生产工作，及时消除生产安全事故隐患；

5.组织制定并实施本单位的生产安全事故应急救援预案；

6.及时、如实报告生产安全事故。作为项目经理，还应做好以下工作：

(1)作为施工项目安全施工的责任核心，对参加施工的全体职工的安全与健康负责，组织制定安全健康方针、目标、计划与实施、评价及改进工作，并把安全生产责任落实到每一个生产环节中。并组织作好体系的各项文件化工作 。

(2)组织施工项目中的安全施工教育。

(3)配备施工项目的安全技术人员。保证安全工作的资源供给和工作时间。

(4)定期组织召开安全生产会议，研究安全措施和对策。组织安全体系评审工作。

(5)每天巡视施工现场,发现隐患,组织解决。

(6)组织开展现场安全施工活动,建立安全施工工作日志。

(7)主持处理施工现场发生的重大安全事故。

(三)作业人员必须遵守的安全纪律

1.没有安全技术措施和安全交底不准作业。

2.安全设施未做到齐全有效不准作业。

3.危险作业面未采取有效安全措施不准作业。

4.发现事故隐患未及时排除不准作业。

5.不按规定使用安全劳动保护用品不准作业。

6.非特种作业人员不准从事特种作业。

7.机械电器设备安全防护装置不齐全不准作业。

8.对机械、设备、工具的性能不熟悉不准使用。

9.新工人不经培训,或经培训考试不合格者不准上岗作业。

10.认真学习并严格执行安全技术操作规程,自觉遵守安全生产规章制度。

11.积极参加安全活动,认真执行安全交底要求的规定,不违章作业,服从安全人员的指导。

12.发扬团结友爱精神,在安全施工生产上做到互相帮助、互相监督。对新工人要积极传授安全生产知识。维护一切安全设施和防护用具,做到正确使用,不准拆改。

13.对不安全作业要敢于提出意见,并有权拒绝违章指令。

14.发生伤亡和未遂事故,要保护现场并立即上报。

15.给予职工以下拒绝权:

①在安排施工生产任务时,如不安排生产安全措施,职工有权拒绝上岗作业。

②现场条件有了变化,安全措施跟不上,职工有权拒绝施工。

③干部违章指挥,职工有权拒绝服从。

④设备安全保护装置不安全,职工有权拒绝操作。

⑤在作业地点条件发生恶化,容易造成事故的条件下,不采取相应的措施,职工有权拒绝进入作业地点。

(四)班组长的职责

1.班组长要模范遵守安全生产规章制度,领导本班组安全作业。

2.认真按要求组织班组成员学习有关安全施工生产的知识、规定。

3.安排生产任务时,要认真执行技术交底的规定要求,严格执行安全操作规程,有权拒绝违章指挥。

4.上工前要对所使用的机具、设备、防护用具及作业环境亲自组织进行安全检查,发现问题立即采取改进措施,及时消除事故隐患。不能解决的,应及时上报。

5.组织班组开展安全活动,开好班前安全生产会,做好收工前的安全检查,组织(一周)安全讲评工作。

6.发生工伤事故要立即组织抢救,保护好现场并立即向上报告。

7.注意和关心工人身体状况,合理排工。

(五)生产计划部门的安全责任要点

1.在编制下达生产计划时,要考虑工程特点和季节气候条件,合理安排,并会同有关部门提出相应的安全要求和注意事项。安排月旬作业计划时，要将支护、搭脚手架等列为正式工作，给予时间保证。

2.在检查月、旬施工生产计划时，要同时检查安全措施的执行情况及其效果。

3.在排除施工生产障碍时，要贯彻“安全第一”的思想，同时消除不安全隐患，遇到生产与安全发生矛盾时，生产必须服从安全，不得冒险违章作业。

4.对改善劳动条件的项目必须纳入生产计划，视同生产任务并优先安排，在检查计划完成情况时，一并检查。

5.加强对现场的场容场貌管理，做到安全生产、文明施工。

(六)技术部门的安全责任要求

1.对施工生产中的有关技术问题负安全责任。

2.对改善劳动条件、减轻笨重体力劳动、消除噪声、治理尘毒危害等情况，负责制定技术措施。

3.严格按照国家有关安全技术规程、标准等，编制、审批施工组织设计、施工方案、工艺等技术文件，使安全措施贯穿在上述各项的内容之中，并要特别注意安全措施的可操作性和可靠性。负责解决施工中的疑难问题，从技术措施上保证安全生产。

4.对新工艺、新技术、新设备、新材料、新施工方法要制定相应的安全措施和安全操作规程，必要时，应做试用试验，以保安全、完善和可靠。

5.会同劳动、教育部门编制安全技术教育计划，对职工进行安全技术教育。

6.进行技术交底时，应明确、规范、细致地一并进行安全要求和相关规定的交底。

7.参加安全检查，对查出的隐患因素提出技术改进措施，并检查执行情况及效果。

8.参加伤亡事故和重大未遂事故的调查，针对事故原因提出技术措施。

(七)机械动力部门的安全责任要求

1.制定安全措施，保证机、电、起重吊装设备、锅炉、其他压力容器等安全运行。对所有现用的安全防护装置及一切附件，经常进行检查，应保证齐全、灵敏、性能可靠、有效、安全，并督促操作人员进行日常维护，使其处于正常、良好的技术状态。

2.对严重危及职工安全的机械设备，应会同技术部门提出技术改进措施，并付诸实施。

3.新购进的机械、锅炉、其他压力容器、电器等设备的安全防护装置必须齐全、有效。出厂合格证及技术资料必须完整，使用前要制定安全操作规程。

4.负责对机、电、起重吊装设备的操作人员，锅炉、其他压力容器的运行人员定期培训、考核并签发作业合格证。制止无证上岗。

5.认真贯彻执行机、电、起重吊装设备、锅炉、其他压力容器的安全规程和安全运行制度。对违章作业人员要严肃处理，发生机、电等设备事故要认真调查分析。

(八)材料供应部门的安全责任要点

1.供施工生产使用的一切机具和附件，在购入时必须有出厂合格证明，发放时必须符合安全要求，回收后必须检修。

2.对采购的危险品、有毒品材料，应严格按国家有关规定办理，如炸药、雷管等还必须按国家有关安全规定组织运输、贮存，并制定严格的保管、领用等制度；对材料，如袋装水泥、预制构件、钢材等的堆放、码砌，必须符合安全要求，不得在领用过程中出现伤人事故。

3.对购进用于支护的成品材料，如架管、扣件等均应按规定验收合格，达到使用强度要求，以保证在使用中不出现安全事故。

4.采购的劳动保护用品,必须符合规格、标准。

5.负责采购、保管、发放、回收劳动保护用品,并向本单位劳动部门提供使用情况。

6.对批准的安全设施所用材料应纳入计划,及时供应。

7.对所属职工经常进行安全意识和纪律教育,组织职工学习掌握对材料特别是一些危险品的性能、贮存、保管的安全要求、规定,如炸药、雷管等。

(九)劳动部门的安全责任要点

1.负责对劳动保护用品发放标准的执行情况进行监督检查,并根据上级有关规定,修改和制定劳保用品发放标准实施细则。

2.严格审查和控制上报职工加班、加点和营养补助,以保证职工劳逸结合和身体健康。

3.会同有关部门对新工人做好入场安全教育,对职工进行定期安全教育和培训考核。

4.对违反劳动纪律,影响安全生产者应加强教育,经说服无效或屡教不改的应提出处理意见。

5.参加伤亡事故调查处理,认真执行对责任者(工人)的处理决定,并将处理材料归档。

(十)财务部门的安全职责要点

1.按国家规定要求和实际需要,提取安全技术措施费和其他劳保用品费,专款专用。

2.负责拨给对职工进行安全教育所需宣传费用。

3.依法参加工伤社会保险,为从业人员缴纳保险费。

(十一)教育部门的安全责任要点

1.组织各种学习班时,都必须安排安全教育课程。

2.各企业举办的各类专业学校,要设置劳动保护课程,课时不少于总课时的1%~2%。

3.将安全教育纳入职工培训计划,负责组织职工的安全技术培训和教育。

(十二)人事部门的安全责任要点

1.根据本单位实际需要,配备具有一定文化程度、技术水平和实践经验的安全干部,并注意解决安全干部的新老交替问题。按有关规定安全专职人员应按企业职工总数3‰~5‰配备。企业的安全检查人员属生产人员,应保持稳定,不要轻易调动。

2.会同有关部门对施工、技术、管理人员进行遵章守纪教育。

3.参加重大伤亡事故的调查,认真执行对责任者(干部)的处理决定,并将处理材料归档。

(十三)卫生部门的安全责任要点

1.经常进行劳动卫生宣传教育;及时提出防暑药物、清凉饮料配方;做好测尘、测毒工作;对从事砂尘、粉尘、有毒、高温、高空作业人员,必须进行定期健康检查,做好职业病的治疗工作和建档建卡工作。

2.发生工伤事故后,积极采取抢救、治疗措施,并向事故调查组提供伤势情况。

3.组织配合有关部门对职工进行体格普查,对特殊工种要定期做体格检查,发现不适应某种工作的应向有关部门提出建议,及时作出妥善处理。

(十四)行政部门的安全责任要点

1.经常对本单位职工进行安全生产教育。对正在使用的机电设备和炊事机具指定专人负责,并定期检查维修,保证安全防护设施齐全、灵敏、有效。

2.正确使用防暑降温费用,保证暑期清凉饮料按标准供应。

3.安装冬季取暖火炉必须符合安全要求,做到定期检查,防止煤气中毒。

(十五)宣传部门的安全责任要点

1.大力宣传党和国家的安全生产方针、政策、法令,教育职工树立安全第一的思想。

2.配合各种安全生产竞赛活动,做好宣传鼓动工作。

3.及时总结报导安全生产的先进事迹和好人好事。

(十六)保卫消防部门的安全责任要点

1.协同有关部门对职工进行安全防火教育,开展群众性安全生产活动。

2.主动配合有关部门开展安全大检查,狠抓事故苗头,消除治安灾害事故隐患。重点抓好防火、防爆、防毒工作。

3.对已发生的重大事故,协同有关部门组织抢救,查明性质;责任事故由有关部门处理,对性质不明的事故要参与调查;对破坏和破坏嫌疑事故负责追查处理。

三、安全员的责任要点

1.安全员的权利、任务与责任

1)安全员的权利

(1)遇有严重隐患或违反规章制度的行为、有可能立即造成重大伤亡事故危险、特别紧急的不安全情况时,有权指令先行停止生产,并且立即报告领导研究处理。

(2)有权检查所在单位对安全生产方针或上级指示贯彻执行的情况。

(3)对不认真执行指示的单位或个人,有权越级向上汇报。

2)安全员的任务

(1)参加编制年度安全措施计划和安全操作规程、制度的制定工作。

(2)指导生产班组安全员开展安全工作。

(3)会同有关部门做好安全宣传教育和培训,总结和推广安全生产的先进经验。

(4)参加伤亡事故的调查和处理,做好工伤事故的统计、分析和报告,协助有关部门人员提出防止事故的措施,并督促他们按期实现。

(5)经常对现场、车间、仓库、试验室等处的安全进行检查,及时发现各种不安全问题。

(6)督促有关部门人员按规定及时分发和合理使用个人防护用品、保健食品和清凉饮料。

(7)会同有关部门人员做好防尘、防毒、防爆、防暑降温和女工保护工作。

3)安全员的责任

(1)所在单位如安全工作长期存在严重问题,既没有提出意见,又没有向上级汇报,因而发生了事故,要负责任。

(2)在安全检查工作中不深入细致,放过了严重事故隐患,而造成了事故,要负责任。

(3)在安全评比工作中,由于掌握资料不真实,以致影响评比工作,要负责任。

2.严格坚持安全操作规程,加强宣传教育,增强责任心

要坚持安全生产制度,没有劳动纪律和规章制度,也就没有办法组织正常的生产,安全也就没有保证。

为此,对规章制度,我们要严字当头,严肃对待,严格要求,严格执行。按照安全规章制度办事,符合客观规律,就能做到安全生产。不断总结经验,坚持把高度的工作热情同严格的科学态度相结合,建立健全以岗位责任制为中心的安全管理制度、安全教育制度、安全操作制度、编制安全技术措施、计划制度、事故调查报告制度等。

为了贯彻安全生产规章制度,把安全生产方针政策、规程、制度变为群众的自觉行动就应该:

1)加强贯彻执行安全卫生法规的宣传教育。

(1)加强安全生产、劳动保护的宣传教育工作,就要大力宣传党和国家的安全生产方针、政策、法令。在安全思想工作中,必须以真人真事为题材、采取广播、黑板报、标语等宣传形式和举办安全生产快报、安全活动日、安全生产图片展览等向职工进行遵守规程、遵守制度的教育。其形象生动,通俗易懂,是职工乐于接受的一种教育方法。

(2)组织劳动保护学术讨论,召开安全生产座谈会,报告会。用本单位或其他单位历年工伤事故中的教训及劳动保护用品用具所发挥的巨大作用的实际事例,来提高职工的安全生产意识,树立安全生产、文明生产的正确思想。请有事故教训的工人现身说法,摆没有安全规章制度的危害,或组织职工把日常在安全生产方面的经历和体会,向职工介绍和宣传等方法进行教育。既教育了别人,又教育了自己。

(3)用事故教训、树立样板、表扬先进的方法进行安全教育。抓住正反典型事例,就地召开现场会,说服力强,教育深刻。或者是结合党的安全生产方针、政策、规章制度,组织力量画成图片、组画,举办展览,既是生动的实例教育,又进一步认真贯彻了安全规章制度。通过这种方法来传播安全生产经验,吸取事故教训,也是最有效的教育方法。

(4)开展安全技术培训。定期或不定期组织领导干部、专兼职安全员、从事危险性较大的作业工种(如起重、电气、焊接、沉箱、潜水、爆破等)人员进行安全技术训练和安全生产布置及安全操作的培训。或用有计划地组织安全技术讲座,实际操作表演等方法进行安全教育,从而提高职工的安全技术知识和安全操作水平及开展安全工作的方法。

2)安全生产规章制度,是我们在安全生产上的行动规则,是指导安全工作的准则。

(1)在新工程和重大特殊工程开工前,应坚持由技术、施工部门编制施工中各个阶段的安全技术措施。如起重架子、高大脚手架的负荷计算、锚固措施、架设和拆除的程序和方法;脚手架施工时架设安全网的程序、方法;吊装工程高空作业系结安全带挂绳的方法;多层作业隔离措施的设置方法;土石方开挖的边坡大小和架设支撑的措施;施工机具制动装置的技术要求;电气设备接零接地的方法和技术要求;爆破工程用药量与警戒时间和范围的规定等等。安全技术措施力求具体明确,切实可行。

(2)在不同生产时期,大造声势,提醒教育职工在生产中注意安全作业。针对工程性质、工种,写有警示性的大字标语张贴,以此提醒教育操作者按施工程序和操作规程作业,确保安全。或针对现场具体情况,利用话筒喊话、广播喊话,提醒群众注意安全生产。

(3)当新工人、代培工人和实习学生进入生产现场前,严格执行入场安全教育和岗位安全教育。教育内容是:讲解党的劳动保护政策和安全生产的重要意义;介绍安全生产和安全事故的一些典型事例;交待本单位的与安全生产有关的规定和安全注意事项等。岗位安全教育:具体介绍现场各岗位安全操作注意事项,劳动保护用品,安全操作装置、用具的使用性能等。必要时指定有实际经验的老师傅进行安全操作指导。

总之,认真贯彻执行安全生产规章制度,形式是多种多样的,但必须使群众易于接受、领会,而又能很快地见之于行动。因此,掌握生产进程,抓紧一切安全生产中的实际事例,开展一定形式的活动,这样既灵活而又生动地教育了群众,也将安全生产规章制度认真贯彻在正常生产活动中。

3)坚持贯彻执行安全生产规章制度,遇到问题不马虎迁就,得过且过。

安全卫生规程是指导干部组织安全施工,指导工人安全操作的基本依据。

(1)加强法制教育,增强法制观念。在安全工作中,除思想教育,健全制度,落实措施,搞好预防外，加强法制教育，严格依法处理职工伤亡事故，体现了党和政府对国家财产和人民生命安全的高度负责，是吸取教训、搞好安全、保证经济建设顺利进行的重要措施。要经常性地对广大职工群众进行知法、守法的宣传和教育，向他们宣传党和国家有关的政策、法规，使他们知法、遵法、守法。

(2)忠于职守，责任明确。

要建立正常的安全生产秩序，贯彻以责任制为中心的领导、群众、专业部门三结合，加强管理、实现安全生产。要使安全工作形成经常化、制度化、计划化、群众化。

各级领导班子必须做到“五要”：

①要正确处理好安全与生产的矛盾，班子中要有领导分管安全生产。

②要对本单位安全生产和劳动保护、文明生产情况做到“家底清”，心中有数。

③要坚持每月一次定期研究安全生产，要有专门会议记录可查。

④要带头学习贯彻执行党和政府颁发的有关安全生产劳动保护的方针、政策、法令，做好安全思想教育工作。

⑤要坚持“五同时”制度，即研究生产同时研究安全，布置生产同时布置安全，检查生产同时检查安全，总结生产同时总结安全，表彰先进生产者同时表彰安全先进工作者。

(3)有法必依，执法必严。

强调坚持按安全操作规程作业，按安全制度办事，但应加强宣传教育，掌握情况，发现问题，热情帮助施工人员，共同努力，研究解决措施。

4)依靠党的领导，充分发动群众管好安全生产。

专职安全员在工作中必须依靠党的领导，多请示、多汇报，真正当好领导参谋。既反映情况和问题，也要提出解决问题的意见、建议，反映情况真实，实事求是，真正当好领导的参谋，成为领导在安全生产上的得力助手。

安全员在工作中，要充分发动全体职工参与安全管理，坚持“安全生产，人人有责”的原则，开展多方面的活动。

(1)组织编写安全生产快报、广播稿、表扬好人好事，指出不安全因素或问题，使大家时时记得安全生产这个大课题。

(2)开展安全技术交底活动，班组安全员、安全值日检查和群众、班组安全自检和互检。形成有布置、有交底、有检查的群众性的安全生产活动网。

(3)除组织定期性的安全大检查外，可不定期地组织以老工人为主，班组安全员参加的安全生产大检查。对检查出来的问题，采取定人、定时间、定措施的办法来解决。

(4)开展定期的(如百日)无事故竞赛，发动群众找事故苗子，查事故隐患，积极采取措施，以保证安全生产，也促进人人重视安全，执行规章制度的自觉性。

(5)提出安全生产课题，广泛发动群众攻关、创新，献计献策。

(6)组织安全生产知识竞赛、演讲会。

总之，可以根据实际情况，组织多种多样的活动，不断提高广大职工对安全生产的认识，自觉地参与安全管理。

5)认真调查事故、分析事故、总结提高，掌握客观规律，增强预防事故发生的效果。

专职安全员应对事故进行认真深入地调查了解，获得第一手资料，不能只听汇报、反映，做到小事故当大事故、未遂事故当成已遂事故来抓，兄弟单位的事故作为借鉴当作本单位的事故来抓。其最主要的目的不是为“抓”而“抓”，而是为了掌握事故发生的客观规律，增强我们预防事故发生的能力。因此,要求安全员对每一事故发生前后的每一细微的情况,实事求是,弄清事故的时间、地点、研究事故受害者的工作环境、本人的情况,包括身体和思想情况,在作业中工具、材料、机具设备情况,技术交底情况,对操作规程是否熟悉,是否持证上岗,现场管理情况等是否存在不安全因素,是哪些不安全因素,是如何诱发事故的等等。掌握情况多,研究分析实事求是,我们就能摸出规律,提高驾驭能力。

安全工作的实践告诉我们,下述情况下,容易出现不安全问题,要特别注意加强安全管理和思想教育工作:

(1)生产忙、任务重时,往往容易产生只抢进度、不顾安全,违反科学,盲目蛮干,特别是当能获得较多的经济利益(如高奖金等)更易忽视和不顾安全,自然也就容易出现事故。

(2)骄傲自满,自以为很有经验,忽视操作规程要求,对安全制度漫不经心,存在侥幸心理,则容易出现安全事故。

(3)过年、过节、休假、探亲前后,精力往往不集中,思想开小差,则容易出现安全事故。

(4)雷雨季节,施工现场上的临时构造物易于倒塌,电气、机械设备的防雷接地易出现问题,则易于出现安全事故。

(5)盛夏酷暑季节、露天作业,易于出现中暑事故。

(6)冬季天冷,在作业点烧火烤火或在室内用烧煤取暖容易出现火灾、煤气中毒事故,防寒不到位,手脚易于冻伤。

(7)工程竣工收尾时,思想容易松懈,比工程开工和进入高峰时更容易出现事故。

(8)夜间作业比白班作业、前半夜作业比后半夜作业(由于人的身体关系)容易出现事故。

(9)新工人安全技术知识不足,对安全生产防护用具不了解,往往使用不当,或嫌麻烦而不愿使用等,容易出现事故。

(10)地下作业、高空作业、水下作业、近水作业等比地上作业更易出现事故。

(11)使用新机械、新材料、新工艺比按传统作业更易出现事故。

(12)危险品与有毒材料的存储、保管比一般材料更容易出现事故。

我们还可以列出其他容易出现安全事故的情况。这些都反映了事故发生都有很好的规律性。这样,我们就能结合实际情况,有针对性地采取措施,预防安全事故的发生。下面是在多年实践基础上总结出来的一些搞好安全生产工作的经验:

(1)抓好“三基”工作

①抓好基础工作,加强安全思想教育,树立安全第一的观念。特别要通过真人真事、现实思想的教育,打好安全思想基础。

②抓好基层工作

要抓好基层工作,一定要健全队组安全组织,充分发挥队组安全员的作用,通过队组安全员在群众中开展各种安全活动和宣传教育。

③抓好基本功

使每个职工都熟悉各自工作范围内的安全基本知识与要求,平时知道应如何正确操作,遇到问题知道怎样处理。

(2)抓好“三种人”的工作

①做好新工人、生产技能较低的工人和已遂、未遂事故责任者的工作,加强对他们的帮助与教育,注意他们的思想情绪变化,认真而有效地帮助他们解决思想上和技术上的问题。

②做好干部和技术人员的工作,严格要求,具体帮助,使他们真正做到安全工作和生产工

作的“五同时”。

③做好安全生产积极分子和先进人物的工作，及时推广他们的经验，表彰他们的先进事迹，加强对他们的培养，充分发挥他们的模范带头作用。

(3)抓住“三个时间”

①节前节后思想容易波动。

②任务紧张时，为赶任务，容易忽视安全。

③天气或生产条件变化时，工人对新环境不熟悉、不习惯，容易出事故。

应认真抓好这“三个时间”的安全工作。

(4)抓好“三件事”

①每月抓好“三件事”

a.抓好每月安全工作计划措施的制定。

b.抓好每月安全工作计划措施的实现。

c.抓好每月安全工作的总结评比。

②每天抓好“三件事”

a.班前抓好安全讲话。

b.班中抓好安全巡视。

c.交班抓好安全检查。

③每项工作抓好“三件事”

a.开工前抓好安全工作的布置和交底。

b.施工过程中抓好现场安全情况的检查和事故的严肃处理。

c.完工后抓好安全生产经验的总结和工作质量的验收。

(5)抓好“两个结合”

①安全工作与其他工作相结合。

②安全教育与技术培训相结合。

(6)抓好“三发言”

①班组安全员班前会上的发言：介绍班组安全情况，交待安全注意事项。

②班组安全员施工过程中的发言：积极进行安全喊话，发现问题及时提出意见。

③班组安全员月终总结会上的发言：如实反映每个人在安全生产方面的表现，提出表扬评定意见。

(7)抓好“八防”工作

①防触电

②防爆炸

③防高处坠落

④防物体打击

⑤防机械伤害

⑥防坍塌等事故

⑦防水下作业和近水作业出问题

⑧防有毒气体伤害

安全生产工作是一项经常性的、长期的、细致的工作，必须坚持“预防为主”的方针，应严字当头，依靠群众，把好关。

四、人的不安全行为与物的不安全状态

事故是指发生在生产过程中，违背人们意愿且又失去控制的事件。具体到施工生产活动中，事故总是要构成人体伤害或造成财产损失的。人们不希望发生任何事故，但事故却总是要在人们对危险因素控制不力，对危险趋势不可遏制后而突然发生。

在施工生产活动中，随时随地都会遇到、接触、克服多方面的危险因素。一旦对危险因素失控，必将导致事故。在出现雷电、起重超负荷、深孔或隧道中的有害气体超标时，如对它们失去控制，则雷击、起重倾翻、在深孔或隧道中作业的人遭受污染中毒的事故可能随之发生。

事实证明：人、物和环境因素的作用是产生事故的根本原因。从对人和管理两方面去研究事故，人的不安全行为和物的不安全状态，均是酿成事故的直接原因。

(一)人的不安全行为与人的失误

不安全行为是人表现出来的，与人的心理特征相违背的非正常行为。人在生产活动中，曾经引起或可能引起事故的行为，必然是不安全行为。

人出现一次不安全行为，不一定就会发生事故，造成伤害，然而不安全行为，一定会导致安全事故。既使某项事故主要原因是物的因素作用，但也不能排除隐藏在不安全状态背后人的行为失误和转换作用。例如，某滑坡体存在滑坡的不安全因素，如果到了春天雨季，雨水过多，则出现滑坡、出现事故，但是如果未到雨季，雨水并不多，下滑力还未达到导致滑坡的水平，它仍然处于稳定状态，但我们如果乱取土或乱弃土，则可能使抗滑力降低或增大了下滑力致使滑坡产生。

事故致因中，人的因素指个体人的行为与事故的因果关系。而个体人的行为就是个体人遵循自身的生理原理而表现的行动。任何人都会由于自身与环境因素的影响，对同一事故的反映、表现与行为出现差异。例如：在施工生产活动中，材料或成品的汽车运输是必不可少的，而且运输量相当大。要不发生运输安全事故，则要求驾驶员能正确无误地控制“环境—驾驶员—汽车”这一驾驶控制系统。为了认识上述这个重要的致因，我们就此作更为详细的分析，以起到举一反三的作用。图 1-4 为驾驶控制系统图。

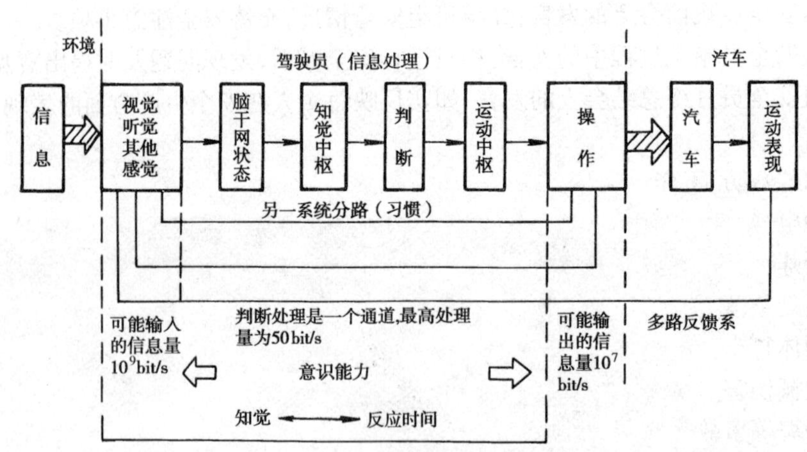

图 1-4　驾驶控制系统

从图 1-3 不难看出系统中环境、人、物(汽车)之间的关系。对于驾驶员(人)，要求要有很好的视觉机能，因这直接影响到信息的获取，行车安全。其视觉机能主要包括：

1)视觉特性

(1)视力

视力是指眼睛辨别物体大小的能力。视力分为静视力和动视力。静视力是指人静止时的视力。我国驾驶员体检时要求视力两眼各为0.7以上或两眼裸视力不低于0.4,但矫正视力必须达到0.7以上,无红、绿色盲。动视力是指汽车运动过程中驾驶员的视力。动视力随速度的增快而迅速降低。同时,动视力还与驾驶员的年龄有关,年龄越大,视力越差。

(2)视野

视野是指两眼注视某一目标,注视点两侧可以看到的范围。视野受到视力、速度、颜色、体质等多种因素的影响。静视野范围最大,随着车速的增加,驾驶员的视野明显变窄,注视点随之远移,两侧景物变模糊。

(3)色感

驾驶员应能很好地辨认和感觉交通信号灯的颜色。

2)反应特性

反应是由外界因素的刺激而产生的知觉—行为过程。它包括驾驶员从视觉产生认识后,将信息传到大脑知觉中枢,经判断,再由运动中枢给手脚发出命令,开始动作。知觉—反应时间是控制汽车行驶性能的最重要的因素。反应时间的长短取决于驾驶员的素质、个性、年龄、对反应的准备程度以及工作经验。

3)驾驶员的心理特点和个性特点

身心健康是安全行车必不可少的条件。思想上注意安全,有平静的精神状态,安定审慎的性格也是必要条件。事实证明:情绪不稳定、易冲动、缺乏协调性、行为冒失、缺乏安全观念、侥幸心理、责任心不强等往往容易造成行车事故。

不同的个体人在一定动机驱动下,为了某些单纯目的,表现的处理行为也很不一致。但不同的个体人都遵循着同一程序,即:行为起因(动机)—激励(因素影响)—目的(目标)。

上面的分析说明人的自身因素是人的行为根据、内因。因此,我们在安全工作中,要强调加强对人的不安全行为与人失误的管理与控制。必须对不安全行为心理进行控制。

环境因素是人的行为外因,是影响人的行为的条件,甚至产生重大影响。例如上例中的汽车运输,如遇到不好的环境因素,像大雾天气、道路冰冻、毛毛细雨天等,则对驾驶员的视野带来极大影响,事故易于发生,同时由于路面的摩擦系数的下降,事故也易于发生。在施工中,如果施工现场零乱不堪,各种材料、物件乱堆乱放,就容易发生事故。因此,在施工安全工作中,应加强对环境因素的管理与控制,采取有针对性的各种措施,化解不安全的环境因素的影响。

1.人的信息处理过程

人在自身因素基础上,处理环境因素的刺激程度,是决定人的行为性质的关键。如上面所说,在雾天开车,应采取慢速,精力集中等措施,如果处理不当,自然会发生安全事故。

人对环境因素或外界信息判断处理过程,称为人的信息处理过程。在施工生产现场,情况复杂,这种处理过程是很多的、经常的。信息输入大脑,经过处理后形成决策。通过神经系统向相应的器官传达决策指令,转化为行为。形为形成后,器官又通过神经把行为反馈给大脑,以对行为的正确程度进行监测。

人能够正确地执行决策所确定的行为,对创造良好的人机控制条件是非常重要的。

2.人失误

人失误是指人的行为结果偏离了规定的目标或超出可接受的界限,并产生了不良影响的行为。已造成事故的行为,必定是不安全行为。在施工生产活动中,往往人失误是不可避免的。

1)人失误具有人能力的可比性

工作环境可诱发人失误,以及反映离岗人员职责缺陷等,在编制操作规程和操作方法时,往往侧重考虑生产和产品条件,忽视人的能力与水平,因而存在着促使发生人失误的可能性。所以在生产中凭直觉、靠侥幸,是不能长期成功地维持安全生产的。

2)人失误的类型

实践和研究表明,在各种性质、类型的生产活动中,从事施工生产活动的各类操作人员,都可能发生人失误。而操作者的不安全行为,则能导致人失误而发生事故,这也是人失误直接导致的结果。发生在管理者的人失误,表现为管理或决策失误,则具有更大的危险性。

在不同条件下,不同的起因所引发的人失误具有不同的类型,大体可以分为:

(1)随机失误

随机失误是指由于人的行为、动作的随机性质所引起的人失误。它与人的心理、生理原因有关。随机失误往往是不可预测,也不重复出现的失误。例如:操作用力的大小,如绑扎钢筋用力过大,绑丝将可能扭断;用力太小,则绑扎不紧,使钢筋的整体稳定性受到影响,在吊运时也可能出现不安全事故;又如时间差,如在爆破施工中采用引火索时,点索时间差超过设计规定的允许时差范围,则可能产生严重的安全事故;遗忘,如在施工生产中,对工序中的某环节忘记处理,如在进行混凝土拌和中,忘记应加外加剂,则可能对混凝土的强度带来影响,亦可能出现事故。这些均是随机失误范围的不同表现。

(2)系统失误

系统失误是指由于系统设计不足或人的不正常状态引发的失误。系统失误与工作条件有关,类似的条件可能引发失误再出现或重复发生。在人形成习惯后,不能适应操作程序变化或出现偶然情况时,系统失误会明显增加。例如,在消解生石灰后进行石灰土拌和时,要进行过筛,工人应配带口罩,在沥青熬制加工时,应穿工作鞋,场地应防滑,如果不配口罩,工作条件不改善或工人图简单、嫌麻烦,习惯性地不带口罩、不穿工作鞋、场地不进行必要处理,以为小心一点就没有问题,这样石灰粉尘对人的身体健康的影响,如灼伤事故或滑倒则会发生。不改进,不注意,则就可能重复发生这些不安全事故。

3)人失误的表现

人失误是很难预测的。比如遗漏或遗忘现象,把事情弄颠倒,没有按要求或规定时间操作,无意识的动作,调整的错误,进行规定以外的动作等。

4)人的信息处理过程失误

人的失误现象是人对外界信息刺激反应的失误,与人自身的信息处理过程及处理质量有关,与人的心理紧张度有关。

人在进行信息处理时,有出现失误的客观倾向,因而可能导致人失误。信息处理失误的表现比较复杂,一般表现为简单化、依赖性、选择性、经验主义、简单推断、粗枝大叶等。如果在工艺、操作、设备等进行设计时,采取一些预防失误倾向的措施,对克服失误倾向是十分必要的,也是十分有利的。例如:在设计药壶爆破时,在工艺和操作上必须十分周全和明确,必须规定在扩壶时,孔口的碎石、杂物必须清除干净。装药量应随扩壶次数、扩壶的大小和石质进行规定,定量必须明确具体,不可盲目加大药量。扩烘时,起爆药柱往下送进时,应缓慢进行,在操作上不得使用铁棍在炮眼内捣插。导火索的质量必须可靠,并应通过燃速试验,确定长度,在点火后，人应迅速离开并进入安全区，其长度必须保证从点燃点至安全区所需可靠的时间。严禁采用先点燃导火索再将药柱抛入孔底的危险操作方法。又如，在采用砂浆喷射机喷射施工工艺时，应明确规定，在喷嘴前 5m 范围内不得站人；工作停歇时，喷嘴不得朝向有人的方向等。

5)心理紧张与人失误的关联

人大脑意识水平降低，将直接引起信息处理能力的降低，影响人对事物注意力的集中，降低警觉程度。而意识水平的降低是发生人失误的内在原因。

当工作要求与人的信息处理能力相适应时，人处在最优的心理紧张状态，此时，人的心理紧张状态最优，大脑意识水平处于最优而有序的能动状态，处理信息的能力极高而失误最少。

当处于醉酒、疲劳等生理因素，或处于不安、焦虑等心理因素或温度太低、太高、噪声等物理因素以及技能、经验等条件下，均能使人的心理紧张状态改变，并表现为人失误数量的变化。很显然，操作不熟练、缺乏经验的人其心理紧张度要比操作熟练、经验丰富的人高，因而更易于出现失误。饮酒、疲劳，使人心理素质水平大大降低，对事物认识模糊，反应迟钝，自然失误增多。

因此，要经常进行教育、训练、合理安排工作，改善工作环境等，以消除心理紧张因素，有效控制心理紧张度，使人保持最优的心理状态，从而减少失误。

6)人失误的致因

人机系统中的一切因素，都能从不同的方面，对失误产生影响，使人出现失误。例如：人的自身因素对负荷的不适应，如有恐高症者自然不能负荷高空作业。又如超体能、精神状态、熟练程度、疲劳、疾病时的超负荷操作以及环境过负荷、心理过负荷、人际关系过负荷等都能使人发生操作失误，另外与外界刺激要求不一致时，也会出现要求与行为的偏差，导致信息处理故障和决策错误。由于对正确的方法不了解，而采取了不正确的行为等亦会出现完全错误的行为，导致事故发生。

人的能力是感觉、注意、记忆、思维和行为能力等的综合信息处理能力。人的能力直接影响活动的效率，具有使活动顺利完成的个性心理特征。

7)不安全行为的心理原因

个性心理特征是指个体人经常、稳定表现的能力、性格、气质等心理特点的总和。这是在人的先天条件基础上，受到社会条件影响和具体实践活动，接受教育与影响而逐渐形成、发展起来的。一切人的个性心理特征，不会完全相同。人的性格是个性心理特征的核心，因此，性格能决定人对某种情况的态度和行为。鲁莽、草率、懒惰等性格，往往成为产生不安全行为的原因。

非理智行为在引发为事故的不安全行为中，所占比例相当大，在生产中出现的违章、违纪现象，都是非理智行为的表现，冒险蛮干，则表现尤为突出。非理智行为的产生，多是由于侥幸、逞能、逆反、凭兴趣等心理所支配。在安全管理过程中，控制非理智行为的任务是相当繁重的，也是一项非常严肃、非常细致的工作。

(二)对人的不安全行为与人失误的措施

对人的不安全行为与人失误的措施主要有：

1.维护和保证职工的身心健康。职工的身心健康是最基本的“硬件”，我们的职工应有符合其所从事工作的身体素质。在生产活动中要认真制定劳动卫生技术措施、个人健康保护措施，并认真贯彻执行，使职工在施工生产活动中能有健康的身体和饱满的精神。

2.加强思想政治教育,树立正确的人生观;加强法纪教育,加强技术和安全教育与培训,不断提高职工的思想素质、心理素质,养成良好的工作习惯和工作作风。

3.合理而科学地安排工作,应充分注意到职工个体对所安排工作的适应性、可行性。

4.关心和爱护职工,化解各种矛盾,使职工团结友爱,心情舒畅,开展多种多样的有益活动。

5.尽可能改善劳动条件和工作环境,减少或避免环境因素对人的身体和心理的不良影响。

6.注意劳逸结合,不能蛮干。

7.切实抓好"三基"、"三种人"、"三个时间"、"三件事"、"二结合"、"三发言"、"八防"的工作。

(三)物的不安全状态和安全技术措施

物是指人机系统在生产过程中能够发挥一定作用的机械、物料、生产对象以及其他生产要素。

物都具有不同形式、性质的能量,有出现能量意外释放而引发事故的可能性。

物的不安全状态是指物的能量可能释放引起事故的状态。这是从能量与人的伤害间的联系所给出的定义。如果从发生事故的角度,也可以把物的不安全状态看作曾引起或可能引起事故的物的状态。

在施工生产过程中,物的不安全状态极易发生。所有物的不安全状态,都与人的不安全行为或人的操作、管理失误有关。往往在物的不安全状态背后,隐藏着人的不安全行为或人失误。物的不安全状态既反映了物的自身特性,又反映了人的素质和人的决策水平。

物的不安全状态的运动轨迹,一旦与人的不安全行为的运动轨迹交叉,就是发生事故的时间与空间。物的不安全状态是发生事故的直接原因。因此,正确判断物的具体不安全状态,控制其发展,对预防、消除事故有直接的现实意义。

针对施工生产活动中物的不安全状态的形成与发展,在进行施工设计、工艺安排、施工组织与具体操作时,采取有效的控制措施,把物的不安全状态消除在施工生产活动进行之前,或引发为事故之前,便是安全管理的重要任务之一。

消除施工生产活动中物的不安全状态,是施工生产活动所必须的,又是"预防为主"方针落实的需要,同时,也体现了生产组织者的素质、工作才能和专业水平。

1.能量意外释放与控制方法

施工生产活动中时时都在利用能量,在利用中,我们给能量以种种约束与限制,使之按我们的生产要求进行正常而有序地流动和转换,正常发挥能量用以做功。如果能量一旦失去人的控制,便会立即超越约束与限制,自行开辟新的渠道,出现能量的突然释放,于是,事故就可能发生。突然释放的能量,如果达到人体或超过人体的承受能力,就会酿成伤害事故。从这个观点去看,事故是不正常或不希望的能量意外释放的最终结果。

一切机械、电能、热能、化学能、声能、生物能、辐射能等,超过人的机体组织抵抗能力,都会造成人体伤害,应积极采取措施进行控制。例如:在隧道施工中,对瓦斯应进行有效的通风以消除瓦斯超限和积存,断绝一切可能引燃瓦斯爆炸的火源。有效的通风就是控制和约束瓦斯,使之按要求排出,如果控制失控,瓦斯量就会超限和积存,如遇火源,则会由于能量的转换而发生爆炸,造成严重的人员伤亡事故。又如,桥梁采用悬臂浇筑施工法时,挂篮桁架应在我们设计规定的滑道上慢速行驶,如果承受件失控,如强度不够,则会出现严重事故等。

能量的类别不同,各种能量在突然释放时,所造成的人体伤害差别很大,造成事故的类别也是完全不同的。

能量能否造成伤害和伤害程度,主要取决于作用能量的大小。同时能量与人接触的时间长短、接触频率高低、集中程度、接触人体的部位等也会影响对人的伤害严重程度。如上述隧道施工中如瓦斯超量大且积存不能排出,则对人伤害极大,若与其接触的时间很短,即人能很快撤离到安全地,则受的伤害就小一些。

显然,人丧失对能量的有效约束与控制,是使能量意外释放的直接和根本的原因。出现能量的意外释放,反映了人对能量控制认识、意识、知识、技术、手段的严重不足,同时也反映了安全管理认识、方法、原则、措施等方面的差距。

由上述分析可知,发生能量意外释放的根本原因是人对能量正常流动与转换的失控。

2.屏蔽

屏蔽是指约束、限制能量意外释放,防止能量与人体接触的措施,常采用的屏蔽形式有:

(1)安全能源代替不安全能源;

(2)限制能量;

(3)防止能量蓄积;

(4)缓释能量;

(5)物理屏蔽;

(6)时空隔离;

(7)信息屏蔽等。

3.能量意外释放伤害及预防措施

人意外地进入能量正常流动与转换渠道而致伤害。有效的预防方法是采取物理屏蔽和信息屏蔽,阻止人进入流动渠道。

能量意外逸出,在开辟新流动渠道时达及人体而致伤害。发生此类事故有突然性。事故发生瞬间,人往往来不及采取措施已受到伤害。预防的方法比较复杂,除加大流动渠道的安全性,从根本上防止能量外逸外。同时在能量正常流动与转换时,采取物理屏蔽、信息屏蔽、时空屏蔽等综合措施,减少伤害的机会和减轻伤害的严重程度。

出现这类事故时,人的行为是否正确,往往决定人的伤害或生存。在有毒有害物质渠道出现泄漏时,人的行为对人的伤害与生存关系尤其明显。

能量意外释放,人进入能量新渠道而受到伤害。预防此类事故,完善能量控制系统最为重要,如自动报警、自动控制,既需要在出现能量释放时立即报警,又能进行自动疏放或封闭。同时在能量正常流动与转换时,应考虑正常时的处理,及早采取时空与物理屏蔽措施。

4.安全技术措施的标准

安全技术是改善生产工艺,改进生产设备,控制生产因素不安全状态,预防与消除危险因素对人产生的伤害的科学武器和有力的手段。安全技术包括为实现安全生产的一切技术方法与措施,以及避免损失扩大的技术手段。

安全技术措施重点解决具体的生产活动中的危险因素的控制,预防与消除事故危害。发生事故后,安全技术措施应迅速将重点转移到防止事故扩大,尽量减少事故损失,避免引发其他事故方面。这就是安全技术措施在安全生产中,应该发挥的预防事故和减少损失两方面的作用。

安全技术与工程技术具有统一性,是不可割裂的。强行割裂则是一种严重错误,不符合“管生产同时管安全”的原则。

安全技术措施必须针对具体的危险因素或不安全状态，以控制危险因素的生成与发展为重点，以控制效果作为评价安全技术措施的惟一标准。其具体标准如下：

1)防止人失误的能力

能有效地防止工艺过程、操作过程中，导致产生严重后果的人失误。

2)控制人失误后果的能力

出现人失误或险情，也不致发生危险。

3)防止故障或失误的传递能力

发生故障，出现失误，能够防止引起其他故障和失误，避免故障或失误的扩大与恶化。

4)故障、失误后导致事故的难易程度

至少有两次相互独立的失误、故障同时发生，才能引发事故的保证能力。

5)承受能量释放的能力

对偶然、超常的能量释放，有足够的承受能力，或具有能量的再释放能力。

6)防止能量蓄积的能力

采用限量蓄积和溢放，随时卸掉多余能量，防止能量释放造成伤害。

5.安全技术措施的优选顺序

预防是消除事故最佳的途径。针对生产过程中已知的或已出现的危险因素，采取的一切消除或控制的技术性措施，统称为安全技术措施。在采取安全技术措施时，应遵循预防性措施优先选择，根治性措施优先选择，紧急性措施优先选择的原则，依次排列。以保证采取措施与落实的速度，也就是要分出轻重、缓急。安全技术措施的优选顺序：

根除危险因素→限制或减少危险因素→隔离、屏蔽、联锁→故障→安全设计→减少故障或失误→校正行动。

(1)根除、限制危险因素

选择合理的设计方案、工艺，选用理想的原材料、本质安全设备，并控制与强化长期使用中的状态，从根本上解决对人的伤害作用。

(2)隔离、屏蔽

以空间分离或物理屏蔽，把人与危险因素进行隔离，防止伤害事故或导致其他事故。

(3)故障—安全设计

发生故障、失误时，在一定时间内，系统仍能保证安全运行。系统中优先保证人的安全，依次是保护环境，保护设备和防止机械能力降低。故障—安全设计方案的选定，由系统故障后的状态决定。

(4)减少故障和失误

设立安全监控系统、提高安全系数和可靠性是经常采用的减少故障和失误的措施。

(5)警告

生产区域内的一切人员，需要经常地意识或注意到生产因素的变化，警惕危险因素的存在。采用视、听、味、触警告，以校正危险的行动。警告是提醒人们“注意”的主要方法，是校正人们危险行动的措施。

6.生产作业环境的人机学要求

工业生产是一套人—机—环境系统。系统因素合理匹配并实现“机宜人、人适机、人机匹配”，可使机、环境因素更适应人的生理、心理特征，人的操作行为就可能在轻松中准确进行，减少失误，提高效率，消除事故。

生产作业环境中，温度、湿度、照明、振动、噪声、粉尘、有毒有害物质等，不但会影响人的工作情绪，而且不适度的或超过人所能接受的环境条件，还会导致人的职业性伤害。

生产作业环境条件要求：

(1)照明必须满足作业的需要

强光线也叫眩光，使人眼出现疲劳与目眩。昏暗或过暗光，不但使人眼出现疲劳，还可能导致操作失误，甚至发生事故。

(2)噪声、振动的强度必须低于人生理、心理的承受能力

噪声、振动损伤人的听觉、影响人的神经系统和心脏功能，损害人的健康，降低工作效率，易发生各类事故。

(3)有毒、有害物质的浓度必须降到允许标准以下

有毒、有害物质对人直接产生危害，长期在有毒、有害物质的环境中，能发生人的慢性中毒、职业病。出现急性中毒时会迅速造成死亡。

五、安全管理的措施

安全管理是指为实现施工生产活动安全而展开的管理活动。

安全管理的目的是消除一切事故、避免伤害事故，减少事故损失和不损害员工身体健康。

施工现场安全管理的重点是对人的不安全行为与物的不安全状态及环境的不安全因素进行控制，落实安全管理决策与目标。

安全管理措施是安全管理的方法与手段，其重点是对生产各因素状态的约束与控制。

安全管理措施依施工生产的特点而带有鲜明的行业特色。

(一)实施责任管理、落实安全责任

施工项目承担控制、管理施工生产的进度、成本、质量、安全等四大目标的责任。同时还承担进行安全管理、实现安全生产的责任。

1.建立、完善以项目经理为首的安全生产领导组织，并有组织、有领导、有计划地开展安全管理活动。承担组织、领导安全生产的责任。

2.建立各人员安全生产责任制度，明确各级人员的安全责任。认真抓好制度落实、责任落实，定期检查安全责任落实情况，及时补偿并进行总结，不断提高安全工作质量。

(1)项目经理是施工项目安全管理第一责任人。

(2)各级职能部门、人员，应在各自的业务范围内，对实现安全生产的要求负责。

(3)全员承担安全生产责任，建立安全生产责任制，从经理到工人的生产、工作系统做到纵向到底、横向协调配合，一环不漏。各职能部门、人员的安全生产责任做到横向到边，人人负责。

3.施工项目应通过监察部门的安全生产资质审查，并得到认可。

一切从事生产管理与操作的人员，依照其从事的生产内容，分别通过企业、施工项目的安全审查，取得安全操作认可证，持证上岗。

直接从事对作业者本人和周围设施的安全有重大危害的特种作业人员，除需经企业的安全审查外，还必须按规定参加安全操作考核，取得监察部门核发的《安全操作合格证》，持证上岗。施工现场出现特种作业无证操作现象时，施工项目经理必须承担管理责任。

4.施工项目经理负责施工生产中物的状态审验与认可，承担物的漏检、失控的管理责任。接受由此而出现的经济损失。

5.一切管理、操作人员均需与施工项目经理签订安全协议,向施工项目经理做出安全保证。

6.安全生产责任落实情况的检查,应认真详细记录,作为分配、补偿的原始资料之一。

(二)安全教育与训练

进行安全教育与训练,能增强人的安全生产意识,提高安全生产知识水平,是有效防止人的不安全行为,减少人失误的重要而必需的措施。安全教育、训练是进行人的行为控制的重要方法与手段。进行安全教育、训练要适时、宜人、内容合理、方式多样并形成制度。组织安全教育、训练应做到严肃、严格、严密、有计划,讲求实效。

1.一切管理、操作人员应具有基本条件与较高的素质。

(1)具有合法的劳动手续。临时性人员须正式签订劳动合同,接受入场教育后,才可进入施工现场和劳动岗位。

(2)没有痴呆、健忘、精神失常、癫痫、脑外伤后遗症、心血管疾病、晕眩以及不适于从事操作的疾病。

(3)没有感官缺陷,感性良好。有良好的接受、处理、反馈信息的能力。

(4)具有适于不同层次作业操作所必需的文化。

(5)输入的劳务,必须具有基本的安全操作素质。经过正规训练、考核,输入手续完善。

2.安全教育、训练的目的与方式。

安全教育、训练包括知识、技能、意识三个阶段的教育。进行安全教育、训练,不仅要使操作者掌握安全生产知识,而且能正确、认真地在作业过程中表现出安全的行为。

安全知识教育,应使操作者了解、掌握生产操作过程中潜在的危险因素及防范措施与方法。

安全技能训练,应使操作者逐步掌握安全生产技能,获得完善化、自动化的行为方式,并受到心理素质训练,减少操作中的失误现象。

安全意识教育,应激励操作者自觉坚持实施安全技能。

3.安全教育的内容随实际需要而确定。

(1)新工人入场前应完成三级安全教育。对学徒工、实习生的入场三级安全教育,重点偏重一般安全知识、生产组织原则、生产环境、生产纪律等。强调作业的非独立性。对季节工、农民工三级安全教育,以生产组织原则、环境、纪律、操作标准为主。二个月内安全技能不能达到熟练的,应及时解除劳动合同,废止劳动资格。

(2)结合施工生产的变化,适时进行安全知识教育。一般每10天组织一次较合适。

(3)结合生产组织安全技能训练,干什么训练什么,反复训练、分步验收,以达到出现完善化、自动化的行为方式,划为一个训练阶段。

(4)安全意识教育的内容不易确定,应随安全生产的形势变化,确定阶段教育内容。可结合发生的事故,进行增强安全意识,坚定掌握安全知识与技能的信心,接受事故教训的教育。

(5)受季节、自然变化影响时,针对由于这种变化而出现的生产环境、作业条件的变化进行的教育,其目的在于增强安全意识,控制人的行为,尽快适应变化,减少人失误。

(6)采用新技术、使用新设备、新材料,推行新工艺之前,应对有关人员进行安全知识、技能、意识等的全面安全教育,激励操作者掌握安全技能的自觉性。

4.加强教育管理,增强安全教育效果。

(1)教育要有计划,目的要求明确。

(2)教育内容全面,重点突出,系统性强,抓住关键反复教育。

(3)反复实践。养成自觉采用安全操作方法的习惯。

(4)使每个受教育的人,了解自己学习的成果。激励受教育者树立坚持安全操作方法的信心,养成安全操作的良好习惯。

(5)主要应告诉受教育者知道怎样做才能保证安全,而不是不应该做什么。

(6)奖励促进,巩固学习成果。

5.进行各种形式、不同内容的安全教育,并应把教育的时间、内容等,清楚地记录在安全教育记录本或记录卡上。

(三)安全检查

安全检查是发现不安全行为和不安全状态的重要途径,是清除事故隐患,落实整改措施,防止事故伤害,改善劳动条件的重要方法,是持续改进的依据。

安全检查的形式有普遍检查、专业检查和季节性检查。

1.安全检查的内容主要是查思想、查管理、查制度、查现场、查隐患、查事故处理。

(1)施工项目的安全检查以自检形式为主,是对自项目经理至操作、生产全部过程、各个方位的全面安全状况的检查。检查的重点以劳动条件、生产设备、现场管理、安全卫生设施以及生产人员的行为为主。发现危及人的安全因素时,必须果断消除。

(2)各级生产组织者,应在全面安全检查中,透过作业环境状态和隐患,对照安全生产方针、政策,检查对安全生产认识的差距。

(3)对安全管理的检查,主要是:

安全生产是否提到议事日程上,各级安全责任人是否坚持“五同时”。

业务职能部门、人员是否在各自业务范围内,落实了安全生产责任。专职安全人员是否在位、在岗。

安全教育是否落实,教育是否到位。

工程技术、安全技术是否结合为统一体。

作业标准化实施情况。

安全控制措施是否有力,控制是否到位,有哪些消除管理差距的措施。

事故处理是否符合规则,是否坚持“三不放过”的原则。

2.安全检查的组织。

(1)建立安全检查制度,按制度要求的规模、时间、原则、处理、报偿全面落实。

(2)成立由第一责任人为首,业务部门、人员参加的安全检查组织。

(3)安全检查必须做到有计划、有目的、有准备、有整改、有总结、有处理。

3.安全检查的准备。

(1)思想准备。发动全员开展自检,自检与制度检查结合,形成自检自改,边检边改的局面。使全员在发现危险因素方面得到提高,在消除危险因素中受到教育,从安全检查中受到锻炼。

(2)业务准备。确定安全检查目的、步骤、方法。成立检查组,安排检查日程。

分析事故资料,确定检查重点,把精力侧重于事故多发部位和工种的检查。

规范检查记录用表,使安全检查逐步纳入科学化、规范化轨道。

4.安全检查方法。常用的有一般检查方法和安全检查表法。

(1)一般检查方法

看:看现场环境和作业条件,看实物和实际操作,看记录和资料等。

听：听汇报、听介绍、听反映、听意见或批评、听机械设备的运转响声或承重物发出的微弱声等。

嗅：对挥发物、腐蚀物、有毒气体进行辨别。

问：对影响安全问题，详细询问，寻根究底。

查：查明问题，查对数据，查清原因，追查责任。

测：测量、测试、监测。

验：进行必要的试验或化验。

析：分析安全事故的隐患、原因。

(2)安全检查表法

这是一种原始的、初步的定性分析方法，它通过事先拟定的安全检查明细表或清单，对安全生产进行初步的诊断和控制。

安全检查表通常包括检查项目、内容、回答问题、存在问题、改进措施、检查措施、检查人等内容。见表1-1，表1-2供使用参考。

经理部、工程队安全检查表 表1-1

检查项目	检　查　内　容	检查方法或要求	检查结果 评价与存在问题	改进措施
安全方针 安全生产 制度	(1)安全方针员工是否明确、安全生产管理制度是否健全并认真执行了	制度健全，切实可行，进行了层层贯彻，各级主要领导人员和安全技术人员知道其主要条款，对安全方针人人清楚明白		
	(2)安全组织及安全生产责任制是否落实，是否量化	各级安全生产责任制落实到单位和部门，岗位安全生产责任制落实到人，并有测量的目标		
	(3)安全生产的“五同时”执行得如何	在计划、布置、检查、总结、评比生产同时，计划、布置、检查、总结，评比安全生产工作		
	(4)安全生产计划编制执行得如何	计划编制切实、可行、完整、及时，贯彻得认真，执行有力		
	(5)安全生产管理机构是否健全，人员配备是否得当	有领导、执行、监督机构，有群众性的安全网点活动，安全生产管理人员不缺员，没被抽出做其他工作		
安全教育	(6)新工人入厂三级教育是否坚持了	有教育计划、有内容、有记录、有考试或考核		
	(7)特殊工种的安全教育坚持得如何	有安排、有记录、有考试，合格者发了操作证，不合格者进行了补课教育或停止了操作		
	(8)改变工种和采用新技术等人员的安全教育情况怎样	教育得及时，有记录、有考核		
	(9)对工人日常教育进行得怎样	有安排、有记录		
	(10)各级领导干部和业务员是怎样进行安全教育的	有安排、有记录		

续上表

检查项目	检 查 内 容	检查方法或要求	检查结果 评价与存在问题	改进措施
安全技术	(11)有无完善的安全技术操作规程	操作规程完善、具体、实用,不漏项、不漏岗、不漏人		
	(12)安全技术措施计划是否完善、及时	单项、单位、分部分项工程都有安全技术措施计划,进行了安全技术交底		
	(13)主要安全设施是否可靠	道路、管道、电气线路、材料堆放、临时设施等的平面布置符合安全、卫生、防火要求;坑、井、洞、孔、沟等处都有安全设施;脚手架、井字架、龙门架、塔台、梯凳等都符合安全生产要求和文明施工要求		
	(14)各种机具、机电设备是否安全可靠	安全防护装置齐全、灵敏、闸阀、开关、插头、插座、手柄等均安全,不漏电;有避雷装置、有接地接零;起重设备有限位装置;保险设施齐全完好等等		
	(15)防尘、防毒、防爆、防署、防冻等措施妥否	均达到了安全技术要求		
	(16)防火措施当否	有消防组织,有完备的消防工具和设施,水源、方便道路畅通		
	(17)安全帽、安全带、安全网及其他防护用品和设施当否	性能可靠,佩戴或搭设均符合要求		
安全检查	(18)安全检查制度是否坚持执行了	按规定进行安全检查,有活动记录		
	(19)是否有违纪、违章现象	发现违纪、违章,及时纠正或进行处理,奖罚分明		
	(20)隐患处理得如何	发现隐患,及时采取措施,并有信息反馈		
	(21)交通安全管理得怎样	无交通事故,无违章、违纪、受罚现象		
安全业务工作	(22)记录、台账、资料、报表等管理得怎样	齐全、完整、可靠		
	(23)安全事故报告及时否	按"三不放过"原则处理事故,报告及时,无瞒报、谎报、拖报现象		
	(24)事故预测和分析工作是否开展了	进行了事故预测,做事故一般分析和深入分析,运用了先进方法和工具		
	(25)竞赛、评比、总结等工作进行否	按工作规划进行		
文件化	(26)安全体系各项内容是否文件化	方针、规章制度等是否文件化		

班组安全检查表 表1-2

检查项目	检查内容	检查方法或要求	评价与存在问题	改进措施
作业前检查	(1)班前安全生产会开了没有	查安排、看记录、了解未参加人员的主要原因		
	(2)每周一次的安全活动坚持了没有	同上,并有安全技术交底卡		
	(3)安全网点活动开展得怎样	有安排、有分工、有内容、有检查、有记录、有小结		
	(4)岗位安全生产责任制是否落实	知道责任制的主要内容,明确相互之间的配合关系,没有失职现象		
	(5)本工种安全技术操作规程掌握如何	人人熟悉本工种安全技术操作规程,理解内容实质		
	(6)作业环境和作业位置是否清楚,并符合安全要求	人人知道作业环境和作业地点,知道安全注意事项,环境和地点整洁,符合文明施工要求		
	(7)机具、设备准备得如何	机具设备齐全可靠,摆放合理,使用方便,安全装置符合要求		
	(8)个人防护用品穿戴好了吗	齐全、可靠、符合要求		
	(9)主要安全设施是否可靠	进行了自检,没发现任何隐患,或有个别隐患,已经处理了		
	(10)有无其他特殊问题	参加作业人员身体,情绪正常,没有发现穿高跟鞋、拖鞋、裙子等现象		
作业中检查	(11)有无违反安全纪律现象	密切配合,不互相出难题;不只顾自己,不顾他人;不互相打闹;不隐瞒隐患,强行作业;有问题及时报告等等		
	(12)有无违章作业现象	不乱摸乱动机具、设备;不乱触乱碰电气开关;不乱挪乱拿消防器材;不在易燃易爆物品附近吸烟;不乱丢抛料具和物件;不任意脱去个人防护用品;不私自拆除防护设施;不图省事而省略动作等等		
	(13)有无违章指挥现象	违章指挥出自何处何人,是执行了还是抵制了,抵制后又是怎样解决的等		
	(14)有无不懂、不会操作的现象	查清作业人和作业内容		
	(15)有无故意违反技术操作现象	查清作业人和作业内容		
	(16)作业人员的特异反应如何	对作业内容有无不适应的现象,作业人员身体、精神状态是否失常,是怎样处理的		
作业后检查	(17)材料、物资整理没有	清理有用品,清除无用品,堆放整齐		
	(18)料具和设备整顿没有	归位还原,保持整洁,如放置在现场,要加强保护		
	(19)清扫工作做得怎样	作业场地清扫干净,秩序井然,无零散物件,道路、路口畅通,照明良好,库上锁,门关严		
	(20)其他问题解决得如何	如下班后人数清点没有,事故处理情况怎样,本班作业的主要问题是否报告和反映了等		

5.安全检查的形式

(1)定期安全检查。指列入安全管理活动计划,有较一致时间间隔的安全检查。

定期安全检查的周期,施工项目自检宜控制在 10 ~ 15 天。班组必须坚持日检。季节性、专业性安全检查,按规定要求确定日程。

(2)突击性安全检查。指无固定检查周期,对特别部门、特殊设备、小区域的安全检查,属于突击性安全检查。

(3)特殊安全检查。对预料中可能会带来新的危险因素的新安装的设备、新采用的工艺、新建或改建的工程项目,投入使用前,以"发现"危险因素为专题的安全检查,称为特殊安全检查。

特殊安全检查还包括,对有特殊安全要求的手持电动工具,电气、照明设备,通风设备,有毒有害物的储运设备进行的安全检查。

6.消除危险因素的关键

安全检查的目的是发现、处理、消除危险因素,避免事故伤害,实现安全生产。消除危险因素的关键环节,在于认真地整改,真正地、确确实实地把危险因素消除。对于一些由于种种原因而一时不能消除的危险因素,应逐项分析,寻求解决办法,安排整改计划,尽快予以消除。

安全检查后的整改,必须坚持"三定"和"不推不拖",不使危险因素长期存在而危及人的安全。

"三定"即定具体整改责任人,定解决与改正的具体措施,限定消除危险因素的整改时间。"三定"是消除检查中所发现的危险因素的态度。"不推不拖"就是在解决具体的危险因素时,凡用自己的力量能够解决的,要做到不推不拖、不等不靠,坚决地组织整改。自己解决有困难时,应积极主动寻找解决的办法,争取外界支援以尽快整改。不把整改的责任推给上级,也不拖延整改时间,以尽量快的速度,把危险因素消除掉。

(四)作业标准化

在操作者产生的不安全行为中,由于不知正确的操作方法,为了快而省略了必要的操作步骤,或坚持自己的操作习惯等原因所占比例很大。按科学的作业标准规范人的行为,有利于控制人的不安全行为,减少人失误。

1.制定作业标准,是实施作业标准化的首要条件。

(1)采取技术人员、管理人员、操作者三结合的方式,根据操作的具体条件制定作业标准。坚持反复实践、反复修订后加以确定的原则。

(2)作业标准要明确规定操作程序、步骤。对怎样操作、操作质量标准、操作的阶段目的、完成操作后物的状态等,都要做出具体规定。

(3)尽量使操作简单化、专业化,尽量减少使用工具、夹具次数,以降低操作者熟练技能或注意力的要求。使作业标准尽量减轻操作者的精神负担。

(4)作业标准必须符合生产和作业环境的实际情况,不能把作业标准通用化。不同作业条件的作业标准应有所区别。

2.作业标准必须考虑到人的身体运动特点和规律,作业场地布置、使用工具设备、操作幅度等,应符合人机学的要求。

(1)人的身体运动时,尽量避开不自然的姿势和重心的经常移动,动作要有连贯性、自然节奏强。如,不出现运动方向的急剧变化;动作不受限制;尽量减少用手和眼的操作次数;肢体动作尽量小。

(2)作业场地布置必须考虑进行道路、照明、通风的合理分配，机、料和器具位置固定，作业方便。要求：

①人力移动物体，尽量限于水平移动；

②把机械的操作部分，安排在正常操作范围之内，防止增加操作者的精神和体力的负担；

③尽量利用重力作用移动物体；

④操作台、座椅的高度与操作要求、人的身体条件匹配。

(3)使用工具与设备：

①尽可能使用专用工具代替徒手操作；

②操纵操作杆或手把时，尽量使人身体不必过大移动，与手把的接触面积，以适合手握时的自然状态为宜。

3.反复训练，达标报偿。

(1)训练要讲求方法和程序，宜以讲解示范为先，重点突出，交待透彻。

(2)边训练边作业，巡检纠正偏向。

(3)先达标、先评价、先报偿，不强求一致。多次纠正偏向，仍不能克服不标准的操作习惯，应得到负报偿。

(五)生产技术与安全技术的统一

生产技术工作是通过完善生产工艺过程、完备生产设备、规范工艺操作，发挥技术的作用，保证生产顺利进行的。它包含了安全技术在保证生产顺利进行、实现效益这一共同的基点。生产技术、安全技术统一，体现了安全生产责任的落实，即具体落实"管生产同时管安全"的管理原则。具体表现在：

1.施工生产进行之前，考虑产品的特点、规模、质量、生产环境、自然条件等，摸清生产人员流动规律、能源供给状况、机械设备的配置条件、需要的临时设施规模，以及物料供应、储放、运输等条件，完成生产因素的合理匹配计算、施工设计和现场布置。

施工设计和现场布置，经过审查、批准即成为施工现场中生产因素流动与动态控制的惟一依据。

2.施工项目中的分部、分项工程，在施工进行之前，针对工程具体情况与生产因素的流动特点，完成作业或操作方案。这将为分部、分项工程的实施，提供具体的作业或操作规范。方案完成后，为使操作人员充分理解方案的全部内容，减少实际操作中的失误，避免操作时的事故伤害。要把方案的设计思想、内容与要求，向作业人员进行充分地交底。

交底既是安全知识教育的过程，同时，也确定了安全技能训练的时机和目标。

3.从控制人的不安全行为、物的不安全状态，预防伤害事故，保证生产工艺过程顺利实施去认识，生产技术工作中应纳入如下的安全管理职责：

(1)进行安全知识、安全技能的教育，规范人的行为，使操作者获得完善的、自动化的操作行为，减少操作中的人失误。

(2)参加安全检查和事故调查，从中充分了解生产过程中，物的不安全状态存在的环节和部位、发生与发展、危害性质与程度。摸索控制物的不安全状态的规律和方法。提高对物的不安全状态的控制能力。

(3)严把设备、设施用前验收关，不使有危险状态的设备、设施盲目投入运行，预防人、机运动轨迹交叉而发生的伤害事故。

(六)正确对待事故的调查与处理

事故是违背人们意愿且又不希望发生的事件。一旦发生事故,不能以违背人们意愿为理由,予以否定。关键在于对事故的发生要有正确认识,并用严肃、认真、科学、积极的态度,处理好已发生的事故,尽量减少损失。采取有效措施,避免同类事故重复发生。

1.发生事故后,以严肃、科学的态度去认识事故,实事求是地按照规定、要求报告。不隐瞒、不虚报,不避重就轻是对待事故科学、严肃态度的表现。

2.积极抢救负伤人员的同时,保护好事故现场,以利于调查事故原因,从事故中找到生产因素控制的差距。

3.分析事故,弄清发生过程,找出造成事故的人、物、环境状态方面的原因。分清造成事故的安全责任,总结生产因素管理方面的教训。

4.以事故为例、召开事故分析会进行安全教育。使所有生产部位、过程中的操作人员,从事故中看到危害,激励他们的安全生产动机。从而在操作中自觉地施行安全行为,主动地消除物的不安全状态。

5.采取预防类似事故重复发生的措施,并组织彻底的整改;使采取的预防措施,完全落实。经过验收,证明危险因素已完全消除时,再恢复施工作业。

6.未造成伤害的事故,习惯称为未遂事故。未遂事故就是已发生的,违背人们意愿的事件,只是未造成人员伤害或经济损失。然而其危险后果是隐藏在人们心理上的严重创伤,其影响作用时间更长久。

未遂事故同样暴露安全管理的缺陷、生产因素状态控制的薄弱。因此,未遂事故要如同已经发生的事故一样对待,调查、分析、处理妥当。

六、施工项目伤亡事故的预防与处理

公路工程的施工项目,是一个露天加工场,场内进行立体多工种交叉作业,拥有大量的临时设施,经常变化的作业面,除了"产品"固定外,人、机、物都在流动,若不重视安全,则极易引发伤亡事故。下面就施工项目伤亡事故的预防和处理予以阐述。

(一)施工伤亡事故的预防

1.工伤事故概述

1)工伤事故的概念

工伤事故是指因工伤亡事故,是因生产与工作发生的伤亡事故。国务院《工人职员伤亡事故报告规程》中指出,企业对于工人职员在生产区域中所发生的和生产有关的伤亡事故(包括急性中毒事故),必须按规定进行调查、登记统计和报告。其中给了两个条件:一是生产区域;二是和生产有关。当前伤亡事故统计中除职工以外还应包括民工、临时工,及参加生产劳动的学生、教师、干部。上述人员不在生产和工作岗位上,但是由于企业设备或劳动条件不良造成的伤亡事,如塔吊、架子、大模板倒塌而造成的事故也应在统计之列。

2)伤亡事故分类

根据劳动部颁发的文件,按伤害程度和严重程度可划分以下七类:

(1)轻伤:凡职工受伤不属于重伤,而歇工一天或一天以上的事故,均作为轻伤事故处理。

(2)重伤事故:凡有下列情况之一者,均作为重伤事故处理:

①经医师诊断成为残废或可能成为残废的;

②伤势严重,需要进行较大的手术才能挽救的;

③人体要害部分严重灼伤、烫伤或非要害部位灼伤、烫伤面积占全身面积三分之一以上

的；

④严重骨折(胸骨、肋骨、脊椎骨、锁骨、肩胛骨、腿骨和脚骨等因受伤引起骨折)，严重脑震荡等；

⑤眼部受伤较剧，有失明可能的；

⑥手部伤害：大姆指轧断一节的；食指、中指、无名指任何一指轧断两节或任何两指各轧断一节的；局部肌腱受伤甚剧，引起肌能障碍，有不能自由伸屈的残废可能的；

⑦脚部伤害：一脚轧断三趾以上的；局部肌腱受伤甚剧，引起肌能障碍，有不能行走自如的残废可能的；

⑧内部伤害：内脏损伤、内出血或伤及腹膜等；

⑨其他部位伤害严重的：不在上述各点以内，经医师诊查后，认为受伤较重，可根据实际情况参照上述各点，由企业行政部门会同基层工会个别研究，提出意见，由当地劳动部门审查确定。

(3)多人事故：凡一次事故造成3人或3人以上负伤的事故，均为多人事故。

(4)急性中毒事故。

(5)重大伤亡事故：一次事故死亡1~2人的事故。

(6)多人重大伤亡事故：一次事故死亡3人或3人以上而不足10人的事故。

(7)特大伤亡事故：指一次事故死亡10人或10人以上的事故。

2.伤亡事故原因

系指直接使劳动者受到伤害的原因，主要有：

(1)物体打击；

(2)车辆伤害；

(3)机器工具伤害；

(4)起重伤害；

(5)触电；

(6)淹溺；

(7)灼烫；

(8)火灾；

(9)刺割；

(10)高处坠落；

(11)坍塌；

(12)冒顶片帮；

(13)透水；

(14)放炮；

(15)火药爆炸；

(16)瓦斯爆炸；

(17)锅炉或压力容器爆炸；

(18)其他爆炸；

(19)中毒和窒息；

(20)其他伤害。

总结分析我国建筑企业近年来发生的因工伤亡事故，不难得出，建筑工地发生伤亡事故的基本原因有两条:一是人的不安全行为;二是物的不安全状态。据统计80%以上的伤亡事故是由于人的不安全行为造成的。

(二)预防事故的措施

为了便于掌握和切实达到预防事故和减少事故损失,应采取以下安全技术措施。

1.改进生产工艺,实现机械化、自动化

随着科学技术的发展,公路施工不断改进生产工艺,加快了实现机械化、自动化的进程,促进了生产的发展,提高了安全技术水平,大大减轻了工人的劳动强度,保证了职工的安全和健康。如采取机械化的水泥混凝土路面滑模施工新技术,不但保证了工程质量,而且加快了施工进度,还减轻了工人的劳动强度,保护了施工人员的安全。又如,构件厂制作圆孔板的拉丝机,采用了自动化设备,减少工人操作时接触机械的机会,杜绝了夹手断指事故。因此,在编制施工组织设计时,应尽量优先考虑采用新工艺、机械化、自动化的生产手段,为安全生产、预防事故创造条件。

2.设置安全装置

(1)防护装置

防护装置是指用屏护方法与手段把人体与生产活动中出现的危险部位隔离开来的设施和设备。施工活动中的危险部位主要有高空、爆破、机具、车辆、暂设电器、高温、高压容器及原始环境中遗留下来的不安全因素等。

防护装置的种类繁多,按理讲企业购入的设备应该有严密的安全防护装置,但由于公路施工的流动性大、人员繁杂及生产厂家的问题,均可能造成无防护或缺少、遗失防护的现象。因此,应随时检查增补,做到防护严密。在对危险作业的处理上要按部颁标准设置水平及立体防护,使劳动者有安全感;在机械设备上做到轮有罩、轴有套,使其转动部分与人体绝对隔离开来;在施工用电中,要做到"四级"保险;遗留在施工现场的危险因素,要有隔离措施,如:高压线路的隔离防护设施等。项目经理和管理人员应经常检查并教育施工人员正确使用安全防护装置并严加保护。不得随意破坏,拆卸和废弃。

(2)保险装置

保险装置是指机械设备在非正常操作和运行中能够自动控制和消除危险的设施设备。也可以说它是保障设施设备和人身安全的装置。如锅炉、压力容器的安全阀,供电设施的触电保安器,各种提升设备的断绳保险器等。近年来北京地区建筑工人发明的提升架吊盘:门控杠式防坠落保险装置"、"桥架断绳保险器"等均属此类设备。

(3)信号装置

信号装置是利用人的视、听觉反应原理制造的装置。它是应用信号指示或警告工人该做什么、该躲避什么。信号装置的本身无排除危险的功能。它仅是提示工人注意,遇到不安全状况立即采取有效措施脱离危险区或采取预防措施。因此,它的效果取决于工人的注意力和识别信号的能力。

信号装置可分为三种,即颜色信号:如指挥起重工的红、绿手旗,场内道路上的红、绿、黄灯;音响信号:如塔吊上的电铃,指挥吹的口哨等;指示仪表信号:如压力表、水位表、温度计等。

(4)危险警示标志

危险警示标志是警示工人进入施工现场应注意或必须做到的统一措施。通常它以简短的文字或明确的图形符号予以显示。如:"禁止烟火!"、"危险!"、"有电!"等。各类图形通常配以红、蓝、黄、绿颜色。红色表示危险禁示;蓝色表示指令;黄色表示警告;绿色表示安全。国家发布的安全标志对保持安全生产起到了促进作用,必须按标准予以实施。

3.预防性的机械强度试验和电气绝缘检验

(1)预防性的机械强度试验

施工现场的机械设备,特别是自行设计组装的临时设施和各种材料、构件、部件均应进行机械强度试验。必须在满足设计和使用功能时方可投入正常使用。有些还须定期或不定期地进行试验,如施工用的钢丝绳、钢材、钢筋、机件及自行设计的吊栏架、蝴蝶架等等,在使用前必须做承载试验。这种试验,是确保施工安全的有效措施。

(2)电气绝缘检验

电气设备的绝缘是否可靠,不仅是电业人员的安全问题,也关系到整个施工现场财产、人员的安危。由于施工现场很多是多工种联合作业,使用电器设备的工种不断增多,更应重视电气绝缘问题。因此,要保证良好的作业环境,使机电设施、设备正常运转,不断更新老化及被损坏的电气设备和线路是必须采取的预防措施。为及时发现隐患,消除危险源,则要求在施工前、施工中、施工后均应对电气绝缘进行检验。

4.机械设备的维修保养和有计划的检修

随着施工机械化的发展,各种先进的大、中、小型机械设备进入工地,但由于建筑施工要经常变化施工地点和条件,机械设备不得不经常拆卸、安装。就机械设备本身而言,各零部件也会产生自然和人为的磨损,如果不及时发现和处理,就会导致事故发生,轻者影响生产,重者将会机毁人亡,给企业乃至社会造成无法弥补的损失。因此,要保持设备的良好状态,提高它的使用期限和效率,有效地预防事故就必须进行经常性的维修保养。

(1)机械设备的维修和保养

各种机械设备是根据不同的使用功能设计生产出来的。除了一般的要求外,也具有特殊的要求。即要严格坚持机械设备的维护保养规则,要按照其操作过程进行保护,使用后需及时加油清洗,使其减少磨损,确保正常运转,尽量延长寿命,提高完好率和使用率。

(2)计划检修

为了确保机械设备正常运转,对每类机械设备均应建立档案(租赁的设备由设备产权单位建档),以便及时地按每台机械设备的具体情况,进行定期的大中小修。在检修中应严格遵守规章制度,遵守安全技术规定,遵守先检查后使用的原则。绝不允许为了赶进度,违章指挥,违章作业,让机械设备“带病”工作。

5.文明施工

当前开展文明安全施工活动,已纳入各级政府及主管部门对企业考核的重要指标之内。一个工地是否科学组织生产,规范化、标准化管理现场,已成为评价一个企业综合管理素质的一个主要因素。

实践证明,一个施工现场如果做到整体规划有序、平面布置合理、临时设施整洁划一,原材料、构配件堆码整齐,各种防护齐全有效,各种标志醒目,施工生产管理人员遵章守纪,那这个施工企业一定能获得较大的经济效益,社会效益和环境效益。反之,将会造成不良的影响。因此,文明施工也是预防安全事故,提高企业素质的综合手段。

6.合理使用劳动保护用品

适时地供应劳动保护用品,是在施工生产过程中预防事故、保护工人安全和健康的一种辅助手段。它虽然不是主要手段,但在一定的地点、时间条件下确能起到不可估量的作用。统一采购(定点),妥善保管,执行劳动保护政策,正确使用劳动保护用品,是预防事故,减轻伤害程度的不可缺少的措施之一。

7.做好重点预防

在公路工程施工中,对一些不安全因素多且危险性大的工程除必须要在全局上做好预防工作外,对某些工程要做好重点预防。例如:隧道施工中,场地狭小,人、机集中,且种类繁多,而地质条件往往又会在施工中发生变化,甚至是重大变化,可能出现塌方、大涌水、瓦斯等。因此,必须做好重点预防。

8.认真研究,做好预控方案

质量包含安全工作质量,安全也内含着质量,二者是交互作用,互为因果的。安全为质量服务,质量需要安全保证。因此,在编制质量预控方案时,应一并纳入安全预控内容,实际上,质量预控中也就很多方面包含了安全预控。下面介绍几种预控方案及预控对策框图 1-5、图 1-6、图 1-7、图 1-8、图 1-9、图 1-10、图 1-11 供学习应用参考。

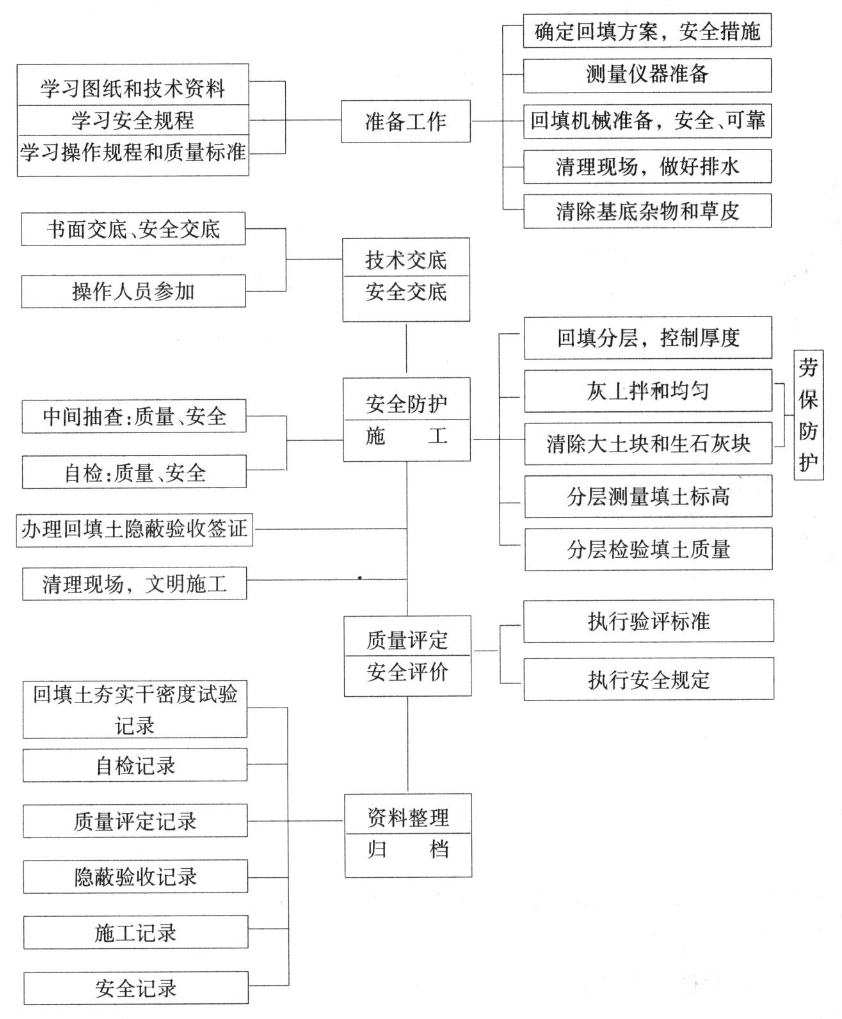

图 1-5　土方回填工程质量安全预控框图

9.强化民主管理,认真执行操作规程,普及安全技术知识教育

随着改革开放,大量农村富余劳动力,以各种形式进入了施工现场,从事他们不熟悉的工作,他们十分缺乏建筑施工安全知识,因此,绝大多数事故发生在他们身上。据有关部门统计,

一般因工伤亡事故中农民占80%以上,有的企业100%出现在他们身上。如果能从招工审查、技术培训、施工管理、行政生活上严格加强民主管理,则许多生命将被挽救。因此这是当前以及将来预防事故的一个重要方面。

图1-6 混凝土工程质量安全预控框图

随着国家法制建设的不断加强,建筑企业施工的法律、规程、标准已大量出台。只要认真地贯彻安全技术操作规程,并不断补充完善其实施细则,建筑业落实“安全第一,预防为主”的原则就会实现。大量的伤亡事故就会减少和杜绝。

以上所述是预防安全事故的几条最基本的措施,每个施工项目还应根据工程的特点,拟定切合实际的预防安全事故的具体措施。总的目标是:综合推进从减少“四大伤害”和土方坍塌伤亡事故入手,从“经验管理型”的模式解放出来,逐步走上“预测控制型”的管理方式,最后达到减少和杜绝一切因工伤亡事故的目的。

(三)施工伤亡事故处理程序

施工生产场所,发生伤亡事故后,负伤人员或最先发现事故的人应立即报告项目领导。项目安全技术人员根据事故的严重程度及现场情况立即上报上级业务系统,并及时填写伤亡事故表上报企业。

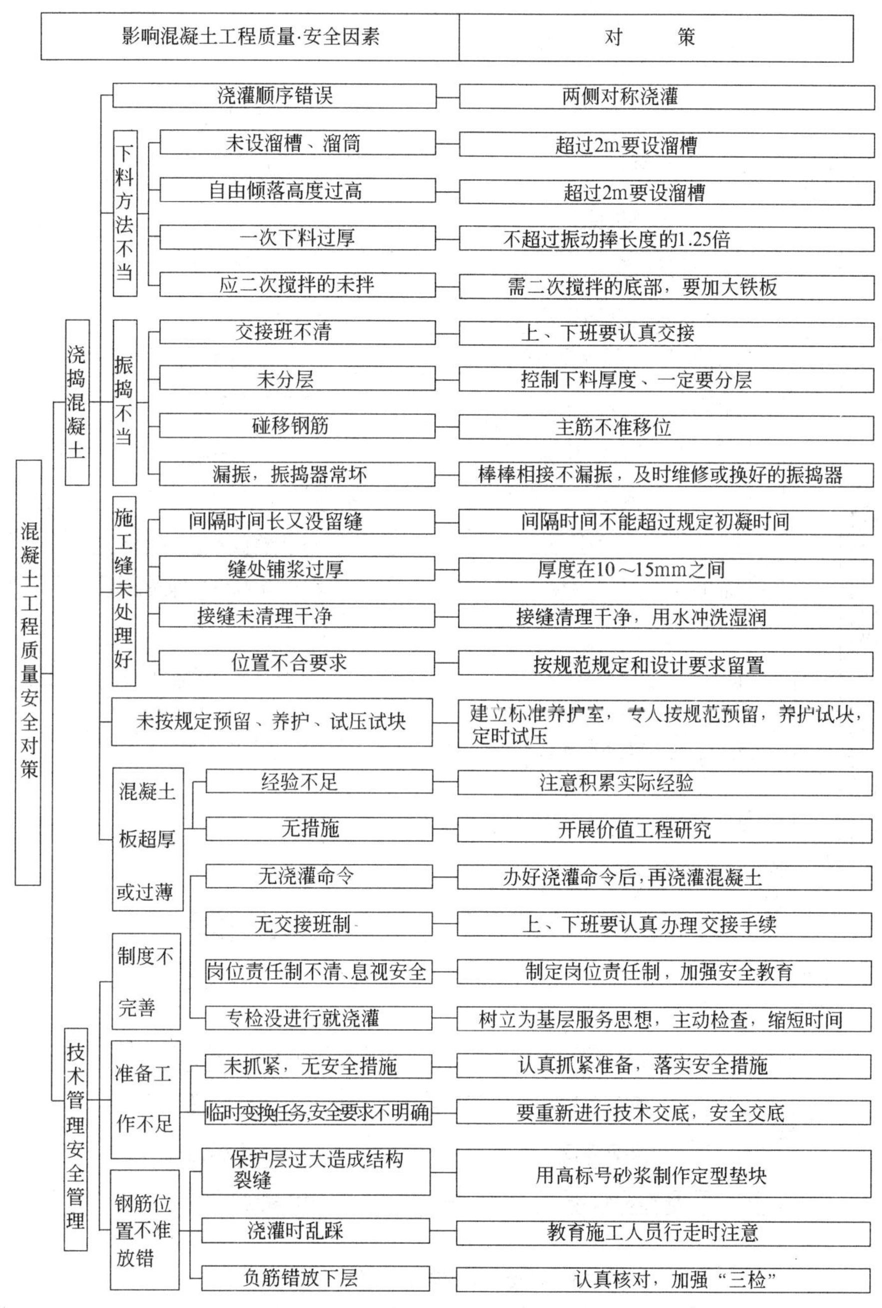

图 1-7　混凝土工程质量、安全对策(一)

企业发生重伤和重大伤亡事故,必须立即将事故概况(含伤亡人数,发生事故时间、地点、原因等),用最快的办法分别报告企业主管部门、行业安全管理部门和当地安全监察部门、公安部门、检察及工会。各有关部门接到报告后应立即转告各自的上级管理部门。其处理程序如下：

1.迅速抢救伤员、保护事故现场

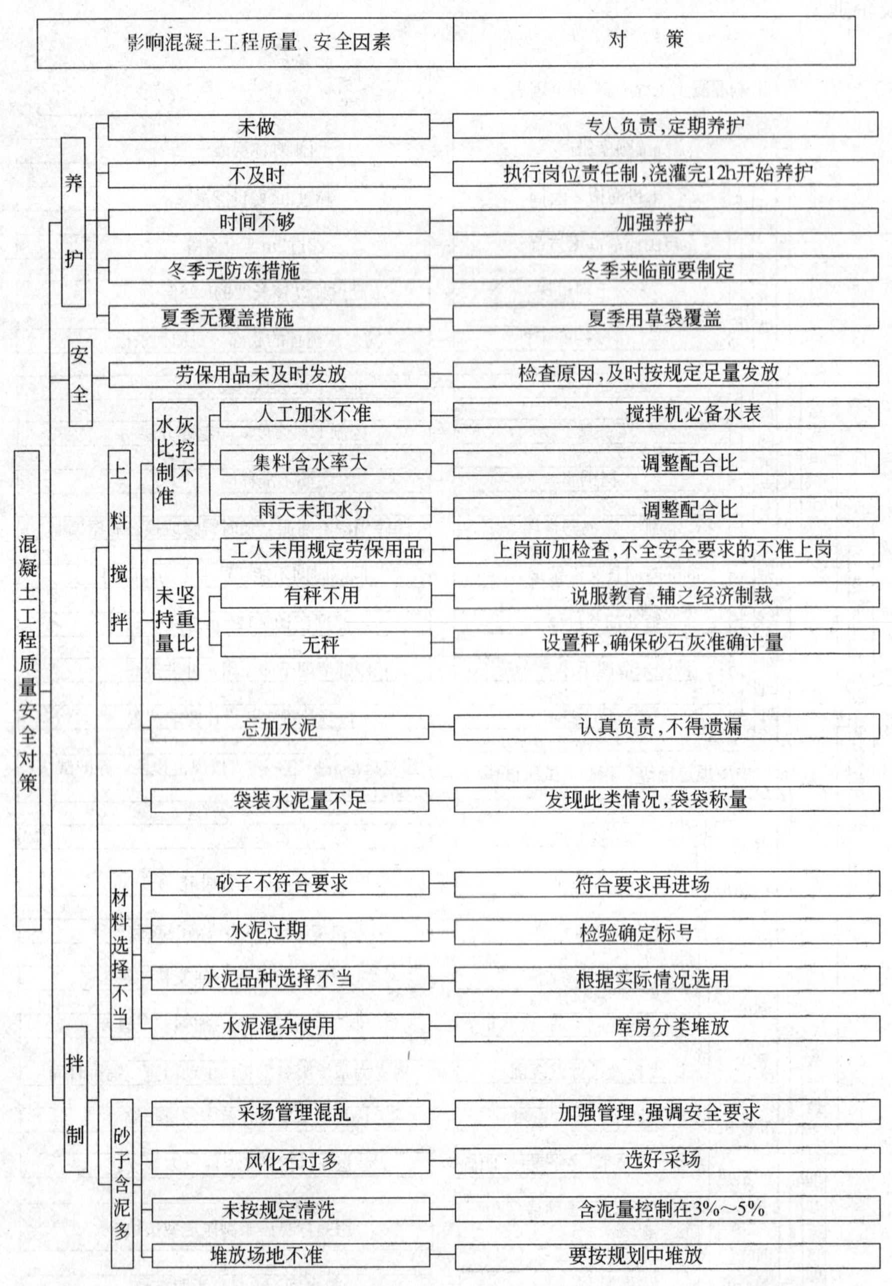

图1-8　混凝土工程质量、安全对策（二）

事故发生后，现场人员切不可惊慌失措，要有组织，统一指挥。首先抢救伤亡和排除险情，尽量控制事故蔓延扩大。同时注意，为了事故调查分析的需要，应保护好事故现场。如因抢救伤亡和排除险情而必须移动现场构件时，还应准确做出标记，最好拍出不同角度的照片，为事故调查提供可靠的原始事故现场资料。

2.组织调查组

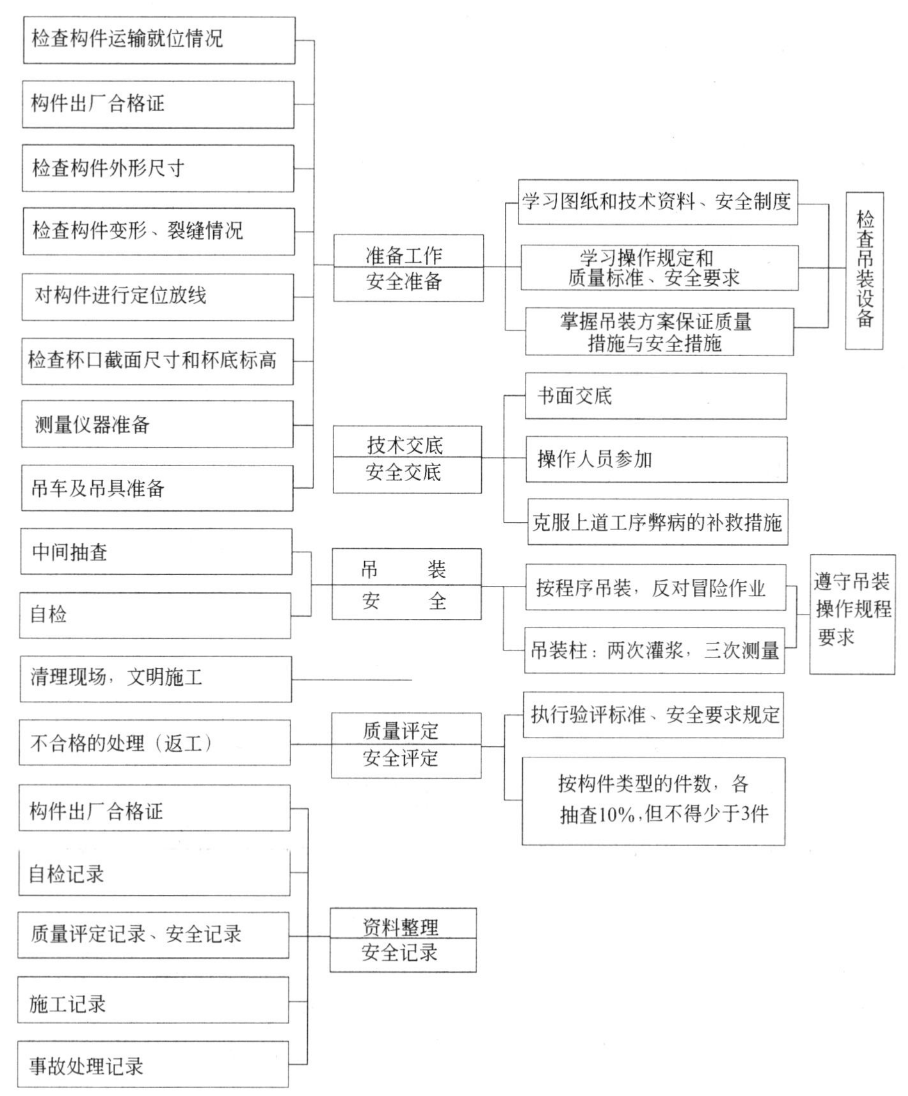

图 1-9　钢筋混凝土构件吊装工程质量、安全预控

企业在接到事故报告后，经理、主管经理、业务部门领导和有关人员应立即赶赴现场组织抢救，并迅速组织调查组开展调查。发生人员轻伤、重伤事故，应由企业负责人或指定的人员组织施工生产、技术、安全、劳资、工会等有关人员组成事故调查组，进行调查。死亡事故应由企业主管部门会同现场所在地区的市（或区）劳动部门、公安部门、人民检察院、工会组成事故调查组进行调查。重大死亡事故应按企业的隶属关系，由省、自治区、直辖市企业主管部门或国务院有关主管部门，公安、监察、检察部门、工会组成事故调查组进行调查。也可邀请有关专家和技术人员参加。调查组成员中与发生事故有直接利害关系的人员不得参加调查工作。

3.现场勘察

调查组成立后，应立即对事故现场进行勘察。因为现场勘察是一项技术性很强的工作，它涉及广泛的科学技术知识和实践经验。因此勘察时必须及时、全面、细致、准确、客观地反映原始面貌，其勘察的主要内容有：

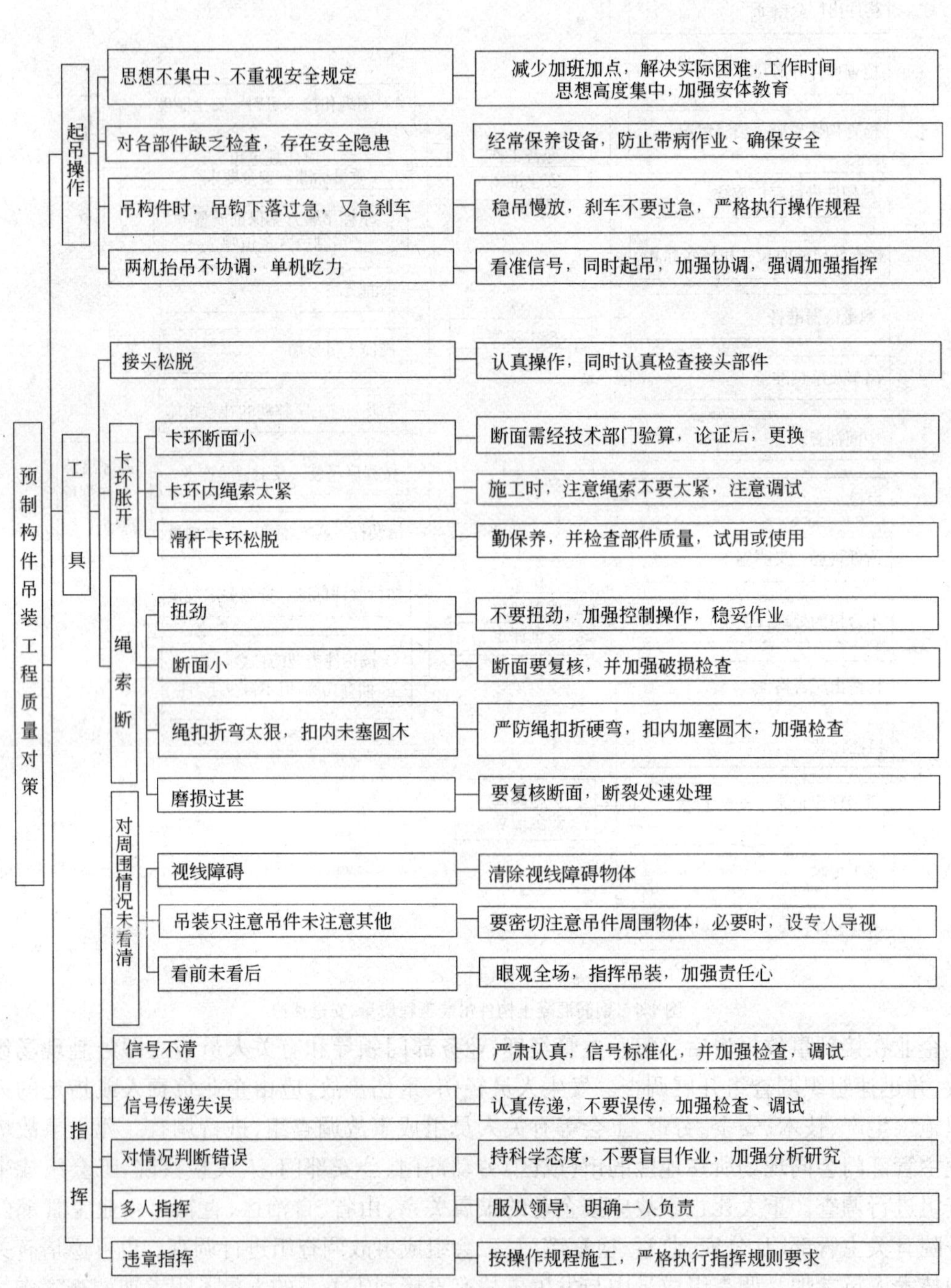

图 1-10 预制构件吊装工程质量对策(一)

(1)做出笔录

发生事故的时间、地点、气象等；

现场勘察人员的姓名、单位、职务；

影响预制构件吊装工程质量安全因素	对　策

预制构件吊装工程质量对策

类别		影响因素	对策
设备		未试吊	必须认真试吊
设备		刹车失灵	认真保养，检查部件，不合格则应修换
设备		无限位装置	要有限位装置，并检查符合要求
设备		未适当加配重或配重过多，致使设备失稳	适当加配重，使设备稳定
技术管理	吊点	位置不对	不准擅自更改吊点
技术管理	吊点	自行减少吊点	减少吊点，需经技术部门同意
技术管理	吊点	受力不均单边受力	征求意见，做好施工组织设计
技术管理		构件就位地点没选好，后吊的构件放不下	构件就位要事先画构件就位平面置图
技术管理		未核实构件重量	精确计算构件重量
技术管理		叠打构件粘连	满刷隔离剂
技术管理		误将翻身钩当起吊钩	翻身钩要有特殊标志，用后处理掉
技术管理		道路未修好垫实	铲平垫实道路，防止冲撞
技术管理		起吊未设溜绳	系好溜绳，防止冲撞其他构件
技术管理		吊装次序颠倒	按施工组织设计吊装施工，加强责任心
技术管理		构件薄弱处未保护好	对吊点及系溜绳部位，加橡皮垫保护
技术管理		垫木滑动	塞紧垫木
其它		构件未计算，用作吊运其他构件，局部受力过大而损坏	如用做吊运其他构件，需经计算
其它		构件就位后未及时临时固定	构件就位后，要及时临时固定
其它		吊杆或吊物碰撞其他构件	倒运构件要稳，防止野蛮装卸
其它		吊构件未绑牢	构件必须绑扎牢固，并应检查可靠

图 1-11　预制构件吊装工程质量对策(二)

现场勘察起止时间、勘察过程；

能量逸散所造成的破坏情况、状态、程度；

设施设备损坏或异常情况及事故发生前后的位置;

事故发生前的劳动组合,现场人员的具体位置和行动;

重要物证的特征、位置及检验情况等。

(2)实物拍照

方位拍照:反映事故现场周围环境中的位置;

全面拍照:反映事故现场各部分之间的联系;

中心拍照:反映事故现场的中心情况;

细目拍照:揭示事故直接原因的痕迹物、致害物等。

人体拍照:反映伤亡者主要受伤和造成伤害的部位。

(3)现场绘图

根据事故的类别和规模以及调查工作的需要应绘制出下列示意图:

建筑物平面图、剖面图;

事故发生时人员位置及疏散(活动)图;

破坏物立体图或展开图;

涉及范围图;

设备或工、器具构造图等。

4.分析事故原因,确定事故性质

事故调查分析的目的,是为了通过认真调查研究,搞清事故原因,以便从中吸取教训,采取相应措施,防止类似事故重复发生,分析的步骤和要求是:

(1)通过详细的调查,查明事故发生的经过。要弄清事故的各种产生因素,如人、物、生产和技术管理、生产和社会环境、机械设备的状态等方面的问题,经过认真、客观、全面、细致、准确地分析,确定事故的性质和责任。

(2)事故分析时,首先整理和仔细阅读调查材料,按有关标准,对受伤部位、受伤性质、起因物、致害物、伤害方法、不安全行为和不安全状态等七项内容进行分析。

(3)在分析事故原因时,应根据调查所确认的事实,从直接原因入手,逐步深入到间接原因。通过对原因的分析、确定出事故的直接责任者和领导责任者,根据在事故发生中的作用,找出主要责任者。

(4)确定事故的性质。工地发生伤亡事故的性质通常可分为责任事故、非责任事故和破坏性事故。事故的性质确定后,也就可以采取不同的处理方法和手段了。

(5)根据事故发生的原因,找出防止发生类似事故的具体措施,并应定人、定时间、定标准,完成措施的全部内容。

5.写出事故调查报告

事故调查组在完成上述几项工作后,应立即把事故发生的经过、原因、责任分析和处理意见及本次事故的教训、估算和实际发生的损失,对本事故单位提出的改进安全生产工作的意见和建议写成文字报告,经全调查组同志会签报有关部门审批。如组内意见不统一,应进一步弄清事实,对照政策法规反复研究,统一认识。不可强求一致,但报告上应言明情况,以便上级在必要时进行重点复查。

6.事故的审理和结案

事故的审理和结案,同企业的隶属关系及干部管理权限一致。一般情况下县办企业和县以下企业,由县审批;地、市办的企业由地、市审批;省、直辖市企业发生的重大事故,由直属主管部门提出处理意见，征得劳动部门意见，报主管委、办、厅批复。

建设部对事故的审理和结案的要求有以下几点：

(1)事故调查处理结论做出后，须经当地有关有审批权限的机关审批后方能结案。并要求伤亡事故处理工作在 90 天内结案，特殊情况也不得超过 180 天。

(2)对事故责任者的处理，应根据事故情节轻重、各种损失大小、责任轻重加以区分，予以严肃处理。

(3)清理资料进行专案存档。事故调查和处理资料是用鲜血和教训换来的，是对职工进行教育的宝贵资料，也是伤亡人员和受到处罚人员的历史资料，因此应完整保存。

存档的主要内容有：

①职工伤亡事故登记表；

②职工重伤、死亡事故调查报告书、现场勘察资料记录、图纸、照片等；

③技术鉴定和试验报告；

④物证、人证调查材料；

⑤医疗部门对伤亡者的诊断及影印件；

⑥事故调查组的调查报告；

⑦企业或主管部门对其事故所作的结案申请报告；

⑧受理人员的检查材料；

⑨有关部门对事故的结案批复等。

(四)施工伤亡事故的处理

1.确定事故性质与责任

在项目上出现伤亡事故以后，项目领导以及上级赶赴现场的有关人员，应慎重地对现场进行初步调查，以便确定事件是因工伤亡事故，还是其他事件；否则盲目确认，会人为地造成错案。因此，初步认定事件的性质十分重要，一旦认定确系因工伤亡事故，事故单位就应根据国家和本地区的有关规定进行调查处理，一般方法是，在已查清因工伤亡事故的原因的基础上，分析每条原因应由谁负责。按常规可分为：直接责任、主要责任、重要责任、领导责任，并根据具体内容将责任落实到人头上。

直接责任者，指在事故发生中有直接因果关系的人。如安装电器线路，电工把零线与火线接反，造成他人触电身亡，则电工便是直接责任者。

主要责任者，是在事故发生中属于主要地位和起主要作用的人。如某工地一工人违章从外脚手架爬下时，立体封闭的安全网系绳脱扣，将其摔下致伤，因此绑扎此处安全网的架子工便自然成了主要责任者。

重要责任者，是在事故责任者中，负一定责任，起一定作用，但不起主要作用的人。如某隧道工程施工时在职工中实施了互保协议，一工人违章乘坐提升物料的吊盘下竖井，卷扬机司机不观察情况盲目启动下降，同班组与乘坐者签协议的工人也不制止，结果吊盘坠下时造成乘坐者蹲伤，他本人是直接责任者，司机是主要责任者，协议互保人就应是重要责任者。

领导责任者，是指忽视安全生产，管理混乱，规章制度不健全，违章指挥，冒险蛮干、对工人不认真进行安全教育，不认真清除事故隐患，或者出现事故以后仍不采取有力措施，致使同类事故重复发生的单位领导。如某工地领导只重视进度，强行让工人加班加点对工人随意拆除防护设施而视而不见，造成事故，工地的主要领导和主管安全生产的领导均为领导责任者。

2.严肃处理事故责任者

对造成事故的责任者，要进行教育，使其认识凡违反规章制度，不服管理或强令工人违章冒险作业，因而发生重大伤亡事故者，就是犯法行为，就要受到法律制裁，情节较轻的也要受到党纪和行政处罚。有下列情况者，应给予必要的处分。

(1)已发现明显的事故征兆，不及时采取有力措施清除隐患，以致发生事故，造成人员伤害和财产损失者。

(2)不执行规章制度，对各级检查人员发出的整改意见、指令拒不服从，带头或指使违章作业，造成事故者。

(3)已发生过事故，仍不接受教训，不采取和不执行预防措施致使事故重复发生者。

(4)经常违反劳动纪律和操作规程，屡教不改，以致引起事故造成自己或他人受到伤害或财产损失者。

(5)任意拆除安全设备和安全装置者。

(6)对工作不负责任或失职，造成事故者。

对事故责任者的严肃处罚，是企业和国家运用法律手段搞好安全生产的具体体现，也是对全体职工的一种教育，因此在事故处理过程中必须认真执行。

3.稳定队伍情绪、妥善处理善后工作

事实证明，工地一旦发生伤亡事故，就会打乱正常的生产、工作和生活秩序，会使干部精神紧张，职工思想波动，队伍情绪低落，使企业的经济、社会效益受到不良影响，如果处理不好会影响企业内部乃至局部社会的安定团结局面。因此稳定队伍，妥善处理事故显得十分重要。一般情况应采取以下方法：

(1)事故发生以后，工地负责人应立即组织抢救伤员，并发出停工令，让大部分职工撤离事故现场，防止事故扩大而增加损失。

(2)项目经理或主管领导应立即召开领导班子会议，研究应急措施，成立事故处理小组和行政生产管理小组，以便有秩序地开展工作。

(3)待事故调查组基本搞清事故发生的经过、原因和责任后，事故单位应在调查组参与下，组织事故分析会议，从事故事实中找出责任者和血的教训，提出改进安全工作的措施，以提高干部职工的安全意识和自保能力。

(4)事故发生后，应尽快通知伤、亡者的家属，搞好接待和安抚工作，如实地向其亲属介绍事故情况，取得谅解和协助。

(5)根据国家和地区有关处理伤、亡事故的规定做好医疗和抚恤工作。

(6)在征得有关部门同意复工的批准时，首先组织有干部、专业人员和职工参加的检查组，对工地进行全面检查，并及时处理问题和隐患，另一方面组织全体参加施工的人员认真学习安全技术知识、规章制度，标准和操作规程，特别是应宣布本工地为避免同类事故发生的措施，鼓励干部职工认真吸取经验教训，把安全生产工作提高到一个新的水平。

4.认真落实防范措施

为了确保安全生产，防止事故再次发生，要求编制防范措施。防范措施要有针对性、适用性、可操作性，要指定每项措施的执行者和完成措施的具体时限，项目经理、主管安全的领导和安全检查人员要及时组织检查验收，并向上级有关部门反馈工地整改情况。

第二章 施工准备工作中的安全要点

施工项目现场是指从事工程施工活动经批准占用的施工场地。该场地包括红线以内占用的建筑用地和施工用地及红线以外现场附近经批准的临时施工用地。

施工项目现场管理是指对项目施工现场场地如何科学安排、合理使用,并与各种环境保持协调关系。

施工项目现场是施工的“枢纽站”,大量的物资进场后“停站”于施工现场,同时在施工现场集中了大量的劳动力、各种机械设备和管理人员,并在施工活动中处于流动之中。不言而喻,施工现场存在着大量的不安全致因,因此,必须切实加强施工现场的安全管理工作。

第一节 施工现场的安全要点

一、正确合理的平面布置与安全要点

施工现场应有利于生产、方便职工生活,符合防洪、防火等安全要求,具备文明生产、文明施工的条件。

在开工前,在施工组织设计(或施工方案)中,必须有详细的施工平面布置图。

对于施工现场的临时设施,必须避开泥沼、悬崖、陡坡、泥石流、雪崩等危险区域,选在水文、地质良好的地段。施工现场内的各种运输道路、生产生活房屋、易燃易爆仓库、材料堆放,以及动力通信线路和其他临时工程均应保证符合有关安全规定的要求。

1.施工现场的生产生活用房、变电所、发电机房、临时油库等均应设在干燥地基上,并应符合防火、防洪、防风、防爆、防震的要求。

由于施工现场易燃材料多,如木材、木模板、脚手架木、沥青、油漆、油毡等;施工现场临时用电线路多,容易漏电起火;现场人员流动性大;交叉作业多;管理不便,火灾隐患不易发现。再者消防条件差,如出现火灾,灭火困难,因此,火灾的隐患不安全因素多,稍有疏忽就可能发生火灾。

防火的安全工作要点

(1)施工现场火灾的主要隐患

①木屑自然起火。例如在桥梁施工现场,在加工木材中,如有大量木屑堆积,就会发热,积热量增多后,再吸收氧气,便可能自然起火。

②熬制沥青作业时不慎起火。

③仓库内的易燃物触及明火就会燃烧起火,如土工合成材料、油料、木材、燃料、防护用品、

油毡等。

④焊接作业时火星溅到易燃物上引火。

⑤电气设备短路或漏电而导致火灾。

⑥乱扔烟头引发起火。

⑦冬季在加工车间如木工间烧柴取暖引发起火。

⑧烟囱、炉灶、冬季炉火取暖,管理不善起火。

⑨雷击起火。

⑩生活用房不慎起火。

⑪其他。

(2)防火安全工作的措施

①对上级有关消防工作的政策、法规、条例等应认真组织学习并贯彻执行。将防火工作纳入领导工作的议事日程,做到在计划、布置、检查、总结、评比时同步考虑防火工作,制定各级领导防火责任制。

②建立各级安全防火责任制、工人安全防火岗位责任制、现场防火工具管理责任制、重点部位安全防火制度、安全防火检查制度、火灾事故报告制度、易燃、易爆物品管理制度、用火用电管理制度、防火宣传教育制度等。

③设置专职、兼职防火员,成立义务消防队组织。其职责是:

a.监督、检查各级人员落实防火责任制的情况。

b.审查防火工作措施并督促实施。

c.参加制定、修改防火工作制度。

d.经常进行现场防火检查,协助解决防火问题,发现火灾隐患有权指令停止生产或查封,并立即报告有关领导研究解决。

e.推广消防工作先进经验。

f.对工人进行防火知识教育,组织义务消防队员培训和灭火演习。

g.参加火灾事故调查、处理、上报。

2.施工现场应根据现场实际情况和需要,设置醒目的安全标志,并不得擅自拆除。

3.施工现场内的沟、坑、水塘等边缘应设安全护栏。场地狭小,行人和运输繁忙的路段应设专人指挥交通。

工地的人行道、行车道应坚实平坦,保持畅通。场内运输道路应尽量减少弯道和交叉点,频繁的交叉处,必须设置鲜明的警告标志。

工地通道不得任意挖掘或截断。通过沟渠的道路,应搭设牢固的桥板或修建临时便桥。

4.生产生活房屋应按防火要求规定,保持必须的安全距离,一般情况下活动板房不小于7m,铁皮板房不小于5m,临时的锅炉房、发电机房、变电室、铁工房、厨房等与其他房屋的间距不小于15m。

5.易燃易爆品的仓库、发电机房、变电所,应采取必要的安全防护措施,严禁用易燃材料修建。

6.炸药库的设置应符合国家有关规定。

公路石方、隧道、冻土施工中,爆破方法使用越来越多,不安全因素多且危险性大。表2-1~表2-5列出了相关资料,以供学习应用参考。

爆破器材库位的安全距离 表 2-1

爆破器材库或露天药堆至外部各种被保护对象的距离，应按下列条件确定：

1.外部距离的起算点是库房的外墙墙根、药堆的边缘以及隧道式洞库的洞口；

2.确定外部距离时，可不考虑炸药的性质；

3.爆破器材贮存区内有一个以上仓库或药堆时，应按每个仓库或药堆分别核定库区外部距离；

4.确定仓库或药堆至企业的住宅或村庄边缘的距离应遵守：地面库房或药堆不小于本表的规定；隧道式洞库不小于表 2-2 的规定。

地面爆破器材库或药堆至住宅区或村庄边缘的最小距离(m)

存药量 (t)	≤200 ≥150	< 150 ≥100	< 100 ≥50	< 50 ≥30	< 30 ≥20	< 20 ≥10	< 10 ≥5	< 5
最小外部距离 (m)	1000	900	800	700	600	500	400	300

注：表中距离适用于平坦地形，当遇到下列几种特定地形时，其数值可适当增减：

1.当危险建筑物紧靠 20 ~ 30m 的山脚下布置，山的坡度为 10° ~ 25°时，危险建筑物与山背后建筑物之间的距离，与平坦地形相比，可适当减小 10% ~ 30%。

2.当危险建筑物紧靠 30 ~ 80m 高的山脚下布置，山的坡度为 25° ~ 35°时，危险建筑物与山背后建筑物之间的距离，与平坦地形相比，可适当减小 30% ~ 50%。

3.在一个山沟中，一侧山高为 30 ~ 60m，坡度 10° ~ 25°，另侧山高 30 ~ 80m，坡度 25° ~ 30°，沟宽 100m 左右，沟内两山坡脚下直对布置的两建筑物之间的距离，与平坦地形相比，应增加 10% ~ 50%。

4.在一个山沟中，一侧山高为 30 ~ 60m，坡度 10° ~ 25°，另侧山高 30 ~ 80m，坡度 25° ~ 35°，沟宽 40 ~ 100m，沟的纵坡 4% ~ 10%，沿沟纵深和沟的出口方向建筑物之间的距离，与平坦地形相比，应适当增加 10% ~ 40%。

隧道式洞库至住宅区或村庄边缘的最小外部距离(m) 表 2-2

距离(m) \ 存药量(t) 与洞口轴线交角α	≤100 ≥50	< 50 ≥30	< 30 ≥20	< 20 ≥10	< 10 ≥5	< 5
0° < α ≤ 50°	1500	1250	1100	1000	850	750
50° < α ≤ 70°	800	650	550	500	450	350
70° < α ≤ 90°	450	400	350	300	250	250
90° < α ≤ 180°	300	250	200	150	120	100

按表 2-2 确定距离时，应根据表中数据作图(如下图)，且应使被保护的住宅区或村庄位于图示的包络线(图中虚线)之外。

作图确定洞库与住宅区或村庄的距离图	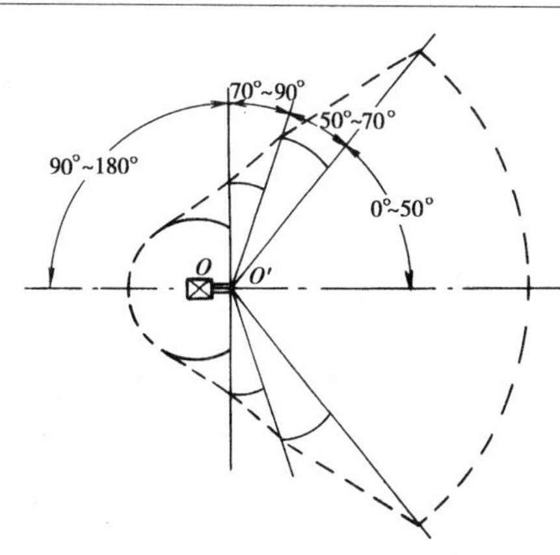
说明	图中 O 点为装药中心，是 90 ~ 180°范围作图的圆心；O'点为洞口中心，是 0 ~ 90°范围作图的圆心

仓库或药堆至各种保护对象的防护等级系数① 表 2-3

被保护对象		防护等级系数		
		地面库	隧道式洞库	
			0°~90°	90°~180°
村庄边缘、企业住宅区边缘、其他单位的围墙、区域变电站的围墙		1.0	1.0	1.0
总人数不大于50人的零散住户边缘		0.6	0.6	0.7
地县级以下公路、通航汽轮的河流航道、铁路支线		0.6	0.6	0.7
国家铁路线、省级以上公路		0.8	0.8	0.9
高压输电线路**	500kV	1.5	2.0	1.5
	300kV	1.2	1.8	1.2
	220kV	1.0	1.5	1.0
	110kV	0.7	1.0	0.7
	35kV	0.4	0.6	0.4
油库		0.6	1.2	0.6
人口不大于10万人的城镇规划边缘、有重要意义的建筑物、铁路车站②		2.0	2.5	2.0
人口大于10万人的城镇规划边缘②		3.0	3.0	3.0

注：①仓库或药堆至其他保护对象的距离，应先按本表确定各该保护对象的防护等级系数，并以规定的系数分别乘以表2-1或表2-2规定的距离来确定。

②隧道式洞库，洞轴线±(90°~180°)范围内，如有高耸建(构)筑物、输电线铁塔时，应通过地震安全性评价，专门确定防护等级系数。

临时性爆破材料库位的安全距离(铁路) 表 2-4

按铁路工程爆破安全规则规定，临时性爆破材料库对附近保护对象的安全距离，主要是按爆破的冲击波计算，但一般不得小于本表要求：

1.临时性炸药库对邻近建(构)筑物安全距离①

保护对象	炸药库容量(kg)					
	250	500	2 000	8 000	16 000	32 000
居民区，有爆炸和易燃的工厂和仓库、车站、码头	200	250	300	400	500	600
铁路、公路干线、区域变电站，重要建筑物	200	250	300	400	450	500
交通量不大的铁路、公路，高压输电线路，重要航道	50	100	150	200	250	300
钢和钢筋混凝土构筑物，次要的单独构筑物	40	60	80	100	120	150

按铁路工程爆破安全规则规定，临时性爆破材料库对附近保护对象的安全距离，主要是按爆破的冲击波计算，但一般不得小于本表要求：

2. 雷管与炸药、雷管与雷管库间最小容许距离(m)

库房名称	雷管存量（个）							
	5 000	10 000	20 000	30 000	50 000	100 000	200 000	300 000
雷管库与炸药库	5	6	9	11	14	19	27	33
雷管库与雷管库	7	10	15	18	23	32	45	55

注：当一个库房设有土护墙时，表列容许距离可减少 1/3；如两个库房均有土护墙时，则可减少 1/2

注：①引自《爆破施工技术》(中国铁道出版社，1985 年)。

本表适用于黑索金、铵梯黑炸药、黑梯药柱和胶质炸药。

爆破器材仓库间的殉爆安全距离 表 2-5

1. A_1 级仓库之间的最小距离

仓库类型 \ 距离(m) \ 存药量(t)	>30 ≤50	>20 ≤30	>10 ≤20	>5 ≤10	>2 ≤5	>1 ≤2	≤1
无土堤地面库、药堆	110	90	80	65	50	40	30
有土堤地面库	80	70	60	50	40	35	25

2. A_2 级仓库之间的最小距离

仓库类型 \ 距离(m) \ 存药量(t)	>100 ≤150	>50 ≤100	>30 ≤50	>20 ≤30	>10 ≤20	>5 ≤10	≤5
无土堤地面库、药堆	60	50	45	35	30	25	20
有土堤地面库	40	35	30	25	20	20	20

注：本表适用于梯恩梯、雷管、导爆索。其中雷管和导爆索按其装药量计算存药量。

3. A_3 级仓库之间的最小距离

仓库类型 \ 距离(m) \ 存药量(t)	>150 ≤200	>100 ≤150	>50 ≤100	>30 ≤50	>20 ≤30	≤20
无土堤地面库、药堆	50	45	38	32	26	20
有土堤地面库	35	30	27	24	20	20

注：本表适用于硝铵类炸药和黑火药。

7. 爆破器材库与爆破器材的管理：

爆破材料库房必须严防火灾或发生引爆事故，应注意：

(1)在火药库区内，严禁点火、吸烟，任何人不准携带火柴，打火机、武器或引火物品进入炸药库。

(2)在库房围墙内，要及时清扫枯草、干树枝、干树叶，库房外围要有足够的防沟。

(3)不允许穿带钉子的鞋进入黑火药库房。

(4)爆破材料的储量不得超过设计规定量，以防万一发生火灾引起爆炸，给周围人员和建筑物带来严重后果。

(5)库内固有的照明设备，应经常检查其是否牢固，绝缘是否良好。

(6)库内照明宜用铠装电缆引入；固定灯具应用防爆型，移动灯具必须使用蓄电池和电筒。

(7)爆破器材库的位置、结构和设施等的设置须经主管部门批准，并经公安部门许可。

(8)爆破器材，必须贮存在爆破材料库内。特殊情况下，经主管部门审核并报当地县(市)公安局批准后，方准在库外存放。

(9)爆破器材库的爆破器材贮存量应遵守下列规定：

①地面库单一库房的最大允许容量不得超过下列规定；

②地面总库的总容量：炸药不得超过本单位半年生产用量；起爆器材不得超过1年生产用量。地面分库的总容量；炸药不得超过3个月生产用量；起爆器材不得超过半年生产用量。

③洞室式库的最大容量不得超过100t。

④井下只准建分库，其库容量不得超过：炸药3昼夜生产用量；起爆器材10昼夜生产用量。

(10)临时性爆破器材库的最大贮存量为：炸药10t；雷管2万发；导火线10000m。

(11)库房建立后，任何单位不得在爆破器材库的危险区域内修建任何建筑物和构筑物。

(12)各类爆破器材的贮存必须遵守下述规定(见表2-6～表2-9)。

地面库单一库房的最大允许容量 表2-6

序号	爆破器材名称	单一库房最大允许容量(t)	序号	爆破器材名称	单一库房最大允许容量(t)
1	硝化甘油炸药	20	8	爆炸筒、起爆药柱	60
2	黑索金	50	9	导爆索	15
3	太安	50	10	黑火药、无烟火药	5
4	梯恩梯	150	11	导火索、点火索、点火筒	40
5	黑梯药柱	50	12	雷管、继爆管、高压油井雷管、导爆管起爆系统	6
6	硝铵类炸药	200	13	硝酸铵、硝酸钠	400
7	射孔弹	100			

爆破器材的允许共存范围 表 2-7

爆破器材名称	黑索金	梯恩梯	硝铵类炸药	胶质炸药	水胶炸药	浆状炸药	乳化炸药	苦味酸	黑火药	二硝基重氮酚	导爆索	电雷管	火雷管	导火索	非电导爆系统
黑索金	+	+	+	−	+	+	−	+	−	−	+	−	−	+	−
梯恩梯	+	+	+	−	+	+	−	+	−	−	+	−	−	+	−
硝铵类炸药	+	+	+	−	+	+	−	−	−	−	+	−	−	+	−
胶质炸药	−	−	−	+	−	−	−	−	−	−	−	−	−	−	−
水胶炸药	+	+	+	−	+	+	−	−	−	−	+	−	−	+	−
浆状炸药	+	+	+	−	+	+	−	−	−	−	+	−	−	+	−
乳化炸药	−	−	−	−	−	−	+	−	−	−	−	−	−	−	−
苦味酸	+	+	−	−	−	−	−	+	−	−	+	−	−	+	−
黑火药	−	−	−	−	−	−	−	−	+	−	−	−	−	+	−
二硝基重氮酚	−	−	−	−	−	−	−	−	−	+	−	−	−	−	−
导爆索	+	+	+	−	+	+	−	+	−	−	+	−	−	+	−
电雷管	−	−	−	−	−	−	−	−	−	−	−	+	+	−	−
火雷管	−	−	−	−	−	−	−	−	−	−	−	+	+		+
导火索	+	+	+	−	+	+	−	+	+	−	+	−	−	+	−
非电导爆系统	−	−	−	−	−	−	−	−	−	−	−	−	+	−	+

注:1."+"号表示爆破器材名称类内横行的某种爆破器材与竖列的某种爆破器材二者间可同库存放;"-"号则表示不可同库存放。

2.当库房内存放两种以上爆破器材时,其中任何两种爆破器材均应满足同库存放的要求。

3.硝铵类炸药包括硝铵炸药、铵油炸药、铵松蜡炸药、铵沥蜡炸药、孔粒状铵油炸药、铵梯黑炸药。

电爆安全作业 表 2-8

采用电力起爆,检测电雷管和电爆网路必须严格使用爆破专用仪表和按有关爆破安全规则的各项规定执行,还须注意防止雷击早爆,以及在高频高压电源附近电爆的安全措施

项目	安全措施
雷击早爆及其预防措施	1.雷电时不得进行露天爆破作业。由于雷击有可能导致电爆网路早爆,原因是:(1)雷电直接击中;(2)静电感应;(3)电磁感应。 2.雷击之前一般有雷雨将至的征兆,可用 JL-1 型雷电预警仪,进行报警预报。 3.如雷电即将到来,而电爆网路已敷设时,网路不宜接成闭合回路,导线应对地绝缘以及缩短爆破线路。 4.在爆破频繁的爆区,应设置避雷针系统或防雷消散塔。 5.采用屏蔽线连接爆破网路。 6.采用非电起爆法。

续上表

采用电力起爆，必须对检测电雷管和电爆网路严格使用爆破专用仪表和按有关爆破安全规则的各项规定执行，还须注意防止雷击早爆，以及在高频高压电源附近电爆的安全措施	
项　　目	安　全　措　施
在高频高压电源附近电力起爆应采取的安全措施	在电视台、电信台、雷达站以及其他高频设备的附近进行爆破时，交变的电磁波有可能使爆破网路产生感应电流，引起雷管自爆。 1.装药过程中，电爆网路不接成闭合回路。 2.尽量缩小爆破网路尺寸，使网路导线所圈定的面积最小。 3.爆破网铺平顺直，防止弯曲圈绕，否则会增加回路的匝数。 4.雷管脚线与导线，不准接触任何天线。 5.当感应电流超过雷管安全电流的容许值时，应采用非电爆破。

高频高压电源附近爆破安全距离①　　表2-9

1.高频电源附近爆破的安全距离

发射机功率（W）	最小安全距离（m）	发射机功率（W）	最小安全距离（m）
5~25	50	1000~5000	700
25~50	70	5000~10000	1000
50~100	100	10000~50000	2200
100~500	220	50000~100000	3000
500~1000	300		

2.高压线下爆破的最小安全距离

动力线电压（V）	不同导线长度（m）的最小安全距离（m）			
	1.8	2.5	3.6	5.0
33000	—	—	—	132
66000	—	132	190	264
132000	190	264	380	528
330000	473	660	950	1320

注：①根据《爆破施工技术》（中国铁道出版社，1985年）。

8.工地的小型临时油库应远离生活区50m以外，并外设围栏。

9.工地上较高的建（构）筑物、临时设施及重要库房，如炸药库、油库、发（变）电房、塔架、龙门吊架等，均应加设避雷装置。

10.对环境有污染的设施和材料应设置在远离人员居住的较为空旷的地点。污染严重的工程场所应配有防污染的设施。

11.施工现场的生活用水必须符合国家有关饮用水水质标准的规定。

(1)生活饮用水水质不应超过表2-10规定的限量。

生活饮用水水质标准　　表2-10

项　目		标　准
感官性状和一般化学指标	色	色度不超过15度,并不呈现其分异色
	浑浊度	不超过8度,特殊情况不超过5度
	臭和味	不得有异臭、异味
	肉眼可见物	不得含有
	pH	6.5~8.5
	总硬度(以碳酸钙计)	450mg/L
	铁	0.3mg/L
	锰	0.1mg/L
	铜	1.0mg/L
	锌	1.0mg/L
	挥发酚类(以苯酚计)	0.002mg/L
	阴离子合成洗涤剂	0.3mg/L
	硫酸盐	250mg/L
	氯化物	250mg/L
	溶解性总固体	1000mg/L
毒理学指标	氟化物	1.0mg/L
	氰化物	1.0mg/L
	砷	0.05mg/L
	硒	0.01mg/L
	汞	0.001mg/L
	镉	0.01mg/L
	铬(六价)	0.05mg/L
	铅	0.05mg/L
	银	0.05mg/L
	硝酸盐(以氰计)	20mg/L
	氯仿*	60mg/L
	四氯化碳*	3mg/L
	硫苯并(a)芘*	0.01mg/L
	滴滴涕*	1mg/L
	六六六*	5mg/L
	细菌总数	100个/mL
	总大肠菌群	3个/mL
	游离余氯	在水接触30min后应不低于0.3mg/L
		集中式给水除出厂水应符合上述要求外,管网末梢水不应低于0.05mg/L
放射性指标	总α放射性	0.1Bq/L
	总β放射性	1Bq/L

*试行标准。

(2)各单位自备的生活饮用水系统，严禁与城镇供水系统连接。

(3)直接从事供水工作的人员，必须建立健康档案，定期进行体检，每年不少于一次。

12.生活污水应进行处理。应建有化粪池或其他能满足使用要求的系统，用于汇集与处理由住房、办公室及其他建筑物和流动性设施中排放的污水，其位置、容量应满足正常使用的要求。每一处临时施工现场均应配有临时污水汇集设施，对拌和场和清洗砂石的污水应汇集处理回用，不得排出施工现场以外的地方。

13.做好垃圾处理，确保环境卫生，防止疾病发生。

现场产生的一切垃圾必须每天有专人负责清理集中并处理(可与当地有关部门联系定期运至指定的垃圾处理场)，施工垃圾必须随当地日作业班组清洁集中处理，以保证作业现场保持清洁卫生。垃圾管理工作直至工程竣工交验后方可停止。

二、特殊工程施工现场的施工安全要点

特殊工程系指工程本身的特殊性或工程所在地区(区域)的特殊性或采用的施工工艺、方法有特殊要求的工程。有的是整体工程属于特殊工程施工现场，也有的仅是部分分项工程属于特殊工程施工现场。

特殊工程施工现场安全管理，除一般工程的基本要求外，还应根据特殊工程的性质、施工特点、要求等制定有针对性的安全管理和安全技术措施。其基本要求是：

1.编制特殊工程施工现场安全管理制度并向参加施工的全体职工进行安全教育和交底。

2.特殊工程施工现场周围要设置围护，要有出入制度并设门卫(值班人员)。

3.强化安全监督检查制度，并认真做好安全日记。

4.对于从事危险作业的人员要进行安全检测和设置监护。如爆破、吊装拆除工程和滑模施工等。

5.施工现场应设医务室或派医务人员。

6.要备有灭火、防爆等器材物资，并通过学习和训练，相关职工能掌握使用。

三、施工现场安全组织

1.施工现场(工地)的工地负责人(或项目经理)为安全生产的第一责任者，应视工地大小设置安全专(兼)职人员或安全机构。

2.成立以工地负责人(项目经理)为主的、有施工员、安全员、班组长参加的安全生产管理小组，并组成安全管理网络。

3.要建立由工地领导参加的包括施工员、安全员在内的轮流值班制度，检查监督施工现场及安全制度的贯彻执行，并做好安全值日记录。

4.工地还要建立健全各类人员的安全生产责任制、安全技术交底、安全宣传教育、安全检查、安全设施验收和事故报告等管理制度。

5.班组新调人工地时，应将班组安全员名单报告工地安全生产管理小组。属特种作业班组还应报告本班组持有操作证情况。同时，工地安全管理小组要向班组进行安全交底。

6.总、分包工程或多单位联合施工工程，总承包单位应统一领导和管理安全工作，并成立以总包单位为主、分包单位(或参加施工单位)参加的联合安全生产领导小组，统筹、协调、管理施工现场的安全生产工作。

7.各分包单位(或参加施工单位)根据“管生产必须管安全”原则，都应成立分包工程安全

管理组织或确定安全负责人，负责分包工程安全管理，并服从总包单位的安全监督检查。

8.在同一施工现场，由建设单位（甲方）直接分包分部分项工程的施工单位除负责本单位施工安全外，还应服从现场总负责施工单位的监督检查和管理。

四、现场安全管理资料与档案

安全档案是安全基础工作之一，也是检查考核落实安全责任制的资料依据，同时为安全管理工作提供分析、研究资料，从而能够掌握安全动态，以便对每个时期的安全工作进行目标管理，达到预测、预报、预防事故的目的。安全管理资料也是现代化安全管理（微机的应用）的基础，是分析、研究安全管理工作规律的基础资料，以对资料分类、进行规范化和标准化的探索，提高安全管理工作的水平。因此，必须重视现场安全管理资料及建档工作。

安全管理基础资料主要包括方针、目标等职业安全健康管理五大核心要素的文件化资料，例如：

(1)安全组织机构。

(2)安全生产规章制度。

(3)安全生产宣传、教育、培训。

(4)安全技术资料（计划、措施、交底、验收、复杂或特殊要求的设施，还应有设计图纸、计算书）。

(5)采用新工艺、新技术、新设备、新材料安全交底书和安全操作规定。

(6)安全检查考核（包括隐患整改）。

(7)特种作业人员验证记录。

(8)伤亡事故档案。

(9)有关文件、会议记录。

(10)总、分包工程安全文书资料。

(11)班组安全活动。

(12)奖罚资料。

五、施工安全技术措施

安全技术措施是为防止工伤事故和职业病的危害，从技术上采取的措施。它是在工程施工中，针对工程的特点、施工现场环境、施工方法、劳动组织、作业方法、使用的机械、动力设备、变配电设施、架设工具以及各项安全防护设施等制定的确保安全施工的措施。

施工安全技术措施是施工组织设计（或施工方案）的重要组成部分。

1.施工安全技术措施编制的要求

交通部颁布的《公路工程施工安全技术规程》（JTJ 076—95）中规定：“工程开工前，施工单位必须详细核对设计文件，根据施工地段的地形、地质、水文、气象等资料，在编制施工组织设计的同时，制定相应的安全技术措施”。

在施工准备阶段中，施工单位在编制施工组织设计的同时，应按下述要求编制相应的施工安全技术措施：

1)应在工程开工前编制，并经过审批。要求在开工前编审好安全技术措施，在工程图纸会审时，就必须考虑到施工安全。同时，由于开工前已编审了安全技术措施，因而，用于该工程的各种安全设施才能有较充分的时间作准备，从而保证各种安全设施的落实。

对于在施工过程中,由于工程变更等情况变化时,安全技术措施也必须及时进行相应的补充和完善,以适用变化后的安全要求。

2)要有针对性。

《公路工程施工安全规程》的条文说明中指出:施工组织设计中的安全技术措施,必须要有针对性,防止一般性口号化的条文。编制人员必须深入现场,进行调查、勘察、掌握第一手资料,并以安全法规、标准等为依据来编写有针对性的安全技术措施。

(1)针对不同工程的特点可能造成施工的危害,从技术上采取措施,消除危险,保证施工安全。

例如:桥梁基础施工中采用潜水钻机钻孔,其工程特点是在水下作业,为确保施工安全,在安全技术措施上应有针对性地对危险因素进行编制,如规定一般在完成一根钻孔桩时,要检查一次电机的封闭性能,提出钻进速度应根据地质变化情况加以控制的具体要求,以保证安全运转等。

(2)针对不同的工程结构可能造成施工的危害,从技术上采取措施,消除危险,保证施工安全。

例如:斜拉桥的索塔高度在20m以上或高度不足20m的索塔,在郊区或平原区施工或附近无高大建筑物提供防雷保护时,则应给索塔设置避雷器并要求其接地电阻不得大于10Ω,以确保施工(使用)的安全。

(3)针对不同的施工方法采取安全措施。

例如:采用立体交叉作业、滑模、网架整体提升吊装等方法施工时,应对其可能给施工带来的不安全因素,从技术上采取措施,以保证施工安全。

(4)针对使用的各种机械设备、变配电设施给施工人员可能带来的危险因素,从安全保险装置等方面采取技术措施,以保安全。

(5)针对施工中有毒有害、易爆、易燃等作业可能给施工人员造成的危害,从技术上采取防护措施。例如:在隧道施工中,为防止瓦斯伤害人体,就应通过正确的通风设计,配备足以保证隧道中瓦斯不超限和不积存的设施,以保施工安全。

(6)针对施工场地及周围环境可能给施工人员或周围居民,以及材料、设备运输带来的困难和不安全因素,从技术上采取措施,进行保护。

3)考虑要全面、具体。

安全技术措施应贯彻于全部施工生产活动之中,应力求细致、全面、具体。

例如:在施工平面布置设计中未很好考虑安全要求,致使易燃、易爆临时仓库及明火作业区、工地宿舍、厨房等的定位及间距达不到安全距离规定的要求,又如用于起吊的缆绳未认真检测或所取安全度不够等,这些均可能导致严重安全事故。因此,只有把多种因素和各种不利条件,综合研究、分析,考虑周全,并有有效的措施和对策,才能真正做到预防事故。

所谓全面、具体并不是罗列一般的通常的操作工艺、施工方法以及日常安全工作制度、安全纪律等。这些制度性规定,安全技术措施中不必抄录,但必须严格执行。

4)对大型群体工程或一些工程量大且结构复杂的重点工程,除必须在施工组织总设计中编制施工安全技术总体措施外,还应编制单位工程或分部分项工程安全技术措施,详细地制定出有关安全方面的防护要求与措施,确保该单位工程或分部分项工程的安全施工。对爆破、吊装、水下、深坑、支模、拆除等大型特殊工程,都要编制单项安全技术方案。此外,还应编制季节性施工安全技术措施。

总之,应根据工程施工的具体情况进行系统分析,选择最佳施工方案,编制有针对性的安全技术措施。

2.贯彻执行安全技术措施的要求

必须明确:经过批准的安全技术措施具有技术法规的作用,必须认真贯彻执行。遇到因条件变化或考虑不周必须变更安全技术措施内容时,应经由原编制、审批人员办理变更手续,否则不能擅自变更。

(1)要切实并认真做好安全技术措施的交底工作

在施工准备阶段,工程开工前,总工程师或技术负责人,应将工程概况、施工方法、操作要求、安全技术措施与要求,向参加施工的工地负责人、工长、安全员和职工进行安全技术交底。对技术措施中的具体内容和施工要求,应向工地负责人、工班长、安全员作详细交底和组织讨论,有的还应组织训练,使执行者明白道理,懂得和掌握具体作业,了解要消除的隐患及防护的方法,使执行者有坚定的安全信念,为安全技术措施的落实打下基础。安全交底应有书面材料,有双方的签字和交底日期。

(2)安全责任落实

安全技术措施中的各种安全设施、防护设置的实施应列入施工任务单,责任落实到班组或个人,并实行验收制度。

(3)加强实施情况的检查

技术负责人、编制者和安全技术人员、安全员,要经常深入工地检查安全技术措施的实施情况,及时纠正违反安全技术措施的行为、问题,并对安全技术措施视情况作及时的补充和修改,使之更加完善和有效。各级安全部门要以施工安全技术措施为依据,以安全法规和各项安全规章制度为准则,经常性地对各工地实施情况进行检查,并监督各项安全措施的落实,如发现问题,应及时研究、解决或向上级汇报。

(4)对安全技术措施的执行情况,除认真监督检查外,还应建立必要的与经济挂钩的奖罚制度。

(5)应做好安全检查记录,做好建档工作。

3.安全检查的要求

1)安全检查的目标

(1)预防伤亡事故或者说把事故降下来,把伤亡事故频率和经济损失率降到低于社会容许的范围,达到国际同行业的先进水平。

(2)不断改善生产条件和作业环境,达到最佳安全状态。但是,由于安全与施工生产是同时存在的,因此危及劳动者的不安全因素也同时存在,事故的致因也是复杂和多方面的。为此,必须通过安全检查对施工生产中存在的不安全因素进行预测、预报和预防。

2)安全检查的内容

检查内容主要应根据施工生产的特点,制定检查项目、标准。概括起来,主要是查思想、查制度执行情况、查机械设备的安全性、查安全设施完善性和可靠性、查安全教育培训的效果、查操作行为的规范性、查劳保用品合格性及发放是否符合标准、查伤亡事故的处理等。

3)安全检查的要求

(1)配备人员

各种安全检查均应根据检查的要求配备力量。特别是大范围、全面性的安全检查,要明确检查负责人,并抽专业人员参加,作出分工,明确检查内容、标准及要求。

(2)明确检查目的、项目、内容及标准

每种安全检查均应有明确的检查目的、项目、内容及标准。重点、关键部位("保证项目")要重点检查。对大面积或数量多的相同内容的项目可采取系统的观感和一定数量的测点相结合的检查方法。检查时,尽量采用测检工具,用数据说话。对现场管理人员和操作工人不仅要检查是否有违章指挥和违章作业行为,还应进行应知应会知识的抽查,以便了解管理人员及操作工人的安全素质。

(3)检查记录要真实、可靠

检查记录是安全评价的依据,因此必须认真、详细,特别是对隐患的记录必须具体,如隐患的部位、危险性程度及处理意见等。检查记录必须真实、可靠。

(4)做好安全评价的工作

安全检查后,对结果应进行系统的、认真的分析,采用定性和定量的方法进行安全评价。哪些项目已达标或基本达标,哪些方面需要改进、补充、完善,哪些未达标,存在哪些问题需要整改等。受检单位(若系本单位自检也需作安全评价)根据安全评价以研究和采取有针对性的对策进行整改和加强管理。

(5)认真做好整改工作

整改是安全检查工作重要的组成部分,是检查结果的归宿。整改工作包括:

①隐患登记,分析研究,找出不安全因素特别是关键因素(最危险因素),找出相应的对策,提出有针对性的、可靠而有效的措施,以消除隐患。

②实施整改。按照提出的对策和措施,进行实施。

③复查。实施整改之后,组织进行复查,检查所采取的对策与措施的效果,如果达到了控制安全目标的要求,即可销案。

第二节　施工测量中的安全要点

公路工程各组成部分在施工准备阶段均需进行施工测量。例如:在路基的施工测量中,就要进行中线的复测和固定、路线高程复测与水准点的增设测量、横断面的检查与补测;在隧道施工测量中,要进行洞外地面控制测量和洞内控制测量;在桥梁施工中,要进行桥位测量等等。这些都是野外工作,甚至是在丛山峻岭之中进行。由于公路线长点多,穿越平原、山川和城镇,与周边环境及各种构造物、电信设施等均会发生关系。因此,在施工测量工作中潜在着众多的不安全因素和隐患。所以在施工测量中必须做好安全工作。其安全要点主要有:

(1)密林草丛间进行施工测量时,应遵守护林防火的规定,特别是测量中,应严禁烟火,以免出现火灾,危及国家财产和人身安全。同时,必须预防有害动、植物伤人,因此,应准备一些防蚊虫叮咬、中暑等的防护药物和用品。晚上露宿应注意防寒,注意预防猛兽的袭击。在测量中应规定确定的联络信号。

(2)测量钉桩要注意周围行人的安全,不得对面使锤,以免伤人。钢钎和其他工具不得随意抛掷。

(3)测量人员在高压线附近作业时,必须保持足够的安全距离。遇雷雨时不得在高压线、大树下停留。

(4)在陡坡及危险地段测量时应系安全带,脚穿软底轻便鞋。在桥墩上测量时,应设置上下桥墩时防止人体坠落的安全措施。如应设置必要的踏梯扶手,系安全带,或有安全网。所有这些安全防护用品必须质量合格、有效。

(5)在公路、街道、交通繁忙的道路上测量时，必须设置专人警戒，必要时，应通过交警同意设置汽车行驶减速标志，防止交通事故发生。尽量选派技术水平高、操作熟练、反应灵敏的测工进行测量工作，以尽可能在保证质量条件下缩短测量时间，减少发生事故的时间几率。

(6)水文测量人员应穿救生衣。在陡峻的河岸进行观测测量时，应设置安全而可靠的简易便道、必要的扶手及其他防护设施。在通航河流上，测量船应有有效而齐全的信号设备。在江中抛锚时，应按港航监督部门的规定设置信号并设置专人负责瞭望。

夜间进行水文测量时，必须备有足够的照明设备。

(7)冰上测量时，应向当地有关部门了解冰封情况，确认无危险后，方可测量作业。遇有封冰不稳定的河段及春季冰融期间，不得在冰上进行测量。

(8)施工测量经常是在险恶甚至有危险的条件下作业，十分辛苦，人易疲劳，因此要采取措施搞好生活、注意卫生、注意劳逸结合，并应备有常用的药品。

第三节　场内交通及水电设施的安全要点

(1)场内道路应布局合理，应经常维修，使其使用质量保持要求的水平，保证畅通。载重车辆通过较多的道路，其弯道半径一般不小于 15m，特殊情况不得小于 10m。手推车道路的宽度不小于 1.5m。急弯及陡坡地段应设置明显交通标志。与铁路交叉处应设置专人照管，并设置信号装置和落杆。

(2)靠近河流和陡壁处的道路，应设置护栏和明显警告标志。

(3)场内行驶斗车、平车的轨道应平坦顺直，纵坡不得大于 3%，车辆应装制动闸，铁路终点应设置倒坡和车挡。车辆制动闸必须始终保持有效良好状态，应经常检试。

(4)生产生活用水应进行鉴定，其水质必须符合国家现行标准。对水源应采取保护措施，防止水质污染。由于公路工程施工中生产生活用水很多情况下并非是自来水厂生产的自来水，因此，为确保人的安全，应要求采取洁水处理措施，使水质符合现行国家标准，并保护好水源。同时供水量必须满足生产生活用水的要求，并应考虑消防用水便利和需要。

(5)场内架设的临时线路必须用绝缘物支持并应稳固，不得将电线缠绕在钢筋、树木或脚手架上。

(6)电工在接近高压线操作时，其安全距离为：10kV 以下不得小于 0.7m；20～35kV 不得小于 1m；44kV 不得小于 1.2m。否则必须停电后方可操作。

(7)场内架设的临时线路应绝缘良好，悬挂高度及线间距必须符合电业部门的安全规定。

(8)各种电器设备应配有专用开关，室外使用的开关、插座应外装防水箱并加锁，在操作处加设绝缘垫层，以确保使用安全。

(9)在三相四线制中性点接地供电系统中，电器设备的金属外壳应做接零保护；在非三相四线制供电系统中，电器设备的金属外壳应做接地保护，其接地电阻应不大于 4Ω，并不得在同一供电系统上有的接零有的接地。

(10)各种电器设备的检查维修，一般应停电作业；如必须带电作业时，应有可靠的安全措施并派专人监护。

(11)工地安装变压器必须符合电业部门的要求，并设专人管理。施工用电要尽量保持三相平衡。

(12)现场的变(配)电设备处,必须有灭火器材和高压安全工具。非电工作人员严禁接近带电设备。

(13)使用高温灯具,要防止失火,其与易燃物的距离不得小于1m,一般电灯泡距易燃物品不得小于50cm。

(14)移动式电气机具设备应用橡胶电缆供电,并经常注意理顺;跨越道路时,应埋入地下或做穿管保护。

(15)遇有雷雨天气不得爬杆带电作业;在室外无特殊防护装置时必须使用绝缘拉杆拉闸。

(16)施工现场的临时照明。

①室内照明线路应用瓷夹固定。

②电线接头应牢固,并用绝缘胶带包扎。

③熔断器应按用电负荷量装设。

(17)能产生大量蒸汽、气体、粉尘等的工作场所,应使用密闭式电气设备。有爆炸危险的工作场所应使用防爆型电气设备。

(18)电气设备的传动带、转轮、飞轮等外露部位必须安设防护罩。

(19)检修电气设备时,应按下列要求进行:

①电气设备的检修必须由电工进行,他人不得任意操作。

②工作中如遇停电应拉下开关,切断电源;检修结束必须仔细检查各项设备的情况,没有异常,方可开闸。

③大型电气设备检修应在切断电源、设好防护后进行,并在开关处设置警示标牌,工作完成后才能拆除;如需进行送电试验时,必须在认真检查并与有关部门联系后,方可进行。

(20)大型桥梁施工现场、隧道和预制场地,应有自备电源,以免因电网停电造成工程损失和出现事故。自备电源和电网之间,要有连锁保护。

第四节　砂、石采取及堆放工作中的安全要点

公路工程所用砂、石材料的来源一是外购,二是自采。可采用人工、机械、爆破等多种方法自采。其采集堆放中存在众多的不安全因素,必须进行控制,以保安全。

(1)人工沿河采集砂石料,宜在河滩采集或在浅水处打捞,并应做好劳保防护,同时采取时应注意水情变化。

(2)使用机械在深水处采集挖取砂石时,集料船、采挖船应锚固牢靠,但不得阻碍通航。长期定点采挖时应取得港航监督部门的同意,并设置警示标志。采集人员应穿救生衣,船上应配备其他救生、灭火设备。

(3)石料开采应由上而下逐层采取,并根据石崖高低,修成阶梯。如有松动石块应先予清除,上下层不得重叠作业。

(4)石料开采用爆破方法的有关开凿炮眼、爆破及搬运的安全要求将在下面的石方工程安全要点一并介绍。

(5)采取或购买的砂、石料应按现场平面布置设计和施工生产要求,分品种、规格有序地堆放。堆放块料时,要防止砸伤。

第五节　施工机械的安全要点

随着公路工程施工机械化的发展，施工机械的品种和数量越来越多，科技含量也越来越高。因此，必须重视施工机械的安全要求。

1.操作人员在工作中不得擅离岗位，不得操作与本人所获得的操作证不相符合的机械；不得将机械设备交给无本机种操作证的人员操作，以确保人的安全和机械的完好。

2.操作人员必须按照本机说明书规定，严格执行工作前的检查制度和工作中注意观察及工作后的检查保养制度。

工作前应检查：

(1)工作场地周围有无妨碍工作的障碍物。如有，应在开工前进行妥善处理。

(2)油、水、电及其他保证机械设备正常运转的条件是否完备。

(3)安全、操作机构是否灵活可靠。

(4)指示仪表、指示灯显示是否正常可靠。

(5)油温、水温是否达到正常使用温度。

工作中应观察：

(1)指示灯和仪表、工作和操作机构有无异常。

(2)工作场地有无异常变化。

工作后应进行检查保养：

(1)工作机构有无过热、松动或其他故障。

(2)参照例行保养规定进行例保作业。

(3)做好下一班的准备工作。

(4)填写好机械操作履历表。

3.驾驶室或操作室内应保持整洁，严禁存放易燃、易爆物品。

4.严禁酒后操作机械，严禁机械带故障运转或超负荷运转。

5.机械设备在现场停放时，应选择安全的停放地点，关闭好驾驶室(操作室)，要拉上驻车制动闸。坡道上停车时，要用三角木或石块抵住车轮。夜间应有专人看管。

6.用手柄起动的机械应注意防止手柄倒转伤人，向机械内加油时，附近应严禁烟火。

7.柴、汽油机的正常工作温度应保持在60~90℃之间，温度在40℃以下时不得带负荷工作。

8.对用水冷却的机械，当气温低于0℃时，工作后应及时放水，或采取其他防冻措施，以防冻裂机体。

9.放置电动机的地点必须保持干燥，周围不得堆放杂物和易燃品。启动高压电开关及高压电机时，应戴绝缘手套，穿绝缘胶鞋。

第六节　临时码头的安全要点

(1)临时码头位置应选在河流两岸比较开阔，河床比较稳定，水流顺直，地质较好的河段。两岸引道应保持坚固稳定。

(2)临时码头应按设计施工,并应配备相应的安全防护设施。

(3)渡船、拖船应配有安全设施,按规定核定其载重、车数、人数,严禁超载、超高、超宽。遇有上下船舶通过,不得横越抢渡。

(4)码头的附属设施,如跳板、支撑、船环、桩柱等应牢固可靠。

(5)搭设的栈桥必须牢固可靠,两侧人行道、轨道中间应铺满木板。栈桥临水端应设置靠船的靠帮和系缆设施。通过栈桥的电缆、电线要绝缘良好,并固定在栈桥的一侧。

(6)栈桥码头应有抗洪水、流冰及其他漂浮物的能力,工作人员应对各种设施经常维修。

第三章 路基工程施工中的安全要点

路基土石方工程量大，分布不均匀，施工路线长。路基施工的基本方法，按其技术特点，大致可分为：

1.人工施工

采用手工工具施工，劳动强度大，工效低，进度慢。在施工生产活动中潜伏着众多的不安全因素。例如，为了加快施工进度，在挖方中有的采用挖“神仙土”方法，即开挖掏洞，使其上部土层失去支撑，利用上层土的自重或再加施力，使上土层自己下塌。这样，往往出现严重伤亡事故。由于主要靠人力开挖或填筑，劳动强度大，工人极易疲劳，在暑天亦易中暑等等。因此，其劳动保护任务十分繁重。

2.简易机械化施工

以人力为主，配以少量机械或简易机械进行施工。其施工中的不安全因素亦与人工施工基本相同，只是工人劳动强度稍有减轻。

3.机械化施工和综合机械化施工

使用配套机械，对主机配以辅机，相互协调，共同形成主要工序的综合机械化进行施工。这样，劳动人数减少，劳动强度减轻，但机械施工中的不安全因素大量增加。

4.爆破法施工

由于采用钻岩机钻孔与机械清理作为主要手段，特别是采用爆破，其不安全因素不但大量存在，而且极具危险性。爆破法施工主要用于石方和冻土路基开挖。

5.水力机械化施工

采用水泵、水枪等水力机械，喷射强力水流，以冲散土层并流运至指定地点沉积。由于它的机械特点和施工条件，因而不安全因素大量存在。

不管采用哪种施工方法，它们都有各自的施工特点、施工条件和主要生产要素。其中人是其共同的最重要最活跃的生产要素，同时也各自有不同的施工环境因素。因此，也就存在着相同的不安全因素和大量不同的不安全因素，也就是说，在施工安全工作中，我们采取的安全措施既有相同的，也有不同的。必须区别对待。

第一节 清理场地施工中的安全要点

一、砍伐树木的安全要点

在清理场地工作中，往往要采用人工砍伐或电锯砍伐树木，清除草丛和刨挖树根等作业，这些作业中的主要安全要点是：

1.伐树前，应将伐树范围弄清，在伐树范围内应从保证安全出发设置警戒，非工作人员不得在范围内逗留和接近范围。

2.伐树前，应将周围有碍砍伐作业的灌木和藤条砍除，并选好安全躲避的退路。

3.伐树前，应有计划，使砍伐工作按计划、有步骤、有顺序地进行，特别是多组砍伐时，更应计划严密。

4.伐树前，应对伐具，特别是电锯的设备、布置（如线路）进行检查。

5.明确操作要求。为使树木按预定方向倾倒，要在树木下部倒树方向砍一剁口，其深度为树干直径的 1/4，然后再从剁口上边缘的对面开锯，最后应留 2～3cm 安全距离。

6.在陡坡悬岩处砍伐树木，应有防止树木伐倒后顺坡溜滑和撞落石块伤人的安全措施；在山坡上严禁在同一地段的上下同时进行砍伐作业。

7.截锯木料时，三叉马和树干垫撑必须稳固。

8.大风、大雾和雨天不得进行伐树作业。

9.清挖树根，特别是用拖拉机配缆绳拖拔大树根时，缆绳与树根要捆结牢固，缆绳必须具有足够强度，以防缆绳绷脱树根或断裂而出现事故。

10.清除的丛草、杂树、树根等严禁放火焚烧，以防引起火灾。

二、拆除建筑物的安全要点

1.拆除作业之前，应制定安全可靠的拆除方案。

2.拆除作业之前，应将与拆除物有连通的电线、水、气管道切断，并在四周危险区域内设置安全护栏，并配以必要的警告标志，并设置夜晚的警示灯，非工作人员不得进入。

3.拆除工序应由上而下，先外后里，严禁数层同时作业。

4.搭设的脚手架必须稳固可靠，并应在作业前进行检查，以确保安全。搭设脚手架的材料、扣件必须符合质量要求。

5.操作人员操作时，应站在脚手架或稳固的结构部位上作业。

6.操作人员所用的工具，如大锤等必须符合要求，把手拼接必须紧固，以防脱锤伤人。

7.严密注意观察拆除过程中结构的变化。对有倒塌危险的结构物应予以可靠的临时支撑加固。严防拆除某部分而引起其他部位发生坍塌。

8.拆除梁、柱之前，应先拆除其承托的全部结构物，严禁采用掏空、挖切和大面积推倒的拆除方法。

9.拆除石棉瓦及轻型结构屋面工程时，严禁施工人员直接踩在踏石棉瓦及其他轻型板上进行作业，必须使用移动板梯，板梯上端必须挂牢，防止从高处坠落。

10.在拆除作业中应采取防尘、防噪声的有效措施。

11.拆除作业主要是人工作业，劳动强度大，应注意劳逸结合。

12.清除淤泥时，应有效地排除积水，并应制定出相应的安全措施后方可清淤，并有清淤废弃和排水的防污染方案与措施。

13.拆除建筑物一般不采用推倒方法，遇有特殊情况必须采用推倒方法时，必须遵守下述规定要求：

（1）砍切墙根的深度不能超过墙厚的 1/3，墙的厚度小于两块半砖的时候，不许进行掏掘。

（2）为防止墙壁向掏掘方向倾倒，在掏挖前，要用支撑撑牢。

(3)建筑物推倒前,应发出信号,待所有人员远离建筑物高度2倍以上的距离后,方可进行。

(4)在建筑物推倒倒塌范围内,有其他建筑物时,严禁采用推倒方法。

14.在高处进行拆除工程,要设置流放槽,以便散碎废料顺槽流下。拆下较大的或沉重的材料,要用吊绳或者起重机械及时吊下或运走,禁止向下抛掷。

15.当采用控爆法拆除大型建(构)筑物时,必须有经批准的控制爆破设计文件,并有可靠的安全技术措施计划,并注意下列要求:

(1)严格遵守《土方及爆破工程施工与验收规范》关于拆除爆破的规定。

(2)在人口稠密、交通要道等地区爆破建筑物,应采用电力或导爆索起爆,不得采用火花起爆。当采用分段起爆时,应采用毫秒雷管起爆。

(3)采用微量炸药的控制爆破,可大大减少飞石,但不能绝对控制飞石,仍应采用适当的保护措施,如对低矮建筑物采取适当护盖,对高大建筑物爆破设一定安全区,避免对周围建筑物与人身的危害。

(4)爆破时,对原有蒸汽锅炉和空压机房等高压设备,应将其压力降到0.1~0.2MPa。

(5)爆破各道工序要认真细致地操作、检查与处理,杜绝各种不安全事故发生。爆破要有临时指挥机构,便于分别负责爆破施工与起爆等有关安全工作。

(6)用爆破方法拆除建筑物部分结构时,应保证其他结构部分的良好状态。爆破后,如发现保留的结构部分有危险征兆,应采取安全措施后,再进行工作。

(7)应设置安全范围,进行必要的围栏和设置禁示标志及设置安全员值班。

第二节　土方工程施工中的安全要点

1.人工挖掘土方的安全要点:

(1)开挖土方的操作人员之间,必须保持足够的安全距离:横向间距不小于2m,纵向间距不小于3m。因此,在开挖前,应根据工作面的大小,按上述要求,合理安排施工人数,以确保安全。

(2)土方开挖必须自上而下顺序放坡进行,严禁采用挖空底脚的操作方法(即挖“神仙土”)。

(3)对挖掘工具必须进行检查,如锄头、铁锹、一字镐等,其把手与铁具接头必须牢固可靠,以防铁具部分脱把伤人。

(4)人工挖掘土方劳动强度很大,工人容易疲劳,要注意劳逸结合,做好劳动保护工作。

2.在靠近建筑物、设备基础、电杆及各种脚手架附近挖土时,必须采取相应的安全防护措施。在地下管线附近,特别是靠近煤气管路挖土时,应注意严格控制开挖标高,并采取相应的安全措施。

3.高陡边坡处施工安全要点:

(1)作业人员必须绑系安全带,在作业前,应对安全带整套装置进行严格检查。

(2)边坡开挖中如遇地下水涌出,应立即停止开挖,应先排水,后开挖,并严密注意边坡的稳定性,采取相应安全措施。

(3)开挖工作应与装运作业面相互错开,严禁上下双重作业。

(4)注意对开挖中的孤散石块的处理。弃土下方和有滚石危及范围内的道路,应设警告标志,作业时,坡下严禁通行。

(5)坡面上的操作人员对松动的土、石块必须及时清除,严禁在危石下方作业、休息和存放机具。

4.设有支挡工程的地质不良地段,根据设计并结合实地情况,在认真确定分段开挖的同时,及时分段修建支挡工程。在开挖过程中应严密注意土体的稳定情况,并应有相应的安全措施,以保证在变化情况下的施工安全,并注意弃土的堆放,不要影响不良地质地段的原有稳定状态。

5.施工中如发现山体有滑动、崩塌迹象危及施工安全时,应暂停施工,撤出人员和机具,并报上级处理。

6.滑坡地段的开挖施工,存在众多的不安全因素。首先应弄清滑坡的类型和基本特征。堆积层滑坡,主要包括坡积、洪积、重力堆积体中或沿基岩顶面的各种滑坡。此类滑坡往往是由于地下水的作用引起的。残积层滑坡主要是发生在厚层风化壳中的滑坡。由于强烈的化学风化作用,坚硬基岩已风化成土和碎石。滑坡多沿软弱的风化滑动。黄土滑坡主要是新老黄土中发生的滑坡,多沿新、老黄土接触面滑动。其产生滑动常和黄土对水的不稳定性有关。粘性土滑坡主要是均质和非均质粘性土中产生的滑坡。多是因网状裂隙破坏了土的结构,水沿裂隙水下渗,使土的强度降低而产生滑坡。因此,在滑坡地段的开挖施工中,应根据滑坡的不同情况,采取有针对性的安全措施,要有开挖的可靠方案。滑坡地段的开挖应从滑坡体两侧向中部自上而下进行,严禁全面拉槽开挖,其弃土不得堆在主滑区内。开挖挡墙基槽亦应从滑坡体两侧向中部分段跳槽进行,并采取加强支撑的措施,及时砌筑和回填墙背。在开挖中应视情况,采取有效的排水措施。在施工中应设专人观察,严防塌方。

7.在落石与岩堆地段开挖施工,首先应弄清落石和岩堆的地质情况。岩堆有不同的情状。如:不含杂质的碎石岩堆,一般是山区的堆积层,或是在平坦地区但已密实。碎石被细小颗粒包围,碎石间互不接触,而小颗粒是无粘结力的砂粒或是粘性土的岩堆;碎石相互尚能接触,中夹粘性土,碎石具有棱角或是碎石失去棱角,较圆滑的岩堆。在开挖施工中,应先清理危石和设置拦截设施,然后再进行开挖。其开挖的坡度应按设计进行,块面上的松动石块应边挖边清除。

8.岩溶地区路基开挖的施工中常见的岩溶形态主要有:漏斗,主要是由地表水的溶蚀和侵蚀并伴随塌陷作用而形成,其直径和深度为数米至数十米。溶蚀洼地,主要是由许多相邻的漏斗经流水溶蚀不断扩大汇合而成溶蚀洼地,其底部常有落水洞和漏斗。坡立谷,主要是由于溶蚀洼地发育充分,相邻的洼地彼此连通而发展成坡立谷,常有河流纵贯坡立谷,河水从一端流出,在另一端被落水洞吸收,转入地下成暗河。槽谷主要是由水流长期溶蚀而形成。落水洞、竖井主要是由于岩石经流水长期溶蚀扩大或由岩层塌陷而成,直径多在10m以下,深度多在10~30m。溶洞主要由于岩溶水对岩层的长期溶蚀和塌陷作用而形成,系早期岩溶水的通道,大部分忽高忽低、忽宽忽窄,洞身曲折起伏很大,支洞多,常有丰富的岩溶水。暗河是地下岩溶水汇集、排泄的通道。岩溶泉是由岩溶水流出地面而形成。由上可知岩溶的形成都与水有关。且岩溶水具有以下特点:(1)岩溶地下水分布不均匀;(2)岩溶地下水水力联系密切;(3)岩溶地下水流量季节变化大;(4)岩溶水动态多变,常具有反复性。可见岩溶地区地质条件复杂,有洞有水,因此,在施工中必须认真研究设计文件,并进行现场核对,弄清情况,在施工中应采取相应的安全措施,这里需特强调的是要防塌陷,要认真处理岩溶水的涌出,它是导致突然性塌陷的主要原因。

9.泥沼地段施工中,首先要认真研究设计文件,现场进行核对。工程上一般按泥沼沉积物的稳定程度划分为三类：I类——充满紧密稳定的泥炭，其特征是温度在0℃以上，2m深的试坑，垂直边坡能保持5d，相对稳定。II类——充满不稳定的泥炭，其特征是温度在0℃以上，2m深的试坑，垂直边坡不能保持5d，相对不稳定。III类——充满水和流动的泥炭或淤泥，表面有时有飘浮的泥炭皮，其特征是沉积物处于流动状态，极不稳定。另外还应了解泥炭层的厚度。在施工中应按设计进行施工，同时要有必要的防范安全措施，以避免人、机下陷。对挖出的废土应堆在合适的地方，以防汛期造成人为的泥石流而出现安全事故。特别是在III类泥沼上施工，更应注意。

10.在施工中采用人工挑、抬、运土、应根据安全责任制，认真检查箩筐、土箕、抬杠、扁担、绳索的牢固程度。

11.在施工中，会车时应轻车让重车。通过窄路、十字路口、交通繁忙地段及转弯时，应注意来往行人及车辆。重车运行，前后两车间距必须大于5m；下坡时，间距不小于10m，并严禁车上乘人。车道应有专人维修，保证行车条件和畅通，在悬崖陡壁处应设防护栏杆。

12.轨道翻斗土运土时，轨道应铺设平顺，地基应有足够强度，防止死弯，且坡度不应大于3%。双线的净间距不得小于1m，平交道两侧轨道应设长度不小于20m的直线，卸车地段应有10～15m的反坡，并在尽头设车挡。操作时，必须遵守下列规定，以保安全：

(1)车斗及制动装置必须完好，装车前应先将锁销插牢，装车不得超载、偏载。

(2)车辆宜在平道上装土，如在坡道上装土时，必须在下坡方向车轮下加楔，以防车辆滑溜。

(3)推车人员必须掌好车闸，车速不宜过快，前方有人时应鸣号示意避让；多车同行时，前后车间距不宜小于20m。

(4)卸土时，在下方的作业人员应避开，并防止车辆倾覆，严禁在行走中卸土，卸土后应及地锁销插好。

(5)数车同时卸土时，应设专人指挥，两车间距不得小于2m，其中间严禁站人。

(6)每天均应对轨道和车具进行检查维护，使其处于要求的良好状态。

13.使用电动蛙式打夯机施工时，应遵守下述规定要求：

(1)打夯机的电源线应完好无损，并应安装漏电保护器。

(2)操作时应带绝缘手套，一人操作、一人扶持电缆进行辅助。

(3)辅助与操作人员必须紧密配合，严禁在夯机前方隔机扔电缆和背线拖拉前进。

(4)电缆线不应扭结和缠绕，不得夯及电源线，也不得在斜坡上夯打。

(5)停用或搬运打夯机时，应切断电源。

(6)如果发生用电故障，非电工人员不得随便修理，应请电工处理。

(7)加强对夯机及电源组件的检查。

14.大型施工机械进场前，应查清所通过的道路、桥梁的净宽和承载力是否足够，达不到要求时，应先予以拓宽和加固，保证其机械安全通过。并应与主管部门联系，取得同意。

15.施工单位应为进场机械提供临时机棚或停机场地。机械在停机棚内起动时，必须保持通风，防止机械废气造成的伤害；棚内严禁烟火，机械人员必须掌握所备灭火器材的使用方法。

16.在电杆附近挖土时，对于不能取消的拉线地垄及杆身，应留出土台。土台半径：电杆为1～1.5m，拉线1.5～2.5m，并应视土质决定边坡坡度。土台周围应插标杆示警。

17.机械在危险地段作业时，必须设置明显的安全警号标志，并应设专人站在操作人员能看清的地方指挥，以免造成翻机或其他事故发生。驾驶人员只能接受指挥人员发出的规定信号。

18.机械在边坡、边沟作业时,应与边缘保持足够的安全距离,使轮胎(履带)压在坚实的地面上。

19.配合机械作业的清底、平地、修坡等辅助工作应与机械作业交替进行。机上、机下人员必须密切配合,协同作业。当必须在机械作业范围内同时进行辅助工作时,应停止机械运转后,辅助人员方可进入。

20.施工中遇有土体不稳、发生坍塌、水位暴涨、山洪暴发或在爆破警界区内爆破信号时,应立即停工,人、机撤至安全地点。当工作场地发生交通堵塞,地面出现陷车(机),机械运行道路发生打滑,消防设施毁坏、失效,或工作面不足以保证安全作业时,亦应暂停施工,待采取措施恢复正常后方可继续施工。

21.挖掘机作业施工的安全要点:

(1)发动机起动后,铲斗内、臂杆、履带和机棚上严禁站人。

(2)工作位置必须平坦稳固,工作前履带应制动,轮胎式挖掘机应顶好支腿,车身方向应与挖掘工作面延伸方向一致,操作时进铲不应过深,提斗不得过猛。

(3)在高陡的工作面上挖掘夹有石块的土方时,应将较大石块和杂物除掉。如果土体挖成悬空状态而不能自然塌落时,则需用人工处理,严禁用铲斗将悬空土砸下。人工处理时,亦应有可靠的安全措施。

(4)对吊杆顶端的滑轮和钢丝绳进行保养、检修拆换时,应将铲斗和吊杆放落地面,然后再进行维修。维修保养中,要注意检查各部件的可靠性,如有损坏或不安全可靠时,应处理或更换。

(5)严禁铲斗从运土车的驾驶室顶上越过。向运土车辆卸土时,应降低铲斗高度,防止偏载或砸坏车厢。铲斗运转范围内严禁站人。

22.推土机作业的安全要点:

(1)推土机上下坡时,其坡度不得大于 30°、在横坡上作业,其横坡度不得大于 10°。下坡时,宜采用后退下行,严禁空档滑行,必要时可放下刀片作辅助制动,以确保安全。

(2)在陡坡、高坝上作业时,必须有专人指挥,严禁铲刀超出边坡的边缘。送土终了应先换成倒车档后再提铲刀倒车。

(3)在垂直边坡的沟槽作业,其沟槽深度,对大型推土机不得超过 2m,对小型推土机不得超过 1.5m。推土机刀片不得推坡壁上高于机身的孤石或大土块。

(4)推土机在摘卸推土刀片时,必须考虑下次挂装的方便。摘刀片时,辅助人员应同司机密切配合,抽穿钢丝时应带帆布手套,严禁将眼睛挨近绳孔窥视。

(5)多机在同一作业面作业时,前后两机相距不应小于 8m,左右相距应大于 1.5m。两台或两台以上推土机并排推土作业时,两推土机刀片之间应保持 20 ~ 30cm 间距。推土前进,必须以相同速度直线行驶,后退时,应分先后,防止互相发生碰撞。

(6)用推土机伐除大树或清除残墙断壁时,应提高着力点,防止其上部反向倒下,并应接近和停留在作业的危险范围之内。

23.铲运机作业的安全要点:

(1)拖式铲运机

①作业前应先将运行道路刮平,其宽度应大于机身宽约 2m。

②行驶中严禁把铲斗和斗门提升到最高点,以免在转弯时将钢丝绳崩断;下坡时应放下铲

运机斗作辅助制动，严禁空档滑行。

③铲车与机身不正时不得铲土；在开始铲土和提斗时，动作要缓慢；驾驶员离开机车时，应将变速杆放在空档，关闭发动机，将铲斗放落在地面。

④在新填的土堤上作业时，应离开土堤边沿1m以上；靠近堤边缘填土时，必须保持外侧高内侧低和纵向基本平顺，卸土时，铲斗应放低，防止铲运机滑下。

⑤多台铲运机作业时，前后净距不得小于10m，左右净距不得小于2m；两机会车时，应减速慢行。

⑥清除铲斗内积土时，必须先把铲斗牢固支起，并检查确认可靠，在推土板恢复常位后，人员才能进入铲斗内清除积土。

⑦长距离拖运，必须用挂钩将铲斗挂牢，解除钢丝绳负荷。

(2)自行式铲运机

①自行式铲运机的行车道必须平整坚实，单行道的宽度不应小于4.5m(或车宽的1.5倍)，超车和会车时，两机净距不得小于1m。

②多台机械在工地纵队行驶时，前后间距不得小于20m。

③在作业过程中发现后主离合器制动不灵，机械有异声，警报器发声时，应立即停车检修。

24.平地机作业的安全要点：

(1)在公路上行驶时，应遵守道路交通规则，刮刀和松土器应提起，刮刀不得伸出机侧，速度不得超过20km/h。夜间不宜作业。

(2)刮刀的回转与铲土角的调整以及向机外倾斜都必须在停机时进行。作业中刮刀升降量差不得过大。

(3)遇到坚硬土质需要齿耙翻松时，应缓慢下齿。不宜使用齿耙翻松坚硬旧路面。

(4)在坡道停放时，应使车头向下坡方向，并将刀片或松土器压入土中。

25.装载机作业的安全要点：

(1)起步前应将铲斗提升到离地面0.5m左右。作业时应使用低速档。用高速档行驶时，不得进行升降和翻转铲斗。严禁铲斗载人。

(2)行驶道路应平坦，不得在倾斜度超过规定的场地上作业，运送距离不宜过长。铲斗满载运送时，铲斗应保持在低位。

(3)在松散不平的场地作业，可将铲臂放在浮动位置，使铲斗平稳地推进。如推进阻力过大时，可稍稍提升铲臂，装料时铲斗应从正面低速插入，防止铲斗单臂受力。

(4)向运输车辆上卸土时应缓慢，铲斗应处在合适的高度，前翻和回位不得碰撞车箱。

(5)经常注意机件运转声响，发现异响，应立即停车排除故障。当发动机不能运转需要牵引时，应使各转向油缸能自由动作，以免在牵引中出现事故。

26.汽车作业的安全要点：

(1)载重汽车

①必须按规定吨位装载，不得超载、超高，不得人货混装，驾驶室内不得超额坐人。

②车辆装土场地必须平整坚实，当用机械装土时，汽车就位后应拉紧手闸，装载要均匀，不得偏载。

③在陡坡、高坡、坑边或填方边坡处卸土时，停卸地点必须平整坚实，地面宜有反坡，与边缘必须保持安全距离；在危险地段卸土，应有专人指挥。

④公路上行驶必须遵守道路交通规则；运载易燃、易爆等危险物品时，应遵守有关规定，除

必要的随车人员外,不得搭乘其他人员。不得在雷雨夜晚运送爆炸物品。

⑤在装有长物件时,如装运钢筋、钢管,必须扎牢,以免下溜伤人,在转弯时,必须减速,以免长物因转动半径过大而出事故。物尾应扎红布作为示警标志。

⑥装运土石,应装量适当,特别是在公路和穿过城镇时,不得下掉土石,污染环境,或造成交通受阻等问题。

(2)自卸汽车

除应遵守上述载重汽车的各项规定外,还应遵守以下规定,以保安全。

①发动机起动后,应检查起翻装置,确保可靠、良好;严禁在驾驶室外进行操作,翻斗内严禁载人。

②当装载高度超过车箱栏板时,不得猛力加速,也不得紧急制动,起动亦应平稳。

③卸料起斗时,应检视上空有无电线,防止刮断。

27.轮式拖拉机作业的安全要点:

(1)拖拉机和拖斗之间严禁站人。

(2)作业时不得在陡坡上转弯、倒车或停车。通行道路的纵坡不得大于20°,横坡不得超过6°。

(3)作业时严禁向驾驶员传递物品;驾驶室内不得超员坐人。

(4)在斜坡横向卸土时,严禁倒退。坡度较大,车身左右偏斜过甚时,不得卸土。

28.压路机作业中的安全要点:

1)振动式压路机简介

(1)振动压路机的型式与特点,见表3-1。

振动压路机型式、特点 表3-1

名称		型式	说明
拖式振动碾	拖式振动光轮碾	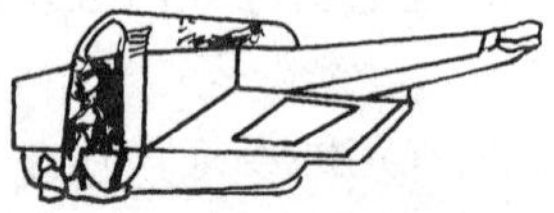	拖式振动光轮碾可用于各种压实工作,一般自重4~6t
	拖式振动羊脚碾		拖式振动羊脚碾适合于压实粘性土壤
	拖式振动凸块碾		拖式振动凸块碾,是国外较新产品,凸块比羊脚碾具有较低的高度和较大的接触面积,压实效果好

名　　称		型　　式	说　　明
自行式振动压路机	轮胎驱动自行式振动压路机	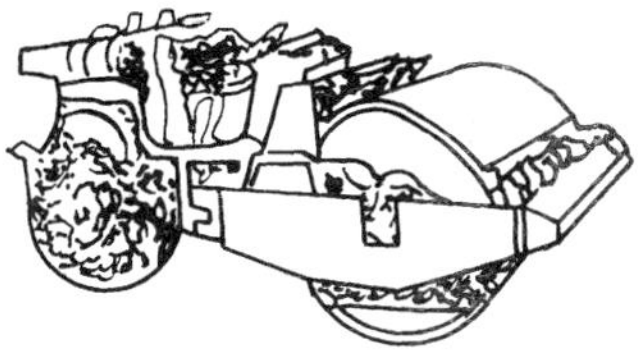	最常使用的是两个轮胎驱动。它比拖式振动碾更快速、易操纵。一般重为4t,振动轮占总重的一半,因此,压实效果相当于1台5t拖式振动碾。通过液压马达驱动振动轮,特别是碾压均匀级配和松散土壤时,可改善牵引能力
	前后轮全驱动自行式振动压路机	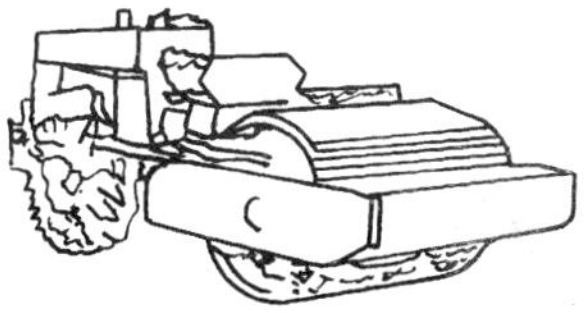	
二轮振动压路机			最新式的二轮振动压路机具有前后轮全驱动、全振动的结构,它可提高压实效果,改善牵引力和爬坡能力,应用其碾压土路基和沥青路面,效果很好
联合作用振动压路机			具有1个振动轮和3~5个充气轮胎的联合作用压路机,主要在法、德、意和日本等国使用,它适用于土壤和沥青材料的压实
手扶振动压路机		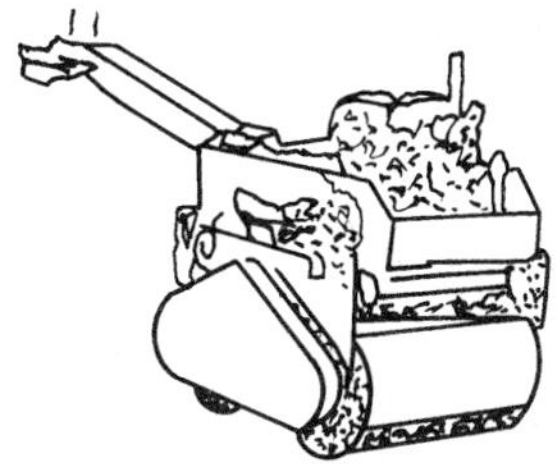	手扶双联式(两轮)振动压路机,已日益广泛应用。这种压路机又称手扶式双轮振动压路机,使用机动灵活,适于小型压实

续上表

名　称	型　式	说　明
振动平板压实机		除用于小型压实工作，并为大型压实机械的辅助设备，公路维修养护方便。机器可利用振动来移动，并有自行式向前单移和可进、退双向移动两种
振动夯实机		能适用于小型压实工作。对各种土壤均有良好的压实效果，甚至对粘土、粘性土也可压实

(2)振动压路机的有关技术参数与压实效果，见表3-2。

有关技术参数与压实效果　　表3-2

项　目	有关技术参数与压实效果
静重与静线压力	当振动压路机静重增加，而其他参数（频率、振幅等）不变，施加于土壤中的静态和动态压力，几乎与静重成比例地增加，即振动压路机的影响深度大致上与振动轮的重量成正比，故静线压力对振动压路机来说，也是很重要的参数
振动轮的只数影响	前后两轮全振动的振动压路机，其碾压遍数能减少，生产率可提高，它与一轮振动、一轮不振动的二轮振动压路机在生产率方面相比：碾压土壤时，仅一轮振动的平均约为二轮全振动的80%；碾压沥青料时，约为50%。受压材料不同，有较大变化
频率与振幅	通常振动频率在25和50Hz（1500和3000次/min）之间压实效果最大。如在整个频率范围内将振幅增大，可使压实效果与影响深度显著提高，特别对各种土壤的压实效果显著。但对大粒料，如岩石填方、含石的冰碛土、粘结土壤，必须具有大压力方能奏效。 振动压路机用于压实大体积土壤或岩石填方的厚铺层时，振幅必须在1.5～2.0mm范围内。相应的适宜频率为25～30Hz（1500～1800次/min）。 对于沥青料的压实，最佳振幅为0.4～0.8mm，而适宜的频率在33～50Hz（2000～3000次/min）之间。压路机采用这些参数用以压实粒状料和结合料的稳定基层也能获得良好效果
高频降低压实效果	应注意到在高频下工作会降低压实效果，由于在振动运动时，振动轮在太大的振动速度作用下脱离了地面，土壤受到无规则的严重冲击（蹦跳），从而引起过度碾压使密实度降低。 由于高频振动强度而引起的过度压实现象如图示

续上表

项　　目	有关技术参数与压实效果
压路机碾压速度	压路机碾压速度的快慢，对土壤压实效果具有显著影响，当铺层厚度一定时，传递至填方内的能量与下列因数成正比： $\frac{\text{碾压遍数}}{\text{压路机速度}}$ 基于上式，在压路机速度为2倍时，则碾压遍数也要2倍。但压路机有一个最佳碾压速度，在碾压土壤和岩石填方时，振动压路机最佳的碾压速度一般为3～6km/h之间
主动轮与被动轮	用主动轮为振动轮碾压要比用被动振动轮碾压可大为减少位移量，并有利于防止由于被动振动轮碾压，可能产生的表面裂缝现象

(3)振动压路机的施工作业，见表3-3。

振动压路机施工作业　　表3-3

项　　目	图　　示	说　　明
防止碾压推挤痕迹		消除由于压路机转向所造成的推挤痕迹，可在压路机换向前先转一个很小的弯
防止产生波浪状况		过高的碾压速度，会使路面铺层形成波浪状，此时应减速压实
防止弯道处面层裂缝		为防止弯道处面层裂缝，应做到： 1.降低碾压速度； 2.以二个以上方向的小角度转弯进行压实，不要在弯道(转弯)处急转弯
陡坡上的振动压实和防止侧向滑动		陡坡上的振动压实：应于上坡时采用振动压实；下坡时关掉振动器，采用静力压实。 为防止在斜坡上压实可能会侧向滑动，可采取：(1)一只碾轮用静压，另一只振动压实；(2)改用较高的碾压速度；(3)振动时采用低振幅

2)压路机作业的安全要点

(1)必须在压路机前后,左右无人和障碍物时才能起动。

(2)变换压路机前进后退方向应待滚轮停止后进行。严禁利用换向离合器作制动用。

(3)压路机靠近路堤边缘作业时,应根据路堤高度留有必要的安全距离。碾压傍山道路时,必须由里侧向外侧碾压。上坡时变速应在制动后进行,下坡时严禁脱档滑行。

(4)两台以上压路机同时作业时,其前后间距不得小于3m;在坡道上纵队行驶时,其间距不得小于20m。

(5)振动压路机作业时尚应遵守下述规定:

①起振和停振必须在压路机行走时进行;在坚硬路面上行走,严禁振动。

②碾压松软路基,应先在不振动情况下碾压1~2遍,然后再振动碾压。

③换向离合器、起振离合器和制动器的调整,必须在主离合器脱开后进行,不得在急转弯时用快速档;严禁在沿未起振情况下调节振动频率。

第三节　石方工程施工中的安全要点

随着公路建设的迅速发展,隧道工程越来越多,采石数量十分庞大,石方爆破作业也就越来越多。因此石方工程爆破施工中的安全问题也就越来越突出,必须高度重视,切实抓好施工中的安全工作。

石方爆破作业,以及爆破器材的管理、加工、运输、检验和销毁等工作均应按国家现行的《爆破安全规程》(GB6722-86)执行。下面就公路石方工程爆破施工中的主要安全要点进行介绍。

一、爆破方法简介

1.钢钎炮(眼炮)

钢钎炮通常指眼炮直径小于7cm和深度小于5m的爆破方法,在地形艰险及爆破量较小地段(如打水沟、开挖便道、基坑等)和自采石料中使用较多。在综合爆破中则是用于改造地形,为其炮型服务的一种辅助炮型。

2.深孔爆破

其孔径大于75mm,深度在5m以上,采用延长药包的一种爆破。炮孔采用潜孔凿岩机或穿孔机钻孔。

3.微差爆破

指其两相邻药包或前后排药包以毫秒的时间间隔(一般为15~75ms)依次起爆的爆破。此法可以减震和加强破碎效果。

4.光面爆破

指在开挖限界的周边,适当排列一定间隔的炮孔,在有侧向临空面的情况下,用控制抵抗线和药量的方法进行爆破,使之形成一个光滑平整的边坡。

5.预裂爆破

指在开挖限界处按适当间隔排列炮孔,在没有侧向临空面和最小抵抗线的情况下,用控制药量的方法,预先炸出一条裂缝,使拟爆体与山体分开,作为隔震减震带,起保护和减弱开挖限界以外山体或建筑物的地震破坏作用的一种爆破方法。

6.药壶炮

指在深2.5～3.0m炮眼底部用少量炸药经一次或多次烘膛，使眼底成葫芦形，将炸药集中装入药壶中进行爆破的方法。主要用于露天爆破。

7.猫洞炮(蛇穴炮)

指炮洞直径0.2～0.5m，洞穴成水平或略有倾斜(台眼)，深度小于5m，用集中药包在炮洞中进行爆破的一种方法。此法，可充分利用岩体本身的崩塌作用，能用较浅的爆眼爆破较高的岩体。

8.洞室炮

为使爆破设计断面内的岩体大量抛掷(抛坍)出路基，减少爆破后的清方工作量，保证路基的稳定性，根据地形和路基断面型式，而采用不同性质的洞室炮爆破法。其中抛掷爆破又可分为：平坦地形的抛掷爆破、斜坡地形的抛掷爆破、多面临空地形的抛掷爆破、定向爆破、松动爆破等。

9.综合爆破

指根据石方的集中程度、地质、地形条件、公路路基断面的形状，利用上述各种爆破方法的最佳使用特性和最佳效果，因地制宜、综合配套使用的一种比较先进的爆破方法。一般包括小炮(用药量1t以下)和洞室炮两大类。

二、不宜进行大爆破的工程地质条件

公路建设任务巨大，特别是西部大开发已经启动，山区公路增多，故在施工中，必须注意爆破方法使用的条件，施工中必须进行现场实况的调查与核对。特别要注意不宜进行大爆破的工程地质条件；

(1)岩堆、滑坡体、坡顶上部堆积的覆盖层较厚而倾向路基的不良地区。

(2)断层破碎带、侵入体与围岩的接触带、节理破碎带以及具有引起坍方的地质软弱面的地段。

(3)当软弱面通过路基的后方或下方时，爆破不易形成路基的地段。

(4)层理面、错动面以及其他构造软弱面，倾向路基，而其倾角大于临界倾角，并小于50°，层面胶结不良的地段。

(5)山脊较薄，山后有良好临空面，不逸出半径可使整个山头破坏，引起塌方的路段。

(6)多组软弱面，形成塌方体的地段。

此外，周围环境如有良田、果树、重要建筑物等，在无法确保其安全时，不宜采用大爆破。

三、爆破施工中的安全要点

1.必须认真研究和熟悉爆破设计文件，并进行仔细地现场核对。

2.认真作好各级的技术交底，学习安全施工规程，作好安全交底。

3.锻制钢钎时，锻工应按规定穿戴防护用品，煊钎和淬火支架必须牢固。截断钎子时，开锤及停锤用力要轻。热钎和冷钎应分开放置，并以标志识别。所用相关设备、工具应检查合格。

4.选择炮位时，炮眼口应避开正对的电线、路口和构造物。

5.凿打炮眼时，坡面上的浮岩危石应予清理。凿眼所用工具和机械要详加检查，确认完好才能使用。严禁在残眼上打孔。

6.在陡纵坡面上打眼时,应系安全绳。

7.用人工冲击法打松软岩眼时,应清理现场的障碍物,双人、多人冲钎时,动作应协调一致。所用操作工具应详加检查,确保牢实可靠。

8.人工打眼时,使锤人应站立在掌钎人的侧面,严禁对面使锤。

9.机械扩眼,宜采用湿式凿岩或带有捕尘器的凿眼机。

(1)凿岩机支架要支稳、严禁用胸部和肩头紧顶把手。

(2)风动凿岩机的管道要顺直,接头要紧密,气压不应过高。

(3)电动凿岩机的电缆线宜悬空挂设,工作时应注意观察电流值是否正常。

(4)空压机必须在无荷载状态下起动。开启送气阀前,应将输气管道联接好,不得扭曲。在征得凿眼机操作人员同意后方可送气。出气口的前方不得有人作业或站立。贮气瓶内压力不得超过规定值,安全阀应灵敏有效。运转中应注意检查是否有异常情况。不得擅离岗位。

10.爆破器材应严格管理,必须实施实销实报,剩余的爆破材料必须当日退库,严禁私自收藏,乱丢乱放。更不得用爆炸物品炸鱼、炸兽。发现爆破器材丢失、被盗,应立即上报,等待处理。

11.作业人员在保管、加工、运输爆破器材过程中,严禁穿着化纤衣服。

12.爆破器材应按规定要求进行检验,对失效及不符合技术条件要求的不得使用。

13.爆破器材应由专人领取。炸药与雷管严禁由一人同时搬运。电雷管严禁与带电物品一起携带运送。爆破器材运送,应避开人员密集地段,并直接送往工地,中途不得停留,并不得随地存放或带入宿舍。

14.制作起爆药包(柱),应在专设的加工房或爆破现场的专用棚内进行。棚内不准有电器、金属设备,无关人员不得入内。

导火索要用刀切齐,轻轻插入雷管,不得猛插、旋转或摩擦。管口要用安全铰钳夹紧,严禁用牙咬。纸壳雷管应用胶布包扎严密。

药卷应采用和雷管同样直径的竹、木锥子扎一个深为1.5倍雷管长度的小孔,然后放入接好引线的雷管,封闭扎口。雷管不得露在药柱外面。加工的起爆药包(柱)不应超过当班爆破作业的需要量。

15.扩药壶时,孔口的碎石、杂物必须清除干净。装药量应随扩壶次数、扩壶的大小和石质而定,不得盲目加大药量。扩烘时,起爆药柱送下孔底后,不得使用炮棍在炮眼内捣插。导火索点燃后,人应迅速远离。严禁采用先点燃导火索再将药柱抛入孔底的危险操作方法。

需要多次扩壶时,每次爆破后15min(硝化甘油炸药应经过30min),等孔壁冷却后,方可再次装药扩壶。

16.超过5m的深孔,不得使用导火索起爆。

17.装炮工作必须遵守下述规定:

(1)装药前应对炮眼进行验收和清理;对刚打成的炮眼应待其冷却后装药,湿炮眼应擦干后才能装药。

(2)严禁烟火和明火照明;无关人员应撤离现场。

(3)应采用木质炮棍装药,严禁使用金属器皿装药;深孔装药出现堵塞时,在未装入雷管、起爆药柱前,可采用铜或木制长杆处理。

(4)装好的爆药包(柱)和硝化甘油类炸药,严禁投掷或冲击。

(5)不得采用无填塞爆破(扩壶除外),也不得使用石块和易燃材料填塞炮孔;不得捣固直接接触药包的填塞材料或用填塞材料冲击起爆药包，也不得在深孔装入起爆药包后直接用木楔填塞；填塞炮眼时不得破坏起爆线路。

18.已装药的炮孔必须当班爆破，装填的炮孔数量应以一次爆破的作业量为限。

19.爆破工作必须有专人指挥。确定的危险区边界应有明显的标志，警戒区四周必须派设警戒人员。警戒区内的人、畜必须撤离，施工机具应妥善安置。预告、起爆、解除警戒等信号应有明确的规定。

20.爆破时，个别飞散物对人员的安全距离不得小于表3-4的规定。

个别飞散物对人员的安全距离　　表3-4

爆破类型及方法	个别飞散物对人员的安全距离(m)
1.破碎大块岩矿	
裸露药包爆破法	400
浅眼爆破法	300
2.浅眼爆破法	200(复杂地质条件下未修成台阶工作面时不小于300)
3.浅眼药壶爆破	300
4.蛇穴爆破	300
5.深孔爆破	按设计，但不小于200
6.深孔药壶爆破	按设计，但不小于300
7.浅眼眼底扩壶	50
8.深孔孔底扩壶	50
9.洞室爆破	按设计，但不小于300

注：沿山坡爆破时，下坡方向的安全距离应比表内数值增大50%。

21.导火索起爆

(1)导火索起爆应采用一次点火法点火，其长度应保证点完导火索后人员能撤至安全地点，但不得短于1.2m。不得在同次爆破中使用不同燃速的导火索。

(2)露天爆破，一人连续点火的导火索根数不得超过10根，严禁使用明火点燃，严禁脚踩和挤压已点燃的导火索。

(3)多人同时点炮时，每人点炮数应大致相等。必须先点燃信号管，信号管响后无论导火索点完与否，人员必须立即撤离。

(4)信号管的长度不得超过该次被点导火索中最短导火索长度的1/3。

22.爆破时，应点清爆炸数与装炮数是否相符。确认炮响完并过5min后，方准爆破人员进入爆破作业点。

23.电力起爆必须遵守下述规定：

(1)在同一爆破网路上必须使用同厂、同型号的电雷管，其电阻值差不得超过规定值(应控制在±0.2Ω以内)。

(2)爆破网路主线应绝缘良好，并设中间开关，与其他电源线路应分开敷设。

(3)必须严格检查主线、区域线、端线、电源开关和插座等的断通与绝缘情况，在联入网格前各自的两端应短路。

(4)爆破网络的联接必须在全部炮孔装填完毕，无关人员全部撤至安全地点后进行；联接应由工作面向起爆站依次进行，两线的接点应错开10cm，接点必须牢固，绝缘良好。

(5)用动力或照明电源起爆时，起爆开关必须放在上锁的专用起爆箱内，起爆开关箱和起爆的钥匙在整个爆破作业时间里，必须由爆破工作的负责人严加保管，不得交给他人。

(6)装好炸药包后，必须撤除工作面上的一切电源；雷雨季节应采用非电起爆法。

24.裸露爆破必须保证先爆的药包不致破坏其他药包，否则应采用齐发起爆。严禁用石块覆盖裸露药包，不应将炸药包插入石缝中进行爆破，特殊情况使用时，必须采用可靠的安全措施。

25.各种类型的"盲炮"处理首先必须查明原因。并按国家现行的《爆破安全规程》(GB 6722—86)的有关规定办理。

盲炮即瞎炮，是指在点火后未爆炸的炮。

瞎炮产生的原因一般是因雷管、导火索受潮发霉或失效；雷管与导火索接头松动或脱开；捣实炸药时或堵塞时不小心将导火索药心割断；一次点炮较多而漏点炮等。

因此，在盲炮处理时：

(1)核查点炮数与响炮数是否一致。

(2)出现盲炮，应停止其附近的所有其他工作。在爆破领导人的指挥下，查明原因，研究可靠的处治措施。

(3)找出盲炮的位置、方向和深度，按打眼方法分别距盲炮不少于30cm(人工打眼)、50cm(药壶炮)或60cm(机械打眼)处，以相同方向重新打眼、装药和引爆，使盲炮同新炮一起爆炸或被炸废。

(4)小钢钎炮或药量很少的炮，且系硝铵炸药、铵油炸药等一般炸药时，均可采用压力不大的水冲洗处理。

26.大型爆破必须按审批的爆破设计书，在征得当地县(市)以上公安部门同意后，由成立的现场指挥机构组织人员实施。

大型爆破的安全距离，除应考虑个别飞散物的因素外，尚应考虑因爆破引起地震及冲击波对人员、设施及建筑物的影响，按规定经计算后确定安全距离。

27.在大爆破施爆之前，必须对爆破网路进行认真仔细地检查。

28.在大爆破施爆之前，必须对装药与堵塞的质量进行认真仔细地检查。

29.在大爆破施爆之前，必须对起爆电源的电压等进行检测。

30.在大爆破施爆前，必须对警戒范围的警戒要求落实情况进行认真地检查。

31.在大爆破施爆之前，一切均检查合格后，按规定的信号通知各有关部位，然后进行起爆。

第四节　防护工程施工中的安全要点

在防护工程施工中，有着大量的人工作业，从一条路来说，工点也比较分散。必须加强安全管理工作。

一、防护工程砌筑的安全要点

1.边坡防护作业，必须搭设牢固的脚手架。对地基和脚手架所用材料、扣件或连接件，应进行认真检查,合格后才可使用。

2.人工抬运石块和搬运砂浆等材料所用的器具必须牢固可靠,如绳、筐、桶等。

3.砌石工程必须自下而上砌筑。将片石改小,不得在脚手架上进行。护墙砌筑时,墙下严禁站人。抬运石块上架,跳板应坚固,并设防滑条。筐内所装石块必须稳妥,不得中途外掉。

4.抹面、勾缝作业必须先上后下。严禁在砌筑好的坡面上行走,上下时必须设置爬梯。架上作业时,架下不准有人操作或停留,不得上面砌筑,下面勾缝。

二、砂浆拌和机作业的安全要点

1.拌和机应安置稳妥,开机前必须进行检查。同时应检查并确认拌和机传动及各部装置牢固可靠,操作灵活后方可开机。

2.拌和机运转中,不得用手或木棒等伸进筒内清理筒口的灰浆。

3.作业中如发生故障,应立即切断电源,并将筒内砂浆倒出。

4.拌和机的电源、临时挂线,必须符合规定要求,挂线要稳定。

三、砂浆喷射机作业的安全要点

1.砂浆输送泵

(1)对设备进行认真检查。

(2)输送管道各接头应连接牢固,并设置牢固的支撑,尽量减少管道长度和弯管数量。

(3)管道上不得加压或悬挂重物。

(4)作业前,应进行空运转测试。在确认旋转方向正确、电路开关、传动保护装置及料斗滤网齐全可靠后,方可进行作业。

(5)运转正常后,方可向泵内注入砂浆;砂浆泵须连续运转,短时间不用砂浆时,应打开回浆阀使砂浆在泵内循环运行;如停机时间较长时,应每隔 3 ~ 5min 泵送一次,使灰浆在管道和泵体内流动,以防凝结和阻塞。

(6)工作中应随时注意压力表指针是否正常,检查球阀、阀座和挤压管有无异常,如发现漏浆应停机修复后再继续作业。

(7)因故障停机时,应打开泄浆阀使压力下降,然后再排除故障;砂浆泵压力未降到零时,不得拆卸空气室、压力安全阀和管道。

2.砂浆喷射机

(1)对喷射机设备进行检查。

(2)喷射机应保持内部清洁,输送泵和喷射机人员应密切联系,协调配合作业。

(3)在喷射嘴前 5m 范围内不得站人;工作停歇时,喷嘴不得朝向有人的方向。

(4)输料软管如发生堵塞,可用木棍轻轻敲打外壁,如无效时,可在关闭砂浆后拆卸胶管,用压缩空气吹通。

(5)转换作业面时,输料软管不得随地拖拉和弯折。

四、挡墙挖基施工中的安全要点

1.对挖基施工中的各种使用器具应进行检查,符合要求后方可使用。

2.挖基时,应视土质、湿度和挖掘深度设放安全边坡。基坑壁坡度可参照表 3-5 办理。

基坑坑壁坡度表 表 3-5

坑壁土质	坑壁坡度		
	基坑顶缘无载重	基坑顶缘有静载	基坑顶缘有动载
砂类土	1:1	1:1.25	1:1.5
碎卵石类土	1:0.75	1:1	1:1.25
轻亚粘土	1:0.67	1:0.75	1:1
亚粘土	1:0.33	1:0.5	1:0.75
极软岩	1:0.25	1:0.33	1:0.67
软质岩	1:0	1:0.1	1:0.25
硬质岩	1:0	1:0	1:0

注:本表适用于基坑深度在5m以内,无地下水,土质结构均匀的情况。

3.不设放安全边坡时,必须设置相应的围壁支撑。围壁支撑所用的材料必须符合要求。围壁支撑设置必须牢固稳定。

4.必须保证足够的工作面。

5.基坑顶部周围的碎石块和其他杂物物件应予清除,以免其掉落伤人。

6.提土和下筐时应招呼联系,以免伤人。

7.如遇变化的地质条件,应上报并经研究后再行施工。

8.人工挖基作业时,从基坑内抛上的土方,应边挖边运。采用土台分层抛掷传运出土时,台阶宽度不得小于0.7m,高度不得大于1.5m。基坑上边缘暂时堆放的土方至少应距坑边0.8m以外,堆放高度不得超过1.5m。

第四章 路面工程施工中的安全要点

第一节 基层施工中的安全要点

1.消解石灰时,不得在浸水的同时边投料、边翻拌,人员应远避,以防烫伤。

2.沿路肩堆放石灰消解时,应慢洒水或泼水,操作人员应站在上风。

3.装卸、洒铺及翻动粉状材料时,操作人员应站在上风侧,轻拌轻翻减少粉尘,并应配戴口罩或其他防护用品。散装粉状材料宜使用粉料运输车运输,否则车箱上应采用篷布遮盖。装卸尽量避免在大风天气下进行,否则,应特别加强安全防护。

4.碎石机作业安全要点:

(1)对碎石机、电源、线路、开关等均应进行检查,必须保证符合安全要求和使用要求。线路挂设稳定,不宜贴地面,因料场尖硬石块多,易对电线等造成损坏。

(2)进料要均匀,不得过大,严防金属块等混入。出料口上方应设有挡板。

(3)不得从上方向碎石机口内窥视。

(4)若石料卡住进料口,应用铁钩翻动,严禁用手搬动。

(5)场内道路应经常平整,保持畅通。

(6)搬运块料和堆放要注意安全,大块人工铁锤破碎时,要注意周围情况。

5.稳定土拌和机作业的安全要点:

(1)应根据不同的拌和材料,选用合适的拌和齿,并对机械、及各相关的配件等进行检查。

(2)拌和机作业时,应先将转子提起离开地面空转,然后再慢慢下降至拌和深度。

(3)在拌和过程中,不能急转弯或原地转向,严禁使用倒档进行拌和作业。遇到底层有障碍物时,应及时提起转子,进行检查处理。

(4)拌和机在行走和作业过程中,必须采用低速,保持均速。液压油的温度不得超过规定。

(5)停车时应拉上制动器,将转子置于地面。

6.场拌稳定土机械作业安全要点:

(1)对机械及配套设施进行安全检查。

(2)皮带运输机应尽量降低供料高度,以减轻物料冲击。在停机前必须将料卸尽。

(3)拌和机仓壁振动器在作业中铁心和衔铁不得碰撞。如发生碰撞应立即调整振动体的振幅和工作间歇。仓内不出料时,严禁使用振动器。

(4)拌和结束后,给料斗、贮料仓中不得有存料,应清理干净。

(5)搅拌壁及叶桨的紧固状况应经常检查,如有松动应立即拧紧,如有损坏,必须更换。

7.碎石撒布机作业的安全要点：

(1)机械与配套设施应进行检查。

(2)自卸汽车与撒布机联合作业，应紧密配合，以防碰撞。

(3)撒布碎石，车速要稳定，不应在撒布过程中换档。严禁撒布机长途自行转移。

(4)在工地作短距离转移，必须停止拨料辊及皮带运输机的转动，并注意道路状况以防碰坏机件或出现其他事故。

(5)作业时，无关人员不得进入现场，以防碎石伤人。

(6)石料的最大粒径不得超过说明书中的规定。

8.洒水车作业中的安全要点：

(1)洒水车在公路上抽水时，不得妨碍交通。

(2)在有水草和杂物的水道中抽水，吸水管端应加设过滤网罩。

(3)洒水车在上下坡及弯道运行中，不得高速行驶，并避免紧急制动。

(4)洒水车驾驶室外不得载人。

第二节　沥青路面施工中的安全要点

1.沥青操作人员均应进行体检，凡患有结膜炎、皮肤病及对沥青过敏反应者，不宜从事沥青作业。

2.从事沥青作业人员，皮肤外露部分均需涂抹防护药膏。工地上应配有医务人员。

3.沥青操作工的工作服及防护用品，应集中存放，严禁穿戴回家和进入集体宿舍。

4.沥青加热及混合料拌制，宜设在人员较少、场地空旷的地段。产量较大的拌和设备，有条件的应增设防尘设施。

5.块状沥青搬运一般宜在夜间和阴天进行，尤应避免炎热季节。搬运时，宜采用小型机械装卸，不宜用于直接装运。用手装运时，必须要有相应的防护，如坎肩、帆布手套、工作服等。

6.液态沥青宜采用液态沥青车运送。对沥青下出口阀门应认真检查其可靠性和密封性。使用时应遵守下列规定：

(1)用泵抽送热沥青进出油罐时，工作人员应避让。

(2)向储油罐注入沥青时，当浮标指标达到允许最大容量时，要及时停止注入。

(3)满载运行时，遇有弯道、下坡时要提前减速，避免紧急制动。油罐装载不满时，要始终保持中速行驶。

7.采用吊耳吊装桶装沥青时应遵守下列规定：

(1)吊具应严格检查，达到合格要求。吊装作业应有专人指挥。沥青桶的吊索应绑扎牢固。

(2)吊起的沥青桶不得从运输车辆的驾驶室上空越过，并应高于车箱板，以防碰撞。

(3)吊臂旋转半径范围内不得站人。

(4)沥青桶未稳妥落地前，严禁卸、取吊绳。

8.人工装卸桶装沥青时，应遵守下列规定：

(1)运输车辆应停放在平坡地段，并拉上手闸。

(2)上桶装沥青的跳板应有足够的强度，坡度不应过陡。

(3)沥青桶不得漏油。否则应先堵漏，后搬运。

(4)放倒的沥青桶经跳板上(下)滚动装车时,要在露出跳板两侧的铁桶上各套一根绳索,收放绳索时要缓慢,并应两端同步上下。

9.人工运送液态沥青,装油量不得超过容器的2/3。

10.蒸汽加温沥青时,其蒸汽管道应连接牢固,严加保护,在人员容易触及的部位,必须用保温材料包扎。锅炉的安全应符合标准规定要求。

11.太阳能油池上面的工作梯必须具有防滑措施,并严禁非作业人员攀登。

12.远红外加热沥青,应遵守下列规定:

(1)使用前应检查机电设备和短路过载保安装置是否良好,电气设备有无接地,确认符合要求后方可合闸作业。

(2)沥青油泵应进行预热,当用手能转动联轴器时,方可启动油泵送油。输油完毕后将电机反转,使管道中余油流回锅内,并立即用柴油清洗沥青泵及管道。清洗前必须关闭有关阀门,严防柴油流入油锅。

13.导热油加热沥青,应遵守下列规定:

(1)加热炉使用前必须进行耐压试验,水压力应不低于额定工作压力的二倍。

(2)对加热炉及设备应作全面检查,各种仪表应齐全完好。泵、阀门、循环系统和安全附件应符合技术和安全要求,超压、超温报警系统应灵敏可靠。

(3)必须经常检查循环系统有无渗漏、振动和异声,定期检查膨胀箱的液面是否超过规定,自控系统的灵敏性和可靠性是否符合要求,并定期清除炉管及除尘器内的积灰。

(4)导热油的管道应有防护设施。

14.明火熬制沥青中的安全要点:

(1)锅灶设置

①支搭的沥青锅灶,应距建筑物30m,距电线垂直下方在10m以上。周围不得有易燃易爆物品,并应备有锅盖、灭火器等防火用具。

②油锅上方搭设的防雨棚,严禁使用易燃材料。

③沥青锅的前沿(有人操作的一面)应高出后沿10cm以上,并高出地面0.8~1.0m。

④舀、盛热沥青的勺、桶、壶等不得锡焊。

(2)沥青预热

①打开沥青桶上的大、小盖。当只有一个桶盖时,应在其相对方向另开一孔,以便通气出油。桶内如有积水则必须先予排除。

②操作人员应注意沥青突然喷出,如发现沥青从桶的砂眼中喷出,应在桶外的侧面,铲以湿泥涂封,不得用手直接涂封。

③烤油中如发现沥青桶口堵塞时,操作人员应站在侧面用铁棍疏通。

④烤油时必须用微火,不得用大火猛烤。

⑤卧桶烤油时的油槽应搭设牢固,流向储油锅(池)的通道要畅通。

⑥卧桶烤油时,如搭设有排灶,油桶在微火口上开始时应时时转动油桶,不得局部过分受热,当沥青开始处于流动状态时,应将油桶小口朝下,大口朝上,油从小口流入油槽。同时,应在排灶火口和油槽前,设置安全墙。

⑦桶装沥青中,往往含有成团的水,在预热后沥青流入油锅熬制前,应注意除去明水,以免入锅后,引起涨锅。

(3)沥青熬制

①熬油锅应清洁,不得有水和杂物。

②沥青应缓缓投入,以免因一次投入量过多而造成涨锅。投入总量不得超过油锅容积的2/3。块状沥青应改小并装在铁丝瓢内下锅,不得直接向锅内抛掷,以免溅油伤人。

③严禁烈火加热空锅时加入沥青。

④预热后的沥青宜用溜油槽流下油锅,并应视油锅中涨锅情况控制油量。如用油桶直接倒入油锅时,应小心搬运,桶口应尽量放低,以防被热沥青溅伤。

⑤在熬制沥青时,如发现油锅漏油,必须立即熄灭炉火,妥善处理。

⑥舀油时,应用长柄勺,并要经常检查其联结是否牢固。

⑦油料脱水应缓慢加热,经常搅动,使水蒸气不断溢出消散,以免由涨锅而导致溢锅。

⑧严禁猛火加温而导致沥青溢锅,如发现有漫油迹象时,应立即熄灭炉火。

⑨熬油工应随时掌握油温变化情况,当白色烟转为红、黄色烟时,应立即熄灭炉火。

⑩熬油现场临时堆放的沥青及燃料不应过多,堆放位置距沥青锅炉应在5m以外。

⑪经常检查熬油现场用电照明设施的情况,应保证安全、完好。

⑫熬油操作人员应穿工作服、工作鞋、戴工作帆布手套等,做好防护工作。

⑬防火器材应处于良好状态,并应有足够数量。

15.洒布机(车)工作地段的安全要点:

(1)洒布现场应设专人警戒。

(2)施工现场的障碍物应清除干净。

(3)洒油时作业范围内不得有人。

(4)施工现场严禁使用明火。

16.沥青洒布车作业中的安全要点:

(1)检查机械、洒布装置及防护、防火设备是否齐全有效。

(2)采用固定式喷灯向沥青箱的火管加热时,应先打开沥青箱上的烟囱口,并在液态沥青淹没火管后,方可点燃喷灯。加热喷灯的火焰过大或扩散蔓延时,应立即关闭喷灯,待多余的燃油烧尽后再行使用。

(3)喷灯使用前除进行检查外,应先封闭吸油管及进料口。手提式喷灯点燃后不得接近易燃品。

(4)满载沥青的洒布车应中速行驶。遇有弯道、下坡时,应提前减速,尽量避免紧急制动。行驶时,严禁使用加热系统。

(5)驾驶员与机上操作人员应密切配合,操作人员应齐全配戴防护用品,注意自身安全。作业时,在喷洒沥青方向10m以内不得有人停留。

17.沥青洒布机作业中的安全要点:

(1)工作前应将洒布机车轮固定,检查高压胶管与喷油管联接是否牢固,油嘴和节门是否畅通,机件有无损坏,检查确认完好后,再将喷油管预热,安装喷头,经过在油箱内试喷后,才可正式喷洒。

(2)装载热沥青的油桶应坚固、不得漏油,其装油量要低于桶口10cm。向洒布机油箱注油时,油桶要靠稳,在油箱口缓慢向下倒油,不得猛倒。

(3)喷洒沥青时,手握的喷油管部分应加缠旧麻袋或石棉绳等隔热材料。操作时,喷头严禁向上。喷头附近不得站人。注意风向,不得逆风操作。

(4)压油时,速度要均匀,不得突然加快。喷油中断时,应将喷头放在洒布机油箱内,固定好喷管，不得滑动。

(5)移动洒布机，油箱中的沥青不得过满。

(6)喷洒沥青时，如发现喷头堵塞或其他故障，应立即关闭阀门，等修理完好后，再行作业。

18.人工拌和作业时，应使用铁壶或长柄勺倒油，壶嘴或勺口不应提得过高，防止热油溅起伤人。油注入壶中时要匀慢，提动行走时要稳，不得晃动太大，以免油从壶嘴射出伤人。

19.沥青混合料拌和设备作业中的安全要点：

(1)作业前，热料提升斗、搅拌器及各种称斗内不得有存料。

(2)配有湿式除尘系统的拌和设备，应检查其除尘系统的水泵及其他部件是否完好，保证喷水量稳定且不中断。

(3)卸料斗处于地下底坑时，应防止坑内积水淹没电器元件。

(4)拌和机启动、停机必须按规定程序进行。点火失效时，应关闭喷燃器油门，待充分通风后再行点火。需要调整点火时，必须先切断高压电源。

(5)液化器点火时，必须认真检查减压阀及压力表，使其完好可靠，方可使用。燃烧器点燃后，必须关闭总阀门。

(6)连续式拌和设备的燃烧器熄火时应立即停止喷射沥青。当烘干拌和筒着火时，应立即关闭燃烧器鼓风机及排风机，停止供给沥青，再用含水量高的细集料投入烘干拌和筒，并在外部卸料口用干粉或泡沫灭火器进行灭火。

(7)关机后，应清除皮带上、各供料斗及除尘装置内外的残余积物，并清洗沥青管道。

20.沥青混合料拌和站作业中的安全要点：

(1)沥青混合料拌和站的各种机电(包括使用微电脑控制进料的)设备，在运转前均需由机工、电工、电脑操作人员进行仔细检查，确认正常完好后才能合闸运转。

(2)机组投入运转后，各部门、各工种都要随时监视各部位运转情况，不得擅离岗位。

(3)运转中严禁人员靠近各种运转机构。

(4)运转过程中，如发现有异常情况，应报机长，并及时排除故障。停机前应首先停止进料，等拌鼓、烘干筒等各部位卸料完后，才可提前停机。再次启动时，不得带荷启动。

(5)搅拌机运行中，不得使用工具伸入滚筒内掏挖或清理。需要清理时，必须停机。如需人员进入搅拌鼓内工作时，鼓外要有人监护。

(6)料斗升起时，严禁有人在斗下工作或通过。检查料斗时，应将保险链挂好。

(7)拌和站机械设备需经常检查的部位应设置铁爬梯。采用皮带机上料时，贮料仓应加防护。

21.沥青混合料摊铺作业时的安全要点：

(1)驾驶台及作业现场要视野开阔，清除一切有碍工作的障碍物。作业时无关人员不得在驾驶台上逗留。驾驶员不得擅离岗位。

(2)运料车向摊机卸料时，应协调动作，同步进行，防止互撞。

(3)换档必须在摊铺机完全停止时进行，严禁强行挂档和在坡道上换档或空档滑行。

(4)熨平板预热时，应控制热量，防止因局部过热而变形。加热过程中，必须设专人看管。

(5)驾驶力求平稳，不得急剧转向。弯道作业时，熨平装置的端头与路缘石的间距不得小于10cm，以免发生碰撞。

(6)用柴油清洗摊铺机时，不得接近明火。

(7)作业中应设立施工标志。

第三节　水泥混凝土路面施工中的安全要点

一、混凝土拌和与运送中的安全要点

1.混凝土拌和的安全要点与第五章第四节中所述相同。

2.手推车或小型翻斗车装运混凝土时，车辆之间应保持一定的安全距离。

3.水泥混凝土运输车运送混凝土拌和物时，其安全要点是：

(1)液压泵、液压马达及阀应紧固，并与管道连接牢固，密封良好。各泵旋转应无卡阻和异常声响。

(2)当传动系统出现故障，液压油输出中断而导致滚筒停转，并一时无法修复时，要利用紧急排出系统快速排出混凝土拌和物。

(3)严禁用手触摸旋转中的搅拌筒和随动轮。

(4)在运送过程中，要遵守交通规则。

(5)自卸汽车运送混凝土混合物，不得超载和超速行驶。车停稳后方准顶升车箱卸料。车箱尚未放下时，操作人员不得上车清除残料。

二、混凝土路面摊铺施工中的安全要点

1.人工摊铺作业中的安全要点

(1)装卸钢模板时，必须逐片轻抬轻放，不得随意抛掷。堆砌时，应规则有序并稳妥。

(2)操作时，特别多人同时操作摊铺时，因工作面小，锄、锹等均为长物工具，必须相互关照，注意安全。

(3)固定模板时，插钉或长圆头钉等不得乱放乱搁，以免伤人，完工后，应收捡干净。

(4)使用振捣器时：

①使用电动振捣器，操作人员要配戴安全防护用品。配电盘(箱)的接线宜使用电缆线。

②注意保护好电力线，不得割伤，绝缘良好，应经常注意检查。

(5)如采用木模板，拆模后的模板应堆放整齐，并及时取钉，砌放稳妥。

2.机械摊铺作业中的安全要点

(1)轨模摊铺机

①布料机与振平机之间应保持5~8m的安全距离。

②要认真检查布料机传动钢丝的松紧是否适度。不得将刮板置于运行方向垂直的位置，也不得借助整机的惯性冲击料堆。

③作业中严禁驾驶员擅离岗位。无关人员不得在驾驶台上停留或上下摊铺机。在弯道上作业时，要注意防止摊铺机脱轨。

(2)滑模摊铺机

公路水泥混凝土路面滑施工在我国是新型工艺技术，在设计上和施工工艺上均有其特点和不同的要求。因此，我们就其安全生产中的要点作更详细的介绍。

①基本要求

应根据滑模机械化施工特点，做好安全生产和保卫工作。施工前，施工单位应对员工进行安全生产教育，树立安全第一的思想。

②滑模施工安全生产规定

施工过程中,应制定搅拌楼、运输车辆、滑模摊铺机及其辅助机械设备的安全操作规程,并在施工中严格执行。

a.在搅拌楼的拌和锅内清理粘结混凝土,无电视监控的搅拌楼,必须有两人以上,方可进行,一人清理,一人值守操作台。有电视监控的搅拌楼,必须打开电视监控系统,关闭主电视电源,并在主开关上挂警示红牌。搅拌楼机械上料时,在铲斗及拉铲活动范围内,人员不得逗留和通过。

b.运输车辆倒退时,车辆应鸣后退警报,并有专人指挥和查看车后。

c.施工中,布料机支腿臂、松铺高度梁和滑模摊铺机支腿臂、搓平梁、抹平板上严禁站人及操作。夜间施工,在滑模摊铺机上应有明亮的照明和明显的示警标志。滑模摊铺机停放在通车道路上,周围必须设置明显的安全标志,夜间应用红灯警。

d.施工中所有机械设备禁止机手擅离操作台,严禁吸烟和任何明火。

③交通安全

施工现场必须做好交通安全工作。交通繁忙的路口应设立标志,并有专人指挥。夜间施工,路口及基准线桩附近应设置警示灯或反光标志,专人管理灯光照明。

④用电安全

施工机电设备应有专人负责保养、维修和看管,确保安全生产。施工现场的电线、电缆应尽量放置在无车辆、人、畜通行部位。

⑤安全防护

现场操作人员必须按规定配戴防护用具。有毒、易燃的燃料、填缝材料操作时,其防毒防火等应按有关规定严格执行。

⑥其他

滑模摊铺机、搅拌楼、储油站、发电站、配电站等重要施工设备上应配备消防设施,确保防火安全。

工地所有施工设备和机具,在停工或夜间必须有专人值班保卫,严防原材料、机械、机具及零件等丢失。

(3)真空吸水作业中的安全要点

①认真检查真空吸水所有配套机具,均应处于良好状态。电气设施、电源、开关等应有人负责。

检查泵垫、脱水前,应打开真空泵机组水箱盖,向真空室注入清水,使水面与箱内管口相平或略高,调节搭扣松紧,盖严箱盖,用3~4mm厚橡胶板堵住进水口,检查泵的空载真空度(应>86.7~93.9kPa)。检查联结软管、吸垫表面、粘缝及管接头。如发现有损坏、漏气、阻塞时,要及时修补或更换。

②真空吸水作业时,严禁操作人员在吸垫上行走或将物件置压在吸垫上。检查、补漏亦不准穿硬底带钉的鞋子。

③吸垫存放、搬移时,应避免与带尖角的硬物接触。

④每班施工完毕,应将吸垫清洗干净,并冲净真空泵箱内沉积物,排净存水。

(4)抹平机作业的安全要点

使用混凝土抹平机作业时,应确保抹平机的叶片光洁平整,并处于同一水平面,其联接螺栓应紧固不松动,并在无负荷状态下起动。电缆要有专人收放,确保不打结,不砸压,如发现有异常现象应立即停机检查。

(5)切缝与养护的安全要点

①切缝机锯缝时,刀片夹板的螺母应紧固,各联接部位和安全防护罩应检查,必须完好正常。切缝前应先打开冷却水,冷却水中断时,应停止切缝。

切缝时,刀片要缓缓切入,并注意切入深度指示器,当遇有较大切割阻力时,应立即升起刀片检查。停止切缝时,应先将刀片提离板面后才可停止运转。

②薄膜养护的溶剂,一般具有毒性和易燃性等特性,应做好贮运装卸的安全工作。喷洒时应站在上风,穿戴安全防护用品。

(6)其他安全要点

水泥混凝土路施工,不管采用哪种工艺方式,除上述的各项安全要点外,还必须:

①施工前,应进行安全生产教育,树立安全生产质量第一的思想。建立和健全安全生产管理制度,制定安全生产操作规程,工地应有领导分管安全生产工作,班组要有负责安全生产人员,并制定具体的安全生产手册,经常检查执行情况。

②施工现场必须做好交通安全工作,在不中断交通的情况下,应在施工现场设立明显标志,有专人守管和负责指挥,维持交通,确保施工和交通安全。

③施工机电设备,应有专人负责保管修理,确保安全生产。

④现场操作人员必须按规定配戴防护用品。有毒、易燃材料施工时,其防毒、防火等严格执行有关规定。

⑤工地应有消防设施,并应处理好污水,做好环境保护工作。

第四节　其他施工作业中的安全要点

一、机械碾压作业中的安全要点

1.严禁在压路机没有熄火、下无支垫三角木的情况下进行机下检修。

2.压路机应停放在平坦、坚实并对交通及施工作业无妨碍的地方。停放在坡道上时,前后轮应置垫三角木。

3.压路机前后轮的刮板,应保持平整良好。碾轮刷油或洒水人员应与司机密切配合,必须跟在碾轮行走的后方,并要注意压路机转向。

二、旧路面凿除作业中的安全要点

1.旧路面凿除宜有计划地分小段进行,以免妨碍交通,并应设置相关标志。

2.用镐开挖旧路面时,应并排前进,左右间距应不少于2m,不得面对面使镐。所用工具应拼接牢靠,严防铁镐脱飞伤人。

3.采用风动工具凿除旧路面时,应:

(1)认真检查,保证各部管道接头必须紧固,不漏气。胶皮管不得缠绕打结,并不得用折弯风管的办法作为断气的办法使用,也不得将风管置于胯下。

(2)风管通过过道,须挖沟将风管下埋。

(3)风管联接风包后要试送气,检查风管内有无杂物堵塞,送气时,要缓慢旋开阀门,不得猛开。

(4)风镐操作人员应与空压司机紧密配合,及时送气或闭气。对风镐应进行检查,合格方可使用。

(5)钎子插入风动工具后不得空打。

4.采用机械破碎旧路面时,应有专人统一指挥,操作范围内不应有人,铲刀切入深度不宜过深,推刀速度应缓慢。设置施工标志,注意交通安全。

第五章 桥涵工程施工中的安全要点

一、桥涵工程施工中的安全基本规定要求

1. 高桥、大跨、深水、结构复杂的大型桥梁施工，应对施工安全做专项调查研究，并制定相应的安全技术措施。单项工程（包括辅助结构、临时工程）开工前，应根据规定的安全操作细则，向施工人员进行安全技术交底。

2. 桥涵施工前，应对施工现场、机具设备及安全防护设施等，进行全面检查，确认符合安全要求后方可施工。

3. 手持式电动工具，应按国标《手持式电动工具的管理、使用、检查和维修安全技术规程》（GB 3787—83）的规定，根据手持式电动工具的类别和作业场所的安全要求，加设漏电保护器。

根据《手持式电动工具的管理、使用、检查和维修安全技术规程》（GB 3787—83）规定："在一般场所，为保证使用的安全，应选用Ⅱ类工具"，"在潮湿的场所，为保证使用安全，应使用Ⅱ类或Ⅲ类工具，如果使用Ⅰ类工具，必须装设额定漏电动作电流不大于30mA、动作时间不大于0.15s的漏电保护电器"。

Ⅰ、Ⅱ、Ⅲ类手持电动工具在公路桥涵施工中用得较多的如冲击钻、手电钻、电刨等，也经常处于潮湿和在导电金属架的作业环境之中。为此，必须确保施工安全。

4. 桥涵施工，采用多层作业或桥下通车、行人等立体施工时，应布设安全网。

5. 对于通航江河上的桥涵工程，施工前应与当地港航监督部门联系，制定有关通航、作业安全事宜。

6. 桥涵施工受气候环境因素影响很大。因此，应注意天气预报风力级别，往往预报风力小于大桥上的实际风力，特别是平旷风口处，故高处露天作业及缆索吊装、大型构件等在起重吊装时，应根据作业高度和现场风力大小对作业的影响程度，制定适于施工的风力标准。遇有六级（含六级）以上大风时，上述施工应停止作业。

桥涵施工的辅助结构、临时工程，一般是指临时墩、临时搭架、导向设备、导梁、钢套箱、斜拉托架和自制拼装的桁架挂篮、龙门架等。在此着重指出：辅助结构、临时工程在施工中具有极其重要的作用，但由于其构成性质，往往使人们忽视其安全性的要求，这是片面而错误的。辅助结构、临时工程由于其易被疏忽，因而不安全因素大量存在。因此，必须高度重视对其安全性的要求和相关规定。

二、安全在桥涵施工中的意义

图5-1至图5-7为几张桥梁施工简图。

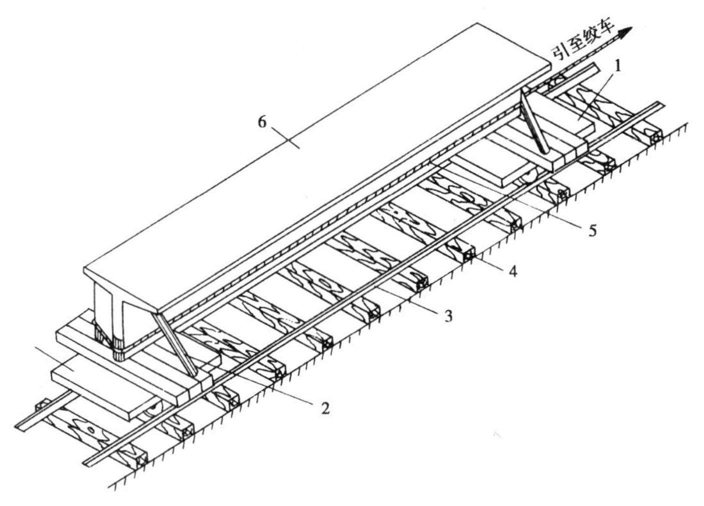

图 5-1　轨道平车运输
1-平车；2-临时斜撑；3-钢轨；4-枕木；5-钢丝绳；6-T 梁

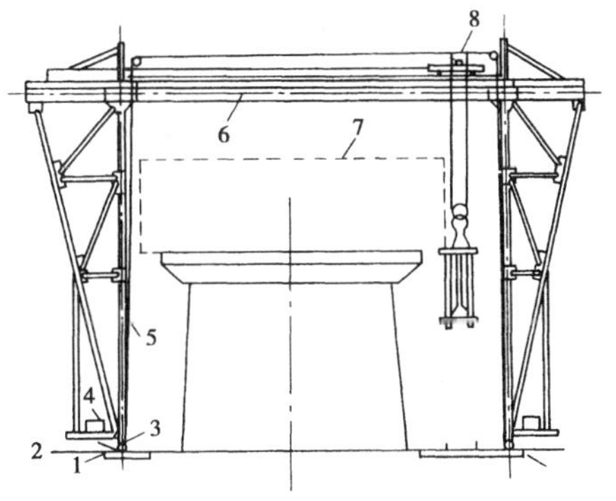

图 5-2　用龙门吊机架梁
1-枕木；；2-钢轨；3-跑轮；4-卷扬机；5-立柱；6-横梁；7-结构轮廓；8-吊车

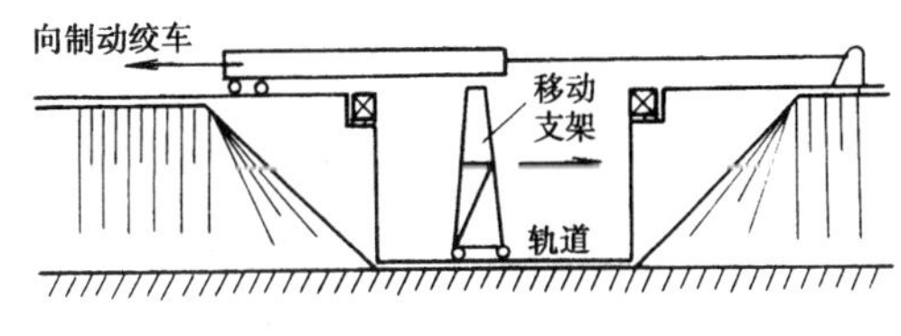

图 5-3　移动支架架梁

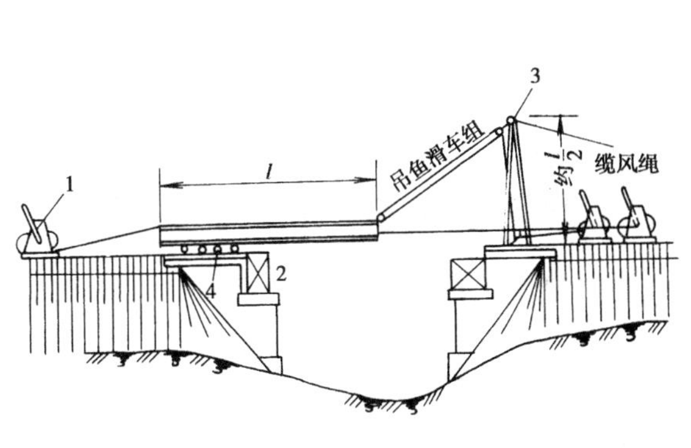

图 5-4　吊鱼法架梁
1-制动绞车；2-临时木垛；3-扒杆；4-滚筒

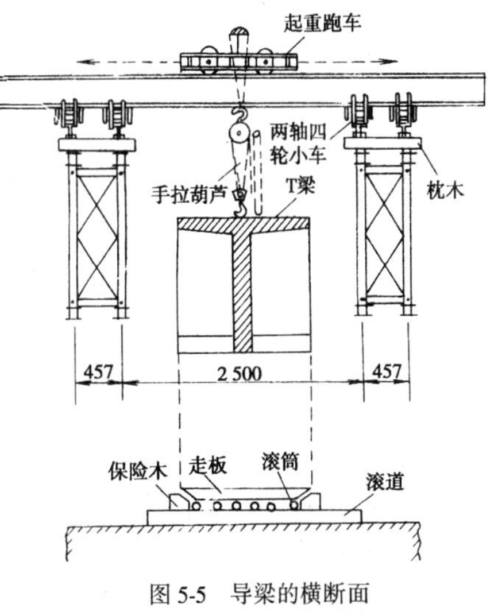

图 5-5　导梁的横断面
尺寸单位：mm

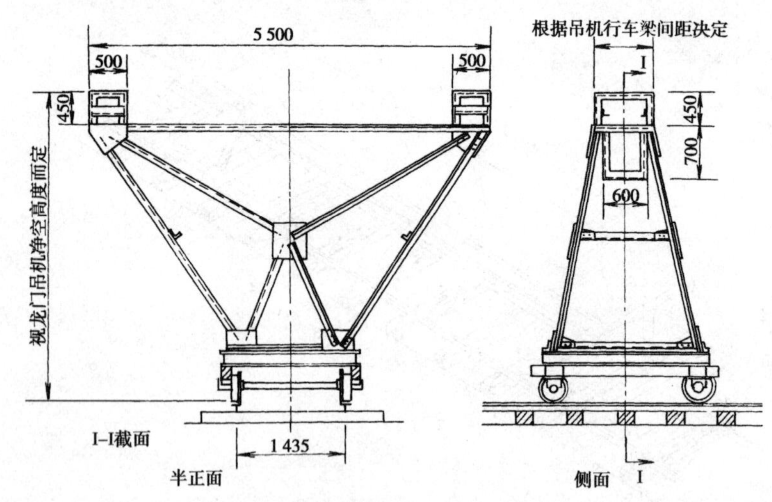

图 5-6 蝴蝶架(尺寸单位:mm)

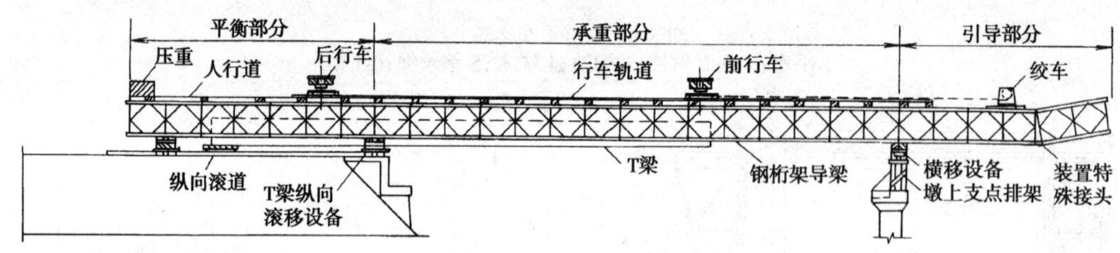

图 5-7 导梁的纵断面

从图中,我们可以清楚地看出,桥梁施工中所涉及的设备就已经十分的多,例如:轨道平车运输设备、龙门吊机、移动支架、蝴蝶架、钢桁架、排架、纵横滚移设备等等,而且这些设备均是现场拼装组成,且又是高空作业,而其下面则是江河,可见其施工难度大,技术要求很高,其不安全因素多,危险性大。设备中的绞车、缆风绳、手拉葫芦、枕木垛等,则与架梁直接有关,所有这些设备又均不是单独使用,而是综合在一个复杂的施工过程中且又直接相关的使用环境体系之中,不管哪一个设备出现问题,都可能导致重大的质量事故和安全事故。因此,桥梁施工中的安全就十分的重要。从某种意义上说,桥梁施工中如果没有安全保障,也就没有桥梁的建成。必须清醒认识桥梁施工安全的意义。

第一节 基础工程施工中的安全要点

要理解和掌握基础工程施工中的安全要点,并正确执行,就应对相关的施工机具与施工方法有所了解。下面仅作简要的介绍,以便结合相关的安全规定要求进行学习。

一、几种机械与沉井施工简介

(一)桥梁工程钻机简介

图 5-8 为 GQZ-1500 型桥梁工程钻机。

GQZ-1500 桥梁工程钻机采用拼装形式,机械传动,能用于大多数桥梁钻孔管柱桩(竖桩)施工。地质条件以粘土层,砂土层,砂砾层及中、小卵石层为主。利用泵系循环排碴,以反循环方式为主。

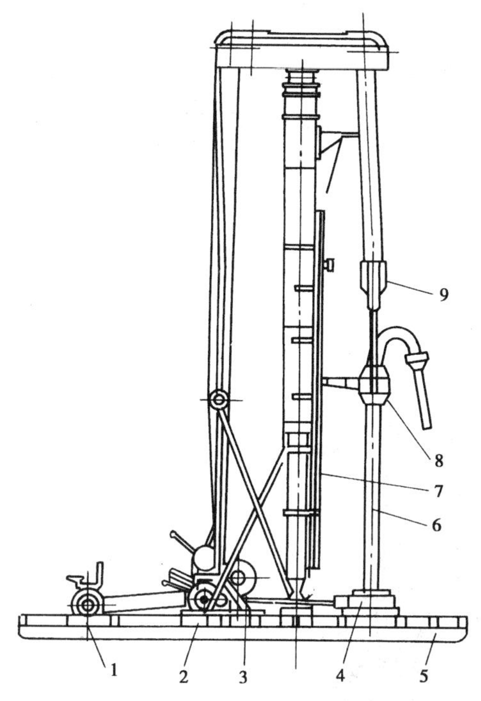

图 5-8　GQZ-1500 型桥梁工程钻机

1-动力输出装置；2-变速箱；3-卷扬机；4-转盘；5-底架；6-钻杆组；7-塔身；8-提引装置；9-动滑车

（二）筒式柴油打桩锤桩架简介

图 5-9 为筒式柴油打桩锤桩架。

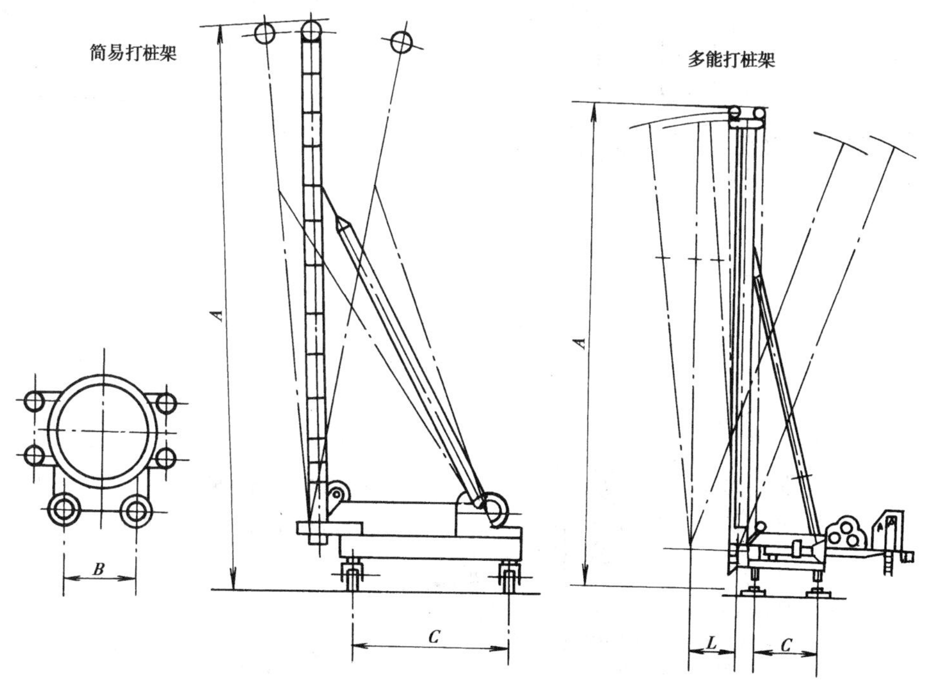

图 5-9　打桩架示意图

(三)沉井基础施工简介

(1)沉井修筑方法(见表 5-1)

沉 井 基 础 施 工 表 5-1

沉井修筑方法

方法	图　　示	说　　明
就地浇筑沉井法	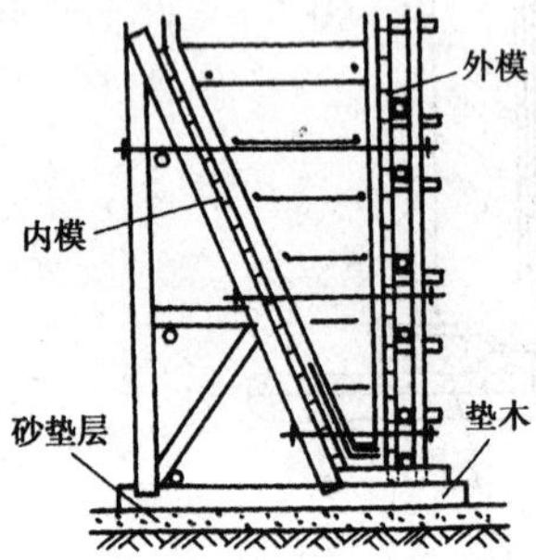	用于旱地沉井基础。施工时先对场地整平夯实,如土质松软,应在其上铺垫 0.3～0.5m 厚砂垫层。若沉井重量较大,场地承载力又较低时,可沿沉井底节刃脚下较紧密铺设一层垫木(垫木要求与数量求算见下页),以加大沉井支承面积
筑岛沉井法	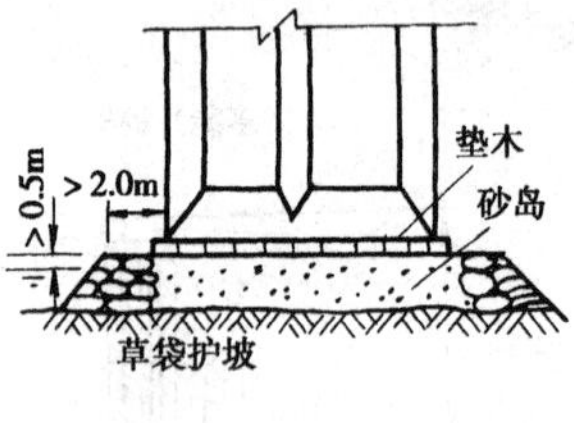	当水深在 3～4m 以内,流速(考虑筑岛后影响)较小时,可用筑岛法。筑岛材料应用砂类土、砾石、较小卵石等,不得用粘土、淤泥、泥炭和黄土类土填筑。四周应留有护道,宽度一般 > 2m,岛面标高应高出施工期最高水位 0.5m(无围堰时应高出 0.75～1.0m)
浮运沉井法	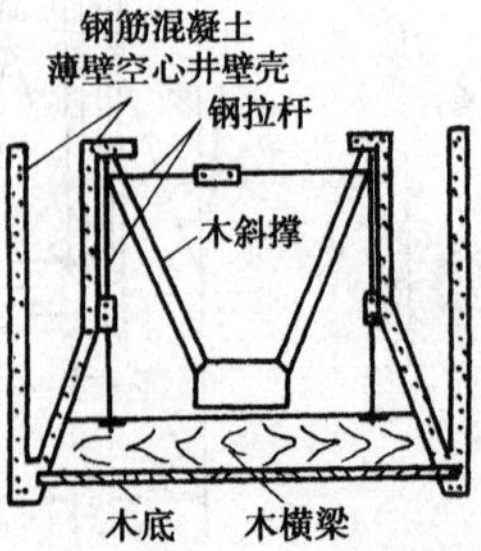	当水流较深,围堰筑岛施工困难较多时,可用浮运沉井法。沉井在岸边修筑后,利用滑道或其他方法下水浮运到墩位。浮运沉井有采用钢筋混凝土沉井、钢丝网水泥沉井和钢壳沉井等几种

(2)垫木铺设要求与数量计算(见表 5-2)

垫木铺设要求与数量计算 表 5-2

项　目	铺 设 要 求	计 算 公 式
垫木材料	质量良好的普通枕木及短方木	$n=\frac{Q}{Lb[\sigma]}$ 式中： n——垫木根数； Q——第一节沉井重力(kN)； L、b——垫木的长和宽(折算为等长)(cm)； $[\sigma]$——基底土容许承压应力≤0.1MPa
垫木铺设方向	刃脚的直线段垂直铺设，圆弧段径向铺设	
垫木下承压应力	应小于岛面容许承压应力	
筑岛底面承压应力	应小于河床地面容许承压应力	
刃脚下和隔墙下垫木应力	应基本上相等，以免不均匀沉陷使井壁与隔墙连接处混凝土裂缝	
铺垫顺序	应先从各定位垫木开始向两边铺设	
支撑排架下垫木	应对正排架中心线铺设	
铺垫顶平面最大高差	应≯3cm	
相邻两垫木最大高差	应≯0.5cm	
调整垫木高度	不应在其下垫塞木块、土片、石块等，以免受力不均	
垫木间空隙	应填砂筑岛	
垫木埋入岛面深度	应为垫木高度的一半	

沉井不排水下沉除土方法选用参考表

沉井下沉主要是通过从井孔除土，清除刃脚正面阻力及沉井内壁摩擦阻力后，依靠自重下沉。井内除土方式可分为排水开挖和不排水开挖。不排水除土的方法是抓土、吸泥等，施工时应根据土质和设备情况参考下表选用

土　质	下沉除土方法	说　　明
砂　土	抓土，吸泥	若抓泥，宜用两瓣式抓斗
卵　石	吸泥，抓土	以直径大于卵石粒径的吸泥机吸泥为好；若抓土，宜用四瓣抓斗
粘性土	吸泥，抓土	一般需辅以高压、射水、冲碎土层
风化岩	射水，冲击锥，爆破	冲击锥钻进，碎块可用抓斗或吸泥机取出

(3)沉井施工程序与下沉方法(表5-3)

沉井施工程序 表5-3

施工程序示意图	说明
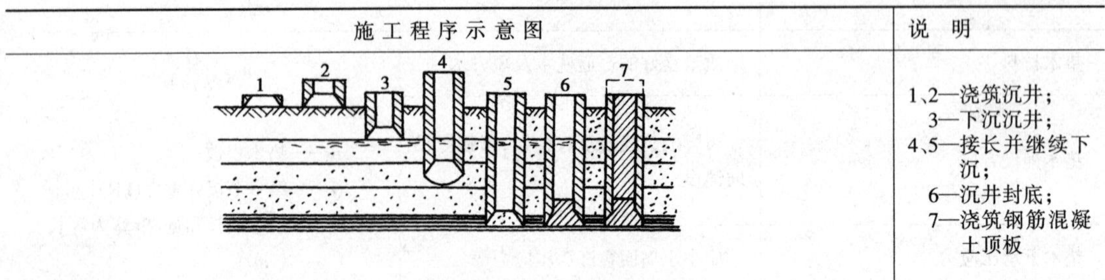	1、2—浇筑沉井; 3—下沉沉井; 4、5—接长并继续下沉; 6—沉井封底; 7—浇筑钢筋混凝土顶板

沉井下沉方法

方法	图示	说明
排水挖土下沉法	高压水 泥浆 水枪 水力吸泥器	在稳定土层中且渗水量不大(即沉井底面积渗水量每平米小于 $1m^3/h$ 排水时不致产生流砂现象),可采用排水开挖下沉。此法劳动条件好,挖土准确,容易控制和纠偏,沉至设计标高后,能直接检查基底,亦可进行干封底
不排水挖土下沉法		当沉井内有大量涌水或大量翻砂,土质结构不稳定,不可能排水或排水需要较多设备和时间时,则宜采用不排水除土下沉法。水中除土的方法选择见前页

(4)沉井下沉注意要点

沉井施工技术比较复杂,要求,施工难度大,环境条件差,因此,应特别注意施工安全。为避免出现安全事故,沉井下沉时,应注意以下要点:

①正确掌握土层情况。在下沉过程中,应做好下沉测量记录,随时分析和检验土的阻力与沉井重量关系。

②沉井在正常下沉时,应均匀除土,不使内隔墙底部受到底土顶托。对于排水除土下沉的底节沉井,设计支承位置处的土应在分层除土中最后挖除。为防止下沉偏斜,应控制井孔内的除土深度和隔墙两边的土面高差,其值视土质、沉井大小和入土深度而定,一般情况下高差不宜>50cm。

③下沉时应随时注意正位和竖直下沉,至少每下沉1m检查一次。当沉井入土深度尚未超过其平面最小尺寸的1.5~2倍时,最易出现倾斜,如立即采取措施,也极易校正。但任何偏斜时的竖直校正,均将引起平面位置的移动,故下沉初期,应特别注意保持沉井竖直下沉。

④合理安排沉井外弃土地点,尽量减少偏压;在水中下沉时,应注意河床因冲淤引起的土面高差,必要时应在沉井外弃土调整。

⑤采用吸泥吹砂等方法下沉时,应保持沉井内水位的一定高差防止大量翻砂,必须备有向

井内补水的措施；吸泥器应均匀吸砂，防止局部吸砂过深而坍塌，造成沉井下沉偏斜。

⑥下沉至设计标高以上 2m 前，应控制井内除土量和除土位置，注意正位和调平沉井。

⑦对少筋、无筋混凝土沉井下沉时，应采取严格均衡下沉措施，防止沉井开裂。

⑧沉井在下沉中如发现障碍物时，应立即停止下沉，进行详察，分析研究，根据不同情况采取相应措施及时加以处理排除。

(5)气压沉箱组装与下沉工序(表 5-4)

气压沉箱组装与下沉工序　　表 5-4

步骤	1.在地面上组装操作室	2.第一次继续浇注箱体混凝土
示意图	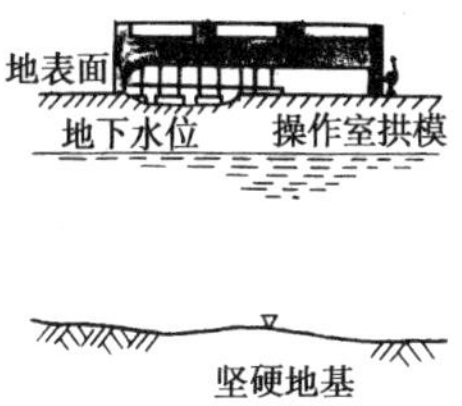 地表面 地下水位 操作室拱模 坚硬地基	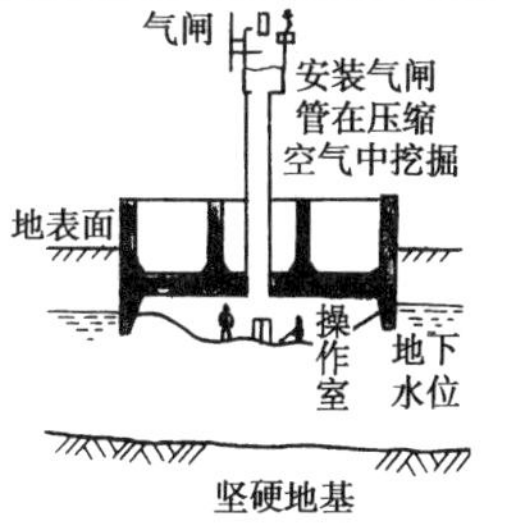 气闸 安装气闸管在压缩空气中挖掘 地表面 操作室 地下水位 坚硬地基
步骤	3.继续在压缩空气中挖掘	4.接长竖管
示意图	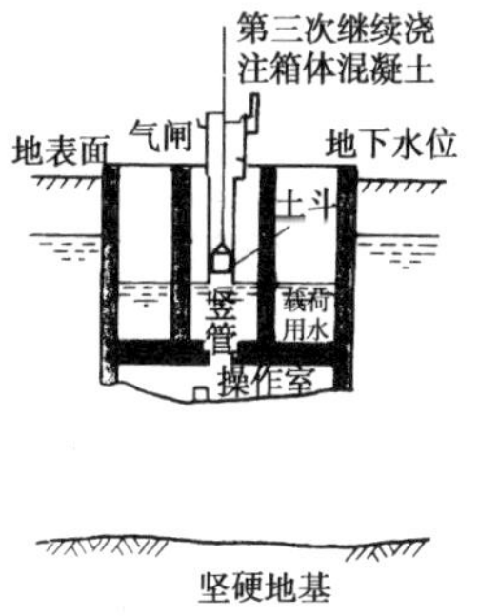 第三次继续浇注箱体混凝土 地表面 气闸 地下水位 土斗 竖管 载荷用水 操作室 坚硬地基	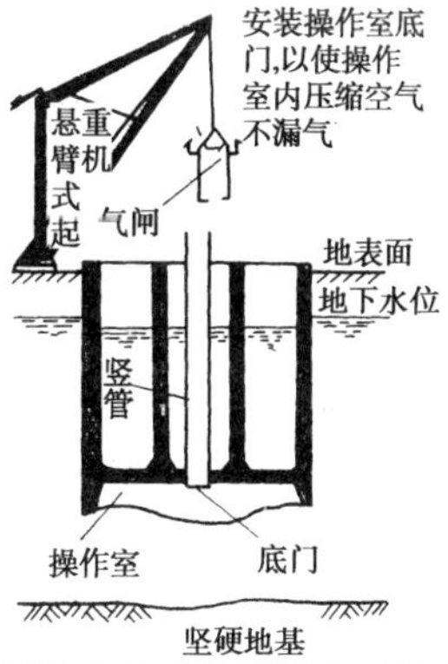 安装操作室底门，以使操作室内压缩空气不漏气 悬臂式起重机 气闸 地表面 地下水位 竖管 操作室 底门 坚硬地基
步骤	5.在压缩空气下继续挖掘下沉作业	6.沉箱下沉作业完成
示意图	刃脚到达坚硬地基后，扩大基础底面，进行边墙挖掘。在坚硬地基表面进行地基承载力的试验 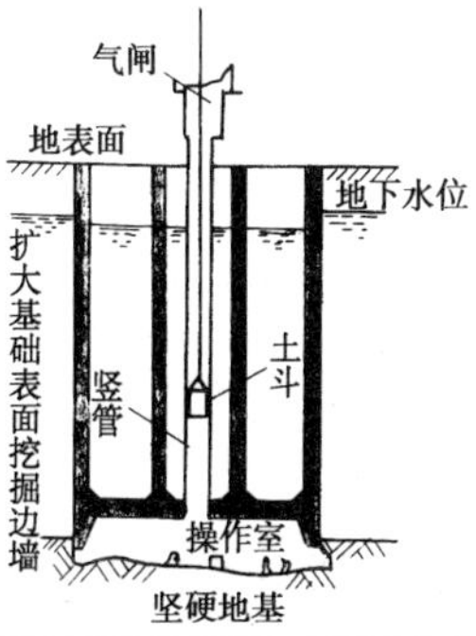 气闸 地表面 地下水位 扩大基础表面挖掘边墙 竖管 土斗 操作室 坚硬地基	在操作室内填充混凝土，使基础座落在坚硬的地基上，再构筑基础 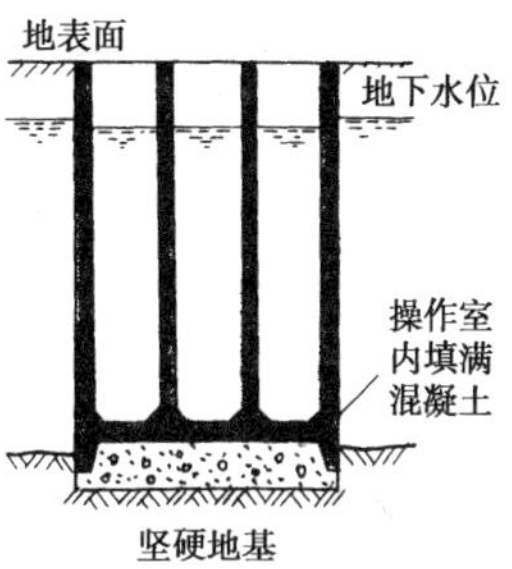 地表面 地下水位 操作室内填满混凝土 坚硬地基

(6)沉井封底施工方法及相关参数(表 5-5)

沉井封底施工法

表 5-5

用直升导管法灌注水下混凝土封底,其做法基本与前述钻孔灌注桩相同。所不同的是沉井面积较大,可用一根或多根导管同时或依次灌注。下列表中数值可作为导管布置时参考

1.1 根导管的灌注范围参考表

导管的作用半径(m)	当宽:长 = 1:1 时		当宽:长 = 1:2 时		当宽:长 = 1:3 时	
	宽×长(m)	面 积(m^2)	宽×长(m)	面 积(m^2)	宽×长(m)	面 积(m^2)
3.0	4.2×4.2	17.6	2.7×5.4	13.6	1.9×5.7	10.8
3.5	5.0×5.0	25.0	3.1×6.2	19.2	2.2×6.5	14.3
4.0	5.6×5.6	31.4	3.5×7.1	24.8	2.5×7.5	18.7
4.5	6.3×6.3	39.8	4.0×8.0	32	2.8×8.4	23.5

2.对导管位置高低的要求表

导管的作用半径(m)	管底混凝土柱的最小超压力 $p = 0.25h + 0.15h_2$ (MPa)	管顶高出水面的最小高度 $h_1 = 4p - 0.6h_2$ (m)	管底埋入灌注混凝土的深度(m)
3.0	0.10	$4—0.6h_2$	约 0.9~1.2
3.5	0.15	$6—0.6h_2$	约 1.2~1.5
4.0	0.25	$10—0.6h_2$	约 1.5~1.8

注:h_2—导管周围混凝土面距水面的深度(m)

3.单位时间内混凝土供应量计算与 1 根导管需要量(m^3/h)

导管作用半径(m)	导管灌注范围面 积(m^2)	单位时间内混凝土需要量 q		混凝土供应量计算
		$t = 3$h	$t = 4$h	
3.0	20	8	6	$Q \geqslant nq$(m^3/h) 式中: n—同时浇灌导管数; q—1 根导管灌注混凝土每小时需要量(m^3/h)
	10	4	3	
3.5	25	13	10	
	15	8	6	
4.0	30	20	15	
	20	13	10	

注:表中 t 值最好由实验求得,为了估算可采用实际水灰比的水泥浆初凝时间

二、基础工程施工中的安全要点

1.明挖基础

(1)开挖基坑时,如对邻近建(构)筑物或临时设施有影响时,应采取安全防护措施。

(2)挖掘机等机械在坑顶进行挖基出土作业时,机身距坑边的安全距离应视基坑深度、坡

度、土质情况而定。一般应不小于1.0m,堆放材料及机具时应不小于0.8m。

(3)采用桅杆吊斗或皮带运输机出土时,应检查吊斗绳索、挂钩、机具等是否完好牢固。吊斗升降时,坑内作业人员应躲离吊斗升降移动范围。吊斗不使用时,应及时摘下,不得悬挂。

(4)在水中挖基,应备有便于出入基坑的爬梯等安全设施。

(5)开挖中,当坑沿顶面裂缝,坑壁松塌或遇有涌水、涌砂影响基坑边坡稳定时,应立即加固防护。

(6)基坑需机械抽排水开挖时,须配备足够的抽排水设备,抽水机及管路等要安放牢靠。

(7)小型桥涵施工,如不能保证车辆通行时,应事先修好便道或便桥(涵),并在修建桥涵的公路两端设置“禁止通行”的标志。

(8)寒冷地区采用冻结法开挖基坑时,应根据地质、水文、气温等情况,分层冻结,逐层开挖。

(9)基坑开挖需要爆破,应按国家现行《爆破安全规程》(GB 6722—86)办理。

2.筑岛、围堰

(1)吹砂筑岛的吸泥管道一般使用浮筒承载浮于水面,每只浮筒都有一定的距离,作业人员在浮筒上跨越行走时易发生落水事故。因此,吸泥船吹砂筑岛时,作业区内严禁船舶进入;承载吸泥管道的浮筒上不得行人。

(2)挖基工程所设置的各种围堰和基坑支撑,其结构必须坚固牢靠。基础施工中,挖土、吊运、浇注混凝土等作业,严禁碰撞支撑,并不得在支撑上放置重物。施工中发现围堰、支撑有松动、变形等情况时,应及时加固,危及作业人员安全时应立即撤出。

(3)基坑较深时,四周应悬挂人员上下扶梯。

(4)基坑支撑拆除时,应在施工负责人的指导下进行。拆除支撑应与基坑回填相互配合进行。有引起坑壁坍塌危险时,必须采取安全措施。浅基础木板桩围堰的拆除,可先部分抽出板桩,使四周土方逐渐坍落入基坑中,最后使用机具吊出支撑。深基础的支撑拆出,可利用已完成的基础混凝土做支撑点,用短杆支顶,逐步撤换长支撑的方法进行。

(5)在围堰内作业,遇有洪水或流水,应立即撤出作业人员。

3.钢板桩及钢筋混凝土板桩围堰

(1)打钢板桩围堰施工,一般多在深水江河上进行,施工操作比较复杂。在施工前,应先进行试吊插打等试验工作,以便为正式施工摸索经验和规律,并检验机具设备及施工操作方法是否适宜,发现有问题时,可及时研究修改,避免出现质量和安全事故,同时在插打钢板桩(包括钢筋混凝土板桩,以下同)围堰前,必须对打桩机具进行全面检查。

(2)钢板桩起吊前,钢板桩凹槽部位应清扫干净,锁口应先进行修整或试插;组拼的钢板桩组件,应采用坚固的夹具夹牢,不得将吊具拴在钢板桩夹具上。钢板桩吊环的焊接应由专人检查,必要时应进行试吊。

(3)打桩机和卷扬机应设专人操作。钢板桩起吊,应听从信号指挥。作业时,应在钢板桩上拴好溜绳,防止起吊后急剧摆动。吊起的钢板桩未就位前桩位附近不得站人。

(4)钢板桩插进锁口后,因锁口阻力不能插放到位而需桩锤压插时,应采用卷扬机钢丝绳控制桩锤下落行程,防止桩锤随钢板桩突然下滑。因为钢板桩锁口经过了修整或试插,但因已打入的钢板桩可能会产生扭曲变形,经过试插过的钢板桩不一定能顺利插入,在局部有阻碍的部位经桩锤重压,可能会产生克服局部阻力后突然下滑的现象。

(5)插打钢板桩;如因吊机高度不足,可向下移动吊点位置,但吊点不得低于桩顶下三分之一桩长的位置,以使其便于进入打桩架,并避免钢板桩弯曲变形。

(6)钢板桩在锤击下沉时,初始阶段应轻打。桩帽(垫)变形时应及时更换。

4.套箱围堰

套箱围堰系指施工单位在深水施工中采取的施工措施,其种类和型式较多,应根据水深和现场条件经施工设计慎重选择。

(1)深水处水中构筑物采用套箱围水修建时,套箱的结构及型式应按设计制造,并经检查验收后方可交付使用。水上运输的安全要按有关规定办理。套箱在施工中,使用的机械设备较多,又处于深水处作业,特别要注意吊运、组装、拆卸时的安全要求和措施。

(2)各种型式的钢套箱,在浮运或装配中,必须具有足够的稳定性和刚度,并要制定吊运、组装、拆卸时的安全技术措施。

(3)套箱采用船组辅助定位时,应先将定位船,导向船(或其他导向设施)就位。定位船锚的设置应根据流速、河床地质情况具体确定。定位船锚在施放时,位置应准确,并要采取措施防止下锚时锚链(绳)缠绕或刮带伤人。抛锚地点应设置浮标,船只上的锚固绳栓均要加固补强。河床地质较坚硬时,船用锚不易抓着入土,而且易被水冲动而影响套箱的定位,此时应采用大吨位混凝土锚。锚宜先用一段(20~50m)钢链连接,其后再使用钢丝绳接长。

(4)钢套箱进入现场定位后,应检查锚碇系统的稳定情况,因此,应静观一段时间,使锚绳松弛部分拉紧,确认无误后方可进行下一步工作。船间的通道及联接梁上,应铺设人行道板和栏杆。

(5)钢套箱刚刚落床尚未稳定前应防止来往船舶、流冰、漂流物等碰撞导向船、锚绳等设施。在施工过程中宜经常派出工作船检查锚碇浮标是否有流失或沉没,清除浮标的水草等,浮标漏水不能全部浮出水面时,应及时更换。

(6)当沉浮式双壁钢套箱注水下沉,或排水上浮时,必须对称均衡进行施工,并防止产生过大的倾斜。

(7)钢套箱拆除,应按施工组织设计规定的程序进行。作业时安全防护设施应齐备。

5.沉井基础

(1)沉井的初沉阶段不宜在汛期内施工。如必须在汛期、凌汛期施工时,应采取稳妥可靠的安全防护措施。

(2)在围堰筑岛上就地浇筑的沉井,一般采用草袋围堰。因围堰压缩了流水断面,易产生冲刷而导致围堰塌陷,因此,围堰要牢固,能防止冲刷产生塌陷。施工中应注意加强检查和维护。

(3)由于沉井体积较大,井内施工人员不易察觉沉井的倾斜,因此,拆除沉井垫板,应按现行《公路桥涵施工技术规范》(JTJ 041—89)的规定进行。抽拔垫板时,应派人在沉井外观察和指挥,以确保沉井初始下沉不产生过大倾斜。

(4)沉井下沉,采用人工挖掘时,劳动组织要合理,井内人员不宜过多。在刃脚处挖掘,应对称均匀掘进,并保持沉井均衡下沉。下井操作人员,必须配戴齐全安全防护用品。井内要有充足的照明。沉井各室均应备有悬挂钢梯及安全绳,以应急需。涌水、涌砂量大时,不宜采用人工开挖下沉。

(5)井内、井上搭设的抽水机台座(架)无论是在沉井内预埋钢件焊接成架或由井顶悬挂的机架都必须安装牢靠。电路应使用防水胶线,防止漏电。

(6)沉井顶面应设安全防护围档。井顶上的机具应设防护挡板,小型工具宜装箱存放。在沉井刃脚和井内横隔墙附近，不得有人停留、休息，以防沉井可能突然下沉造成伤害事故。

(7)用吊斗出土时，斗梁与吊钩应封绑牢固，并应经常检查斗梁、斗门等磨损情况，损伤部位应更换或加固，吊斗升降时，井顶指挥人员应通知井下人员暂时避开。

(8)采用抓斗进行不排水下沉时，如钢丝绳缠绕在一起而需要转动抓斗进行排除时，井顶人员一般使用长铁钩，在拉、推工作中易产生闪失坠落事故，因此作业人员不得用力过猛，而且要求作业人员应站在有护栏的部位。

(9)不排水下沉中，应均匀出土，不得超挖超吸。必须进行沉井底的潜水检查时，要防止沉井突然下沉和大量涌砂而导致沉井歪斜或造成机械和人员损伤。对潜水员作业应有可靠的安全保护措施。

(10)沉井下沉需要配重时，配重物件应堆码整齐，捆绑牢固；采用偏配重、偏出土和施加水平力纠正井倾时，荷载应逐级增加，并不断观察沉井下沉情况。采用悬臂配偏重时，悬臂支架要认真检查，保证坚固可靠。

(11)采用空气幕下沉沉井时，空压机、储气罐等应符合安全规定的要求，并由专人操作。储气罐放置地点应通风，严禁日光曝晒和高温烘烤。施工中要控制风压和确保安全阀工作正常。压力表、安全阀、调节器等应定期校验。

(12)在深水处，采用浮式沉井施工时，其沉井下水、浮运及悬浮状态下接高，下沉等，应遵守下列规定：

①浮式沉井在下水前，应进行水密性检查，合格后方可下水；

②浮式沉井，一般在水深的河流中采用。在工作船上制作的沉井，除使用大型的浮吊船吊装入水外，多数采用几台吊机共同吊运入水，此时，必须协调，起落速度应一致，承载负荷要均匀，起落中不得改换起重壁的仰俯角度。因此浮式沉井下水前，应制定下水方案。当采用起吊下水时，应对起重设备合理配置，使其受力均匀；当河岸有适合坡度，而采用滑移、牵引等措施下水时，在沉井倾斜进入滑道及倾斜下滑中，沉井后侧应始终以溜绳控制，下滑速度应缓慢。必须保证沉井安全，严防倾覆及损伤。

(13)浮式沉井定位落床前，应考虑潮水涨落的影响。沉井落床后，应采取措施，使其尽快下沉，并使沉井达到保持稳定的深度。

(14)船上(或支架平台上)制造完成的浮式沉井，下水时宜在水面波浪较小时进行，当有船只驶过时，应暂缓入水。

6.钻孔灌注桩基础

(1)钻孔机械就位后，应对钻机及配套设备进行全面检查。钻机安设必须平稳、牢固；钻架应加设斜撑或缆风绳。

(2)冲击钻孔，应选用起重能力较大的机具设备。所选用的钻锥、卷扬机和钢丝绳等，应配置适当，并必须检查质量合格，钢丝绳与钻锥用绳卡固接时，绳卡数量应与钢丝绳直径相匹配。冲击过程中，钢丝绳的松弛度应掌握适宜。

(3)正、反循环钻机及潜水钻机使用的电缆线要定期检查，接头必须绑扎牢固，确保不透水、不漏电；对经常处于水、泥浆浸泡处的情况，应架空搭设。挪移钻机时，不得挤压电缆线及风水管路。

(4)潜水钻机钻孔时，由于在潮湿环境作业，电动机绝缘电阻降低，漏电的可能性增大，因此一般在完成一根钻孔桩时要检查一次电机的封闭状况。钻进速度应根据地质变化加以控制，以保证安全运转。

(5)采用冲抓或冲击钻孔时，当钻头提到接近护筒底缘处，应减速、平稳提升，不得碰撞护筒和钩挂护筒底缘。

(6)钻孔使用的泥浆，宜设置泥浆循环净化系统；并注意防止或减少环境污染。

(7)钻机停钻，必须将钻头提出孔外，置于钻架上，不得滞留孔内。

(8)对于已埋设护筒未开钻或已成桩而护筒尚未拔除的，应加设护筒顶盖或铺设安全网遮罩。

7.沉入桩基础

(1)钢筋混凝土桩、预应力混凝土桩采用锤击沉桩或振动沉桩时，施工场地应坚实并保持平整清洁。打桩机的移动轨道，铺设要平顺、轨距要准确，钢轨要钉牢，轨道端部应设止轮器。

(2)打桩架移动时，应在现场施工负责人指挥下进行。桩架移动应平稳，桩锤必须放在最低位置，柴油打桩机后部的配重铁必须齐全。采用滚杠滑移打桩架作业时，作业人员不得在打桩架内操作。

(3)水上打桩平台，必须搭设牢固，打桩机底座与平台应连接牢靠。

(4)浮式沉桩设备沉桩时，桩架与船体必须连接紧固。船体定位后，应以锚缆加固，并应防止施工中浮船晃动。

(5)起吊沉桩或桩锤时，严禁作业人员在吊钩下或在桩架龙门口处停留或作业。

(6)打桩架及起重工具，应经常检查维修桩锤检查维修，必须将桩锤放落在地面或平台上，严禁在悬挂状态下维修桩锤。

(7)采用高压水泵等助沉措施，其高压水泵的压力表、安全阀、水泵、输水管道及水压等应符合安全要求。高压射水辅助沉桩，应根据地质情况采用相应的压力，并要防止急剧下沉造成桩架倾倒。射水沉桩，应在桩身入土达到稳定时再射水。

(8)振动打桩机开动后，作业人员应暂离基桩。以观察振动打桩机的情况，以策安全。振打中如发现桩回跳、打桩机有异声及其他不正常情况时，应立即停振，并在经检查处理后再继续作业。所有开、停振必须听从指挥。

(9)振动打桩机在停止作业后，应立即切断电力源。

8.挖孔、沉管灌注桩基础

(1)挖孔灌注桩宜在无水或少水的密实土层或岩层条件下施工。当挖孔较深或有渗水时，应采取孔壁支护及排水、降水等措施，严防塌孔。

(2)人工挖孔，对孔壁的稳定及吊具设备等，应经常检查。孔顶出土机具应有专人管理，并设置高出地面的围栏；孔口不得堆积土渣及沉重机具；作业人员的出入，应设常备的梯子，梯子必须牢靠；夜间作业应悬挂警示灯；挖孔暂停时，孔口应设置罩盖及标志。

(3)孔内挖土人员的头顶部位应设置护盖。取土吊斗升降时，挖土人员应在护盖下面工作。相邻两孔中，一孔进行浇注混凝土时，另一孔的挖孔人员应停止作业，并撤出井孔。

(4)人工挖孔，除应经常检查孔内气体的情况，确保安全外，并应遵守下述规定要求：

①挖孔人员下孔作业前，应先用鼓风机将孔内空气排出更换。

②二氧化碳含量超过0.3%时，应采取通风措施。对含量虽不超过规定，但作业人员有呼吸不适感觉时，亦应采取通风或换班作业等措施。

③空气污染超过现行《大气环境质量标准》(GBHZ-1—82)规定空气污染三级标准浓度值时，如没有安全可靠的措施不得采取人工挖孔作业。

(5)人工挖孔超过10m时，应采用机械通风。当使用风镐凿岩时，应加大透风量，吹排凿岩产生的石粉。人工挖孔最深不宜大于15m。并采取劳动保护措施，以保证工人健康。

(6)挖孔桩孔内岩石需要爆破时，应采取浅眼爆破法，严格控制炸药用量，并按国家现行的《爆破安全规程》(GB 6722—86)中的有关规定办理。

(7)沉管灌注桩采用振拔机，锤击或振动沉管施工时，应按上述"7 沉入桩基础"的安全要点处理。施工前，应检查管节与桩幅联接是否牢靠，桩尖分瓣是否灵活。所有机械与作业平台应稳定牢固。采用浮式沉管及拔管作业时，应按上述"7 沉入桩基础"中的安全要点处理。

9.拔桩

(1)拔桩如采用人字桅杆、卷扬机进行施工时，应先计算出拔桩力，然后根据拔力的大小，配备适当功率的卷扬机和滑车组。拔桩时，人字桅杆滑车组要尽量靠近被拔桩的中心。试拔中如发现缆风绳受力过大或地锚松动时，应在采取有效措施后方可作业。

(2)采用锚固桩或顶梁千斤顶施力拔桩时，被拔桩及锚固桩的各连接处必须进行仔细检查，保证牢固可靠。千斤顶的放置点应准确，避免偏心。

(3)采用吊机船进行拔桩时，吊机应配超载限制器，作业中应指派人员经常检查船体的平衡稳定状态。起重机应随振拔机的起动而逐渐加荷。

(4)对较难拔出的桩，应弄清情况，可采用振动、射水、千斤顶先顶松动以及桩外浅挖等措施。应根据地质情况，计算上拔时所需的上拔力，以便确定上拔方法和相应机具设备。对较难拔出的长桩或钢板桩，应考虑拔桩的复杂条件和不利因素，应先进行试拔，严禁硬拔。

10.管柱基础

(1)管柱振动下沉时，产生的振动力较大，危及邻近建筑物或临时设施，应采取安全防护措施，以保证其安全和稳定。如采取在浅层河床处多挖泥砂、少振动或浅挖浅振等措施。

(2)施工所用的机具设备，应经检查合格后方可作业。

(3)管柱施工的作业平台，除设护栏外，双层或高处作业点等危险部位均应悬挂安全网，并在作业区配备救护船只。

第二节　墩台工程施工中的安全要点

1.就地浇筑墩台施工

(1)施工前必须搭好脚手架及作业平台，并应仔细检查，确保稳固可靠。在平台外侧应设置可靠的栏杆。墩高在10m以上时，应加设安全网，并作检查，确保其有效可靠性。

(2)吊斗升降应设专人指挥。落斗前，下部的作业人员，必须躲开，不得身倚栏杆推动吊斗。严禁吊斗碰撞模板及脚手架。

2.砌筑墩台施工

(1)人工、手推车推(抬)运石块或预制块件时，脚手跳板应铺满，其宽度、坡度及强度等应满足安全要求。脚手架和作业平台上堆放的物品不得超过设计荷载。砌筑材料应随运随砌。

(2)吊机、桅杆吊运砌筑材料时，应听从指挥信号。砌筑材料吊运到砌筑面时，作业人员应避让，待停稳后方可向前砌筑。

(3)人工抬运大块石料时，应捆绑牢靠，抬运动作协调一致，缓慢平放。所用抬杠、绑绳必须仔细检查，要保证符合使用要求。

3.滑模施工

滑模施工是一项技术性强、机械化程度高、多工序协调作业的施工工艺。

(1)高桥墩(台)、索塔等高层结构,应遵守“高处作业”的安全规定。在施工前,应根据工程特点,编制单项施工方案及其安全技术措施,并向参加滑模施工人员进行安全技术交底。在施工中要加强安全措施的检查,发现问题或出现新的情况,应及时进行处理,安全员应认真履行职责。

(2)滑升模板主要是承受混凝土的侧压力,而侧压力的大小与混凝土的容重、浇筑速度、振捣方式、入模时的冲击力等因素有关。因此,滑模及提升结构应按设计制作与施工。滑升模板不但要满足结构的需要,而且要有一定的刚度。提升架必须具有足够的刚度,以防止模板侧向变形。因此,在作业之前应对滑模、提升结构认真进行检查,符合规定要求后,方可用于作业。

(3)爬架一般是在分段制作之后运至现场拼装,必须按规定的制作工艺进行制作并达到验收标准。故当塔墩等高层建筑采用爬模施工方法时,应进行特殊设计,并在工厂制作。爬升架体系、操作平台、脚手架等,要保证具有足够的刚度和安全度。架体提升时,要另设保险装置。模板爬升时,作业人员不得站在爬升的模板或爬架上。

(4)液压提升系统是液压滑升模板施工中的重要组成部分,是整套滑模施工装置中的提升动力和荷载传递装置。保持液压提升系统的正常工作,是保证工程质量、施工安全的关键。因此,液压系统组装完毕后,必须进行全面仔细的检查。在施工过程中,液压设备应由专人操作,并应经常检查维修,发现问题及时处理。

(5)模板升到2m高以后,应安装好内外吊架、脚手架,铺好脚手板,挂好安全网,并应检查其可靠性。

(6)混凝土浇筑,不得用大罐漏斗直接灌入,不得冲击模板。振捣时,不得振动支架杆、钢筋及模板。提升模板时不得进行振捣。

(7)模板每次提升前,应进行检查,排除故障,观察偏斜数值。对千斤顶等应进行检查,在提升时,千斤顶应同步作业。

(8)施工中发现支撑杆有弯曲变形时,应及时加固。如支承杆弯曲变形的部位发生在混凝土中时,应在清除部分混凝土后,根据变形情况采取适当的加固措施;当弯曲部位发生在混凝土上部时,可根据具体情况,采用单、双面加固等措施。

第三节　上部施工中的安全要点

为了确保施工安全,必须了解相关的施工方法,以便正确掌握施工中的要点,控制安全。下面简要说明几种方法。

一、预制梁桥跨钢导梁架设

1.组装要点

(1)基本构件

主要有角钢制成的钢桁架片;木制或钢制的横向连接杆。

(2)导梁长度

考虑到悬吊时平衡重的需要,其所应组拼的长度,一般按孔跨径的2.5倍计算。

(3)导梁全部系由承重、平衡、引导三部分组成(见图5-10)。承重部分由4片单桁架联结,非承重部分由2片单桁架联结。桁架中心间距为1.4m。承重孔4片单桁架联结部分的中心最大间距为1.95m,其外缘间距最宽度为2.02m,这样,对二根梁的梁翼总宽2.4m(按跨径24~

30m 的 T 型梁),可有余裕宽 0.38m 的空档,以便导梁移动。

(4)导梁上铺设钢轨

钢轨轨距 1435mm,用 14cm × 14cm 方木或 ϕ20cm 圆木两面削平作枕木。每根枕木应放在钢梁节点上,使弦杆不受弯应力。

2.钢导梁上的铺轨及移动装置

采用方法是:

为了便于调整钢轨,铺轨时钢轨钉成可活动的。用铁楔卡住,并从前方向后方塞进,以免松动。见图 5-10。

导梁的平衡部分桁架上装置铰车、滑轮组(定滑车可设在桥墩上),以便移动前进。铰车与吊挂滑车位置如图 5-11 所示。

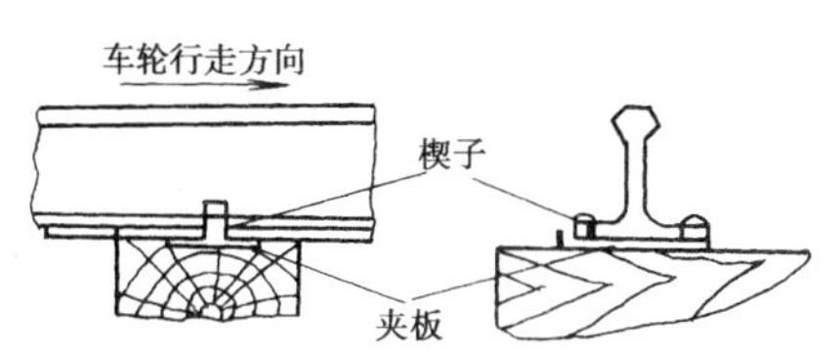

图 5-10 钢轨夹板和楔子的固定

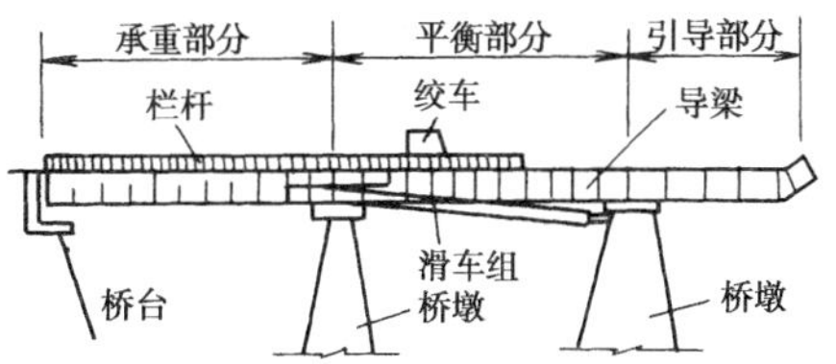

图 5-11 导梁上铰车及滑车组布置

3.千斤顶、导梁设置及预制桥跨架设

导梁设置就绪后,即可开始架设。预制梁采取横向位移,利用千斤顶落梁就位,见下图 5-12。

预制梁横移及落梁就位的方法是:用千斤顶升托架,将梁顶起,一方面在梁两端各设横向滚移设备,一方面退回运梁平车,同时装置手拉葫芦,用以横移至临时木垛之上。然后在木垛上再用千斤顶顶起梁身,并开始落梁。见图 5-13。

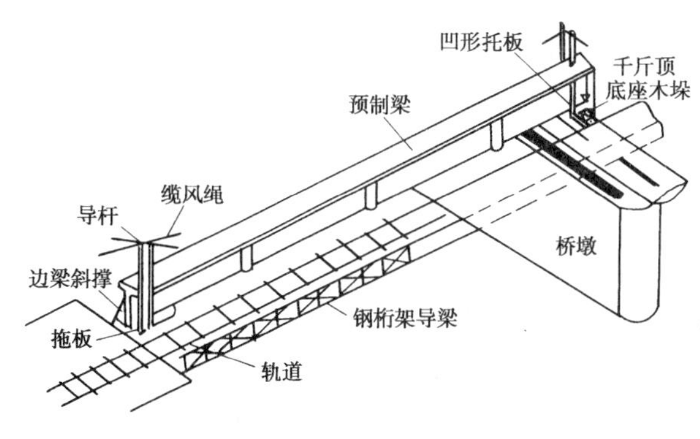

图 5-12 用千斤顶导梁架设预制梁桥

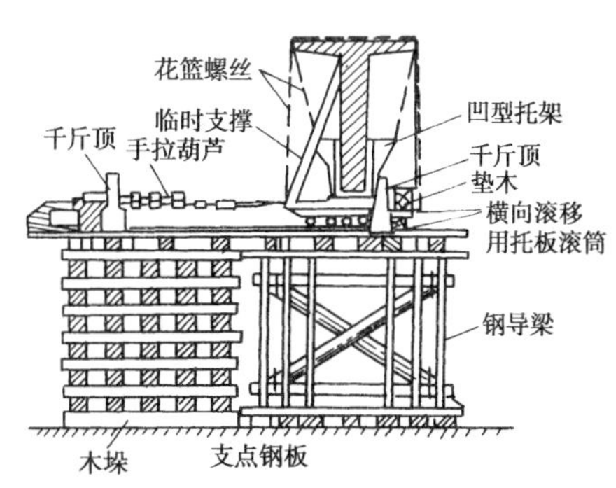

图 5-13 横向滚移布置

落梁时,两组千斤顶应区分先后,轮流交替使用。先顶起一端(防止另一端走动),抽去一层临时木垛,再顶升另一端的,同时抽去一层木垛,交替多次进行使预制梁下落至接近支座高程,再利用横移到规定位置后,以千斤顶顶升起梁端,抽去横移设备,见图 5-14。

4.钢桁架导梁的拆除顺序

钢桁架导梁的拆除顺序,见图 5-15。

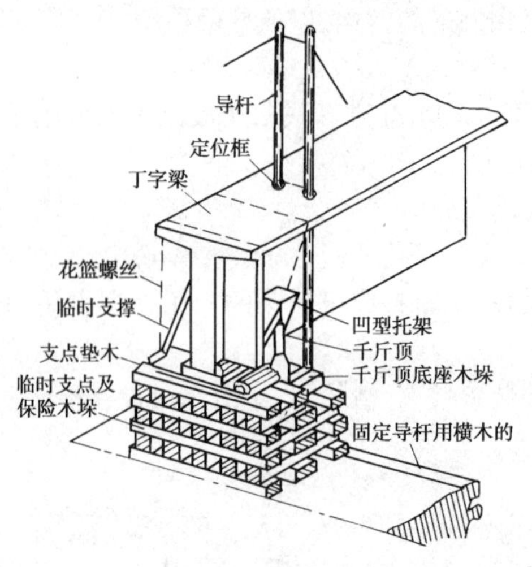

图 5-14　千斤顶落梁就位

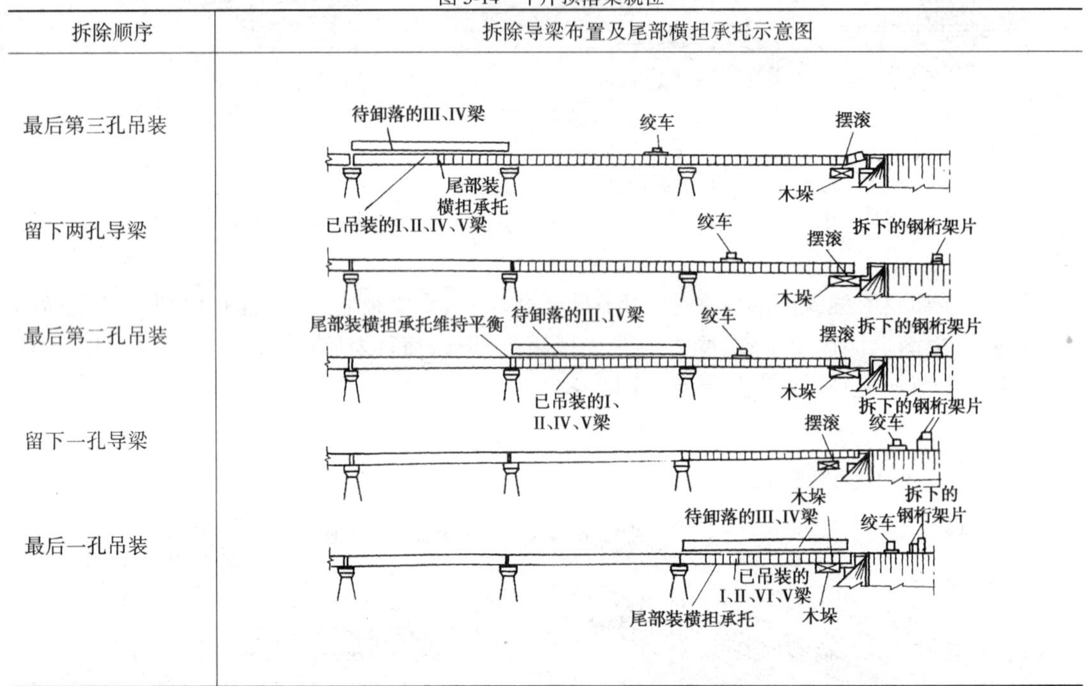

图 5-15　拆除导梁布置及尾部横担承托示意图

为了使导梁尾用横担承托保持稳定，应按图 5-16 的布置进行。

二、联合架桥机架设预制梁桥跨

联合架桥机系由龙门架、托架（又称蝴蝶架）、导梁为主体组成的成套架梁设备。钢导梁的顶面铺轨，以便托架平车运行，龙门架装有起重滑车组，用以吊升预制桥跨。由于各部分采取金属结构拼装，有利于拆卸运输转移。

1.龙门架与托架的型式

托架是用于托运龙门架转运位置的专用工具，可用角钢、钢管或方木制成，为便于拆卸、运输和保管，一般多采用装配式结构，如图 5-17。

龙门架（用二台）分别设置于墩、台上，用以吊装桥跨结构件。图 5-18 为二组滑车，位置间距可调节，亦可在龙门横梁装置轨道行车，以利横向移动落梁就位。龙门架亦多采取拼装组成。

2.拼装布置程序

拼装布置程序及方法如表5-6所示。

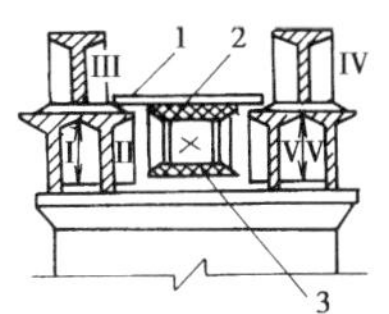

图5-16 拆除导梁布置示意图
I~V表示预制梁编号次序导梁尾部用横担承托保持稳定
1-滚移设备；2-横担承托；3-导梁尾部已在横担承托下的位置

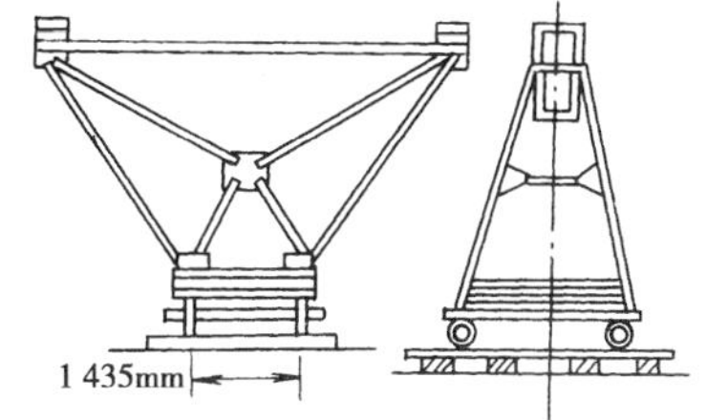

图5-17 角钢托架

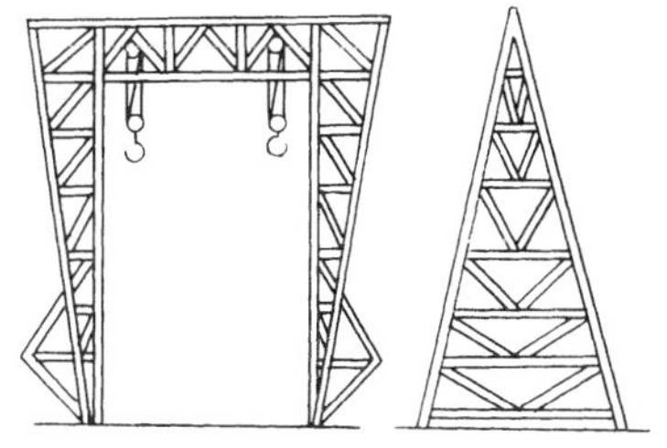

图5-18 角钢龙门架

拼装布置程序 表5-6

顺序	拼装布置程序示意图	方法
1	托架 已拼装好的托架 托架平车 轨道 木垛 导梁 平车 托架 木垛 轨道	在桥头地面拼装托架、装好后竖起，以千斤顶顶高放在托架平车上，并与平车用螺栓连接，移至导梁上暂行放置
2	人字桅杆脚 运梁平车 顶梁倒退 龙门架顶梁 顶梁前进 木垛	立好人字桅杆，将拼好的龙门架顶梁部分平放于运梁平车上，推向导梁，先前进，再倒退，调转顶梁方向
3	滚筒 平车 龙门架柱 龙门架柱 龙门架顶梁 木垛 滚筒	顶梁在轨道上转向与轨道垂直，并倒退至人字桅杆下暂放，同时进行龙门架柱连接安装
4	缆风绳 人字桅杆 龙门架绑扎点以木撑加固 托架 至绞车 托板滚筒 木垛 导梁	以人字桅杆绞车牵引吊起龙门架，架柱脚部分利用拖板滚筒移位，装配时先旋一半螺栓，就位后全部旋紧

3.用导梁、龙门架和托架联合架梁(见表5-7)

用导梁、龙门架和托架联合架梁　　表5-7

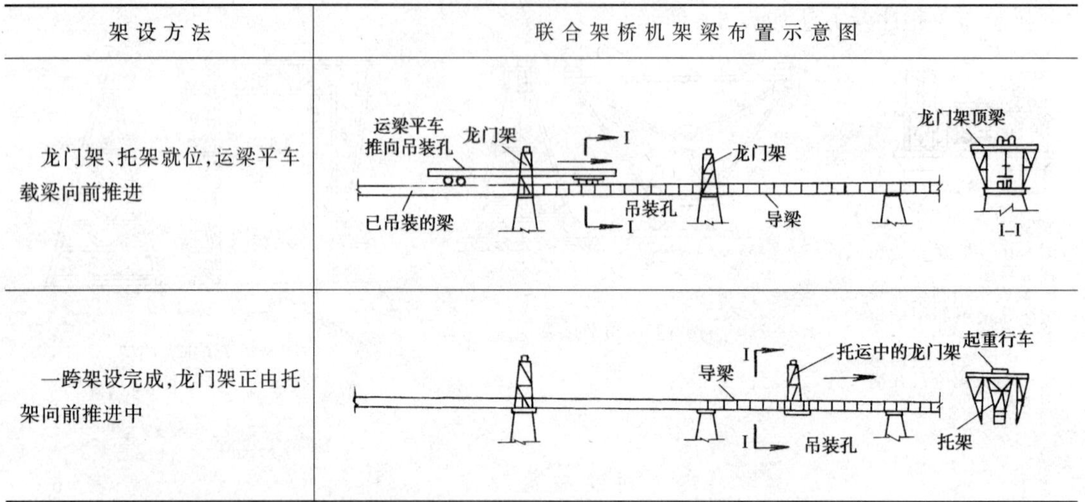

架设方法	联合架桥机架梁布置示意图
龙门架、托架就位,运梁平车载梁向前推进	
一跨架设完成,龙门架正由托架向前推进中	

4.拼装、架梁应注意的要点

(1)导梁可一次或分段拼装,进入墩台后开始铺轨及装置附属设备。推进导梁时应注意前端悬臂长不得超过已拼装部分的1/3长度,以资稳定;

(2)铺轨轨距要严格掌握,以免发生掉道危险;

(3)龙门架、托架装置必须找准纵向轴线,使架子中心线对齐;

(4)注意必要的临时缆风绳的设置,以保证安全;

(5)托运龙门架时,利用托架和千斤顶及起重横梁等件,顶起时置放于托架节点上的千斤顶(二只)要同时顶升,顶高一致,防止倾倒。

三、顶推法架设预应力梁桥

基本方法是:

在桥一端的桥台后方,沿桥轴线方向分段顶制箱梁节段,各节段用预应力钢丝来联成整体,通过固定在墩台上的液压水平千斤顶和滑移装置,把梁顶推到对岸。在顶推过程中,梁自重产生的拉应力由纵向预应力钢丝承担。为减少顶推过程中的悬臂弯矩,在梁的前端设置钢导梁,其长度一般为顶推跨径的60%。当顶推至设计位置后开始落梁,用正式支座替换滑移支承,然后按设计要求对全梁施加预应力。

1.表5-8是我国某大桥采用顶推法施工的简图及说明。

顶推法施工及程序　　表5-8

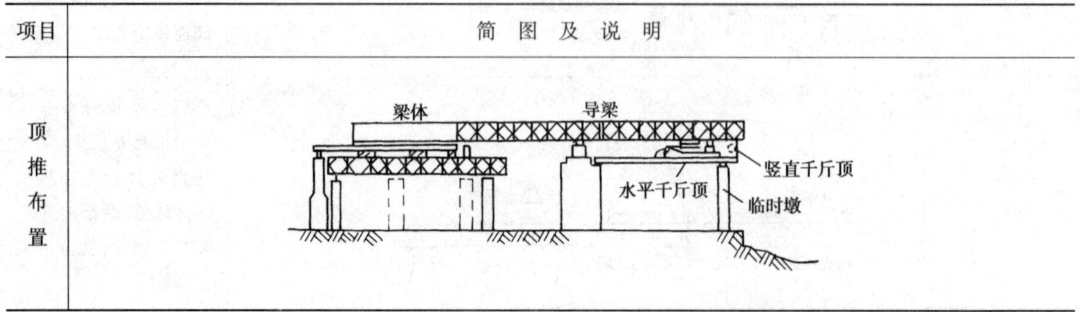

项目	简图及说明
顶推布置	

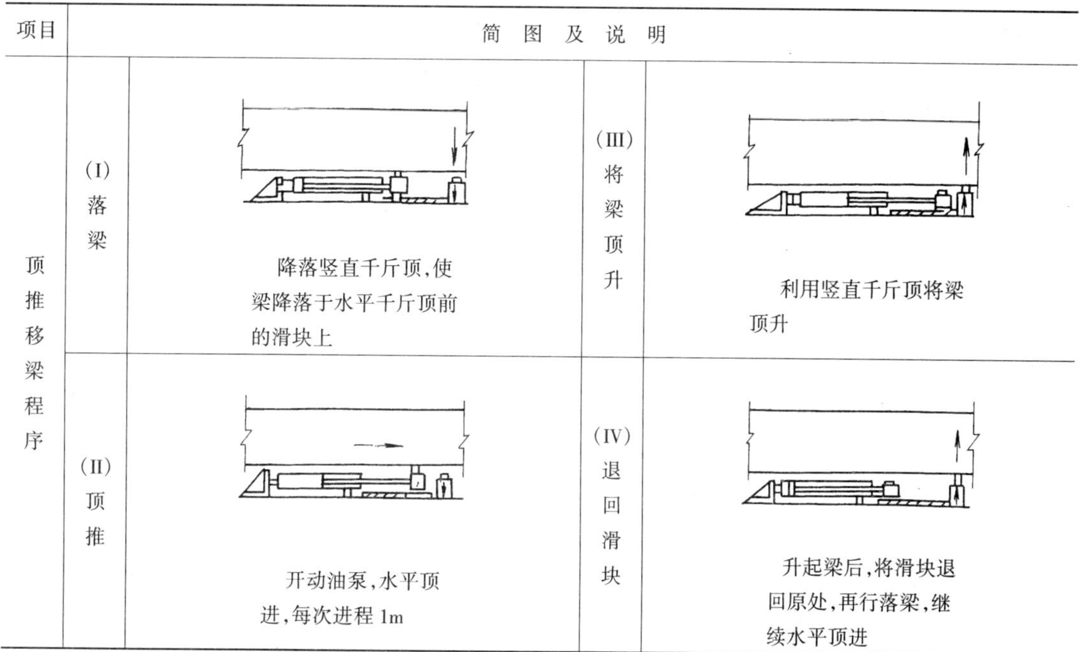

续上表

项目	简图及说明			
顶推移梁程序	(I)落梁	降落竖直千斤顶，使梁降落于水平千斤顶前的滑块上	(III)将梁顶升	利用竖直千斤顶将梁顶升
	(II)顶推	开动油泵，水平顶进，每次进程 1m	(IV)退回滑块	升起梁后，将滑块退回原处，再行落梁，继续水平顶进

2.临时支墩及导梁：

为了尽量减少顶推过程中截面内力，可采取梁前端安装钢导梁的方法，见图 5-19。

为了减小悬臂，可设置临时支墩，以缩短跨径，见图 5-20。

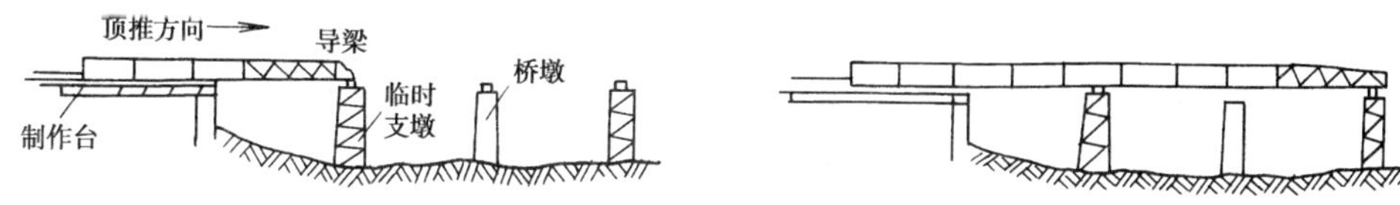

图 5-19　导梁设置示意图

图 5-20　设置临时支墩示意图

而上述同时设置导梁和临时支墩联合使用，则更为有效，尤其是适用于大跨径情况。

从以上介绍的内容可知，在上部施工中，技术复杂，机械种类多，各部分关系错综复杂，又是高处作业。因此，在施工中必须要强调加强安全技术措施，确保施工生产安全。

四、上部施工中的安全要点

1.预制构件安装

(1)装配式构件(梁、板)的安装，应编制安装方案及安全技术措施，并成立统一的指挥系统，做到统一指挥，有序展开作业。对施工难度和危险性较大的作业项目应组织培训，并细致地进行安全交底。

(2)吊装偏心构件时，应使用可调整偏心的吊具进行吊装，安装的构件应平起稳落。如简支梁的边梁吊装，就应采用能调整偏心的吊具，使其在吊运、安装过程中保持翼板处于水平状态。

(3)单导梁、墩顶龙门架(又称拐脚龙门架)是边梁可以一次横移到位的全幅宽安装设备。施工中可根据实际可能，采用万能杆件、桁架、大型工字钢等组拼，组拼的导梁应有足够的刚度。为减小导梁的跨度，增强刚度，可在两桥墩之间设立临时墩。临时墩的基础必须坚实，墩体应有足够的负荷量和稳定性。为确保安全生产，单导梁、墩顶龙门架安装构件时，应符合下列规定要求：

①导梁组装时，各节点应联结牢固，在桥跨中推进时，悬臂部分不得超过已拼好导梁的1/3。

②墩顶（或临时墩顶）导梁通过的导轮支座必须牢固可靠。导梁接近导轮时，应采取渐进的方法进入导轮。导梁推进到位后，用千斤顶顶升，将导梁置于稳定的木垛上。

③导梁上的轨道应平行等距铺设，使用不同规格的钢轨时，其接头处应妥善处理，不得有错台。

④墩顶龙门架使用托架托运时，托架两端应保持平衡稳定，行进速度应缓慢。龙门架落位后应立即与预埋件联结，并系好缆风绳。

⑤构件在预制场地起重装车后，牵引至导梁时，行进速度不得大于5m/min，到达安装位置后，平车行走轮应用木楔楔紧，以防出现事故。

⑥构件起吊横移就位后，应加设支撑、垫木、以保持构件稳定。

⑦龙门架顶横移轨道的两端应设置制动枕木，以确保安全。

(4)双导梁上置横梁安装预制构件，一般采用在落梁后，部分梁片需要再次横移就位的施工方法。如采用"甩梁法"安装（即桁梁端部再设置一组起吊设备和横梁主吊设备一起共同横移梁片），可使边梁一次安装就位，但此法在跨径T梁安装中不宜采用。

千斤顶顶升T梁时，必须采取安全措施。在预制场采用千斤顶顶升构件装车及双导梁、桁梁安装构件时，应符合下列规定要求：

①千斤顶在使用前，要做承载试验。起重吨位不得小于顶升构件的1.2倍。千斤顶一次顶升高度应为活塞行程的1/3。

②千斤顶的升降应随时加设或抽出保险垫木，构件底面与保险垫木间的距离宜控制在5cm之内。

③构件进入落梁架（或其他装载工具）横移到位时，应保持构件在落梁时的平衡稳定。

④顶升T梁、箱梁等大吨位构件时，必须在梁两端加设支撑；构件两端不得同时顶起或下落，一端顶升时，另一端应支稳、撑牢。

⑤预制场和墩顶装载构件的滑移设备要有足够的强度和稳定性，牵引（或顶推）构件滑移时，施力要均匀。

⑥双导梁向前推进中，应保持两导梁同速进行；各岗位作业人员要精心工作，听从指挥，发现问题及时处理。

⑦双导梁进入墩顶导轮支座前、后，应采取与单导梁相同的措施。

(5)架桥机安装构件时，应符合下列规定要求：

①架桥机组拼（或定型产品）、悬臂牵引中的平衡稳定及机具配备等，均应按设计要求进行。

②架桥机就位后，为保持前后支点的稳定，应用方木支垫。前后支点处，还应用缆风绳封固于墩顶两侧，以保稳定安全。

③构件在架桥机上纵、横向移动时，应平缓进行，卷扬机操作人员应按指挥信号协同动作。

④全幅宽架桥机吊装的边梁就位前，墩顶作业人员应暂时避开。

⑤横移不能一次到位的构件，操作人员应将滑道板、落梁架等准备好，待构件落入后，再进入作业点进行构件顶推（或牵引）横移等项工作。

(6)跨墩龙门架,跨度大、高度高、构件吊装中悬空时间较长,龙门架在构件吊装中必须保持稳定,应采取的措施可根据具体施工条件确定,如采用加大龙门架柱脚支垫面积、加设辅助缆风绳或保持龙门架横移轨道平顺以减少阻力等措施,以确保构件起吊和横移时的稳定。构件吊至墩顶,应慢速、平稳地缓落。

(7)吊车吊装简支梁、板等构件时,应符合起重吊装的有关规定。

(8)安装大型盆式支座,墩上两侧应搭设操作平台,墩顶作业人员应待支座吊至墩顶稳定后再扶正就位。

(9)龙门架、架桥机等设备拆除前应切断电源。拆除龙门架时应将龙门架底部垫实,并在龙门架顶部拉好缆风绳和安装临时连接梁。拆下的杆件、螺栓、材料等应收集归类捆好扎紧向下吊放。

(10)安装涵洞预制盖板时,应采用撬棍等工具拨移就位。单面配筋的盖板上应注明超吊标志。吊装涵管应绑扎牢固。

(11)人工抬运安装涵洞盖板时,作业区道路应平整,抬运用具应检查牢实可靠后方可使用。作业人员应协调作业。

2.就地浇筑上部结构施工

(1)钢筋混凝土或预应力混凝土就地浇筑时,作业前应对机具设备及防护设施等进行检查。对施工工艺及技术复杂的工程应编制安全技术措施及安全操作细则,并应向作业人员进行详细的技术交底。安全员应尽职尽责地做好相关工作。

(2)就地浇筑的桥涵上部结构,施工中应随时检查支架和模板,发现异常状况应及时采取措施。

(3)就地浇筑的各类上部结构,应认真按照有关高处作业、水上作业等安全要求规定落实安全防护措施。

3.悬臂浇筑法施工

(1)悬臂浇筑法采用斜拉托架及挂篮施工时,应遵守高处作业的有关规定要求。在零号块施工时,斜拉托架作为施工平台,应检查预埋件,如“牛腿”和斜拉钢带是否符合设计要求。在悬臂浇筑施工时,应按设计要求及时锚固(或配重),并应考虑足够的抗倾覆稳定系数。悬臂浇筑采用桁架挂篮施工时,应遵守下述规定要求:

①施工前,应编制安全技术措施并进行安全技术交底。挂篮组拼后,要进行全面检查,并做静载试验,以确保安全可靠。

②在墩上进行零号块施工并以斜拉托架做施工平台时,在平台边缘处,应设安全防护设施,以保证作业时的安全。墩身两侧斜拉托架平台之间搭设的人行道板必须连接牢固,并经常进行检查。

③使用的机具设备,如千斤顶、滑车、手拉葫芦、钢丝绳等均应进行仔细检查,不符合安全规定要求的严禁使用。

④认真检查墩身预埋件和斜拉钢带的位置及坚固程度是否符合设计要求。

(2)双层作业时,操作人员必须严格遵守各自岗位职责,并防止铁件工具掉落等,安全员应经常检查。

(3)桁架挂篮、滑动斜拉挂篮在悬臂组装中,悬臂端部因条件所限,作业平台、安全网的布设较为困难,施工中应根据作业地点的具体情况,采取安全措施,如在杆件上行至端部作业时,作业人员必须待杆件安装稳定后才能进行作业或加强吊装作业的指挥,确保杆件稳、准下落。

(4)挂篮使用时,后锚固筋、张拉平台的保险绳等应经常进行检查,发现问题及时解决。底模标高调整时,应设专人统一指挥,并且要求作业人员站在铺设稳固的脚手板上。

(5)挂篮行走时,要缓缓慢行,速度应控制在0.1m/min以内。挂篮后部各设一组溜绳,以确保进行中的安全。滑道要铺设平整、顺直,不得偏移。挂篮桁架行走和浇筑混凝土时,其稳定系数均不应小于1.5。

(6)如需在挂篮上另行增加设施(如防雨棚、立井架、防寒棚等)时,不得损坏挂篮结构及改变其受力形式。

(7)使用水箱作平衡重施工时,其位置、加水量等,应符合设计要求。其给水设施和方法应稳妥可靠,并在施工中对上述情况要经常进行检查。

(8)在底模荡移前,必须详细检查挂篮位置、后端压重、后锚及吊杆安装情况,在确认安全后,方可荡移。

(9)箱梁混凝土接触面的凿毛作业人员要有安全防护设施。

(10)悬臂浇筑采用滑动斜拉式挂篮施工,其特点是用斜拉钢带拉着模型底部托梁,使浇筑箱梁混凝土重量直接传到已完箱梁顶上,不需斜拉托架。从第一段起即可使用挂篮而不需平衡重,且变形小、施工简便、挂篮构造简单。但安全上应注意并遵守下述规定要求:

①滑动斜拉式挂篮的所有活动铰、销、斜拉钢带等,其材料质量均需进行检验,保证符合使用要求,并打上标记。

②主梁及其吊梁系统安装后,应进行全面检查,必要时应做加载试验。自行设计、加工的挂篮,首次使用前,应按施工最大荷载进行加载试验。

③挂篮安装时或主梁行走到位后,应先安装好锚固和水平限位装置,再安装斜拉带和悬挂底模平台。

④在斜拉带安装和使用过程中,要注意检查,保持内外斜拉带受力均衡。

⑤底模和侧模沿滑梁行走前,需将斜拉带拆除;用手拉葫芦起降和悬吊底模平台时,必须在挂手拉葫芦的位置加设保险绳,以保安全。

⑥挂篮行走前,应检查后锚固及各部受力情况,发现隐患应及时处理。行走时也应密切注意有无异状,并慢速稳步到位。

⑦浇筑混凝土前,应对挂篮锚固、水平限位、吊带和限位装置进行全面检查。

4.悬臂拼装法施工

悬臂拼装法施工,应根据梁体种类、长度、形状及现场条件,选定安装方法和吊装机具设备。两端拼接面凿毛,应在地面或船上完成,涂刷胶结材料时,作业人员应有安全防护措施。

(1)龙门架或起重吊机进行悬臂拼装时,应遵守下述规定要求:

①吊机的定位、锚固应按设计进行,并应进行静载试验。

②拼装使用的机具设备均应经过认真检查,如有隐患及不符合安全规定,则不得使用。

③构件起吊前,应对构件进行全面检查,如吊环部位是否有损伤、结合面是否有突出外露物、构件上是否有浮置物、构件本身是否有问题等,并对查出的问题和不安全因素作出妥善处理。

④构件应垂直起吊,并保持平衡稳定。掌握吊速适度,在接近安装部位时,不得碰撞已安设完好的构件和其他作业设施。吊装构件下面不得有人活动或作业。

⑤运送构件的车辆,应平稳驾驶,道路应平顺,构件应安放牢靠。当构件起升后(或船只)应迅速撤出。

(2)遇到下列情况时，现场指挥人员，必须在对构件作出妥善处理后，下令暂时停止吊装作业：

①天气突然变化，影响吊装作业安全；

②卷扬机、电机过热，或其他机械设备出现故障时等。

(3)拆除硫磺砂浆临时支座，除按高处作业的安全要求施工外，由于融化硫磺砂浆产生的二氧化硫对人体有害，因此，还必须遵守下述规定要求：

①融化硫磺砂浆垫块采用电热法时，电热丝不得与其他金属物接触。

②作业时，操作人员应站在上风处，并应配戴安全防护用品(防毒面具)。

③人工凿除时，人员站位要拉开距离。

5.缆索吊装法施工

(1)吊装前应制定安全措施，并详细向施工人员进行安全教育和安全交底。安装时要有统一指挥信号。登高操作人员应携带工具袋，并配带安全带，且安全带不得挂在主索、扣索、缆风绳等上面。

(2)缆索吊装所使用缆绳、主索、扣索、卷扬机等器具均应进行严格检查，不符合设计规定要求不得使用，在施工使用过程中应经常注意检查其可靠性，发现问题应及时处理。

(3)牵引卷扬机启动要缓慢，行进速度要平稳。构件在吊运时，起重卷扬机要协调配合，并控制好构件在空中的位置。起重卷扬机不得突然升起和下降构件，避免产生过大的弹跳。构件吊运到安装部位时，作业人员要等构件稳定后再进行操作。

(4)缆索吊装大型构件时，应根据使用要求和受力大小选择钢丝绳，其安全系数应达到规定要求，并在作业前认真检查塔架、地锚、扣架、滑车、钢丝绳等机具设备。正式吊装前应进行吊载试运行，符合要求后，方可进行正式作业。

(5)缆索跨越公路、铁路时，应搭设架空防护支架。在靠近街道和村屯的地方应设立警告标志。

(6)在主航道上空吊装重大构件时，宜采用临时封航措施，以确保安全。

6.顶推及滑移模架法施工

(1)顶推法施工时，桥台后面应设有足够的预制场地，且应整平、无杂物，工具和材料等应随时堆放整齐，并保持运输道路畅通。桥墩上不能留有工作面时，可预埋“牛腿”或支撑，以搭必要的作业平台，以保证为检查、更换滑道及其他作业所需的工作面及保证操作人员的作业安全。

(2)顶推施工所用的机具设备、材料(如拉毛器、工具锚、连接件、油压千斤顶、高压油泵、油管、压力表及滑动装置等)使用前，应全面检查，必要时应做试验，不符合规定要求的不得使用。

(3)使用的油压千斤顶，应附有球形支承垫、保险圈及升程限孔。多台千斤顶共同作用时，应选用同一类型。

(4)采用多点顶推或单点顶推，其动力应有统一的控制手段，使其达到同步、纠偏、灵活和安全可靠。水平千斤顶的总顶推力不得小于设计顶推力的 2 倍，在顶推中各桥墩的纵向位移值不得超过设计值，用千斤顶将主梁顶高，抽换滑块或用导向装置纠偏时，其最大顶升高度不得超过设计规定。

(5)顶推施工中应备有现场电话及对讲机等通信设备，以便统一指挥。

(6)顶推施工中，主梁在最大悬臂状态下产生的挠度值，应由设计计算确定，以便施工时进行严格控制。顶推中墩顶的反力和顶推力也应由设计给出，并换算为千斤顶油压表的读数，以便进行控制。顶推施工中通过监测，以控制有关挠度值和位移变化情况，并与设计值对比，如发现超出设计值时，应及时分析原因，研究措施进行处理。因此，在各顶推点，应派专人进行测量，随时将墩顶的位移数据，报告给指挥人员。要求测量人员认真仔细，测量结果要正确可靠。

(7)落梁完毕，拆除千斤顶及其他设备时，应先用绳索拴好，用吊机吊出。绳索必须认真检查，必须牢靠。吊运时，应注意缓稳操作，避免撞击梁体。

(8)梁体进行荷载试验时，应按设计布置。重物应轻放，并防止碰伤人员。

(9)滑移模架是自行滑移的钢梁模架，可整孔全断面浇筑混凝土。具有整体性能好、安全、迅速，不需在桥下设支架，不受桥下通航限制等特点。但施工要求高，在箱梁混凝土采用滑移模架法浇筑时，应遵守下述安全技术规定要求：

①模架支撑于钢箱梁上，其前后端桁架梁必须用优质高强螺栓连接好、拧紧、牢靠。

②钢箱梁及桁架梁下弦底面应装设不锈钢带，在滑撬上顶推滑行之前，应认真检查有无障碍物及不安全因素。

③浇筑混凝土之前应进行全面的安全检查，使安全技术措施真正落实，确认合格后，方可施工。

④牵引后横梁和装卸滑撬时，要有起重工协同配合作业，牵引时应注意牵引力作用点，使后横梁在运行时与桥轴线保持垂直。

⑤滑移模架行走时必须听从信号指挥。对重要部位应设专人负责值班观察，并注意人员和设备的安全。

(10)在通车的公路或铁路线上采用顶进涵管施工时，应调查通过施工部位的交通量，涵管穿越部位土体的承受能力、受振动后土体稳定性等情况，并综合考虑土质、水文、季节及覆盖土厚度，采取安全技术措施。有条件时可采取限制车速等方法，以确保施工和通车的安全。在上述调查的基础上，应与当地公路、铁路部门签订施工协议。施工前应采取必要的加固措施，以保证顶入作业中通车线路的安全。当火车、汽车通过时，应暂停挖土或顶入，必要时，作业人员应暂时离开作业面。

(11)顶入工作坑的边坡，应视土质情况而定。靠铁路、公路一侧的边坡，其上端距铁路或公路路面边缘的距离，不得小于2.5m。工作坑的后背墙(后背梁)应采取安全防护措施。

(12)为避免边缘塌陷，在工作坑坡顶的一定范围内不得堆放弃土、料具。

(13)顶入法施工的现场应备有一定数量的木料或草袋，以备因雨水或其他原因引起路基变形时抢修加固路基，确保线路行车安全。

(14)顶入施工应连续进行。施工中要防止地下渗水造成路基塌坍。顶入作业时遇有塌方、设备扭曲变形时应停止作业。

(15)机械挖土不得碰撞已挖好的洞内土壁。人工清理开挖面时，机械应及时退出。

(16)施顶时非作业人员应撤离工作坑。严禁作业人员跨越或接近顶铁。

(17)顶入机械发生故障时，应停机检修，严禁带病作业。

(18)顶入施工的接缝应采取封闭措施，以防土石方掉落伤人。

(19)施工中地下水位较高时，应有防止坍方、流砂等安全防护措施。顶入法施工，不宜在雨季进行。

7.转体法及拖拉法施工

(1)预制钢筋混凝土或预应力混凝土上部结构，采用转体架桥法或纵横向拖拉法施工时，除按设计要求进行施工外，搭设支架(或拱架)、支立模板、绑扎钢筋、焊接、预应力张拉及浇筑混凝土等安全技术要求已在相关内容中作了说明,在此不再赘述。

(2)转体法修建大跨径拱桥时,应建立统一的指挥机构并备有通信联络工具。

(3)转体架桥法有平转和立转两种方法,一般采用平转法。此法必须在桥台附近有适合预制和转体的有利地形。施工时可搭设简易支架或拱架。在桥台处设置转盘,对转动设施要求高,必须精心设计和制作,以便在拆架后成悬臂状态时,转动方便灵活,达到转体施工的目的。因此悬臂体应转动灵活,但必须符合安全施工的要求,转体时悬臂端应设缆风绳。

(4)有平衡重的平转法应根据桥梁结构类型及机械设备情况,选用适合的转盘。桥体牵引转动之前,应根据悬臂转体的总重量与上下转盘之间的摩擦系数,计算起动力和牵引力,以配备相应的机具设备。转盘有单支承式和双支承式,其选择涉及能否顺利施工和安全问题。作业中应缓慢、平稳地牵拉转体,防止猛拽。平衡重转体施工前应先利用配重做试验,进行试转动,检查转体是否平衡稳定。试转的角度应大于实际需要转动的角度,如不符合要求,应进行调整,直至符合要求为止。

(5)环道上的滑道,其平整度应严格控制。如上下游拱肋需同时作配重转体时,应采用型号相同的卷扬机,同步、同速、平衡转动。重量大的转体转动前应先用千斤顶将转盘顶转后,再由卷扬机牵引。

(6)无平衡重平转法适于大跨度拱桥施工。在两岸台后附近有较合适的地形可用作预制场地和转体施工时,宜采用此法施工。无平衡重时,平转法是用锚固体系代替平衡重。施工时,锚碇设施必须经检查符合设计要求后,方可进行平转作业。应特别注意,无平衡重平转法施工的扣索张拉时,应认真检查支撑、锚梁、锚碇、拱体等,确认安全后方可施工。

(7)采用拖拉法架设预制构件时,如跨度较大,中间宜设临时支承墩。支承墩可用万能杆件或枕木垛搭设,支承墩的基础必须具有足够的支承力。用枕木垛时,各层间应垫实、联结牢固。支承墩较高时,上面四周应设防护设施,以保安全。为了确保安全,采用纵向、横向拖拉法架梁时,施工前应全面检查所用机具设备及各项安全防护设施的落实情况,确认可靠后,方可施工。

(8)使用万能杆件或枕木垛作滑道支撑时,其基础必须稳固。枕木垛应垫密实,必要时应做压重试验,以确保使用过程中的安全。

(9)梁体及构件运行滑道应按设计铺设。采用滑板和辊轴时,滑板应铺平稳。梁体、构件拖拉或横移到达前方墩台时,应采取引导措施,便于辊轴进入悬臂端的滑道内。搬抬辊轴时,作业人员要配合好,并注意人身安全。

(10)拖拉或横移施工中,应对钢丝绳、滑车、卷扬机等机具设备的完好性、可靠性进行检查,发现问题应及时处理。施工中钢丝绳附近不得站人,作业区无关人员不得进入,并应设立标志,以防发生安全事故。

(11)拖拉或横移施工中,应听从统一指挥,发现问题或隐患,应及时报告,并随时处理。

8.预应力张拉法施工

(1)预应力张拉机具与锚具应按设计要求配套订购和使用。千斤顶与压力表在使用前,应配套进行校验,并确定张拉力与压力表读数之间的关系,校验时的精度应达到规定要求。油泵与千斤顶的连接,应将螺栓拧紧,接头要包扎好,严防漏油喷射。为确保施工安全,预应力钢束(钢丝束、钢铰线)张拉前,应遵守下列规定要求:

①张拉作业区,无关人员不得进入。

②认真检查张拉设备、工具,包括千斤顶、油泵、压力表、油管、顶楔器及液控顶压阀等是否

符合施工安全和施工的要求。压力表还应按规定周期进行检定。

③对施工人员应进行详细施工及施工安全交底。安全员应尽职尽责展开相关工作。

④锚环、锚塞在使用前应认真进行检验,合格后方可使用。

⑤高压油泵与千斤顶之间的连接点,各接口必须认真检查,必须完好无损。油泵操作人员要戴防护眼镜,以保安全。

⑥油泵开动时,操作人员应认真操作,做到进、回油速度与压力表指针升降均平稳、均匀一致。经常检查安全阀,确保其灵敏可靠,如有问题,应停止作业,修复可靠后再行使用。

⑦张拉前,操作人员要确定联络信号,协调作业。如果张拉两端相距较远,宜配置对讲机等通信设备。

⑧钢丝束、钢铰线应按规定进行检查,符合设计规定要求方可使用。

(2)在已拼装或悬浇的箱梁上进行张拉作业,其张拉作业平台、拉伸机支架要搭设牢固,平台四周应加设护栏。高处作业时,应设上下扶梯及安全网。施工的吊篮应有效可靠,安挂必须牢固,必要时可另设安全保险设施。张拉时,千斤顶的对面及后面严禁站人,作业人员应站在千斤顶的两侧。

(3)张拉操作中,应随时注意情况变化,若出现油表振动剧烈,发生漏油、电机声音异常,发生断丝、滑丝等异常情况,应立即停机进行认真检查,处理妥善后,方可继续作业。

(4)张拉钢束完毕,退销时应采取安全防护措施。人工拆卸销子时,不得强击。

(5)张拉完毕后,对张拉施锚两端,应妥善保护,不得压重物。管道尚未灌浆前,梁端应设围护或挡板。严禁撞击锚具、钢束及钢筋。

(6)先张法张拉施工时,除上述有关要求外,还应做到:

①张拉前,对台座、横梁等应进行认真检查。

②在先张法张拉中和未浇混凝土之前,周围不得站人和进行其他作业。浇筑混凝土时,振捣器不得撞击钢束。用卷扬机滑轮组长拉小型构件时,张拉完成后应切断电源和卡固钢丝绳。

(7)精扎螺纹钢筋张拉前,除对张拉台座应进行检查外,还应对锚具、连接器进行检查、试验,不符合要求,不得使用。

(8)预应力筋冷拉时,在千斤顶的端部及非张拉端部,均不得站人。

(9)钢筋张拉或冷拉时,螺栓端杆、套筒螺栓必须有足够的长度;夹具应有足够的夹紧能力,防止锚夹不牢而滑出。

(10)管道压浆时,应严格按规定压力进行。施压前应调整好安全阀。关闭阀门时,作业人员应站在侧面。

9.拱桥施工

(1)拱架应具有足够的强度、刚度和稳定性。拱架须经验算,必需时应经试验或预压,并应满足防洪、流冰、排水、通航等安全要求。采用土牛拱架时,亦应采用相应的安全措施,保证拱圈砌筑的安全。张拉工具的检查包括张拉装置、锚具、支架、操作平台等是否安全可靠。

(2)拱架安装及拆除的方法及程序,应符合有关安全规定的要求。

(3)拱石加工时,应注意防止锤头或飞石伤人,作业人员应保持一定的安全距离。

(4)拱石或预制混凝土块,应按砌筑程序编号,依次运到工地,随用随运,不得过多地堆积在拱架或脚手架上,抬运块件不得碰撞拱架。

(5)砌筑拱圈,应按施工要求搭设脚手架及作业平台。拱上建筑施工必须严格按设计加载程序分段,对称进行。

(6)拱圈砌筑,应随时用仪器观测拱架变形状况,必要时进行调整,以防止拱圈变形过大。卸架装置应有专人负责检查。

(7)拱架拆除工作必须按设计程序进行。拱架脱离拱圈时,应经常确认安全后方可继续进行拱架拆除工作。拱架拆除时,应听从统一指挥。严禁在拱架上、下同时进行作业,并严禁使用机械强拽拱架使之倾倒的做法。

(8)拱桥无支架施工时,应根据结构需要选用合适的吊装方法和吊装设备,并应采取相应的安全技术措施。在起吊安装中,除按起重吊装的规定办理外,单肋吊装合拢后,横向的稳定性,必须予以保证。

无支架拱桥施工时,应遵守下列规定:

①大中跨径拱桥施工,应验算拱圈的横向稳定性。分段吊装的单肋合拢后应用缆风绳稳固。第二肋安装后应用横夹木临时横向联结;

②双曲拱、箱形拱,纵横向悬砌拱桥施工时,在墩、台顶设置的扣架底部固定应牢靠,架顶应设缆风绳;缆风绳必须对称,缆风地锚应埋设坚固;

③在河流中设置缆风绳时,必须采取可靠的防护措施。

10.跨线桥及通道桥涵施工

(1)公路桥梁跨越铁路或其他线路时,施工前应与铁路或其他有关部门协商有关事宜,并签定必须的安全协议。其内容应包括利用列车间隔时间进行安装的计划、安全防护以及在发生紧急情况时的应急处理措施等。

跨越铁路吊装大梁时,应利用列车通行的间隙时间进行吊梁安装,在无切实保证的条件下,严禁在列车通行时吊梁安装。有条件时,可经铁路有关部门的同意,在大梁就位时,列车慢速通过,以保证通车与施工的安全。

(2)在铁路路基附近挖基、钻孔时,不得损坏铁路的各种信号设施,不得影响行车的瞭望视线。作业处应设护栏、支撑及其他安全防护措施。在施工中要特别注意防止列车振动导致基础塌陷或路基塌方。

(3)对上面作业,下面通行车辆或行人的跨越铁路或公路立交桥施工时,除应设置防护设施外,还要设岗哨监视管理。

(4)对结构复杂、施工期较长的大型立交桥施工,其安全防护设施必须完善,必须编制安全技术措施,并进行安全技术交底,制定的跨越铁路的架梁吊装方案必须安全、可靠。尽量避免在列车通过的情况下进行吊梁安装作业。安全员应尽职尽责做好相关工作。

11.斜拉桥、悬索桥施工

(1)斜拉桥和悬索桥施工,应根据结构、高度及施工工艺编制相应的安全技术措施和操作细则,并认真组织施工和安全技术交底。

(2)电气设备和线路的绝缘必须良好,各种电动机械必须接地,接地电阻不得大于4Ω。电气设备和线路应经常检查,在检修时,应先切断电源,以保证安全。

(3)加强施工现场安全管理。施工现场要有防火措施并备有灭火器材,要防止电焊火花溅落在易燃物料上。

(4)施工期间宜与当地气象台建立联系,切实做好对灾害性天气的安全预防工作。

(5)斜拉桥的斜拉索,如为工地自行制作时,应符合下列规定要求:

①编束时宜用梳型板梳编,每1.5~2.0m段用铁丝绑扎,防止扭曲。

②冷铸墩台锚在环氧高温固化时,应确保控温仪的精度和实际通电时间。对控温仪、通电

等设施，在使用前应进行检验，确保有效、可靠。

(3)制成的斜拉索应架空放置，严防在地面上拖拉或硬性弯折。

(4)斜拉索制成后，应进行预拉以检查冷铸锚，测定每索钢丝拉力、延伸和回缩；测定钢索在测力仪上的读数，以便正式张拉时校核。

(5)自行制作斜拉索，应对所用材料，如钢丝等质量进行严格检查，所用材料必须符合设计要求，所用器具必须安全有效。

(6)采用成品斜拉索时，应符合下列规定要求：

①检验斜拉索，必须符合规格、质量要求。

②放索时应有制动设施，并应防止卷盘的缆索自由散开时造成伤害。

③放开展平的缆索，应防止在地面上拖磨，以免造成对缆索的损伤。

④锚头应加设防护设施，防止碰撞。

⑤缆索应保持顺直，不得扭曲。

(7)预应力混凝土斜拉桥采用挂篮悬臂浇筑时，应按上述“悬臂浇筑法施工”中的有关要求办理。

(8)采用钢迭合梁或钢与钢筋混凝土迭合梁施工时，应符合下列规定要求：

①成品钢构件应检验合格，并应编号成套，对号存放，放置妥当，防止损坏变形。

②起吊前应了解所吊构件的重量、重心位置，确定采用与之相适用的起吊方法及相应的安全措施。

③构件组拼前，应进行全面检查，如有缺陷、变形，应在组拼前加以处理和矫正。

④钢构件组拼时，必须用足够的定位冲钉定位。钢构件全部插入高强螺栓后，经过检查确认后，方可松除吊钩。

(9)悬索桥施工中，临时架设的工作索、牵引索安装完成后，应对索具、吊具等进行全面检查，确保安全可靠。施工中使用的吊篮、平台等应具有足够的强度，并应对设置防护围栏进行检查，其高度不得小于1.0m，必须安全可靠。

(10)索夹及索夹螺栓，必须进行检查，合格后方可使用。索夹安装应与主索联接紧密，确保吊杆承载后不滑移。为防止主索磨损，可在索夹与主索之间垫物隔离。

(11)索塔应设置上下扶梯和塔顶工作平台，并保证安全可靠。索鞍的安装应保证位置准确。

(12)纵、横梁吊装时，应加强作业中的安全防护，已安装的横梁应随时联结风钩斜撑，以确保稳定。

(13)悬索桥采用重力式锚碇时，锚碇体的施工应按规定进行混凝土浇筑或砌筑。锚碇体必须达到坚实牢固，标高、倾角等应符合设计要求。山峒式锚碇，在开凿及爆破作业中应严格按照有关凿岩与爆破的安全规定办理。

(14)对索塔高度在20m以上或高度不足20m的索塔，当在郊区或平原区施工或附近无高大建筑物拱供防雷保护时，索塔仍需设置避雷器，其接地电阻不得大于10Ω。

(15)斜拉桥、悬索桥在施工中应配备水上救护船只。

12.钢桥施工

(1)钢构件组装，应在平整的作业台上进行，其基础应有足够的承载力。

(2)浮运吊装时，应按上述“水上运输”及“起重吊装”中的有关安全技术规定要求办理。

(3)悬臂拼装法安装大跨径钢桥时，可按上述“悬臂拼装法施工”中有关安全技术规定办理。

(4)钢梁上的各种电动机械和电缆线、照明线路等,必须检查合格,保证绝缘良好,应有专人值班进行经常性的检查、管理。

(5)拼装杆件时,应安好梯子、溜绳、脚手架,并检查稳固、可靠。斜杆应安栓保险吊具。杆件起吊时,先提升0.3m左右,确认安全后再继续起吊。

(6)装拆脚手架、上紧螺栓、铆合等作业,应上下交替进行,避免双层作业。杆件拼装对孔时,应用冲钉探孔,严禁用手指伸入检查。

(7)杆件对孔作业中,吊车司机、信号员、架梁人员应操作准确、动作协调。

(8)架梁用的扳手、小工具、冲钉及螺栓等物,应使用工具袋装好,严禁抛掷。多余的料具应及时清理,并堆放有序于安全地点。

(9)在通航的江河上施工,应符合港航监督管理部门和上述"水上作业"的有关安全规定。

(10)钢梁表面涂漆作业,应有防毒保护措施,并应根据工作部位采取有效的相关安全保护措施。

第四节　混凝土预制场与预制构件运输作业中的安全要点

一、混凝土预制场

1.预制场地的选择,场区的平面布置,应符合上述"施工现场的安全要点"的规定要求,场内的道路、运输和水电设备应符合上述"场内交通及水电设施的安全要点"的规定要求。

2.主要机械

(1)搅拌站

①搅拌站应按设计要求,安装在具有足够承载力、坚固、稳定的基座上。操作处应设作业平台及防护栏杆,并应稳固、可靠。站内道路必须满足运输使用上的要求。

②搅拌站的电气设备和线路,应认真检查合格,绝缘良好。机械设备外露的转动部分,应设可靠的防护装置及警示标志。

③搅拌站的机械设备安装完毕后,要对离合器、制动器、升降器进行检查,保证灵活、有效、可靠。对轨道滑轮进行检查,保证良好合格。对钢丝绳进行检查,确认无断裂或损坏等,并应进行试转,全部机械达到正常后,方可作业。

④所用材料必须按设计规划有序堆放。

(2)发电机组

①工期较长的公路工程,发电机组应设置在安全可靠的机房内,其基础应平整坚实,必要时,应设置在混凝土基座上。机房内应配备有效的消防设施。

②发电机应设接地保护,接地电阻不得大于4Ω。发电机连接配电盘及通向所有配电设备的导线,必须绝缘良好,接线牢固。

③施工单位的发电机电源应与外电线路电源联锁,严禁并列运行。

④发电机附近不得放置易燃、易爆物品。

(3)皮带运输机

①移动式皮带运输机运转作业前,应将行走轮用三角木对称楔紧。固定式皮带运输机,应安装在牢固的基础上。

②空载启动后,应检查各部位的运转和皮带的松弛度,如无异常,在达到额定转速后,方可均匀装料。

③严禁运转中进行修理和调整。作业人员不得从皮带运输机下面穿过或跨越输送带。

④输送大块物料时,输送带两侧应加设挡板或栅栏等防护装置。运料中,应及时清除输送带上的粘连物。停机后要切断电源。

3.混凝土拌和及灌注

(1)人工手推车上料时,手推车不得松手撒把。运输斜道上,应设有防滑设施。

(2)机械上料时,在铲斗(或拉铲)移动范围内不得站人。铲斗下方严禁有人停留或通过。

(3)向搅拌机内倾倒水泥,宜采用封闭式加料斗。为减少进出料口的粉尘飞扬,应加设防护板。操作人员应配戴防护用品。

(4)作业结束时,应将料斗放下,落入斗坑或平台上。

(5)灌制预制梁混凝土时,应搭设作业平台和斜道,并检查,保证稳固可靠。不得在模板上作业。

(6)塔吊、汽车吊或桅杆吊斗灌筑混凝土时,起吊、运送、卸料应由专人指挥,吊下及作业范围内不得站人。

(7)电动振捣器的使用应符合下列规定要求:

①操作人员要配戴安全防护用品。配电盘(箱)的接线宜使用电缆线,以确保安全。

②在大体积混凝土中作业时,电源总开关应放置在干燥处。多台振捣器同时作业,应设集中开关箱,并有专人负责看管。

③风动振捣器的连接软管,应仔细检查,不得有破损或漏气,使用时应逐渐开大通气阀门。

④作业前,对振捣器及配套设备均应进行全面检查,必须符合规定要求,安全可靠。

4.泵送混凝土

(1)混凝土泵(泵车)应设置在作业棚内,安装应稳定、牢固。泵车安设未稳前,不得移动布料杆。作业前,应对输送泵、电气设备进行认真测检,保证其正常、灵敏、可靠。

(2)泵送前,应对管路、管节、管卡及密封圈的完好度进行认真检查,保证其完好、可靠、有效。不得使用有破损、裂缝、变形和密封不合格的管件,并应符合下列要求:

①管路布设要平顺。在高处、转角处应架设牢固,防止串动移位。

②管路应设专人经常检查,遇有变形、破裂时,应及时更换,防止崩裂。遇有管路移动,应及时调顺就位。

(3)混凝土泵在运转时发生故障时,应立即停机检查,不得带病作业。

(4)混凝土输送泵车操作人员,应熟悉和遵守泵车的操作规程和安全技术规定。

(5)拆卸管路接头前,应把管内剩余压力排除干净,防止因管内存有压力而引起事故。

(6)在五级以上大风时,泵车不得使用布料杆作业。

(7)作业结束采用空气清洗管道时,操作人员不得靠近管道端部。

二、预制构件运输

1.轨道平车运输

(1)轨道路基要有足够的宽度、平整度、强度。铺设轨道要平直、圆顺,轨距应在允许误差之内,轨道半径不得小于25m,最大纵坡不宜大于2%,运输大型预制构件时,还应严格控制车速。轨道与其他道路交叉时,应按规定铺设交叉道口。

(2)轨道平车运输大型预制构件时,对平车的转向托盘(或转盘)支撑制动器等进行检查,保证有效,以确保安全。

(3)大型预制构件运输应设专人指挥,并经常检查构件在平车上的稳定状况及轨道平车在运转中有无变形。如发现问题,应及时处理。

(4)构件运输时,速度要缓慢,下坡时要以溜绳控制速度,并用人工拖拉止轮木块跟随前进。当纵坡坡度较大时,必须要制订相应的有效可靠安全措施,方可运输。

2.平板拖车运输

(1)大型预制构件平板拖车运输,时速宜控制在 5km/h 以内。简支梁的运输,除在横向加斜撑防止倾覆外,平板车上的搁置点必须设有转盘。

(2)运输超高、超宽、超长构件时,必须向有关部门申报,经批准后,在指定路线上行驶。牵引车上应悬挂安全标志。超高的构件应有专人照看,并配备适当工具,保证在有障碍物情况下安全通过。

(3)平板拖车运输构件时,除一名驾驶员主驾外,还应指派一名助手,协助瞭望,及时反映安全情况和处理安全事宜。平板拖车上不得坐人。

(4)重车下坡应缓慢行驶,并应避免紧急刹车。驶至转弯或险要地段时,应降低车速,同时注意两侧行人和障碍物。

(5)在雨、雪、雾天通过陡坡时,必须提前采取有效措施。

(6)装卸车应选择平坦、坚实的路面为装卸地点。装卸车时,机车、平板车均应刹闸。

3.水上运输

(1)驳船装载的预制构件应用撑木、垫木将构件安放平稳。拖轮牵引驳船行驶时,速度要缓慢,不得急转弯。

(2)拖轮牵引浮运钢套箱、钢沉井时,应在了解航道的水深、流速等情况后,制定拖轮牵引方案。多只拖轮牵引浮运大型物件时,应配备通信器材,并建立统一的指挥机构。

(3)钢套箱,钢沉井在浮运中,应根据浮运物件的高度确定顶面露出水面的高度,一般情况下应不小于 1m。

(4)如需临时封闭航道时,应经港航监督部门的批准。

(5)拖运中应派出监护船只检查牵引绳索和浮运物件的稳定情况,发现问题应立即采取措施。

第六章 隧道工程施工中的安全要点

隧道是道路工程的组成部分。它既是永久性的构造物，又是地下工程。其设计、施工和养护涉及工程结构、岩土、地下水、空气、动力、光学、声学、消防、环境保护、环境卫生、交通工程、自动控制、量测与监控、工程机械、通风除尘、供电照明、报警与急救、维修服务、运营与管理等多种学科。因此，对设计施工要求高，技术复杂，难度大，要求精心设计、精心施工。但由于条件复杂，还存在不少的问题，从目前的情况来说，在设计中由于荷载不明、围岩参数不完整、不清楚，再加上设计理论尚不够完善，因而留下了不少问题，需在施工过程中去根据客观实际情况进行设计的修正，在施工中，围岩动态信息反馈技术较差，预报的准确率较低，喷射混凝土回弹率较高，对地下水探测手段比较落后，对喷锚支护和二次衬砌设计参数与实际应用较难掌握，另外，工作面受到限制，人员、机械又比较集中，施工环境差，还可能受到瓦斯等有毒气体的危害，施工中又常用爆破施工，仅此，就已说明，在施工中，存在的不安全因素和安全隐患很多，而且，往往带有突发性，并造成严重危害，例如发生塌方、涌水、瓦斯爆炸等。《安全生产法》中明确指出：爆破属于危险作业，“应当安排专门人员进行现场安全管理，确保操作规程的遵守和安全措施的落实”。因此，在隧道施工中必须高度重视生产安全，必须要制定全面、有效、可靠的安全措施，并真正落实。

隧道的主体建筑物由洞身衬砌和洞门建筑两部分组成，如图 6-1 所示。在洞门容易坍塌地段，则应接长洞身(即早进洞或晚出洞)或加筑明洞洞口，如图 6-2 所示。

公路隧道的附属建筑物，包括人行道(或避电洞和防水、排水设施，长、特长隧道还有通风道、通风机房、供电、照明、信号、消防、救援及其他量测、监控等附属设施。

为了保证车辆安全地在隧道内运行，隧道必须有一定的规定限界的空间，即隧道净空。其公路隧道建筑限界如图 6-3 所示。

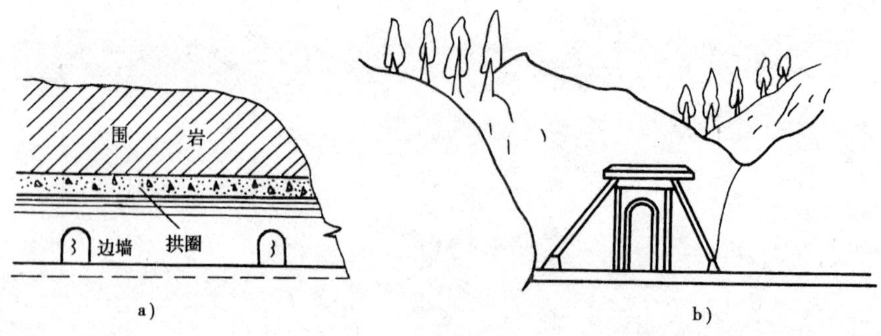

图 6-1 隧道的组成

a)洞身；b)洞门

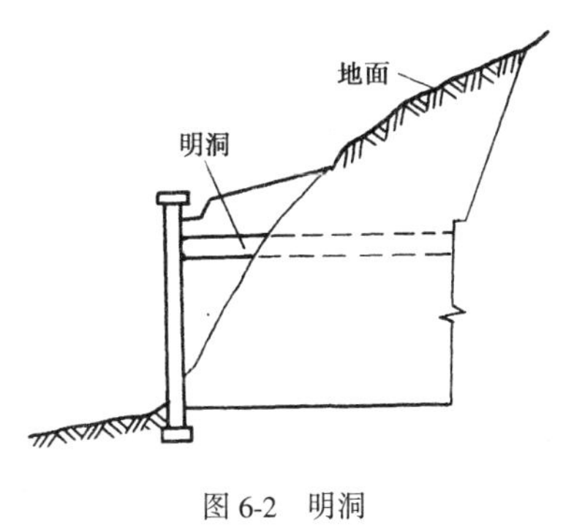

图 6-2 明洞

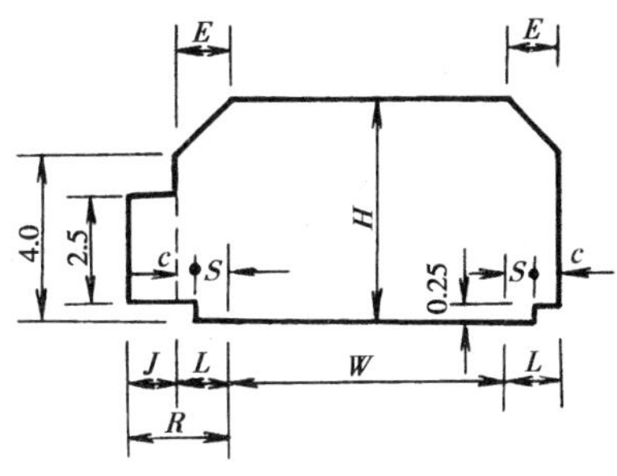

图 6-3 公路隧道建筑限界

各级公路隧道建筑限界基本宽度见表 6-1。

各级公路隧道建筑限界基本宽度表(m) 表 6-1

公路分类	公路等级	地形	行车道宽度(单洞)W	侧向宽度(m)					隧道净宽(m)	
				不设人行道			设人行道		不设人行道	设人行道
				路缘带 S	余宽 C	检修道(一侧)J	余宽 C	人行道 R		
汽车专用公路	高速	平原微丘	7.5	0.75	0.50	0.75			10.75	
		重丘	7.5	0.50	0.50	0.75			10.25	
		山岭	7.5	0.25	0.25	0.75			9.75	
			7.0	0.25	0.25	0.75			9.75	
	一级	平原微丘	7.5	0.50	0.50	0.75			10.25	
		山岭重丘	7.0	0.25	0.25	0.75			9.25	
	二级	平原微丘	8.0	/	0.25	0.75			9.25	
		山岭重丘	7.5		0.25	0.75			8.75	
一般公路	二级	平原微丘	9.0		0.25		0.25	0.75	9.50	10.60
		山岭重丘	7.0		0.25		0.25	0.75	7.50	8.50
	三级	平原微丘	7.0		0.25		0.25	0.75	7.50	8.50
		山岭重丘	7.0		0.25		0.25	0.75	7.50	8.50
	四级	平原微丘	7.0		0.25		0.25	0.75	7.50	
		山岭重丘	7.0 4.50		0.25		0.25	0.75	7.50 5.00	

注:①汽车专用公路隧道只在左侧设检修道;

②山岭重丘区的四级公路,只有当路基宽度为 4.5m 时,行车道宽度可采用 4.5m;

③四级公路隧道一般可不设人行道。

表 6-1 隧道净空适用于直线地段。当隧道内必须设置曲线时,则其曲线半径应符合《公路工程技术标准》中有关各级公路最小平曲线半径的规定。一般情况下,应尽量采用大于或等于规定的最小半径,以提高隧道的使用质量。当隧道平曲线半径等于或小于 250m 时,应在平曲线内侧加宽,其加宽值按《公路工程技术标准》中的有关规定办理,且隧道净空亦应作相应的加宽。

公路隧道分类见表 6-2。

隧道按长度分类表 表 6-2

隧道分类	短隧道	中隧道	长隧道	特长隧道
隧道长度 L(m)	$L \leqslant 250$	$1000 > L > 250$	$3000 \geqslant L \geqslant 1000$	$L > 3000$

注:隧道长度系指进出口洞门端墙墙面之间的距离。即两端洞门墙面与路面的交线同路线中线交点间的距离。

公路隧道内部轮廓按使用、受力、施工等几方面的要求而选择,见图 6-4。

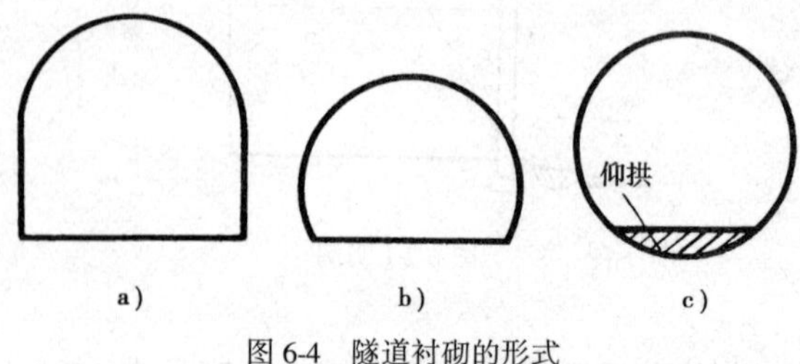

图 6-4 隧道衬砌的形式
a)直墙式;b)曲墙式;c)封闭式

对公路隧道施工作业中的各类事故,均应严格按照“三不放过”原则进行处理。即:

(1)事故原因查不清不放过。

(2)责任者和施工人员未受到教育不放过。

(3)没有制订出今后预防措施不放过。

公路隧道施工安全的一般规定要求主要包括下述几个方面:

1.施工场地应作出详细的部署和安置,出渣、进料及材料堆放场地应妥善布置,弃碴场地应设置在不堵塞河流、不污染环境,不毁坏农田的地段。对风、水、电、路等设施作出统一安排,并在进洞前基本完成。施工现场布置是文明施工,安全生产的前提。防止环境污染,节约用地则是我们的国策。

2.进洞前应先作好洞口工程,稳定好洞口的边坡和仰坡,作好天沟,边沟等排水设施,确保地表水不致危及隧道的施工安全。地表水的侵入和洞口的塌方落石是危及施工安全的重要方面,进洞前宜提前处理好。

3.隧道施工期较长,工程复杂,人员众多,因而各班组间和上下班之间应建立完善的交接班制度,保证连续作业时的施工安全。并将施工、安全等情况记载于交接班的记录簿内。工地值班负责人应认真检查交接班情况。

4.隧道施工场地狭窄,情况复杂多变,所有进入隧道工地的人员,必须按规定配戴安全保护用品,遵章守纪,听从指挥。

5.遇有不良地质地段施工时,应按照先治水、短开挖、弱爆破、先护顶、强支护,早衬砌的原则稳步前进。不良地质地段的隧道施工宜少放炮,放小炮,减轻振动带来的塌陷。开挖进尺宜短,并立即支护,及时衬砌,这是不良地质隧道施工较为安全的施工方法,如设计文件中指明有不良地质地段时,宜进行超前钻孔,摸清情况,提前确定较为安全的开挖方式,并制定相应的预防措施。

第一节 洞口、开挖、凿孔及爆破施工中的安全要点

1.洞口段施工安全要点

(1)在隧道和地下工程洞口段施工前,必须根据洞口附近的地形、工程地质、水文地质、环境条件及施工条件等,预估可能发生的各种危险因素和隐患,以及对环境的影响等,并制定保障洞口段施工安全的技术措施。表 6-3 列出了洞口段施工时可能出现的危险及可采取的相应措施,以供在制定安全技术措施时参考应用。

(2)当采用新奥法修建洞口段时,除地质条件较好,经论证可直接开挖外,从施工和施工安全要求考虑,一般是在加设锚杆、钢筋网、护坡和喷射混凝土之后再开挖洞口段。当有坍塌可

能时,可先安设长锚杆或管棚等预支护,在辅助施工设施防护下开挖,以确保隧道洞口施工的施工安全。

(3)隧道洞口施工段施工安全措施的制定,必须在仔细研究设计文件及有关地质资料和相关数据,并结合实地核对,必要时应作相应的试验等基础上进行。

洞口段施工时可能出现的危险及可采取的相应措施　　表 6-3

可能出现的危险	滑坡	斜面崩坍	地表下沉	偏压	地基承载力不足	开挖工作面坍塌	涌水	施工时间		
								开挖前	开挖中	开挖后
注浆		○	○		○	○	○	○	○	
从地表加固围岩		○	○			○		○		
管棚		○	○			○		○		
地表排水沟	○						○	○		
洞内排水沟						○	○		○	
墙部打桩					○			○	○	
超前钢管			○			○			○	
开挖工作面锚喷						○			○	
初期支护闭合(喷)				○	○	○			○	
加固底部围岩					○			○	○	○
护坡					○					○
钢架支撑下部垫板					○					○
锚杆		○						○		
喷射混凝土		○						○		
提早施作衬砌或初期支护			○		○					○
刷坡	○							○		
填土加重	○			○				○		
防滑桩	○			○				○		
锚固杆						○			○	
环形导抗						○			○	
土锚杆	○							○		

2.开挖及凿孔

班前检查是保证施工人员人身安全的重要环节。

(1)开挖人员到达工作地点时,应首先检查工作面是否处于安全状态,并检查支护是否牢固,顶板和两帮是否稳定,如有松动的石、土块或裂缝应先予以清除或支护。

(2)人工开挖土质隧道时,操作人员必须互相配合,并保持必要的安全操作距离。

(3)机械凿岩时,宜采用湿式凿岩机或带有捕尘器的凿岩机,可以降低粉尘对操作人员的危害,并按规定使用安全防护用品(如安全帽、口罩等)。

(4)站在碴堆上作业时,应注意碴堆的稳定,防止滑塌伤人。

(5)开钻前对使用的机具详细检查,既能充分发挥机具效率,又能保证施工安全。风钻钻眼时，应先检查机身、螺栓、卡套、弹簧和支架是否正常完好；管子接头是否牢固，有无漏风；钻杆有无不直、带伤以及钻孔堵塞现象；湿式凿岩机的供水是否正常；干式凿岩机的捕尘设施是否良好。不符合要求者应予修理或更换。

(6)带支架的风钻钻眼时，必须将支架安置稳妥。风钻卡钻时应用板钳松动拔出，不可敲打，未关风前不得拆除钻杆。风钻支架安置稳妥可以防止断钎伤人；未关风前拆除和敲打钻杆均系违犯操作规程，极易发生事故。

(7)为防止电击事故，开钻前必须详细检查各部的绝缘装置，配戴必需的绝缘防护用品。电钻转速快，用手导引回转钢钎易被击伤。用电钻处理被夹住的钢钎极易增大电流，烧坏电钻发生电击事故。

电钻钻眼应检查把手胶套的绝缘和防止电缆脱落的装置是否良好。电钻工必须手戴绝缘手套，脚穿绝缘胶鞋，并不得用手导引回转钢钎，不得用电钻处理被夹住的钎子。

(8)在工作面内不得拆卸、修理风、电钻。隧道施工场地狭窄，人员集中，能见度又差，在现场拆卸修理容易发生事故。

(9)严禁在残眼中继续钻眼。残眼中可能留有残药，继续在残眼中钻孔会发生爆炸事故。

(10)钻孔台车进洞时要有专人指挥，认真检查道路状况和安全界限，其行走速度不得超过25m/min。台车在行走或待避时，应将钻架和机具都收拢到放置位置，就位后不得倾斜，并应刹住车轮，放下支柱，防止移动。

3.爆破

(1)装药与钻孔不宜平行作业。爆破工作涉及到洞内各工作人员和机械设备的安全，必须有人统一指挥，并负全责。

(2)爆破器材加工房应设在洞口50m以外的安全地点。严禁在加工房以外的地点改制和加工爆破器材。长隧道施工必须在洞内加工爆破器材时，其加工硐室的设置应符合国家现行的《爆破安全规程》(GB 6722—86)的有关规定。装药与钻孔平行作业时，炸药易受高温、振动及火花的影响，导致引爆，发生事故。

(3)爆破作业和爆破器材加工人员严禁穿着化纤衣物。

(4)进行爆破时，所有人员应撤离现场，其安全距离为：

①独头巷道不少于200m；

②相邻的上下坑道内不少于100m；

③相邻的平行坑道，横通道及横洞间不少于50m；

④全断面开挖进行深孔爆破(孔深3～5m)时，不少于500m。

(5)洞内每天放炮次数应有明确的规定，装药离放炮时间不得过久。

(6)装药前应检查爆破工作面附近的支护是否牢固；炮眼内的泥浆，石粉应吹洗干净；刚打好的炮眼热度过高，不得立即装药，如果遇有照明不足，发现流砂、流泥未经妥善处理，或可能有大量溶洞涌水时，严禁装药爆破。

隧道内各工种交叉作业，施工机械较多，故放炮次数宜尽量减少，放炮时间有明确规定。为减少爆破药包受潮引起“盲炮”，放炮距装药时间不宜过久。

(7)洞内爆破不得使用黑色火药。

(8)火花起爆时严禁明火点炮，其导火索的长度保证点完导火索后，人员能撤至安全地点，但不得短于1.2m。

一个爆破工一次点燃的根数不宜超过5根。如一人点炮超过5根或多人点炮时，应先点燃计时导火索，计时导火索的长度不得超过该次被点导火索中最短导火索长度的1/3。当计时导火索燃烧完毕，无论导火索点完与否，所有爆破工必须撤离工作面。

(9)为防止点炮时发生照明中断，爆破工应随身携带手电筒。严禁用明火照明。

(10)采用电雷管爆破时，必须按国家现行的《爆破安全规程》(GB 6722—86)的有关规定进行，并应加强洞内电源的管理，防止漏电引爆。装药时可用投光灯、矿灯照明。起爆主导线宜悬空架设，距各种导电体的间距必须大于1m。

(11)爆破后必须经过15min通风排烟后，检查人员方可进入工作面，检查有无"盲炮"及可疑现象；有无残余炸药或雷管；顶板两帮有无松动石块；支护有无损坏与变形。在妥善处理并确认无误后，其他工作人员才可进入工作面。

(12)当发现盲炮时，必须由原爆破人员按规定处理。

(13)装炮时，应使用木质炮棍装药，严禁火种。无关人员与机具等均应撤至安全地点。

(14)两个工作面接近贯通时，两端应加强联系与统一指挥。岩石隧道两工作面距离接近15m(软岩为20m)，一端装药放炮时，另一端人员应撤离到安全地点。导坑已打通的隧道，两端施工单位应协调放炮时间。放炮前要加强联系和警戒，严防对方人员误入危险区。

土质或岩石破碎隧道接近贯通时，应根据岩性适当加大预留贯通的安全距离，此时，只准一端掘进，另一端的人员和机具应撤离至安全地点。贯通后的导坑应设专人看管，严禁非施工人员通行。

第二节　洞内运输作业中的安全要点

1.各类进洞车辆必须进行检查，并处于完好状态，其制动必须有效可靠，严禁人料混装。

2.进洞的各类机械与车辆，宜选用带净化装置的柴油机动力，燃烧汽油的车辆和机械不得进洞，但能保证通风良好，可达到规定的"通风防尘"要求的例外。

3.所有运载车辆均不准超载、超宽、超高运输。运装大体积或超长料具时，应有专人指挥，专车运输，并设置显示界限的红灯。

4.进出隧道的人员应配戴防护用品，走人行道，不得与机械或车辆抢道，严禁爬车、追车或强行搭车。

5.装碴

(1)人工装碴时，应将车辆停稳并制动。漏斗装碴时，应有联络信号，装满时应发出停漏信号，并及时盖好漏碴口。接碴时，漏斗口下不得有人通过。

(2)人工卸碴时，坑道断面应能满足装载机械的安全运转，装碴机上的电缆或高压胶管应有专人收放，装碴机操作时其回转范围内不得有人通过。

6.洞内运输

(1)有轨运输应遵守下述规定要求：

①洞内平曲线半径不应小于车轴距的7倍，洞外不应小于10倍。

②双线运输时，其车辆错车净距应大于0.4m，车辆距坑壁或支撑边缘的净距不应小于0.2m。

③单线运输时，在一侧应设置宽度不小于0.7m的人行道，并在适当地点设置错车道，其长度应能满足最长列车运行要求。

④洞内轨道坡度宜与隧道纵坡一致，卸碴地段应设不小于1%的上坡道。

⑤在线路尽头应设置挡车装置和标志,以及足够宽度的卸车平台,平台必须坚固、稳定。

⑥运输线路应有专人维修、养护,线路两侧的废碴和余料应随时清理,确保运输安全畅通。

(2)动力牵引的有轨运输作业,可参照《煤矿安全规程》的有关规定办理。

(3)无轨运输应遵守下述规定要求:

①洞内运输的车速应进行控制,不得超过:人力车 5km/h;机动车在施工作业地段单车 10km/h,有牵引车及会车时 5km/h;机动车在非作业地段单车 20km/h,有牵引车时 15km/h;会车时 15km/h。

②车辆行驶中,严禁超车。

③在洞口、平交通口及施工狭窄地段应设置"缓行"标志,必要时应设专人指挥交通。

④凡停放在接近车辆运行界限处的施工设备与机械,应在其外缘设置低压红色闪光灯,组成显示界限,以防运输车辆碰撞。

⑤在洞内倒车与转向时,必须开灯鸣号或有专人指挥。

⑥洞外卸碴场地段应保持一段的上坡段,并在堆碴边缘内 0.8m 处设置挡板。

⑦路面应有一定的平整度,并设专人养护。

⑧洞内车辆相遇或有行人通行时,应关闭大灯光,改用近光或小灯光。

7.爆破器材运输

(1)在隧道 工程外部运输爆破器材时,应遵守国家规定。

(2)在任何情况下,雷管和炸药必须放置在带盖的容器内分别运送。人力运送时,雷管与炸药不得由一人同时运送。汽车运输时,雷管与炸药必须分别装在二辆车内运送,其间距应相隔 50m 以上。有轨机动车运输时,雷管与炸药不宜在同一列车上运送,如必须用同一列车运送时,装雷管与炸药的车辆必须用三个空车厢隔开。

(3)人力运送爆破器材时,必须有专人护送,并应直接送到工地,不得在中途停留,一人一次运送的炸药量不得超过 20kg 或原包装一箱。

(4)汽车运送爆破器材时,汽车排气口应加防火罩,运行中应显示红灯。器材必须由爆破工专人护送,其他人员严禁搭乘。爆破器材的装载高度不得超过车厢边缘,雷管或硝化甘油类炸药的装载不得超过二层。

(5)有轨机动车运送爆破器材时,其行驶速度不得超过 2m/s,护送人员与装卸人员只准在尾车内乘座,其他人员严禁乘车。硝化甘油类炸药或雷管必须放在专用带盖的木质车厢内,车内应铺有胶皮或麻袋并只准堆放一层。

(6)在竖井内运送爆破器材时,应遵守下述规定要求:

①必须事先通知卷扬机司机和井口上下联络人员。

②除爆破工和护送人员外,其他人员不得同罐乘坐。

③运送硝化甘油类炸药或雷管时,只准堆放一层,且不得滑动。运送其他炸药时,装载高度不得超过罐笼高度的 2/3,并不高于 1.2m。

④用罐笼运送硝化甘油类炸药或雷管时,其升降速度不得超过 2m/s,运送其他炸药不得超过 4m/s。用吊桶运送爆破器材时,其速度不得超过 1m/s。

⑤司机在操纵卷扬机时,不得使罐笼或吊桶发生振动,必须按速匀稳操作。并对卷扬机等经常进行检查维修,确保使用安全可靠。

⑥运送电雷管时,应将其装入绝缘箱内,切断洞内所有电源,并检查钢丝绳是否带电。

⑦严禁爆破器材在井口旁、井底车场或巷道内停放。

⑧在上下班或人员集中的时间内，严禁运输爆破器材。

(7)严禁用翻斗车、自卸汽车、拖车、拖拉机、机动三轮车、人力三轮车、自行车、摩托车和皮带动输机运送爆破器材。

第三节 支护、衬砌作业中的安全要点

一、支护作业中的安全要点

1.隧道各部包括竖井、斜井、横洞及平行导洞开挖后，除围岩完整坚硬，以及设计文件中规定的不需支护者外，都必须根据围岩情况、施工方法采取有效的支护。例如，采用普通水泥砂浆锚杆支护、早强水泥砂浆锚杆支护、早强药包锚杆支护、缝管式摩擦锚杆支护、楔缝式内锚头锚杆支护、脱壳式内锚头预应力锚索支护、喷射混凝土支护等。不管采用哪种方法支护，都应：

(1)隧道工程坑道开挖后，应尽快安设锚杆，且一般宜先喷射混凝土、再钻孔安设锚杆。

(2)锚杆的孔位、孔径、孔深及布置形式应符合设计要求。

(3)锚杆杆体露出岩面长度，不应大于喷层的厚度。

(4)应确保隧道工程辅助稳定措施中的锚杆施工质量符合设计要求。这些措施主要有：

①环形开挖留核心土挡护开挖面。

②喷射混凝土封闭开挖工作面。

③超前锚杆锚固前方围岩(超前支护)。

④管棚超前支护前方围岩(包括短管棚、长管棚、插板)。

⑤超前小导管注浆加固围岩和堵水。

⑥超前深孔围幕预注浆加固围岩和堵水。

⑦临时仰供封底。

⑧隧道开挖工作面及围岩预注浆加固。

不管采用哪种方法，在施工中应经常观察地形、地貌的变化及地质和地下水的变异情况，预防突然事故的发生并应有应变的安全技术措施。必须坚持先支护(强支护)、后开挖(短进尺、弱爆破)、快封闭、勤量测的原则，以确保施工安全。

2.施工期间，现场施工负责人应会同有关人员对支护定期进行检查。在不良地质地段每班应设专人随时检查，当发现支护变形或损坏时，应立即修整和加固，当变形或损坏情况严重时，应先将施工人员撤离现场，再进行加固。

3.洞口地段和洞内水平坑道与辅助坑道(横洞、平行导坑)的连接处，应加强支护或及早进行永久衬砌。洞口地段的支撑宜向洞外多架 5～8m 明厢，并在其顶部压土以稳定支撑，待洞口建筑全部完工后方可拆除，以确保施工安全。

4.洞内支护、宜随挖随支护，支护至开挖的距离一般不得超过 4m。如遇石质破碎、风化严重和土质隧道时，应尽量缩小支护工作面。当短期停工时，应将支撑直抵工作面。

5.不得将支撑立柱置于废渣或活动的石头上。软弱围岩地段的立柱应加设垫板或垫梁，并加木楔塞紧。

6.漏斗孔开挖时应加强支护，并加设盖板，供人上下的孔道应设置牢固的扶梯。

7.采用木支撑时，应选用松、柏、杉等坚硬且富有弹性的木材，其梁、柱的梢径不得小于 20cm，跨度大于 4m 时不得小于 25cm，其他连接杆件梢径不得小于 15cm，木板厚度不得小于

5cm。木支撑宜采用简单、直立、易于拆、立的框架结构，并应保证坑道的运输净空。

8.钢支架安装宜选用小型机具进行吊装，并应遵守“起重吊装”的规定要求。

9.喷锚支护时，危石应清除，脚手架应搭设牢靠，并经常检查。喷射手应配戴防护用品，机械各部分应检查合格，完好正常，压力应保持在0.2MPa左右。严禁将注浆管对人放置。

10.当发现已喷锚区段的围岩有较大变形或杆失效时，应立即在该区段增设加强锚杆，其长度应不小于原锚杆长度的1.5倍。如喷锚后发现围岩突变或围岩变形量超过设计允许值时，宜用钢支架支护，以确保安全。

11.当发现测量数据有不正常变化或突变，洞内或地表位移值大于允许位移值，洞内或地表出现裂缝以及喷层出现异常裂缝时，均应视为危险信号，必须立即通知作业人员撤离现场，待制定处理措施后方可继续施工。为确保安全，观测人员必须尽职尽责，认真测量，注意各种情况的变化，并加强与施工班组的联系。

需强调的是：在锚杆作业中，发生的事故，多是因围岩或喷射混凝土剥落、坍塌所造成，而其产生则是由于清理浮石不彻底、凿岩机械的振动、喷射混凝土与受喷面粘结不良所致。因此，为了锚杆施工的安全，应加强观察，及早发现危险征兆，并及时采取相应的安全技术措施。施工中，应指定专人，规定定期进行锚杆抗拔试验，防止因锚杆滑脱而造成不安全事故。这是因为锚杆种类和锚固方法多种多样，可能选择不当或因地下水的影响使锚固砂浆流失或达不到强度，致使锚固力不足，从而导致锚杆滑脱。另外，必须执行日常和定期安全技术检查制度，填写相关安全报表，分析安全动态，以便有效地进行安全管理。

在喷射混凝土作业中，在喷射开始前，应详细检查围岩受喷面的情况，应彻底清理危石、浮石，应根据喷射方式（干喷、湿喷或混合喷）、混凝土配合比等，采用合适的降尘措施，控制施工现场空气中粉尘含量，以保证施工人员的身体健康。对从事喷射的工作人员，应定期进行健康检查。进行喷射作业时，必须配戴防护用具（防尘口罩、防护面具、眼镜、胶皮手套、劳保雨鞋等）。当拌和机设在洞内时，应对拌和机和皮带运输机的回转部分予以覆盖，防止产生卷夹人身事故的发生。必要时，应在拌和机所在位置附近设置集尘机，以净化空气。当采用人工喷射时，应配备牢靠的喷射支架，以防止在发生管路堵塞时由于喷嘴剧烈振动而引起的危害。当转移喷射点时，必须先关闭喷射机，在喷嘴前方不得站人。在处理管路堵塞时，喷头应有专人看管，以防消除堵塞后因喷嘴剧烈振动而引起摆动喷射伤人事故发生。

在钢拱架施工中应制定有效的安全技术措施。例如：

(1)在钢拱架制作和搬运过程中，应将构件绑扎牢靠，以防止发生整体构件或连接铁件碰撞伤人、车辆倾覆、构件坠落伤人事故。

(2)钢拱架的架设应由专人按规定信号进行指挥，并随时观察围岩动态或初喷混凝土层的变化情况，防止落石或坍塌引起伤人事故。

(3)在架设钢架前，应采用垫板等将钢拱架的基础垫平。架设时，应采用纵向连接杆件将相邻的钢拱架连接牢固，防止钢拱架倾覆或扭转、变形而带来不安全事故。

(4)对钢拱架应经常进行检查，如发现扭曲、压屈等现象和征兆时，必须采取加固措施。必要时，应使其他人员迅速撤离至安全地带，防止因坍塌造成伤亡事故。

(5)采用新奥法施工时，由于公路隧道多为大断面开挖，尤其是在进行钢拱架的顶部连接作业时，高处作业较多，作业人员应配戴安全带。所采用的升降设备（作业人员站立的台车等），应设置扶手或安全栏杆。当紧固钢拱架顶部连接螺栓、楔紧钢拱架等，作业人员应立于平稳牢固的脚手架上，配戴安全带，防止发生工人坠落事故。

二、衬砌作业中的安全要点

1.随着隧道各部开挖工作的推进,应及时进行衬砌或压浆,特别是洞门建筑的衬砌必须尽早施工,地质不良地段的洞口必须首先完成。因隧道的坍塌与落石最易引发事故。

2.衬砌使用的脚手架、工作平台、跳板、梯子等应安装牢固,不得有露头的钉子和突出的尖角。靠近通道的一侧应有足够的净空,以保证车辆、行人的安全通过。

3.脚手架及工作平台上的铺板,应钉铺结实。本板的端头,必须搭于支点上,不得悬空。高于2m的工作平台上应设置不低于1m的安全栏杆。跳板应设防滑条。

4.脚手架及工作平台上所站人数及堆置的建筑材料,不得超过其计算载重量。在安全技术交底时,要特别强调,使操作人员心中十分清楚有数。

5.由于洞内场地狭窄,故在洞内作业地段倾卸衬砌材料时,人员和车辆不得穿行,以免出现事故。

6.机械转动部分应设置防护罩,电动机必须有接地装置,移动或修理机器及管线路时,应先停电,并切断电源、风源。

7.安装、拆除模板、拱架时,工作地段应有专人监护。拆下的模板不得堆放在通道上,应堆放砌实在规划地点。

8.拆除灌筑混凝土模板内支撑时,应随拆随灌。当岩层破碎、压力过大地段的支撑不能拆除时,拱圈部分应用预制混凝土柱代替木杆予以拆换。这样,既可保证拱圈部分浇筑质量,又可防止坍塌事故的发生,确保施工安全。

9.衬砌用的石料及砌块,应采用车辆运送,装卸车或安装砌块时宜使用小型机械提升。当砌筑高度在1.5m以下时,允许使用跳板抬运,但跳板应架到与隧道平行的位置。所用跳板、抬杆、绳具等必须检查,达到使用可靠,才可使用。

10.用石料砌筑边墙时,应间隙进行。当砌筑高度至2~3m时,应停止4h后方可继续砌筑,以确保安全。若墙后超挖过大,回填层应逐层用干(浆)砌料填塞,以免坍塌而造成事故。

11.压浆机在使用前应进行检查并试运转,管路联接要完好,压力要正常,操纵压浆喷嘴人员应配戴护目眼镜及胶皮手套。喷浆嘴应用支架支撑牢固,压浆时掌握喷嘴 的人员必须注意喷嘴的脱落,并设法躲避;拔取必须在撤除压力后进行;检修和清洗时,应在停止运转、切断电路、关闭风门后进行。

12.采用模板台车进行全断面衬砌时,台车距开挖面的距离不得小于260m,台车下的净空应能保证运输的顺利通行,混凝土灌筑时,必须两侧对称进行。台车上不得堆放料具,工作台应满铺底板,并设安全栏杆。拆除混凝土输送软管时,必须停止混凝土泵的运转。

13.严禁在洞内熬制沥青。

对于二次衬砌施工,其安全技术措施要点主要有:

(1)应根据通过模板台车内部车辆的限界,加适当的安全富余量,以确定模板台车内部的净空尺寸。大型车辆应在调车人员指挥下通过模板台车。此时,在台车内部作业的人员应暂时离开,不得站在模板台车内部;避免不安全。

(2)模板台车上应有足够的照明设施;新式模板台车为全液压及具有纵向移动的功能。

(3)灌筑二次衬砌混凝土的作业人员应站在稳定的脚手架上,并应配戴安全带。

(4)应重视防止异物混入混凝土料斗中,当有异物进入料斗时,首先应使拌和机停止运转,然后取出异物,以免损坏机械设备等。

(5)当压送混凝土的管路或接头发生堵塞时,首先应消除管道中的压力,然后方可拆卸接头,进行疏通作业。此时,在接头前方(依照混凝土压送方向确定)不得站有其他作业人员,以免发生压送混凝土伤人事故。

第四节 辅助坑道施工中的安全要点

为了增加施工工作面,加快施工进度,改善施工条件,利于出渣、进料运输、通风、排水等,并考虑确保施工安全的需要,当隧道较长时,往往需要设置一些辅助性的坑道,如横洞、斜井、竖井、平行导坑等。若无特殊要求时,辅助坑道的支护一般只要求能够保证施工期作业过程的稳定和安全即可。在施工中,对辅助坑道的洞口、岔洞处及与正洞连接处应加强支护以保证安全 。对于洞口的整治处理应十分重视,稍有不慎,将有可能发生事故。坑道口是坑道的咽喉,要求在施工前应做好坑道口的截、排水工程,防护冲刷的设施以及做好洞(井)口的锁口圈后才能进行挖掘,防止洞(井)口的坍塌、落石等,以保证施工安全。在辅助坑道的岔洞及与正洞连接处,由于开挖断面及形状变化比较大,结构受力条件复杂,因此,支护应特别加强,并紧跟开挖,以保施工安全。

辅助坑道有水时,会对斜井或竖井施工安全带来影响。因此,为保证安全施工,应做好排水工作,如应及时做好排水沟(地质松软地段,还应铺砌)、设置集水坑、配备足够数量的抽水设备等。

一、辅助坑道

(一)横洞

横洞一般宜用于傍山、沿河或山体侧向覆盖层较薄的隧道。横洞与正洞中线交角一般为40°~50°为宜。并应有向洞外不小于3‰的下坡,以便于出碴运输和排水。其布置见图6-5。

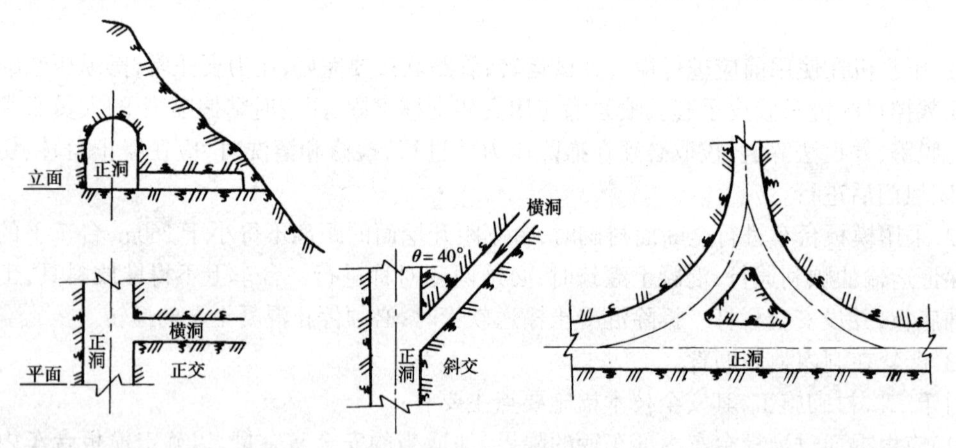

图6-5 横洞

横洞采用锚喷混凝土作支护时,横洞开挖断面宜采用拱形,以充分发挥围岩的自承作用。

(二)斜井

隧道埋置不太深、地质条件较好的地段,或隧道洞身一侧有较开阔的山谷凹地处作为弃碴场地,且覆盖层不太厚时,多采用斜井作为辅助坑道。斜井是指在隧道侧面上方开挖的与之相连的倾斜坑道。如图 6-6。

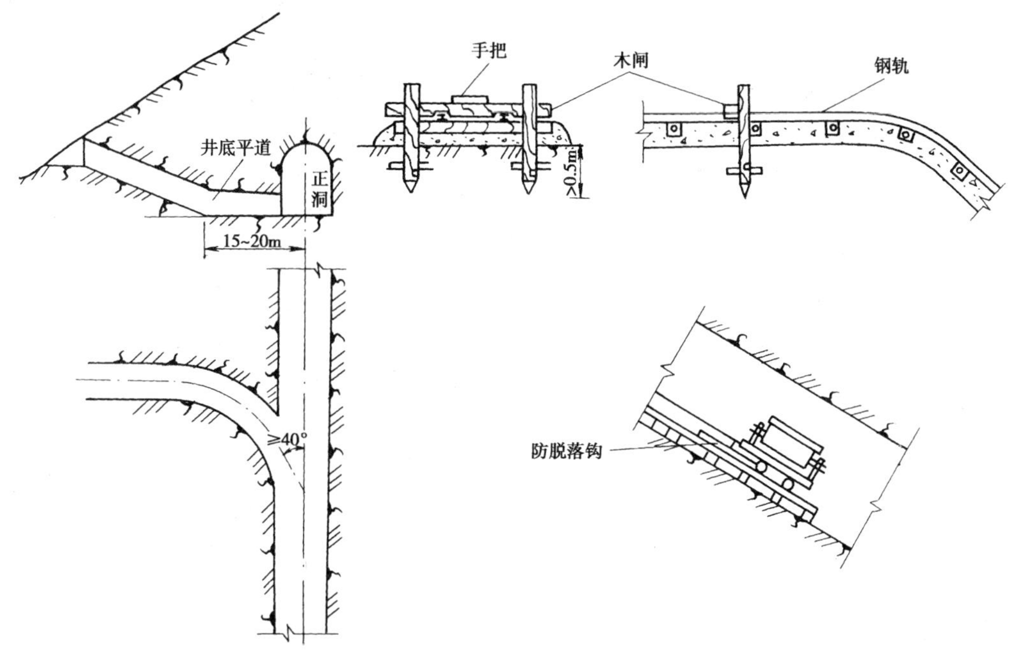

图 6-6 斜井及安全措施

斜井斜度较大，出渣运输需要较强的牵引动力设备，如采用卷扬机牵引提升机、皮带运输机或无轨运输或有轨运输等。由于施工范围场地较小，机具多，人、料、机又均处于流动之中，因此，制定有针对性、可靠而有效的安全技术措施就特别重要。

提升机械一般采用卷扬机牵引车斗。当斜井坡度很小时，也可采用皮带输送或无轨运输。单线行车道的坑道底宽一般为 2.6m；三轨双行线车道，坑道底宽为 3.4m；双线行车道，底宽为 4.1m，其中包括了单侧设置的 0.7m 的人行道。坑道的高度通常 ≥2.6m。单线、三轨双线较为常用，并在斜井中部设有 20 ~ 30m 的四轨双线作为错车道。

井口段应修衬砌，其他部分视地质条件及是否作为永久通风道等条件决定是否修筑永久衬砌。

施工期间应及时做好井口防水工程，严防水淹没。

卷扬机牵引斗车需防止钢丝绳破损拉断或出现脱钩等不安全事故。为此对牵引速度必须严格控制。在井口应设置安全闸，在斗车出洞后及时安好安全闸，以防止溜车，为防止斗车在坡道上因脱钩或钢丝断裂而下滑，可在斗车上或在坡道上设置溜钩，或设置安全索，阻止斗车继续下滑以确保安全。接头结构如图 6-7、图 6-8。可在斜井坡道终点或在坡度中间适当位置设安全缆绳，并应由专人负责看守，在斗车经过后，即在坑道的两侧间揽以钢丝绳，万一斗车脱钩，也不致冲入井底车场而发生严重安全事故。另外，在井底停车场及井身每隔 30 ~ 50m 宜设避险洞以保证作业人员的安全。

为保证施工安全，还应注意在井底停车场需加设支撑或修筑衬砌。

斜井井口地段、不良地质或渗水的井身以及井底作业室、调车场，施工时应加强支撑，并应及时衬砌，以保证安全。

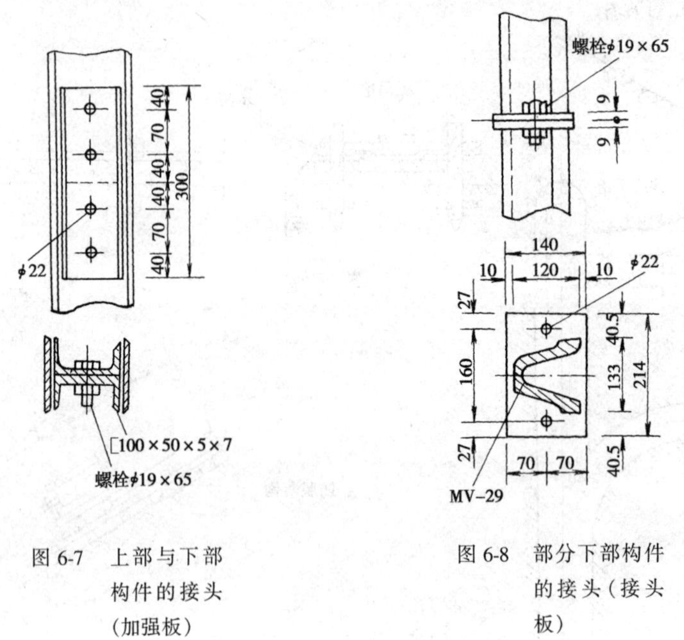

图 6-7　上部与下部构件的接头（加强板）

图 6-8　部分下部构件的接头（接头板）

(三)竖井

竖井是指在隧道上方开挖的与隧道相连的竖向坑道。当有两个以上的竖井时，其间距不宜小于 300m。

由于竖井是利用吊罐式罐笼进行出碴运输，所需提升机具比较多，施工操作及技术要求均比横洞、斜洞复杂，其出碴运输及排水均受到很大限制。所以一般在隧道中间覆盖层不厚的地方才采用竖井作为出碴和进料（运送混凝土的进料孔）或作为施工及运营阶段的通风道。

竖井的布置形式见图 6-9。

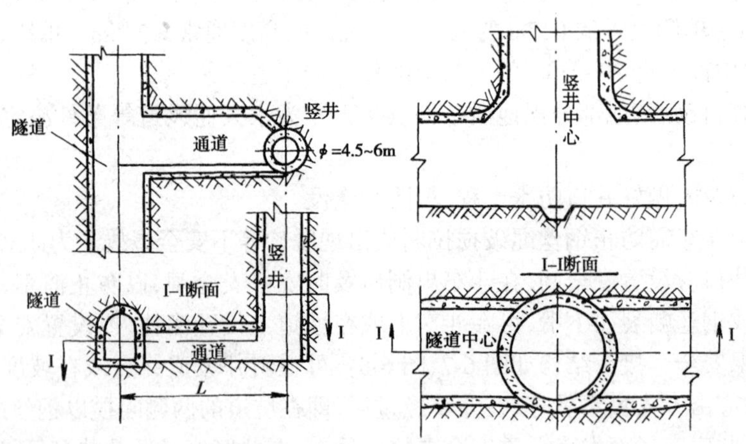

图 6-9　竖井布置形式

竖井位置以设隧道中心线一侧为宜，与隧道的距离一般为 15 ~ 25m，其间采用通道相连通，如此，施工安全、干扰少，但通风效果差；竖井亦可设在隧道正上方直接连通，这样，出碴与进料运输方便快速，不需另设水平通道，通风效果较好，但施工干扰大，施工不太安全。上述两种布置，对施工安全侧重点有所差别，因此，在制定施工安全技术措施时应注意其特点与要求。

竖井断面形状有长方形和圆形两种。圆形断面可以承受较大的地层压力，受力条件好，施工也较方便，并可留作隧道永久通风道。

竖井构造如图 6-10 所示。

井口段常处于松软土壤中，从地面往下 1 ~ 2m(严寒地区至冰冻线以下 0.2m)应设钢筋混凝土锁口圈，以使能承受土压力和经土壤传来的井口建筑物的重力、机具设备所产生的荷载，并承受施工时挂钩所悬吊的荷重。当围岩较破碎时，需修永久衬砌，开挖面与衬砌之间的距离不宜超过 30m，衬砌厚度由设计计算决定，但不得小于 20cm。壁座是为防止井壁下滑而设置的座壁间距一般为 30 ~ 40m。施工中井口与井底间应设置联系用的通信信号设备。上述种种，都与施工安全有关，必须按规定做好。

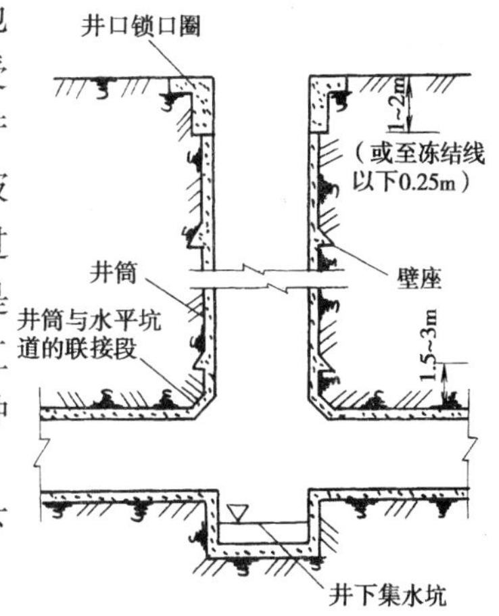

图 6-10 竖井立体构造

根据工程地质和水文条件，竖井可采用人工开挖或下沉沉井的方法进行施工。

竖井采用锚固支护时，每次支护高度应视围岩稳定程度而定。但随着竖井井深的增加，供水管内承压亦将加大，为使供水管内水压与风压相适应，保证喷射混凝土的质量，应在供水管上设置降压阀以调节管路水压。在竖井井口段、马头门及地质较差的井身地段，当采用混凝土衬砌时，应按需要设置壁座或打设锚杆，以增强井筒的稳定，保证施工安全。

竖井内应设置安全梯和提升罐道。提升罐应有防坠设施，以确保安全。

(四)平行道坑

平行道坑是指与隧道走向平行的坑道。

越岭的特长隧道($L > 3000$m)，或拟建双洞的隧道，施工不宜选用横洞、斜井、竖井等辅助坑道时，往往采用开挖平行导坑，并可同时解决施工中的出碴与进料运输、通风、排水、施工测量及安全问题。

平行道坑的平面布置如图 6-11 所示。

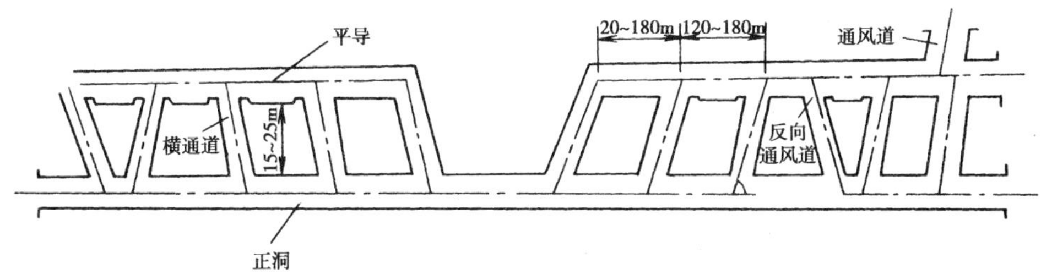

图 6-11 平行导坑平面布置

平行导坑应设于有地下水来源的一侧。与正洞的最小净距应视地质条件，施工方法等因素决定。如果将来有可能扩大为第二或第三线隧道时，两相邻隧道最小净距视围岩类别、断面尺寸、施工方法、爆破振动影响等因素确定。一般可按表 6-4 选用。平行坑道的底面标高应低于正洞底面 0.2 ~ 0.6m。平行导坑中每隔 120 ~ 180m 需设置一个斜的横向通道与正洞联接，但应避开地质不良地段。

两相邻隧道最小净距 表 6-4

围岩类别	VI	V-IV	III	II	I
净距(m)	(1.5～2.0)B	(2.0～2.5)B	(2.5～3.0)B	(3.0～5.0)B	>5.0B

注:B——隧道开挖断面的宽度(m)。

平行导坑可比正洞超前掘进,因而有利于地质勘察及地质预报,更好地掌握正洞开挖前方的地质等情况,利于及时变更设计和改变施工方法,使所制定的施工安全技术措施更具针对性和有效性。对通风、排水、降低水位、进出料碴运输有利,又可将洞内作业区分区段施工,减少相互干扰。平行导坑可构成洞内施工测量导线网,可提高施工测量精度,增加观测点,便于收集更多资料了解施工中的地质变化情况。

平行导坑一般采用有轨运输。

下面重点介绍竖井与斜井的施工安全要点。

二、竖井与斜井

1.竖井和斜井的井口附近,应在施工前作好修整,并在周围修好排水沟、截水沟,防止地面水侵入井中,发生坍塌。竖井井口平台应比地面至少高出 0.5m,井口应有严密的井盖,只有当吊笼吊罐升降时才准许打开井盖。

2.装配起爆药卷应在距井口 50m 以外的加工房内进行。起爆药卷应由爆破工携送下井,除起爆药卷外不得携带其他炸药。

3.每次爆破之后均应有专人清除危石和掉落在井圈上的石渣,并应修整被打坏的支撑,待清修完毕后才准进行正常工作。

4.当工作面附近或井筒未衬砌部分发现有落石、支撑发响,或大量涌水时,工作面施工人员应立即沿安全梯或使用提升设备撤出井外,并报告处理。

5.在吊盘上工作人员的工具,应妥善地放在工具袋内,使用时应牢固地拴在身上或其他固定物上。不得将不使用的零星工具放置在附近的支撑上。

6.在井口及井底明显部位应设置醒目的安全标志。

7.竖井提升:

(1)竖井井口应设防雨设施,接罐地点应设置牢固的活动栅门,由专人掌管启闭。接罐人员均应佩带安全带,上下井的人员应服从接罐人员的指挥,通向井口的轨道应设阻车器。

(2)施工期间采用吊桶升降人员与物料时,应遵守下列规定:

①吊桶必须沿钢丝绳轨道升降,保证吊桶不碰撞岩壁。在施工初期尚未设罐道时,吊桶升降距离不得超过 40m;施工时吊盘下面不装罐道的部分也不得超过 40m;

②运送人员的速度不得超过 5m/s,无稳绳地段不得超过 1m/s;运送石碴及其他材料时不得超过 8m/s;无稳绳地段不得超过 2m/s;运送爆破器材时不得超过 1m/s;

③提升钢丝绳应与吊桶连接牢固,保证在升降时不致脱钩;

④吊桶上方必须设置保护伞;

⑤不得在吊桶边缘上坐立,乘坐人员身体的任何部位不得超出桶沿;

⑥用自动翻转式吊桶升降人员时,必须有防止吊桶翻转的安全装置。严禁用底开式吊桶升降人员;

⑦吊桶提升到地面时,人员必须从地面出车平台进出吊桶,并应在吊桶停稳和井盖门关闭

以后进出吊桶，双吊桶提升时井盖门不得同时打开；

⑧装有物料的吊桶不得乘人；

⑨吊桶载重量应有规定，不得超载。

(3)升降人员和物料的罐笼应遵守下述规定要求：

①罐笼顶应设置可以打开的铁盖或铁门。

②罐底必须满铺钢板，并不得有孔。如果罐底下面有阻车器的连杆装置时，必须设置牢固的检查门。

③两侧需用钢板挡严，内装扶手，靠近罐道部分不得装带孔钢板。

④进出口两头必须装置罐门或罐门帘，高底不得小于1.2m，罐门或罐帘下部距罐底距离不得超过0.25m，以便人员安全出入，罐帘横杆的间距不得大于0.2m。罐门不得向外开，以保开门出入时的安全。

⑤进出装碴车的罐笼内必须装有阻车器，以保安全，并应经常进行检查。

⑥载人的罐笼净空高度不得小于1.8m，罐笼内每人应有0.18m^2的有效面积。其每次容纳人数和最大载重量应明确规定，并在井口公布。

⑦提碴、升降人员和下放物料的速度不得超过3m/s，加速度不得超过0.25m/s。

⑧罐笼、钢丝绳、卷扬机、电源各部及其连接处等，必须设专人检查，如发现钢丝绳有损、罐道和罐之间磨损度超过规定等，必须立即更换，以确保安全。

⑨升降人员或物料的单绳提升罐笼必须设置可靠的防坠器，并应检查，始终保持良好可靠状态。建井期间使用无防坠器的临时罐笼升降人员时，必须要有其他可靠的安全措施。

⑩罐笼升降作业时，下面不得停留人员。

(4)检修井筒或处理事故人员，如果需要站在罐笼或箕斗顶上作业时，应遵守下述规定：

①罐笼或箕斗顶上，必须装设保护伞和安全栏杆。

②佩戴保险带及有关防护用品。

③提升容器的速度一般为0.3～0.5m/s，最大不得超过2m/s，并必须严格控制和检查。

(5)每一提升装置必须装有从井底接罐员给井口接罐员和井口接罐员发给卷扬机司机的信号装置，井口信员装置必须同卷扬机的控制回路闭锁。只有井口接罐员发出信号后，卷扬机才能启动，除常用的信号装置外，还必须有备用信员装置。井底车场和井口之间，井口和卷扬机司机之间，除上述信号装置外，还必须装置直通电话或传话筒。

一套提升装置供给几个洞室使用时，各洞室都必须设有信号装置和闭锁，所发出的信号必须有明显区别。

必须经常检查信号装置灵敏性、有效性和可靠性。

(6)井底车场的信号必须经由井口接罐员发出，井底车场不得直接向卷扬机司机发信号，只有在发送紧急停车信号时才可直接向卷扬机司机发出信号。

(7)相关人员应十分熟悉有关信号的规定和操作，应在上岗前进行培训和实练，并严格落实责任制。

8.斜井运输

(1)斜井的牵引运输速度不得超过3.5m/s，接近洞口与井底时不得超过2m/s，升降加速度不得超过0.5m/s。

(2)斜井的垂直深度超过50m时，应配备运送人员的车辆，在使用时应遵守下述规定要求：

①运送人员的车辆必须有顶盖，车辆上必须装有可靠的防坠器。当断绳时，能自动发生作用，同时也能用手操纵，以确保安全。

②运送人员的列车必须设车长跟随，车长坐在行车前方的第一辆车的第一排座位上。手动防溜装置也必须在车长座席处，以控制车运行中的安全。

③每班运送人员前，必须检查车辆的连接装置、保险链及防坠器，并在运送人员前，先放一次空车，以验证其可靠性，检查斜井和轨道的安全状况。

④乘车的人数不得超过定员数，乘员及携带的工具不得超出车厢，以免出现事故。

(3)斜井口必须设置挡车器，并设专人管理。挡车器必须经常处于关闭状态，放车时方可打开。车辆在井内行驶或停留期间，井内严禁人员通行和作业。斜井长度超过100m时，应在井口下20m和接近井底60m左右设置第二道挡车器，以确保安全。

(4)井口、井下及卷扬机间应有规定明确的联系信号。提升、下放与停留应各有明确的色灯和音响等信号规定。

主、副井口应设专职信号员、负责接发车工作。卷扬机司机未得到井口信号员发出的信号，不得开动。

运送人员的车辆必须装有向卷扬机司机发送紧急信号的装置。

(5)斜井井底停车场应设避车洞。斜井底附近的固定机械电器设备与操作人员，均应设置在专用洞室内。

(6)车辆连挂提升时，应有可靠的连接装置和断绳保险器。挂钩均应加保险栓。车与车之间应增加连接保险钢丝绳，提升钢丝绳应在地滚承托。

9.钢丝绳和提升装置

(1)提升用的钢丝绳必须每天检查一次，每隔6个月试验一次，以确保安全可靠。其安全系数应达到规定要求，即：升降人员的安全系数必须大于7；升降物料的安全系数必须大于6；其断丝的面积与钢丝绳总面积之比，升降物料的必须小于10%，升降人员用的不得有断丝。钢丝绳直径减小百分数规定要求是：提升及制动钢丝绳不得大于10%，其他钢丝绳不得大于15%。超过上述规定时必须更换。

(2)钢丝绳的钢丝有变黑、锈皮、点蚀麻坑等损伤时，不得用作升降人员。钢丝绳锈蚀严重，点蚀麻坑形成沟纹，外层钢丝松动时，必须更换。

(3)有接头的钢丝绳只允许在水平坑道和30°以下的斜井中运输物料使用。

(4)提升装置必须设下列保险装置：

①防止过卷装置：

当提升容器超过正常终端停止位置0.5m时，必须能自动断电，并使保险闸发生作用。

②防止过速装置：

当提升速度超过最大速度15%时，必须能自动断电，并能使保险闸发生作用。

③过负荷和欠电压保险装置。

④速度限制器。

当最大提升速度超过3m/s，必须安装速度限制器，保证提升容器到达终端停止位置前的速度不超过2m/s；如果速度限制器为凸轮板时，其旋转角度不应小于270°。

⑤报警和自动断电的保险装置。

防止闸瓦过度磨损时的报警和自动断电的保险装置。

⑥缠绕式提升装置,必须设置松绳保护并接入安全回路。

⑦使用箕斗提升时,必须采用定量控制,井口碴台应装设满仓信号,碴仓装满时能报警或自动断电。

(5)提升卷扬机必须装设深度指示器,开始减速时能自动示警的警铃及司机不需离座即能操纵的常用闸和保险闸。

常用闸和保险闸共同使用一套闸瓦时,操纵部分必须分开,双滚筒提升卷扬机的两套闸瓦的传动装置必须分开。

司机不准离开工作岗位,也不能擅自调节制动闸。

(6)升降人员前,应先开一次空车,以检查卷扬机的动作情况,但连续运转时,可不受此限。

(7)主要提升装置必须配有正、副司机,在交接班人员上下井的时间内,必须由正司机开车,副司机在旁监护。

第五节　通风、防尘、照明、排水、防火及瓦斯防治施工中的安全要点

在隧道施工中,开挖、支撑与衬砌等称为基本作业,而供风、供电、照明以及施工通风、防尘、排水、防火及瓦斯防治等是为确保基本作业各工序顺利进行,为其提供必要的施工条件和直接服务的作业,并称其为辅助作业。

一、供风、施工通风与防尘

(一)供风作业中的安全要点

凿岩机、风钻台车、装碴机、喷射混凝土机具、锻钎机、压浆机等均是以压缩空气为动力的风动机具。这些风动机具必须要有足够的压缩空气供应才能保证正常工作,即要有足够的风量和风压供应各种风动机具,这便由空气压缩机生产供应。空气压缩机有内燃和电动等类型。一般,空气压缩机集中安设在洞口附近,称为空压机站。其作业中的主要安全要点如下:

1.对空压机及配套设备必须认真检查、试机、在确保完善、有效、可靠后,方可投入使用。

2.必须专人管理、专人操作、专人维修和进行经常性的检查,确保安全。

3.对高压风管路安装和使用应:

(1)管路应敷设平顺,接头密封可靠,防止漏风,凡有裂纹、创伤、凹陷等现象的差质钢管不得使用。

(2)洞内风管路宜铺设于电缆、电线相对的另一侧,并与运输轨道有一定距离,管道高度不得超过运输轨道的轨面,若管径较大而超过轨面,应适当增大距离,以免风管受损和影响运输,同时不得影响边沟施工和排水。

(3)洞外地段,当风管超过500m,温度变化较大时,应装设伸缩器,并应严密、灵活、有效可靠;靠近空压机150m以内,风管的法兰盘接头宜用耐热材料石棉衬垫;

(4)高压风管道在总输出管道上,必须安装总闸阀以便控制和维修管道,主管道上每隔300~500m应分装闸阀;按施工要求,在适当地段(一般每隔60m)加设一个三通接头备用;管道前端至开挖面距离宜保持在30m左右,并用高压软管接分风器;分部开挖法中通往上导坑

开挖面使用的软管长度不宜长于50m;分风器与凿岩机间连接的胶皮管长度不宜大于10m,上导坑、马口、挖低地段不宜大于15m。

(5)胶皮管必须认真检查合格,如有割伤、变形应及时更换,确保安全。胶皮管与凿岩机联接必须十分牢靠,以免出现事故。

(6)管道安装前检查钢管内情况,不得有残杂物和其他脏物存留其内;各种闸阀在安装前应拆开清洗,并进行风压或水压强度试验,合格后方能使用。

(7)冬季施工时,应注意管道的保温。

(8)进行修理,应停风后进行。

(二)施工通风与防尘

在隧道施工中,随着不断掘进,由于钻眼、爆破、装碴、喷射混凝土、内燃机械和运输汽车的排气,开挖时从地层裂缝中放出的各种有害气体等,使洞内的空气非常污浊,洞内氧气也大大减少,洞内温度和湿度也相应提高,对人体产生有害的影响。因此,隧道施工中必须进行施工通风和除尘,以达到更换和净化洞内空气、供给洞内足够的新鲜空气、稀释、冲淡和排除有害气体和降低粉尘浓度,以改善劳动条件,保障作业人员的身体健康、保证正常的安全生产,并提高劳动生产率的目的。

1.隧道作业环境标准

要保证通风防尘的有效性和可靠性,即通过通风防尘确保能在安全措施实施后,隧道作业环境能达到以下标准要求:

(1)粉尘允许浓度:空气中,含有10%以上游离二氧化硅的粉尘必须在2mg/m^{3}以下。

(2)氧气不得低于20%(按体积计,下同)。

(3)瓦斯(沼气)或二氧化碳不得超过0.5%。

(4)一氧化碳浓度不得超过30mg/m^3。

(5)氮氧化物(换算成二氧化氮)浓度应在5mg/m^{3}以下。

(6)二氧化硫浓度不得超过15mg/m^3。

(7)硫化氢浓度不得超过10mg/m^3。

(8)氨的浓度不得超过30mg/m^3。

(9)隧道内的气温不宜超过28℃。

2.隧道通风方式与选择应用。

为确保通风防尘的有效可靠,在施工中应正确地选用通风方式,以满足施工要求,达到施工作业的环境标准。

1)隧道施工的自然通风

300m以下的短隧道(穿过岩层不产生有害气体)及导坑贯通后的隧道施工,可利用自然通风,主要靠洞内外的温差及高程差等所形成的自流风来通风。

2)隧道施工的机械通风

除上述的隧道利用自然通风外,其他隧道均可采用机械通风。

实施机械通风,必须具有通风机和风道。按风道的类型和通风安置位置,有以下几种通风方式:

(1)风管式通风

风流经由管道输送,并可分为三种形式,见表6-5。应强调的是,其风管末端到开挖面的距离必须保证,因此,随着开挖面的推进,必须及时接长风管,并应牢靠。

风管式通风方式表 表 6-5

风管式通风方式		适应情况	说明
压力式		1.单机可使用于 100～400m 内的独头巷道； 2.多机串联可用于 400～800m 的独头巷道	1.能较快的排除工作面的污浊空气； 2.拆装简单； 3.污浊空气排出时流经全洞
抽出式		长度在 400m 以内的独头巷道	新鲜空气流经全洞，到达工作面时已不大新鲜；要求管末端距工作面不超过 10m，布置有困难，常因此通风效果差
混合式		长度在 800～1500m 左右的独头巷道	1.污浊空气经由隧道上部抽出洞外，新鲜空气由下部进入隧道，再经风管到下道坑工作面； 2.抽出风机能力要大于压入风机 20%～30%； 3.抽出、压入风口的布置最小要错开 30m，以免在洞内形成循环风流
		适应于上下导坑 或全新面分块开挖，用药量较大，下导坑为双轨断面的隧道施工	

其安全要点是：由于管路的接头往往出现漏风，因此，对所用管路必须检查合格，接头必须保证密紧牢靠不漏风，再者应加强经常性的检查，及时处理出现的问题，以确保安全。

(2)巷道式通风

适用于平行导坑的长隧道。通过最前面的横洞使正洞和平行导坑组成一个风流循环系统，在平行导坑洞口附近安装通风机后，即将污浊空气由平行导坑抽出，新鲜空气由正洞流入，从而形成循环风流。见图 6-12。另外，对平行导坑和正洞前面的独头巷道，再辅以局部的内管式通风。

其安全要点主要是：正确地在平行导坑洞口选择最佳位置安装通风机，通风机必须运转有效，应有专人管理、操作和维修，正确地布置局部内管式通风，确保其辅助效果充分发挥，以确保洞内所有部分通风有效。

(3)风墙式通风

风墙式通风比较适于一般管道通风难以解决，又无平行导坑可以利用的较长隧道采用。它是利用隧道成洞部分较大的断面，用砖砌或木板隔出一条 2～3m^2 的风道，以减小风管长度，增大风量来满足通风要求。如图 6-13 所示。其安全要点主要是砖砌必须牢稳，避免倒塌伤人，木板拼钉应牢靠。

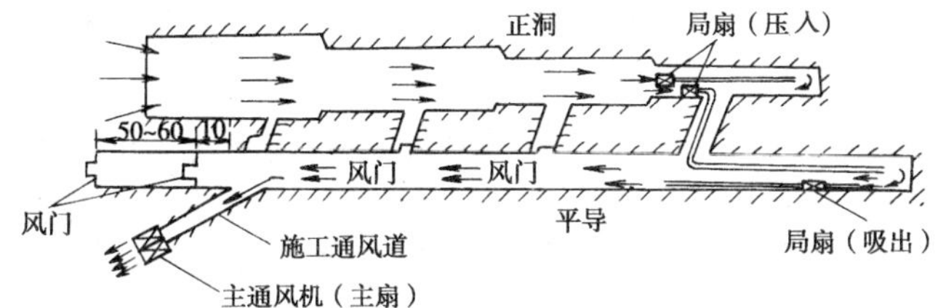

图 6-12　巷道式通风

图 6-13　风墙式通风

表 6-6 所列施工通风方式，供使用参考。在选择通风方式时，必须根据地质情况，施工方法、施工条件等，编制通风除尘安全措施，正确选用适合的风机和通风方式，以确保在隧道施工中环境质量达到规定的要求标准。这里还必须指出，为达到要求，对风量和风压必须进行计算，以确保安全。

施工通风方式 表 6-6

通风方式		概要图	说明
排风式	集中式	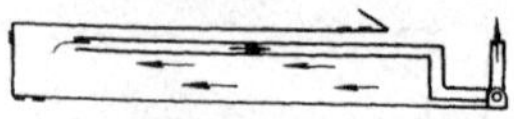	在洞外设置大容量(需风量总和)风机，风管吸风口设在开挖面附近，通过风管排除废风
	串联式	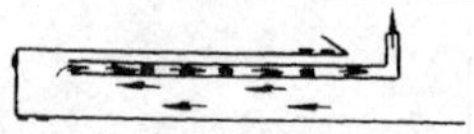	在风管内设置小型风机，随开挖面推进，可接长风管和增加风机，通过风管排废风
送风式	集中式	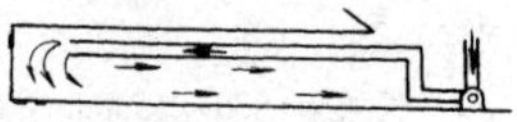	设备与集中排风式相同，但是将风管送风口设在开挖面附近，通过风管将新鲜风从洞口吹入开挖面，并由隧道排废风
	串联式	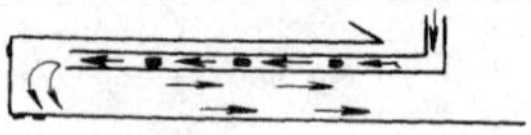	设备与串联式相同，但是将新鲜空气通过风管送入开挖面，并由隧道排废风
送排风并用式	集中式	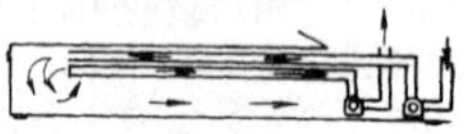	设备由集中排风式和集中送风式构成，送风机功率比排风机大，随开挖面推进加长风管。
	串联式	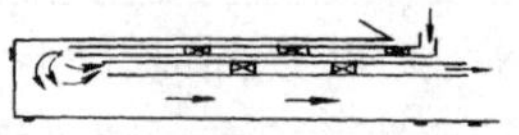	设备由串联排风式和串联送风式构成。
送排风混合式		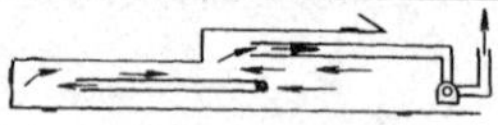	由下导坑或侧壁导坑作超前开挖时，在超前导坑部采取送风式，在全断面部(扩挖处)采取排风式。
竖井排风正洞送风方式		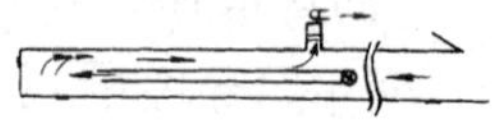	长隧道时，利用竖井排风，并在正洞口内竖井底口附近设送风机送风至开挖面。
坑道通风方式		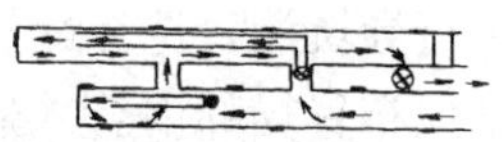	特长隧道时，利用避难坑道作排风道，正洞作进风道，在避难坑道的洞口附近设门，安设大容量风机。
局部风机(局扇)方式		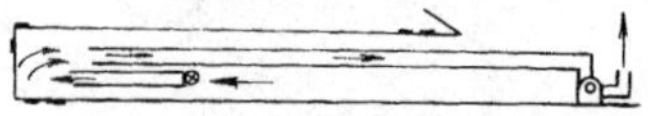	采取排风方式时，仅在开挖面附近局部地方设置风机(局扇)。

3.防尘措施

隧道开挖中，凿岩、爆破、出碴等作业必会产生大量的岩尘，对人体的危害性很大。有关资料表明：岩尘的产生主要来自于凿岩作业，约占洞内空气中含尘量来源的 85%；其次是由爆破产生约占 10%；而装渣作业只占 5%左右。为了使洞内空气中的岩尘量达到国家规定标准值(即含 10%以上游离二氧化矽的粉尘量应在 $2mg/m^3$ 以下)。

因此在制定施工方案和施工安全技术措施中必须大力推广湿式凿岩，这是防尘的主要措施。但是只靠湿式凿岩，还是不够的，必须要采取综合措施，这就是经过长期实践而总结出的防尘工作：即湿式凿岩标准化，机械通风经常化，喷雾洒水正规化，个人防护普遍化。

1)湿式凿岩标准化

湿式凿岩，即打“水风钻”，根据风钻内的供水方式不同，又分为旁侧供水和中心供水两种。

目前,我国一般均使用中心供水式,即高压水从机尾进入,经过水针(安在机体的中心)流向钻钎,最后达钻头。钻眼时,破碎的岩粉被湿润成浆,从炮眼流出,为了使湿式凿岩能正常进行,应注意以下四点:

(1)水压标准(高压水到达工作面处的压力不小于300kPa),水量充足(每台风钻不少于3t/min);

(2)钎尾标准,其长度一般为107mm,钎孔正中。钎尾淬火硬度与凿岩机内活塞应一致;

(3)水针安装端正,拧紧螺钉,垫圈密贴,不漏水;

(4)操作正规,即应先开水后开风,先关风后关水,凿岩时机体与钻钎方向应一致,不得摇摆,以免卡断水针。

在特别缺水地区,可用"干式捕尘"装置来代替湿式凿岩,但效果欠佳。

2)机械通风正常化

机械施工可稀释空气中的粉尘含量,是降低洞内粉尘含量的重要手段。因此在一般主要作业(钻眼、装渣等)进行期间应始终保持风机的运转。

3)喷雾洒水经常化

喷雾洒水不仅能降低因爆破、出渣等所产生的粉尘,而且还能溶解少量的有害气体(如二氧化碳、硫化氢等)并能降低温度,使空气清新爽人。

4)个人防护普遍化

主要指戴防尘口罩。

4.其他的相关安全规定要求

除上面已述的有关安全措施外,还必须强调下述安全规定要求:

1)隧道内空气成分每月应至少取样分析一次。如达不到规定标准要求,应及时采取有效措施予以解决。

2)风速、含尘量每月至少应检测一次,如达不到规定标准要求,应及时采取有效措施予以解决。

3)隧道施工时的通风,应设专人管理。应保证每人每分钟供给新鲜空气1.5~3m^3。

4)无论通风机运转与否,严禁人员在风管的进出口附近停留,通风机停止运转时,任何人员不得靠近通风软管行走和在软管旁停留,不得将任何物品放在通风管或管口上,以免通风软管出现问题时,造成伤亡或其他事故。

5)施工时宜采用湿式凿岩机钻孔,用水泡泥进行水封爆破以及湿喷混凝土喷射等有利于减少粉尘浓度的施工工艺,以减小对人体伤害。

6)在凿岩和装碴工作面上应做好以下防尘工作:

(1)放炮前后应进行喷雾与洒水。

(2)出碴前应用水淋透碴堆和喷湿岩壁。

(3)在吹入式的出风口,宜放置喷雾器。

7)防尘用水的固体质含量不应超过50mg/L,大肠杆菌不得超过3个/L。水池应保持清洁,并有沉淀或过滤设施。

二、供电、排水及防火

(一)供电

隧道施工供电,包括电动机机械和施工照明用电及生活用电等。随着隧道施工机械化程度的提高,用电量大增,为保证施工质量和施工安全,对施工供电的可靠性要求也越来越高。

隧道施工的供电方式主要有自设发电站供电或采用地方现有电网供电。

隧道施工供电电压一般采用三相四线400/230(V)。对长大隧道施工,可用6~10kV,动力机械的电压标准是380V;成洞地段的照明可采用220V。工作地段照明和手持电动工具,应按规定选用安全电压供电。

成洞地段固定的电线路,应使用绝缘良好的胶皮线架设,施工地段的临时电线路宜采用橡套电缆;竖井、斜井宜采用铠装电缆;瓦斯地段的输电线必须使用密封电缆,不得使用皮线,以保安全。

照明和电力线路安装在同一侧时,必须分层架设。电线悬挂高度距人行地面的距离:110V以下时,不应小于2m;400V时,应大于2.5m;6~10kV,应大于3.5m。瓦斯地段的电缆应沿侧壁铺设,不得悬空架设。所架设的电路均必须牢稳。

隧道施工供电线路布置和安装有关要求:

成洞地段固定的电线路,应使用绝缘良好的胶皮线架设;施工地段的临时电线路宜采用橡套电缆;竖井、斜井宜采用铠装电缆;瓦斯地段的输电线必须使用密封电缆,不得使用皮线;

涌水隧道的电动排水设备、瓦斯隧道的通风设备和斜井、竖井内的电气装置,应采用双回路输电,并有可靠的切换装置;

36V低压变压器应设在安全、干燥处,机壳接地,输线路长度不应大于100m;

动力干线上的每一支线,必须装设开关及熔断器。严禁在动力线路上加挂照明设施;

输电干线或动力、照明线路安装,在同一侧分层架设的原则是:高压线在上、低压线在下;干线在上,支线在下;动力线在上,照明线在下。风、水管道应输电线路的另一侧。

隧道施工一般采用电灯照明,要求光线充足均匀。各种工作地段的照明标准和要求详见表6-7。

各工作段照明要求 表6-7

工作地段	灯头距离(m)	悬挂高度(m)	灯泡容量(W)
施工作业面	不少于15W/m²(断面较大可适当采用投光灯)		
开挖地段和作业地段	4	2~2.5	60
运输巷道	5	2.5~3	~60
特殊作业地段或不安全因素较多地段	2~3	3~5	100
成洞地段			
用白炽灯时	8~10	4~5	60
用日光灯照时	20~30	4~5	40
竖井内	3		60

注:①在直线段灯头距离采用表中大数,曲线段采用较小数;

②在有水地段应用胶皮电线,工作面附近应用防水灯头;

③按照法定计量单位规定,照明应用"光照度 E",其计量符号为勒克斯(lX);光通量 ϕ"其计量符号为流明(lm)。本表根据隧道施工规范采用灯泡额定功率W。

隧道施工作业地段照明,必须使用安全变压器配电,其容量:输入电压为220V,输出电压宜有36V、32V、24V、12V四个等级,便于根据作业工作面安全要求选用照明电压(成洞段和不作业地段可用220V,瓦斯地段不得超过110V,一般作业地段不宜大于36V,手提作业灯为12~24V);隧道应采用400/230V三相四线系统两端供电(动力设备应采用三相380V);隧道照明,选用的导线截面应使线路末端的电压降不得大于10%;36V及24V线不得大于5%。

普通光源隧道施工照明优缺点：

优点：其使用的白炽灯或荧光灯管价格低，使用较方便。

缺点：其耗电量较大，且亮度较弱，不利于施工安全等。

采用新光源作隧道施工优点：

新光源一般使用低压卤钨灯，高压钠灯、钠铊铟灯、镝灯等。其优点：

安全性能较好；

能大幅度增加施工地段和作业工作面及施工现场场地的照明亮度，从而为施工人员创造明亮的作业环境，以保证操作质量；使用寿命较长，维修方便，可大大减轻电工劳动强度，因此，从经济上、安全上和保护工人改善劳动条件上来说应尽量采用。

其布置要求见表6-8。

新光源洞内外照明布置 表6-8

工作地段	照明布置
开挖面后40m以内作业段	两侧用26V500W卤丝灯各两盏(或300W卤丝灯7盏，以下少于2000W为准)，灯泡距离隧道底面高4m
开挖面后40～100m区段	安设2盏400W高压钠灯和2盏400W钠铊铟灯，间距约15m，灯泡距隧道底面高5m
开挖面后100m至成洞末端	每隔40m，左右侧各设计400W高压钠灯一盏
模板后车衬砌作业段	台车前台10～15m，增设400W高压钠灯各1盏，台车上亮度不足时，增设36V300W或500W卤钨灯
成洞地段	每隔40m安装400W高压纳灯1盏
斜井、竖井井身掌子面及喷混凝土作业面	使用36V500W或36V300W卤钨灯，已施工井身部分选用小功率110V高压钠灯，间距：混合井30m安装1盏，主副井每25m安装1盏
洞外场地	每隔200m安装高压钠灯1盏

隧道施工安全照明要求如下：

1.采用白炽灯时，施工地段每m^2不宜小于15W，不安全因素较多地段可适当增加灯光照明。

2.运输巷道在未成洞段每隔6m、成洞地段每隔10m装设100W灯一盏；在主要交通道等重要处应有安全照明。

3.隧道施工工作地段照明，应采用不超过36V的低压电源、输电线路长度不大于100m；泄漏地段照明，应采用防水灯头和灯罩；瓦斯地段照明，应采用防爆灯头并加灯罩。

4.照明线路及灯头的架设高度，一般不得小于2.5m。为了安全生产和节约能源，可采用新光源照明，如荧光灯、高压钠灯、低压钠灯、卤钨灯等。

5.隧道内的照明灯光应保证亮度充足、均匀及不闪烁，根据开挖断面的大小，施工工作面的位置选用不同的高度。

6.隧道内用电线路，均应使用防潮绝缘导线，并按规定高度用磁瓶悬挂，不得将电线挂在铁钉和其他铁件上或捆扎在一起。开关应加木箱盖，采用封闭式保险盒。如使用电缆，应牢固地悬挂在高处，不得放在地上。

7.隧道内各部的照明电压应严格控制：

(1)开挖、支撑及衬砌作业地段为12～36V。

(2)成洞地段为 110～220V。

(3)手提作业灯为 12～36V。

8.隧道内的用电线路和照明设备必须设专人负责检修管理,检修电路与照明设备时,应切断电源。

9.在潮湿及漏水隧道中的电灯应使用防水灯口。

10.电工人员必须配戴安全防护用品才可进行作业。如绝缘手套、绝缘胶靴等。并必须坚持持证上岗要求。

11.各种电流保护装置不应加大其容量,不能用任何金属丝代替熔丝,有线电路及接头不许有裸露,应检常检查,及时包扎。

12.在需要触及导线部分时,必须先用测电器检查,确认无电后方可作业,并事先将有关开关切断加锁,以防误合闸通电而造成事故。

13.一切电器的金属外壳或构架,都必须妥善接地,以预防雷击起火等事故发生。

接地是由高压电缆金属外皮和低压电缆的接地芯线,以及所有明线架设的中性线,联结成一个总的接地网络,在网格上分别连接上述需要接地的设施,构成具有多处接地装置的接地系统。见图 6-14。如不采用高压供电的隧道施工,应在电压 400/230V 进线端设置中心接地装置,以确保用电安全。

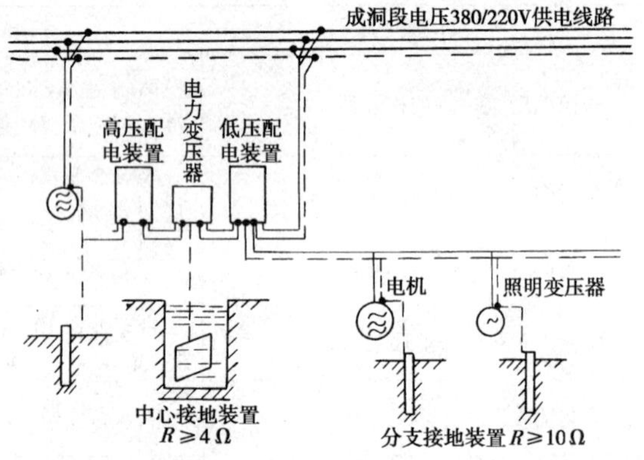

图 6-14 隧道接地系统

(二)排水

隧道施工中必须做好排水工作,它不仅影响施工,也危及安全。其主要安全要点是:

1.在有地下水排出的隧道,必须挖凿排水沟,当下坡开挖时,应根据涌水量的大小,设置大于 20%涌水量的抽水机具予以排除。抽水机械的安装地点应设于导坑的一侧或另开偏洞安装,并用栅栏与隧道隔开。

2.抽水设备宜采用电力机械,不得在隧道内使用内燃抽水机。

3.抽水设备应备有一定数量的备用台数。

4.抽水应专人负责,并检查维修,确保其正常工作。

5.隧道开挖中如预计要穿过涌水地层,宜采用超前钻孔探水,查清含水层厚度、岩性、水压等,为防治涌水提供依据。涌水地段,由于涌水往往会带来某些地质情况变化,可能具有很大危险。因此,必须要制定可靠的安全施工与预防措施。

6.如发现工作面有大量涌水时,应立即命令工人停止作业,撤至安全地点。

7.对抽出来的水的流向,应考虑实际情况处理,注意不影响和破坏自然平衡环境,以免造成其他的问题。

(三)防火

隧道施工中,要高度重视防火安全,如果出现问题,后果严重。其安全要点是:

1.各洞、井口施工区,洞内机电洞室、料库、皮带运输机等处均应设置有效而数量足够的消防器材,并设明显的标志,定期检查、补充和更换,不得挪作他用。

2.洞口 20m 范围内的杂草必须清除。火源应距洞口至少 30m 以外。库房 20m 范围内严禁烟火。洞内严禁明火作业与取暖。

3.洞内及各洞室不得存放汽油、煤油、变压器油和其他易燃物品。清洗风动工具应在专用硐内,并设置外开的防火门。

4.所有相关人员应进行培训,熟悉各种消防器材的使用方法。

三、瓦斯防治

瓦斯(甲烷,CH_4)对施工人员身体健康危害极大。隧道施工中也还有其他有害气体存在,如一氧化碳(CO)、二氧化碳(CO_2)、二氧化氮(氮氧化物)等。为了预防有害气体对施工人员身体健康的危害,保障施工正常进行及安全生产,首先要求隧道施工通风应能满足洞内各作业所需的通风量,供应洞内每人每分钟的新鲜空气不宜少于 $3m^3$。风速在全断面开挖时,不应小于0.15m/s,坑道内不宜小于0.25m/s,但风速均不应大于6m/s。有瓦斯溢出地段的通风,应将新鲜空气送至开挖面,将开挖面附近的瓦斯含量稀释到1.0%以下,并用排风管将瓦斯气体排到洞外,不允许瓦斯气体流入隧道后方之内。

其安全要点有:

1.隧道施工发现瓦斯时,应加强通风,采取防范措施。隧道内的瓦斯浓度经通风后仍超过上述“隧道作业环境标准”要求时,应遵守下述的各项规定要求。

2.瓦斯防治主要是消除瓦斯超限和积存,并应断绝一切可能引燃瓦斯爆炸的火源。

3.隧道内严禁使用油灯、电石灯、汽灯等有火焰的灯火照明。

任何人员进入隧道必须接受检查,严禁将火柴、打火机及其他可自燃的物品带入洞内。

4.电灯照明

(1)电压不得超过110V。

(2)输电线路必须使用密闭电缆。

(3)灯头、开关、灯泡等照明器材必须采用防爆型,开关必须设置在送风道或洞口。

5.矿灯照明

(1)每个洞口常备的完好矿灯总数,应大于经常用灯总人数的10%。

(2)矿灯均需编号,常用矿灯的人员应固定灯号。

(3)矿灯如有电池漏液、亮度不足、电线破损、灯锁不良、灯头密封不严、灯头圈松动、玻璃和胶壳破裂等情况,严禁发出。发出的矿灯,最低限度应能连续正常使用11h。对矿必须进行严格检查。严格执行责任制。

(4)使用矿灯人员应严禁拆开、敲打和撞击矿灯。出洞或下班时,应立即将矿灯交回灯房。

6.掘进工作面风流中的瓦斯浓度达到1%时,必须停止电钻打眼;达到1.5%时,必须停止工作,撤出人员,切断电源,进行处理。

放炮地点附近20m以内风流中瓦斯浓度达到1%时,严禁放炮。

电动机附近20m以内风流中瓦斯浓度达到1.5%时,必须切断电源停止运行。

掘进工作面的局部瓦斯积聚浓度达到2%时,其附近20m内必须停止工作,切断电源。

7.因超过瓦斯浓度规定而切断电源的电气设备,必须在瓦斯浓度降低到1%时方可开动;使用瓦斯自动检测报警断电装置的掘进工作面只准人工复电。

8.隧道爆破作业

(1)爆破时,宜使用瞬发电雷管,若采用毫秒电雷管时,其总的延期时间不得超过130ms。严禁使用秒和半秒延期电雷管。

(2)严禁用火花起爆和裸露爆破。

(3)使用煤矿安全炸药。

(4)短隧道放炮时,所有人员必须撤出隧道洞外;长隧道单线应撤出300m以外,双车道上半断面开挖撤至400m以外,双车道全断面开挖应撤至500m以外。

9.瓦斯隧道中的机具,如电瓶车、通风机、电话机、放炮器等,必须采用防爆型。

10.必须严格采用湿式凿岩,洞内使用的金属锤头必须镶有不产生火花的合金。装碴采用的金属器械,不得猛力与石碴碰击,铲装前必须将石渣浇湿。

11.洞内装设及检修各种电器设备时,必须先切断电源。电缆互接或分路时必须在洞外进行锡焊和绝缘包扎并热补。严禁在洞内电缆上临时接装电灯或其他设备。电缆在洞内接头时,应在特制的防爆接线盒内或有防爆接线盒的电气设备内进行连接。

12.有瓦斯的隧道,每个洞口必须设专职瓦斯检查员。一般情况下每小时检测一次,并将检测结果记入记录本。检测瓦斯的检定器应每季度校对一次。

13.通风必须采用吹入式。通风主机应有一台备用机,并应有两路电源供电。通风机停止时,洞内全体人员必须撤至洞外。

14.隧道内严禁一切可以导致高温与发生火花的作业。

15.隧道施工时必须配备必要的急救和抢救的设备和人员。施工人员必须进行培训,使其具有防止瓦斯爆炸方面的安全知识。

第七章 主要工序作业中的安全要点

公路工程构造物的建成，都是通过施工工序实现的，人、机、料等均是在工序中集中、流动，因此，施工安全的基点也在工序之中。如果工序的安全能得到保障，则工程项目的安全也就有了基本保证。抓安全生产，必须从工序抓起，而且是抓安全生产的基点，着手点。下面就一些主要工序作业的安全主要要点分别进行说明。

第一节 模板作业中的安全要点

一、模板作业场地

1.模板作业场地必须符合安全要求，木料、钢模、模板半成品的堆放，废料堆集和场内道路的修建，应做到统筹安排，合理布局。

2.作业场地应搭设简易作业棚，修有防火通道，配备必须的防火器具。四周应设置围栏，作业场内严禁烟火。相关人员均应了解防火要求，会使用防火器材，有相应的防火知识。

3.钢模、木材应堆放平稳，原木垛高不得超过3m，垛距不得小于1.5m，成材垛高一般不得超过4m，每增加0.5m应加设横木。垛距不得小于1m。作业场地应避开高压线路。

4.下班前应将锯末、木屑、刨花等杂物清除干净，并要运出场地进行妥善处理。

二、模板制作

1.制作模板时应细致选料。制作钢模不得使用扭曲严重、螺钉孔过多，开裂等材料。木模不得使用腐朽、扭裂和大横节疤等木料。

2.制作钢木结合模板时，其钢木结合部位的强度、刚度应符合设计要求。

3.制作中应随时检查工具，如发现松动、脱落现象、应立即修好。

4.用旧木料制作模板时，应将钉子、扒钉拔掉收集好，不得随地乱扔。

三、模板支立及拆除

1.在基坑或围堰内支模时，应检查基坑有无塌方现象，围堰是否坚固，确认无误后，方可操作。

2.向基坑内吊送材料和工具时，应设溜槽或绳索系放，不得抛掷。机械吊送应有专人指挥。模板要捆绑结实，基坑内的操作人员要避开吊送的料具。

3.用人工搬运，支立较大模板时，应有专人指挥，所用的绳索要有足够的强度，绑扎牢固。支立模板时，底部固定后再进行支立，防止滑动倾覆。

4.支立模板要按工序操作。当一块或几块模板单独竖立和竖立较大模板时，应设立临时支撑，上下必须顶牢。操作时要搭设脚手架和工作台。整体模板合拢后，应及时用拉杆斜撑固定牢靠,模板支撑不得钉在脚手架上。

5.用机械吊运模板时,应先检查机械设备和绳索的安全性和可靠性,起吊后下面不得站人或通行。模板下放,距地面 1m 时,作业人员方可靠近操作。

6.高处作业应将所需工具装在工具袋内。传递工具不得抛掷或将工具放在平台和木料上,更不得插在腰带上。

7.拆除模板作业时,应制订安全措施,按顺序分段拆除,不得留有松动或悬挂 的模板,严禁硬砸或用机械大面积拉倒。拆下的带钉木料,应随即将钉子拔掉。

8.在用斧锤作业时,应照顾四周和上下的安全,防止误伤他人。斧头刃口处应配刃口皮套。

9.拆除模板不得双层作业。3m 以上模扳在拆除时,应用绳索拉住或用起重设备拉紧,缓缓送下

除上述安全规定要点外,还必须注意以下的具体要求:

1)对钢模板及其支撑的材质具体要求:

(1)钢材应符合《普通碳素钢钢号和一般技术条件》(GB 700)中的 3 号钢标准。

(2)焊条应与被焊接的钢材相适应。

(3)定型钢模板必须具有出厂检验合格证。

(4)对成批的新钢模板,使用前应进行荷载试验,符合要求后方可使用。

2)木模板及其支撑的材质具体要求:

(1)木材应符合《木结构工程施工及验收规范》(GBJ 206—83)中的承重结构选材标准,材质不宜低于Ⅲ级等材。

(2)支撑木杆应使用松木或杉木,不得采用杨木、柳木、桦木、椴木等易变形开裂的材料。木杆不得使用有腐朽、折裂、枯节等疵病的材料。支撑木的连接结合,宜采用钉、销或螺栓,不宜使用铁丝或麻绳等绑扎。

(3)木材上有节疤、缺口等疵病的部位,应放在模板的背面或者截去。

(4)钉子长度应为模板厚度的 2~2.5 倍。

3)竹支撑的材质具体要求:

(1)竹杆的小头直径不宜小于 80mm,青嫩、枯脆、裂纹、白麻及虫蛀等的竹杆严禁使用。

(2)支撑竹杆的接头连接可采用多股青篾绑扎。

4)验算模板及其支架的刚度时,其变形值不得超过下列数值:

(1)结构使用时表面外露者,模板的变形值不得超过其跨度的 1/400。

(2)结构使用时有天棚隐蔽者,模板的变形值不得超过其跨度的 1/250。

(3)支架的压缩变形值或弹性挠度,为相应结构计算跨度的 1/1000。

(4)木模板受压杆件的长细比不得超过 150;钢模板受压柱和桁架的长细比不得超过 150,受拉时不得超过 250。

(5)模板应支撑在坚实的地基上,并应有足够的支承面积,严禁受力后地基产生下沉。如地基系冻胀性土时,必须要有土在冻结和融化时保证结构安全的措施。

(6)模板在荷载作用下,应具有必要的强度、刚度和稳定性,并应保证结构的各部分形状、尺寸和位置的正确性。

四、模板示例

公路工程构造物所采用的模板多种多样,由于构造物的形状各异,因此,对模板的制作和

拼装要求很高,因此,在模板选材、制作时应注意研究设计要求,并按设计图纸加工。下面以桥梁中的几组模板作为示例列出,供大家学习和应用时参考。

钢筋混凝土桥模板构造示例,见图 7-1 ~ 图 7-9。

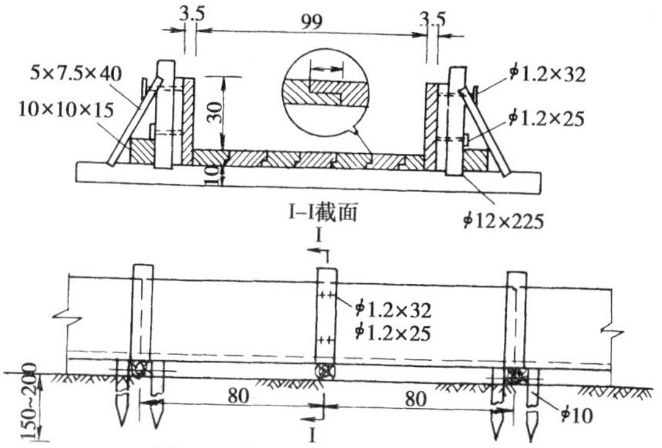

图 7-1　实心板模板构造(横截面)
(尺寸单位:cm)

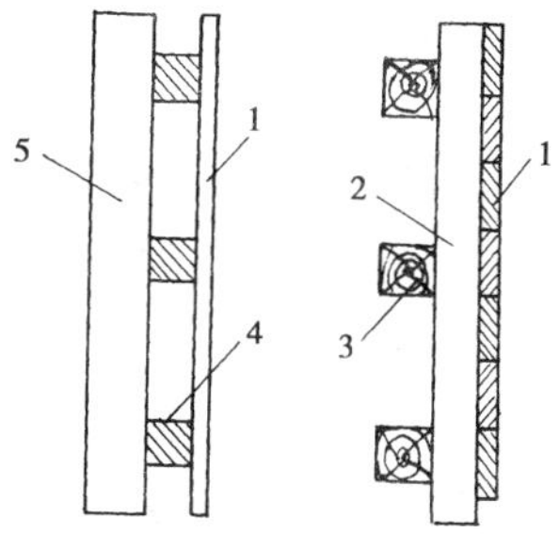

图 7-2　木模构造
1-模板;2-直枋;3-横枋;4-肋木;5-立柱

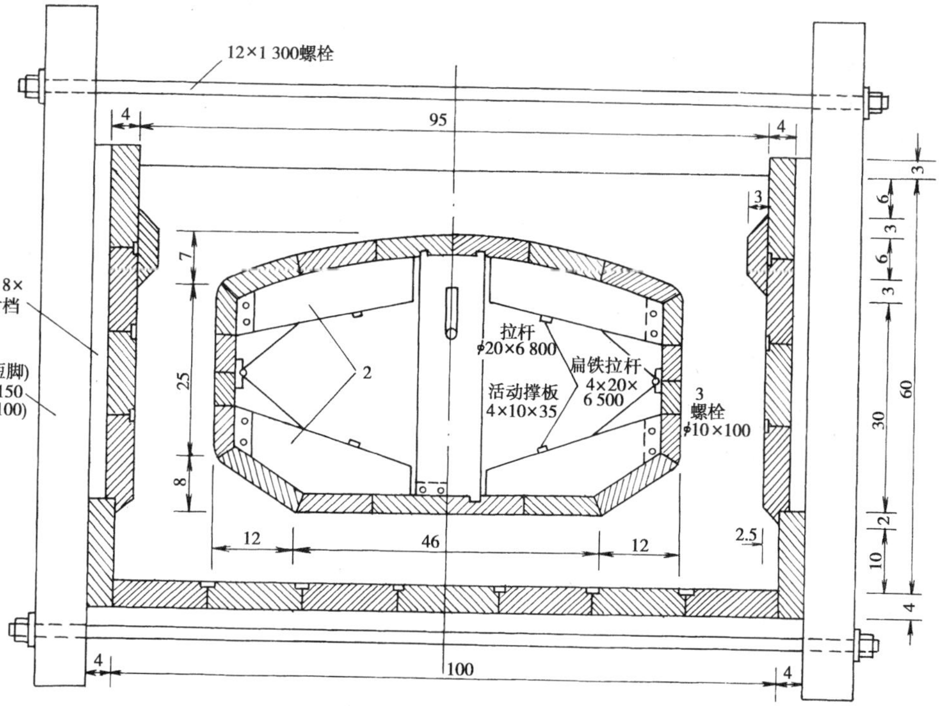

图 7-3　空心板模板构造(横截面)
(尺寸单位:铁件为 mm;其他为 cm)

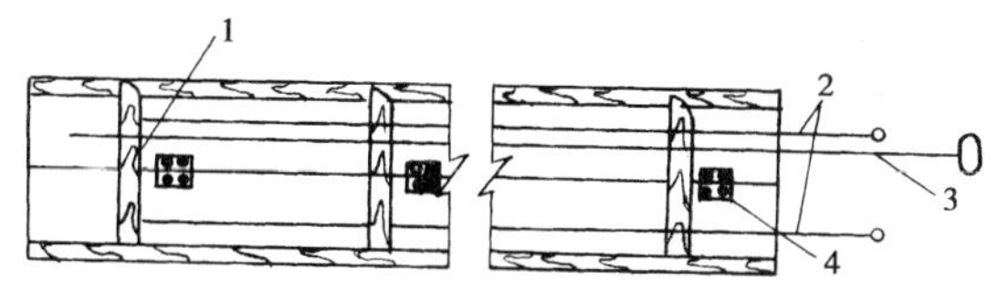

图 7-4　心模构造
1-活动支承板;2-扁铁条;3-拉条;4-铁铰

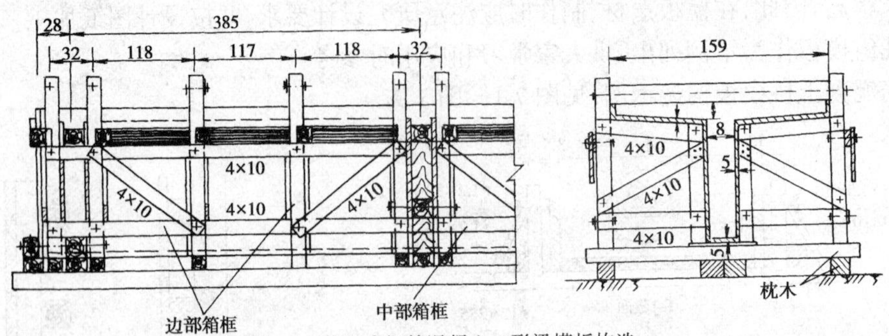

图 7-5 装配式钢筋混凝土 T 形梁模板构造

（尺寸单位：cm）

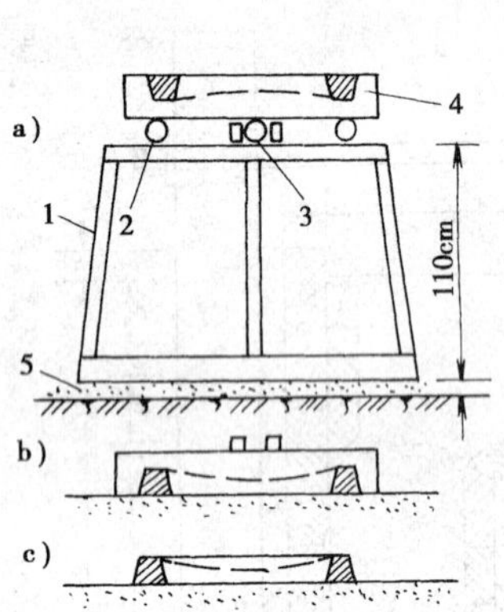

图 7-6 固定支架翻转模板构造

1-角钢支架；2-活动钢管；3-翻转轴钢管；4-翻转模板；5-砂垫层

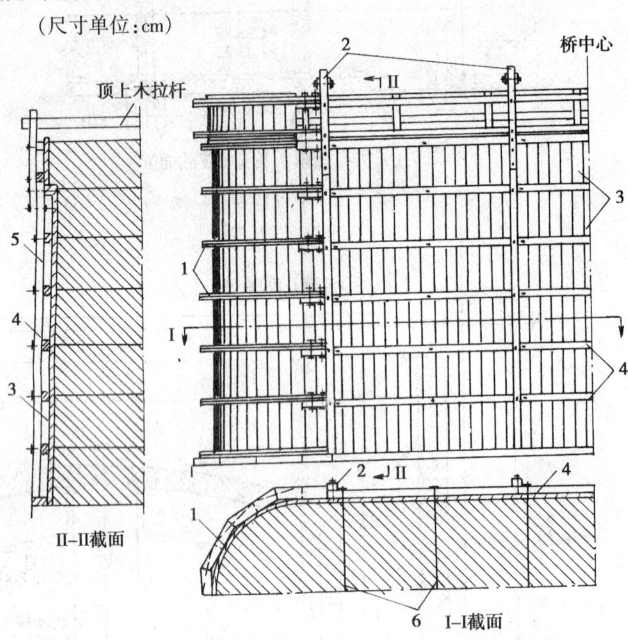

图 7-7 圆端形桥墩模板

1-拱肋木；2-安装柱；3-壳板；4-水平肋木；5-立柱；6-拉杆

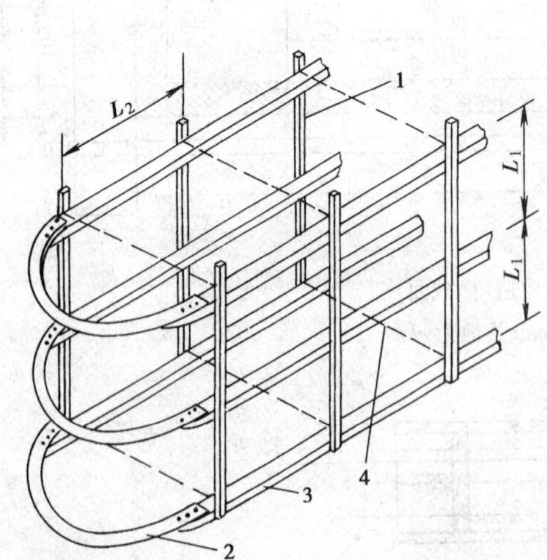

图 7-8 桥墩模板骨架

1-立柱；2-拱肋木；3-肋木；4-拉杆

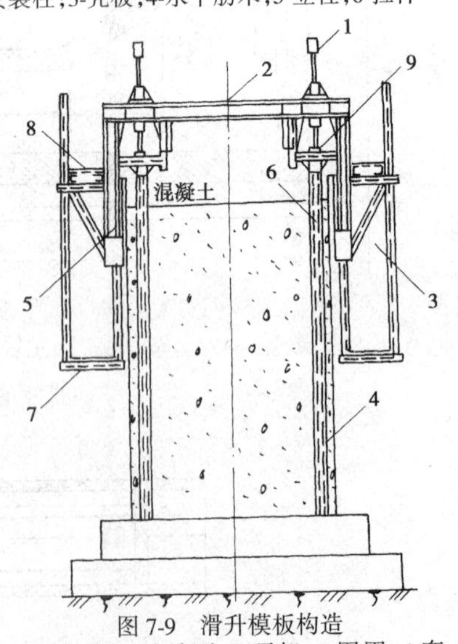

图 7-9 滑升模板构造

1-人工螺杆千斤顶；2-顶架；3-围圈；4-套筒；5-模板；6-顶杆；7-外下吊架；8-脚手架；9-支承座；

下面是梁、桩等模板构造的实例，供学习应用参考。在了解构造的基础上，应结合安全要求加深理解。

1.梁、桩模板构造实例(见表7-1)

梁、桩模板构造实例　　表7-1

名称	图示	说明
T形梁模板	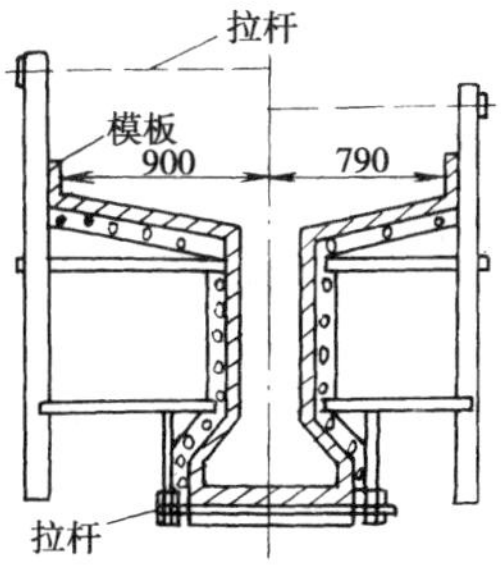	为便于安装，可将梁模制成两侧拼板与底板三部分。面板用5cm木板，为便于脱模，表面加钉镀锌铁皮。面板直接装钉在用槽钢与角钢拼制成的框架上。两侧拼板上、下用拉杆联结
空心板梁内模	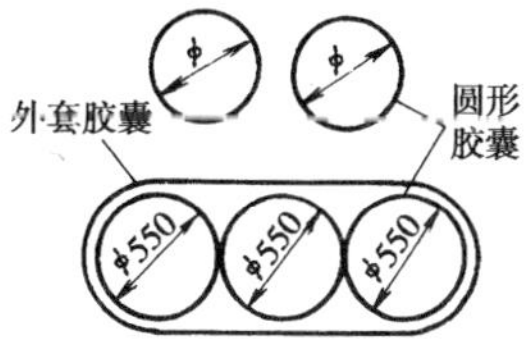	目前多采用充气胶囊作为内模。胶囊可单独使用，也可与外套胶囊组合使用。使用时充气成型，所需气压据混凝土侧压力与胶囊内径大小而定
方桩间隔浇筑法模板	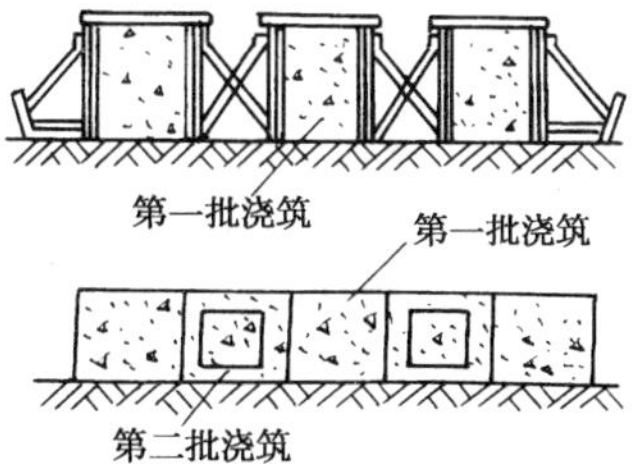	每隔一桩空一桩浇筑第一批桩，待混凝土强度达设计标号30%后，拆除模板。第二批桩利用已浇桩作侧模(铺涂隔离层)，再浇筑混凝土

注：图中尺寸单位：mm

2.墩台模板构造实例(见表7-2)

墩台模板构造实例 表7-2

名称	模板构造及安装	说　　明
桥台模板	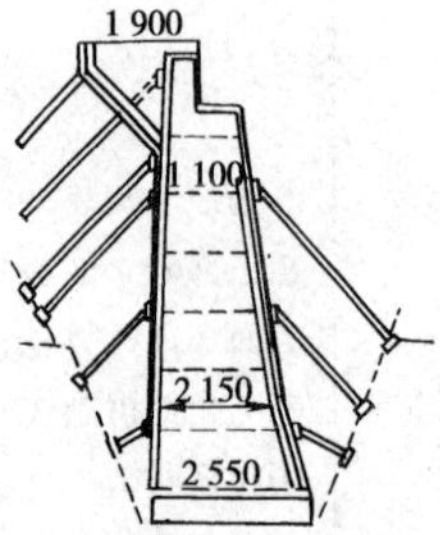 1 900 1 100 2 150 2 550 尺寸单位:mm	现浇桥台按设计图纸要求,以放样定位后的轴线为准,清理基坑浇筑基础,在基础上支设模板。模板可为整体式,亦可随浇筑混凝土高度分段接高,以便于施工
桥墩墩帽整体式模板	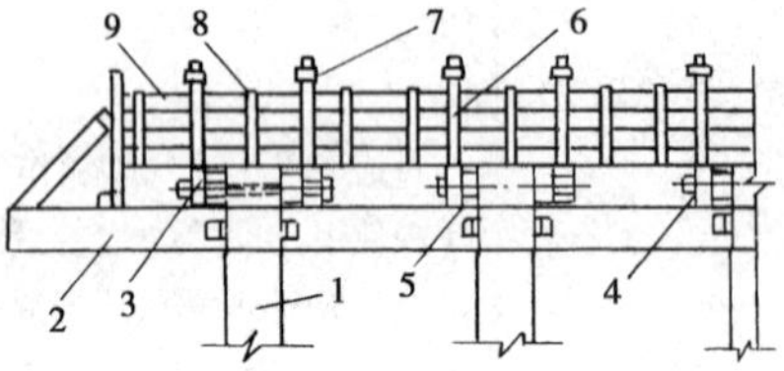 9 8 7 6 2 3 1 5 4	1-钢筋混凝土桩; 2-木梁; 3-螺栓; 4-横梁; 5-衬木; 6-角撑; 7-拉杆; 8-肋木; 9-模板
桥墩柱整体式模板	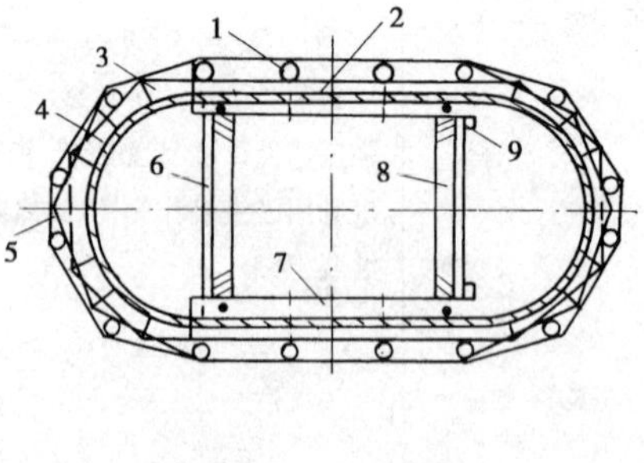 1 2 3 4 6 8 9 5 7	1-竖带立木; 2-横带木; 3-弧形肋木; 4-模板; 5-钢箍; 6-钢拉杆; 7-临时加固内撑; 8-临时加固横撑木; 9-螺栓

3.挡墙模板构造实例(见表 7-3)

挡墙模板构造实例　　表 7-3

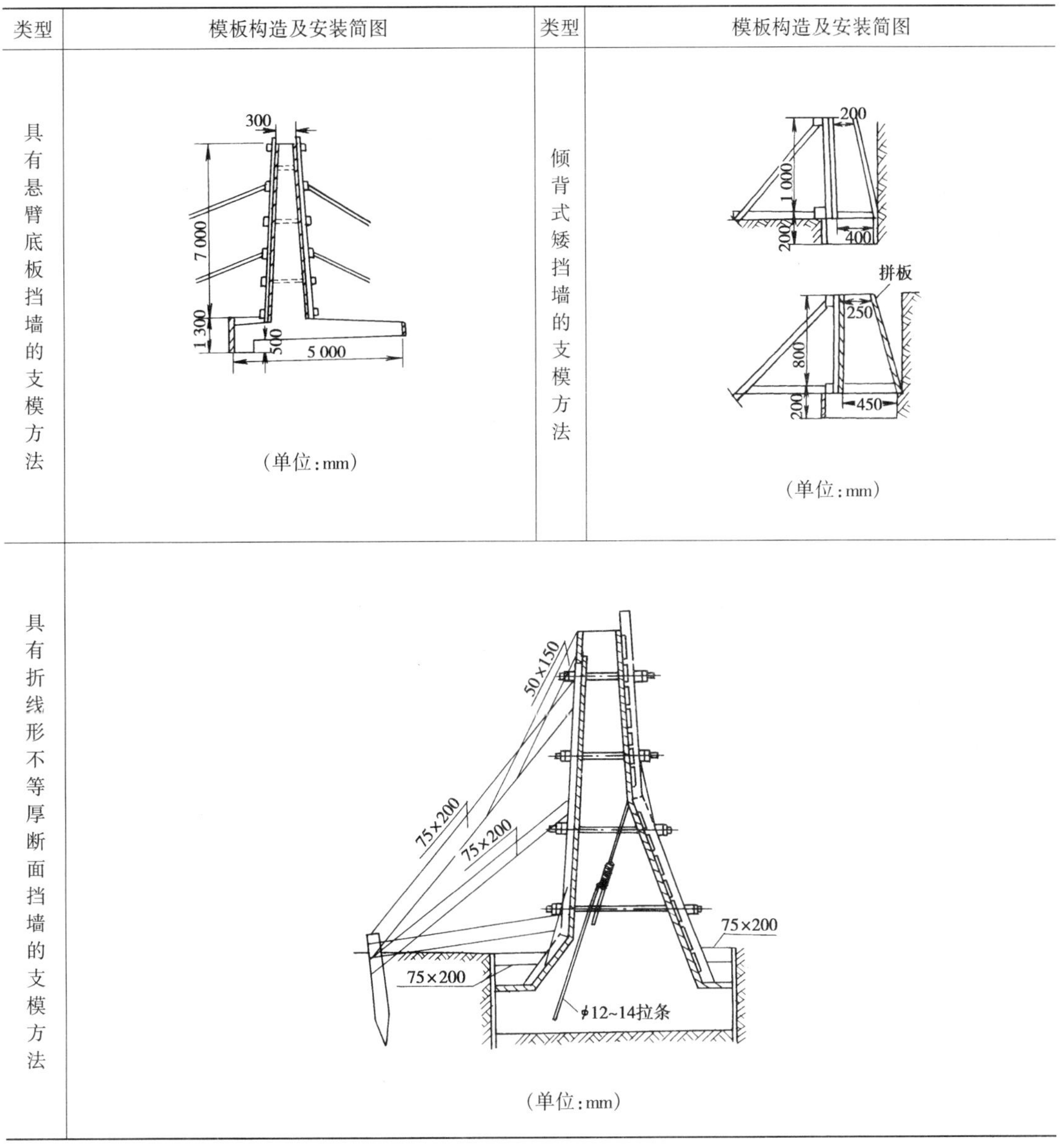

类型	模板构造及安装简图	类型	模板构造及安装简图
具有悬臂底板挡墙的支模方法	(单位:mm)	倾背式矮挡墙的支模方法	(单位:mm)
具有折线形不等厚断面挡墙的支模方法	(单位:mm)		

第二节　木工机械作业中的安全要点

一、木工机械

1.开机前必须添加润滑油脂,先试机,待各部机件运转正常后,方可开始工作;

2.机械运转中,如有不正常的声音或发生故障时,应先切断电源,再进行检修;

3.操作人员工作时,要扣紧衣扣和袖口,埋好衣角,严禁戴手套作业;留长发的必须戴工作帽,长发不得外露;

4.木工机械上的转动部分，要装设防护罩或防护板；工作中更换刨刀、锯片、钻头或刃具时，必须切断电源，停止转动后方可拆装；

5.使用铁夹钩吊运木材时，应将铁夹钩钩牢，防止木材掉下。

二、带 锯 机

1.开动带锯前，必须检查锯条有无裂纹、扭曲和锯条的松紧程度。如锯条齿侧裂纹长度超过锯条宽度的1/6，锯条接头超过三个，锯条中间及后背有裂纹，锯条接头处裂纹超过10mm时，都不得使用。锯条的松紧程度应根据锯条的厚薄、宽窄进行调整，经试运转正常后，方可开始工作。

2.原木入锯前、应清除钉子和砂石等杂物。跑车上的原木要稳定牢固，进锯速度要均匀。锯短木要用扒钉或拉杆固定后再行加工。

3.不得加工超过机械规定限度的特大原木。加工较长木材时，必须配备副手协助工作。在木材的尾端超过锯条0.5m后，方可进行倒车，倒车速度不宜过快，要注意木槎、节疤碰卡锯条。

4.不得用潮湿或带油的手指接触启动开关和其他电器设备。如发生电器设备故障或损坏时，不得擅自拆卸检查。

5.跑车开动后，跑车前后和锯条两侧不得有人走动或停留。

6.使用平台式带锯时，上下手操作人员应配合一致，上手不得将手送进台面，下手应等料头出锯20cm后，方可接料。

7.小平台的电器开关要随用随开，用后立即关闭。平台式带锯加工木料回料时，木料要离开锯条2~5cm，并要注意劈裂和木节撞击锯条发生事故。

8.作业中如遇停电，应将电闸关闭，防止来电后机械自行转动造成事故。

9.带锯机的修理或拆放成捆的锯条，应踏紧锯条端头，控制松放，以防锯条回卷伤人。锉锯条时，要戴防护眼镜。修磨带锯的砂轮应有防护罩，操作时应站在砂轮侧面。

10.联接锯条，必须接合严密，平滑均匀，厚薄一致。

11.所用机械停工作业后，应有人进行检查如电源是否已关闭或绝源等。

三、圆 盘 锯

1.操作人员应戴防护眼镜，站在锯片一侧，禁止站在与锯片同一直线上。锯片上方必须安装安全挡板和滴水设施。锯片不得有连续2个断齿，裂纹长度不得超过20mm，裂纹末端应冲止裂孔。

2.锯片运转正常后方可进行作业。接料时，要待料出锯片15cm后才可接料不得用手硬拉，木料锯到接近端头时，应由下手拉曳，上手不得用手推进。锯片温度过高时，应用水冷却。直径600mm以上的锯片，操作中应喷水冷却。

3.作业过程中不得将木料抬高或左右扳动，必须紧贴靠山。送料力量要均匀，不得用力过猛，遇木节应减速。不得用木料挡刹锯片强制停车。调换锯片时，要等锯片自然停稳后方可进行。

4.长度不足50cm的短料，不得上锯。半成品、边角料应堆放整齐。

四、平 刨 机

1.刨料前应将所刨材料上的钉子、灰垢和冰雪等杂物清除后，再进行操作。

2.应根据所刨木料材质情况，调整刨料速度。作业中严禁手指放在木节上。

3.刨木材的大面时，手必须按在木料的上面；刨木材的小面时，手可以放在木材料的上半部。手指必须离开刨口3cm以上，每次刨削量不得超过1.5mm。被刨材料长度超过2m时，必须两人操作。料头超过刨口20cm后，下手操作者方可接料，但不得猛拉。

4.活动式的台面，调整切削量时，必须切断电流停止转动后方能进行调整，防止台面与刨刀接触造成事故。

5.刀架夹板必须平整贴紧。合金刀片焊缝的高度不得超过刀头。固定刀片的螺钉应钳入槽内，离刀背不得少于10mm。

6.平面刨作业中，操作人员不得将伸进安全挡板里侧移动挡板，不得拆除安全挡板进行刨削。

7.材料需要调头刨削时，必须双手持料离开刨口，并注意周围环境，防止伤人。

五、压　刨　机

1.压刨机床必须使用单向开关，不得使用倒顺开关；三、四面刨应按顺序开动。

2.送料必须平直，发现材料走横或卡位，应停机拨正；操作人员接送时，手指应离开滚筒20cm以外，接料必须待料送出台面；

3.操作人员应站在机床一侧操作，每次刨削量不得超过3mm；

4.所刨材料不得短于前后压滚距离；厚度小于1cm时，必须垫衬托板。

六、手　电　钻

1.作业前，应检查有无漏电现象，并应戴好绝缘手套，穿上胶鞋或脚踏在木板上进行操作；

2.钻头必须卡紧，大型电钻必须用双手扶把，钻杆要垂直；钻孔接近完成时，应轻压电钻，防止卡钻或扭断钻头；

3.由底部向上部钻孔时，应用手或杠杆顶托钻把，不得用肩扛顶托钻把；向下钻孔时，不得用脚扶钻头，脚必须离钻头20cm以外；

4.电钻工作中，应用钻把调整对准孔位，不得手扶钻头对孔；

5.操作中发现异常声音，应停止使用。工作后应切断电源，收好导线。

七、台　　钻

1.所钻材料必须夹紧，较长材料应使用托架；材料调头时，应双手扶料并要注意周围环境；

2.操作中如发生凿芯被木渣挤塞，应抬起手柄用刷子等清除木渣，严禁用手清渣；

3.拆装钻头时，应全部停钻后方能进行；钻头装夹必须牢固；

4.不得用手触摸转动中的钻头，不得将工具或其他物品放在工作台上。

第三节　支架、脚手架、钢筋、焊接及锅炉作业中的安全要点

首先简要介绍几种拱架与支架的构造，使大家通过对构造的了解，能更好地理解相关的安全规定要求。

1.木拱架、支架(见表7-4)

木拱架、支架类型与构造 表 7-4

类型	简图	说明
排架式支架	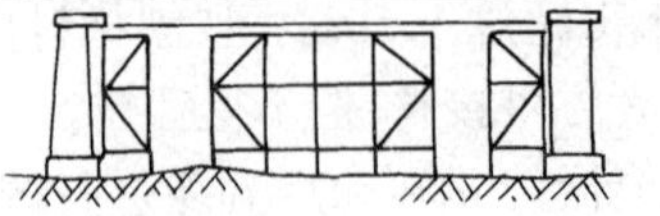	为最简单的满布式支架，主要由排架及纵梁等部件构成，其纵梁为抗弯构件，仅适用于较小跨径(<4m)，桥不太高且不通航河流
撑架式支架	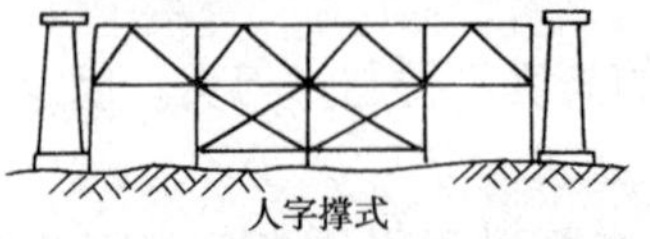 人字撑式 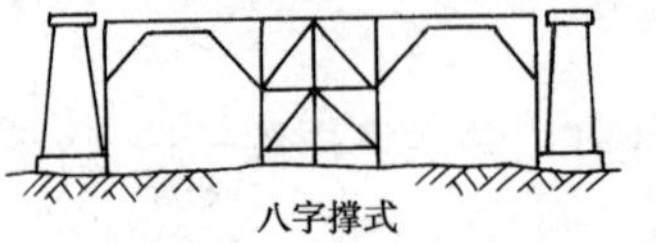 八字撑式	有人字撑式和八字撑式两种。此类支架构造较复杂，其纵梁须加设人字撑或八字撑，为可变形结构，故浇筑混凝土时须适当安排浇筑程序，保持均匀、对称地进行，以防发生较大变形
排架式木拱架	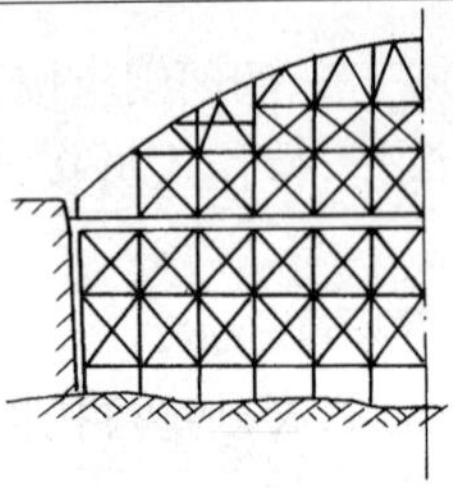	排架间距小，结构简单且稳定性好，适用于干岸河滩上流速小，不受洪水威胁不通航河流上的桥孔。 为防止排架不均匀沉降，或承载力不足现象，必要时应以砌石或打桩基础，保证桩基稳定
撑架式木拱架	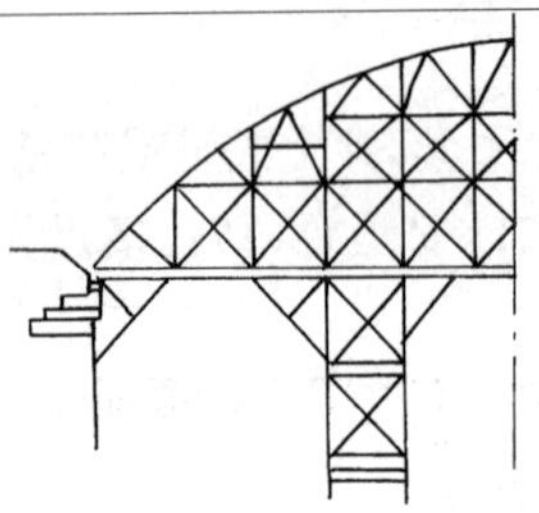	构造较为复杂，不用支架，采取加斜撑以扩大拱跨，能节省大量排架工料，并对拱架下保持净空、净宽有利。 基础处理同上
小型木拱架	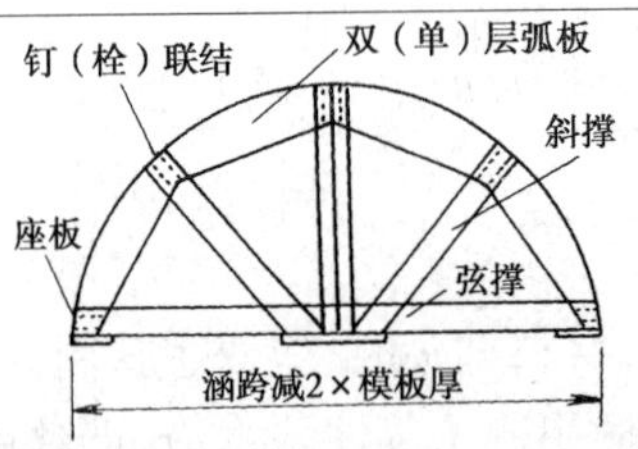 钉（栓）联结 双（单）层弧板 斜撑 座板 弦撑 涵跨减2×模板厚	通常系由5cm厚的木板锯成梳形弧板，双层叠合以铁钉或螺栓组成，广泛用于砖、石、混凝土拱涵、砖拱涵等拱圈砌筑。 适用于4m以下的拱跨
木拱架加支撑	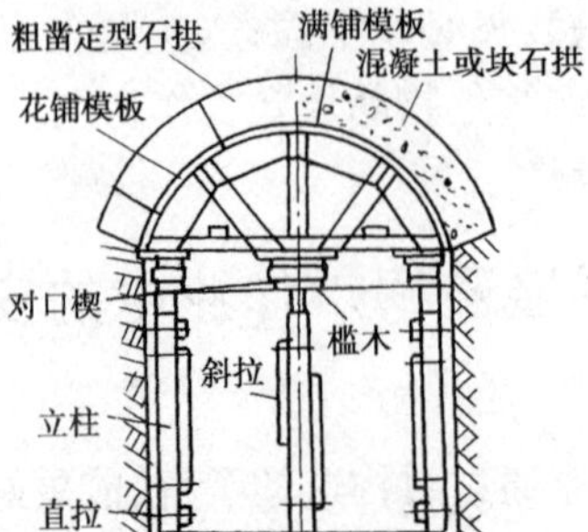 粗凿定型石拱 满铺模板 混凝土或块石拱 花铺模板 对口楔 槛木 斜拉 立柱 直拉	当拱圈自重较大，拱架负荷较重时，须在拱架下设置支撑，在浇筑混凝土或浆砌块石拱圈时，拱架上满铺模板。如为粗凿定型砌拱圈，可不满铺模板，仅在骑缝位置钉上7cm宽板条即可。拱跨小于2m时，用二排木柱支撑，大于2m时用三排支撑

2.满布式拱架节点构造(见表 7-5)

满布式拱架节点构造 表 7-5

拱架各杆件的连接应当力求紧密,可用铁夹板、硬木夹板和螺栓等铁件或硬木连接,桁式拱架尚须采用榫接。杆件用夹板和螺栓等连接,其方法如下:

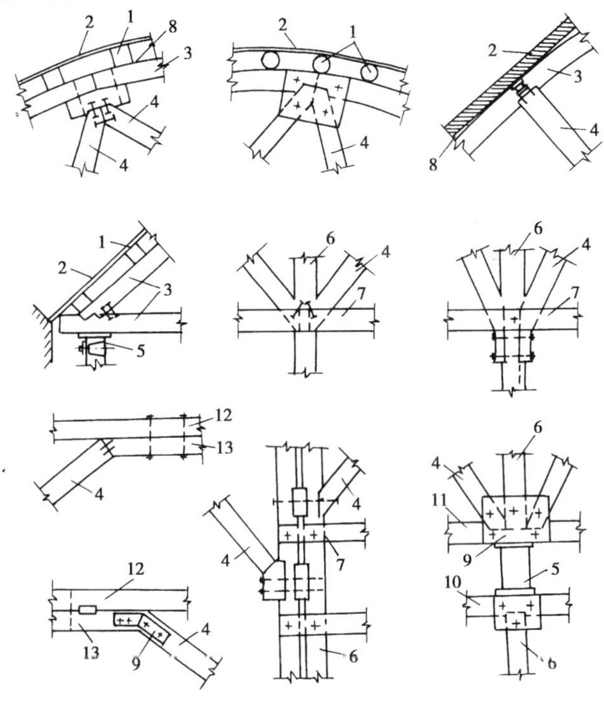

1-横梁;2-模板;3-弓形木;4-斜撑;5-卸架设备;6-柱;7-水平夹木;8-填木;9-夹板;10-帽木;11-拉梁;12-纵梁;13-托梁

3.拱架的卸落设备(见表 7-6)

拱 架 卸 落 设 备 表 7-6

类型	用途	简　　图	施 工 要 点
木楔	4m以下石拱桥	P A 1:6~1:10 B	整个木楔以热油浸制,以防木料受潮并在木楔斜面涂以肥皂,松木楔斜面应力≯2.5MPa,否则应改用硬木。拆落时敲击小头
木马	4~9m石拱桥	Ⅰ Ⅰ Ⅱ Ⅱ a b Ⅰ Ⅱ Ⅱ Ⅰ	卸落支架时,锯去Ⅰ-Ⅰ及Ⅱ-Ⅱ,支承面积 a-b 上的应力不能超过木料横纹容许压力

续上表

类型	用途	简　　图	施　工　要　点
组合楔	4m以上石拱桥	木制；混凝土制（图中标注 P、α、a）	卸落时只须将拉紧楔子的螺栓放松，拉紧螺栓应力 $\sigma=\dfrac{2P\cos\cdot\sin(\alpha-\varphi)}{\cos\varphi}$ 式中：φ—斜面摩擦角（$\alpha>\varphi$ 时楔子才能滑动）

一、支架、脚手架施工中的安全要点

随着建筑施工技术的进步，脚手架、排架的种类也愈来愈多。根据结构特点和操作条件的不同，可分为单排、双排、悬挂式、桥式、悬排式、整体提升式等脚手架。

为了能更好地理解和掌握及执行在公路工程施工中相关的安全技术和规定要求，下面对相关内容进行重点的介绍说明。

（一）脚手架原材料要求

为了保证施工安全，对排架、脚手架的使用材料必须有相应的要求。因为，其原材料的材质优劣，搭设正确与否，直接关系到排架、脚手架的稳定与安全，因此，对所使用的原材料必须进行认真挑选，并按规定要求搭设，以确保排架、脚手架的安全可靠。

1.竹竿

1）材料

宜采用4年生的毛竹且无虫蛀和白麻、黑麻等枯脆现象以及无连通二节以上的裂缝。

用作立杆、大横杆、斜杆、顶撑、搁栅时有效部分小头直径不小于75mm（脚手架总高为20m以下时取60mm）。

用作小横杆时有效部分小头直径不小于90mm（脚手架总高为20m以下时取75mm）。

用作防护栏杆时有效部分小头直径不小于50mm。

2）竹脚手架绑扎材料

（1）竹篾

应选用新鲜水竹或慈竹劈制，其质地应坚韧、带青、厚度0.6～0.8mm、宽度5mm左右、长度约2.6m，且无断腰、霉点、枯脆和有六节疤或受过腐蚀。每个节点应使用2～3根进行绑扎。使用前应隔天用水浸泡，其使用有效期限约为3个月。

（2）镀锌铁丝

一般选用18号以上规格，如使用18号镀锌铁丝时，应双根并联进行绑扎。

（3）塑料篾

由塑料纤维编织而成，使用时必须有出厂合格证和力学性能数据，并符合使用要求。

2.木杆

1)材料

应采用剥皮杉木或落叶松,且无腐朽、折裂、枯节等疵残。不宜采用杨木、柳木、桦木、椴木、油松等质地松脆的木材。

用作立杆和斜杆时小头直径不小于 70mm。

用作大横杆、小横杆时,小头直径不小于 80mm。

2)木脚手架绑扎材料

一般采用 8 号镀锌铁丝。如使用期在 3 个月以内,或架体较低、施工荷载较小时,也可采用直径不小于 12mm 的机制麻、棕绳进行绑扎,凡受潮、变质、发霉的绳子不得使用。

3.钢管

1)材料

钢管脚手架杆件应采用外径 48mm、壁厚 3.5mm 的钢管,其材质应符合 GB 700 的技术要求。凡钢管表面有凹凸状、疵点裂纹、变形和扭曲等现象一律不准使用。每根钢管两端切口须平顺、严禁有斜口、毛口、卷口等现象。钢管还必须有出厂产品质量证明。

2)扣件

扣件是专门用来对钢管脚手架杆件进行联结的联结件,是保证脚手架整体稳定和可靠性的安全保证部件。其形式有 3 种:

(1)直角扣件

用于两管交叉呈 90°联结,主要作大小横杆与立杆的联结之用。

(2)回转扣件(万向扣件)

用于两管交叉任意角度联结,主要作斜杆与主杆、斜杆接长、立杆双管互绑联结之用。

(3)对接扣件

用于两管接长的对口联结,主要作立杆、大横杆、搁栅、防护栏杆接长之用。

扣件应采用锻铸铁,并符合 KT 33—8 的技术要求,凡有变形、裂纹、砂眼等现象的扣件不得使用。

4.脚手板

1)木脚手板

木脚手板应使用杉木或松木制成,厚度不小于 50mm,板长一般为 3 ~ 6m,宽为 200 ~ 250mm,端部应采用 10 号 ~ 14 号镀锌铁丝绑扎,以防开裂。凡腐朽、扭纹、破裂和有大横透节或虫眼的木板均不得使用。

2)竹脚手板

(1)竹笆脚手板

采用平纹带竹青的竹片纵横编织而成,每根竹片宽度不小于 30mm,厚度不小于 8mm,横筋一反一正,边缘处纵横筋相交点用铅丝扎紧,板长一般为 2 ~ 2.5m,宽为 0.8 ~ 1.2m。

(2)竹片脚手板

采用螺栓将侧立的竹片并列连接而成,螺栓直径 8 ~ 10mm,间距 500 ~ 600mm,首只螺栓离板端 200 ~ 250mm,板长一般为 2 ~ 2.5m,宽为 250mm,板厚一般不小于 50mm,凡虫蛀、枯脆、松散的竹脚手板不得使用。

3)钢脚手板

采用 2mm 厚钢板压制而成,或采用型钢、钢筋组合焊接而成,其板面平直度偏差应控制在 20mm 以内,端部应设连接卡口。板长一般为 2 ~ 4m,宽为 250mm,厚度为 50mm。当由钢板压制时,板面应有防滑措施。凡裂纹,凹陷变形或锈蚀严重的钢脚手板不得使用。

(二)脚手架的构造与防护

为了理解和掌握脚手架的安全要点,必须了解脚手架的构造与相关的防护知识,以确保搭设脚手架施工中的安全和搭设好以后在施工使用中的安全。

1.多立杆式脚手架

(1)基础

脚手架的地基必须进行处理,并平整夯实,并应设置有效的排水设施,以保证地基不受雨水的浸渗影响而处于正常使用状态。架体一经搭设,其地基不准随意开挖。

竹、木脚手架的立杆和剪刀撑的底脚应挖潭深埋,埋深不小于30cm,如立杆直接搁 在地平上,应增设扫地杆。

钢管脚手架立杆的底脚应采用钢管底座,底座应垂直稳放在厚度不小于5cm的垫木或垫板上,根据搭设的高度不同,其具体做法是:

①一般做法

搭设高度在30m以下时,垫木采用长2~2.5m,宽大于20cm,厚5~6cm的木板,并垂直放置,若用4m左右长的垫板,可平行放置。

②特殊做法

搭设高度在30m以上时,若地基为回填土,则应分层夯实,达到坚实平整,上铺10~20cm厚道渣,并认真做好排水处理,而后在道渣上面铺设1号硅酸盐砌块(或混凝土预制块),再沿纵向仰铺统长12~16号槽钢,使立杆垂直稳定在槽钢上。

(2)主要杆件和两种构造形式

多立杆式脚手架主要由立杆、大横杆、小横杆、支撑(即斜撑、剪刀撑、抛撑)、脚手板和拉结点系统组成的承重结构,在搭设使用中又可分为单排架和双排架两种类型,其主要杆件有:

①立杆:又叫立柱、冲天杆、竖杆、站杆。

②大横杆:又叫牵杆、顺水杆、纵向水平杆。

③小横杆:又叫横楞、横担、楞木、排木、横向水平杆、六尺杆。

④斜撑。

⑤剪刀撑:又叫十字撑、十字盖。

⑥抛撑:又叫支撑、压栏子。

⑦扫地杆:又叫底脚横杆。

多立杆脚手架由于其搭设方法不同,其构造形式通常按大小横杆上下相互位置的不同,即架上垂直荷载传递方式的不同分为两种:

第一种荷载传递路线是:

脚手板→大横杆→小横杆→立杆→立杆基础。

第二种荷载传递路线是:

脚手板→小横杆→大横杆→立杆→立杆基础。

(3)单排脚手架的设置要求

单排脚手架搭设高度不宜超过20m。竹脚手架、承插式钢管和角钢脚手架不准搭设单排。单排扣件式或螺栓连接的钢管脚手架搭设高度不宜超过25m。

图7-10和图7-11是拱桥施工中采用的排架式支架和斜撑式支架的图例。

(三)支架作业中的安全要点

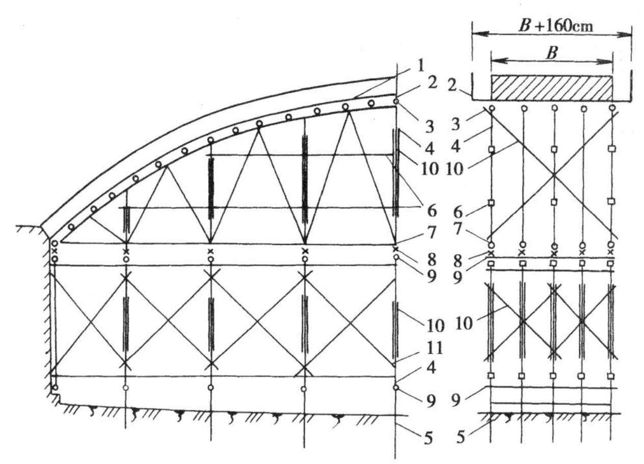

图 7-10 排架式支架

1-模板；2-横梁；3-弓形木；4-立柱；5-桩；6-水平夹木；7-大梁；8-卸架设备；9-帽木；10-横向夹木；11-纵向夹木

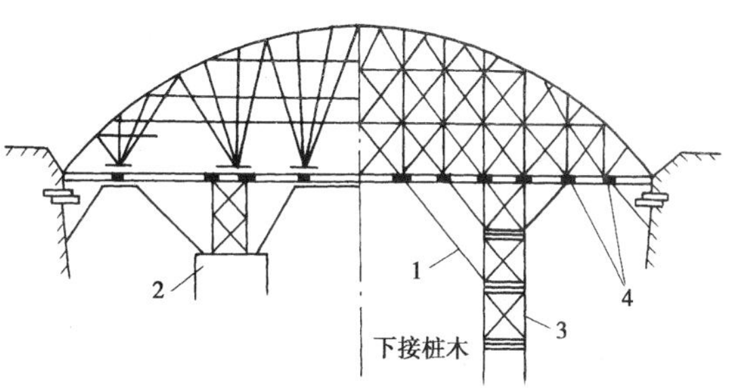

图 7-11 斜撑式支架

1-斜撑；2-临时墩；3-框式支架；4-卸架设备

1.支架所用的桩木、万能杆件应详细检查。不得使用腐朽、劈裂、大节疤的圆木及锈蚀、扭曲严重的万能杆件和钢管等。

2.地基承载能力应符合设计标准，否则应采取加固措施，使其达到设计要求。

3.根据施工季节，支架工程应采取防冲刷或防冻涨等安全措施。

4.支立排架要按设计要求施工，应有足够的承载能力和稳定性，并要与支桩联接牢固，防止不均匀沉落、失稳和变形。

5.支立排架时，应设专人统一指挥。支立排架以整排竖立为宜。排架竖立后，用临时支撑撑牢后再竖立第二排。两排架间的水平和剪刀撑用螺钉拧紧，形成整体。

6.用吊机竖立排架时，应用溜绳控制排架起吊时的摆动。

7.支立排架时，不得与便桥或脚手架相联，防止支架失稳。

(四)脚手架作业中的安全要点

1.木、竹脚手架的捆扎材料，应使用 8～10 号镀锌铅丝和直径不小于 10mm 的三股白麻绳或水葱竹篾。水竹脚手架采用质地新鲜、坚韧带青的新水竹劈制成，厚度为 0.6～0.8mm，宽度为 5mm 左右为宜。断腰、大节疤和受潮霉变的竹篾不得使用。

竹竿应该用 4 年以上的毛竹为标准，青嫩、枯黄或有裂纹、虫蛀的都不能使用。

使用木杆做脚手架的，立杆有效部分的小头直径不能小于 7cm，大横杆、小横杆有效部分的小头直径不能小于 8cm。

2.钢管脚手架连接材料应使用扣件，接头应错开，螺栓要紧固。立杆底端需使用立杆底座。不得使用铅丝和白麻绳连接钢脚手架。

安装管式金属脚手架，禁止使用弯曲、压扁或者有裂缝的管子，各个管子的联接部分要完整无损，以防倾倒或者移动。

3.脚手板要铺满、绑牢，无探头板，并要牢固地固定在脚手架的支架上。脚手架的任何部分均不得与模板相连。

4.脚手架要设置栏杆。敷设的安全设施应经常检查,确保操作人员和小型机械安全通行。

5.脚手架上的材料和工具要堆放整齐,积雪和杂物应及时清除。有坡度的脚手架,要加设防滑木板,必要时应加设扶手,以确保安全。

6.悬空脚手架应用栏杆或撑木固定稳妥、牢靠,防止摆动摇晃。

7.搭设在水中的脚手架,应经常检查受水冲刷的情况,发现松动、变形或沉陷应及时加固稳妥。在脚手架上作业的人员应配戴救生设备。

8.搭设钢管井架时,相邻的两立杆的接头应错开,横杆和剪刀撑要同时安装。滑轨必须保持垂直,两轨间距误差不得超过 10mm。

9.吊篮应严格按照设计要求施工。悬挂吊篮的钢丝绳围绕挑梁不得少于 3 圈,卡子不得少于 3 个。一个吊篮的保险绳索不得少于 2 根。钢丝绳不得与构造物或其他物件相摩擦。对钢丝绳必须进行检查。

10.脚手架高度在 10~15m 时,应设置一组(4~6 根)缆风绳。每增高 10m 应再加设一组。缆风绳与地面夹角为 45°~60°。缆风绳的地锚必须牢靠,并应设围栏,防止碰撞破坏。

11.拆除脚手架时,周围应设护栏或警戒标志,并应从上而下进行拆除,不得上下双层作业。拆除的脚手杆、板应用人工传递或吊机吊送,并严格检查,必须吊稳后放可吊送,严禁随意抛掷。

二、钢筋施工中的安全要点

(一)施工要点

1.钢筋施工场地应满足作业需要,机械设备的安装要牢固、稳定,作业前应对机械设备进行检查,合格后方可使用。

2.钢筋调直及冷拉场地应设置防护挡板,作业时,非作业人员不得进入现场。

3.钢筋切断机作业前,应先进行试运转,检查刃口是否松动,运转正常后,方能进行切断作业。切长料时应有专人把扶,切短料时要用钳子或套管夹牢。不得因钢筋直径小而集束切割。

4.采用人工锤击切断钢筋时,钢筋直径不宜超过 20mm,使锤人员和把扶钢筋、剪切工具人员身位要错开,并防止断下的短头钢筋弹出伤人。

5.室外作业应设置机棚,机旁应有堆放原料、半成品的场地。

6.加工较长的钢筋时,应有专人帮扶,并听从操作人员指挥,不得任意推拉。

7.作业后,应堆放好成品。清理场地,切断电源,锁好电闸箱。

(二)钢筋调直切断机使用中的安全要点

1.料架、料槽应安装平直,对准导向筒、调直筒和下切刀孔的中心线。

2.用手转动飞轮、检查传动机构和工作装置,调整间隙,紧固螺栓,确认正常后,启动空运转,检查轴承应无异响,齿轮啮合良好,待运转正常后,方可作业。

3.按调直钢筋的直径,选用适当的调直块及传动速度,经调试合格,方可送料。

4.在调直块未固定,防护罩未盖好前不得送料。作业中严禁打开各部防护罩及调整间隙。

5.当钢筋送入后,手与曳轮必须保持一定距离,不得接近。

6.送料前应将不直的料头切去,导向筒前应装一根 1m 长的钢管,钢筋必须先穿过钢管再进入调直前端的导孔内。

7.作业后,应松开调直筒的调直块并回到原来位置,同时预压弹簧必须回位。

（三）钢筋切断机使用中的安全要点

1.接送料工作台面应和切刀下部保持水平，工作台的长度可根据加工材料长度决定。

2.启动前，必须检查切刀应无裂纹，刀架螺栓紧固，防护罩牢靠。然后用手转动皮带轮，检查齿轮啮合间隙，调整切刀间隙。

3.启动后，先空运转，检查各传动部分及轴承运转正常后，方可作业。

4.机械未达到正常转速时不得切料。切料时必须使用切刀的中下部位，紧握钢筋对准刃口迅速送入。

5.不得剪切直径及强度超过机械铭牌规定的钢筋和烧红的钢筋。一次切断多根钢筋时，总截面积应在规定范围内。

6.剪切低合金钢时，应换高硬度切刀，直径应符合铭牌规定。

7.切断短料时，手和切刀之间的距离应保持150mm以上，如手握端小于400mm时，应用套管或夹具将钢筋短头压住或夹牢。

8.运转中，严禁用手直接清除切刀附近的断头和杂物。钢筋摆动周围和切刀附近，非操作人员不得停留。

9.发现机械运转不正常有异响或切刀歪斜等情况，应立即停机检修。

10.作业后，用钢刷清除切刀间的杂物，进行整机清洁保养。

（四）钢筋弯曲机使用中的安全要点

1.工作台和弯曲机台面要保持水平，并准备好各种合格的芯轴及工具。

2.按加工钢筋的直径和弯曲半径的要求装好芯轴、成型轴、挡铁轴或可变挡架，芯轴直径应为钢筋直径2.5倍。

3.检查芯轴、挡块、转盘应无损坏和裂纹，防护罩紧固可靠，经空运转确认正常后，方可作业。

4.作业时，将钢筋需弯的一头插在转盘固定销的间隙内，另一端紧靠机身固定销，并用手压紧，检查机身固定销子确实安在挡住钢筋一侧，方可开动。

5.作业中，严禁更换芯轴、销子和变换角度以及调速等作业，亦不得加油或清扫。

6.弯曲高强度或低合金钢筋时，应按机械铭牌规定换算最大限制直径并调换相应的芯轴。

7.严禁在弯曲钢筋的作业半径内和机身不设固定销的一侧站人。弯曲好的半成品应堆放整齐，弯钩不得朝上。

8.转盘换向时，必须在停稳后进行。人工弯筋设备及成型台见图7-12。

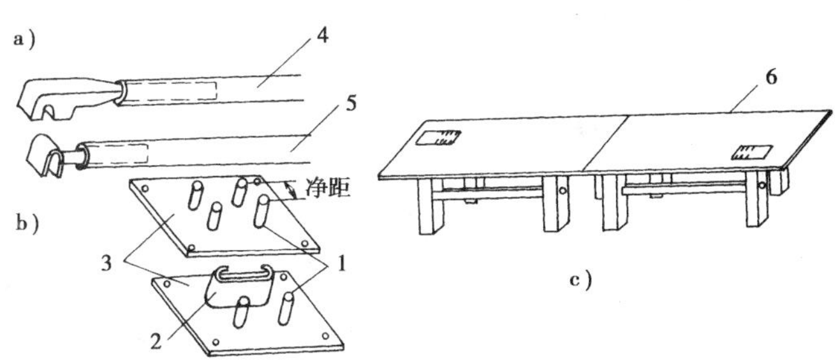

图7-12　人工弯筋设备及成型台

1-扳柱；2-钢套；3-底盘；4-横口扳子；5-深口横口扳子；6-成型台

（五）钢筋冷拉机使用中的安全要点

1.根据冷拉钢筋的直径，合理选用卷扬机，卷扬钢丝绳应经封闭式导向滑轮并和被拉钢筋方向成直角。卷扬机的位置必须使操作人员能见到全部冷拉场地，距离冷拉中线不少于5m。

2.冷拉场地在两端地锚外侧设置警戒区，装设防护栏杆及警告标志。严禁无关人员在此停留。操作人员在作业时必须离开钢筋至少2m以外。

3.用配重控制的设备必须与滑轮匹配，并有指示起落的记号，没有指示记号时，应有专人指挥。配重框提起时高度应限制在离地面300mm以内，配重架四周应有栏杆及警告标志。

4.作业前应检查冷拉夹具，夹齿必须完好，滑轮、拖拉小车应润滑灵活，拉钩及防护装置均应齐全牢固，确认良好后方可作业。

5.卷扬机操作人员必须看到指挥人员发出信号，并待所有人员离开危险区后方可作业。冷拉应缓慢、均匀地进行，随时注意停车信号或见到有人进入危险区时，应立即停拉，并稍稍放松卷扬钢丝绳。

6.用延伸率控制的装置，必须装有明显的限位标志，并要有专人负责指挥。

7.作业后，应放松卷扬钢丝绳，落下配重，切断电源，锁好电闸箱。

三、焊接作业中的安全要点

根据设计要求，钢筋往往需要接长。其接长的方式有闪光接触对焊、电弧焊和绑扎搭接三种。闪光接触对焊及接头型式见图7-13及图7-14。电弧焊接见图7-15、图7-16、图7-17。

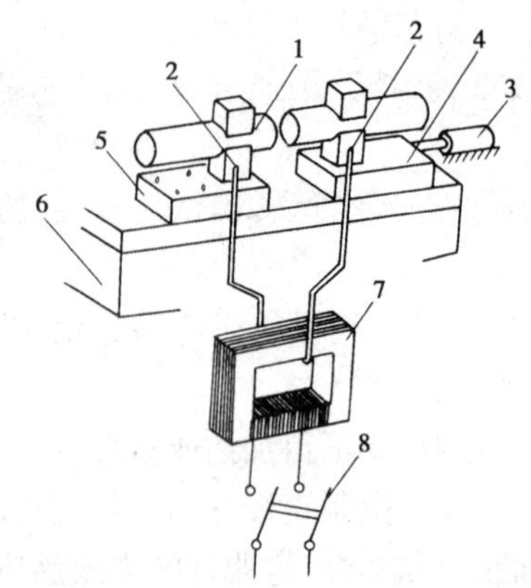

图7-13　接触对焊示意图
1-钢筋；2-电极；3-压力构件；4-活动平板；5-固定平板；6-机身；7-变压器；8-闸刀

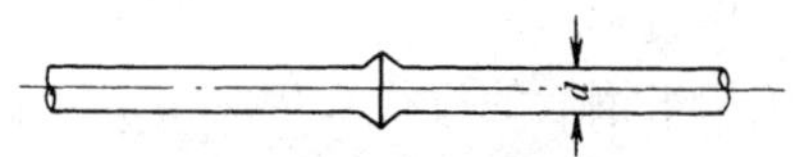

图7-14　接触对焊接头

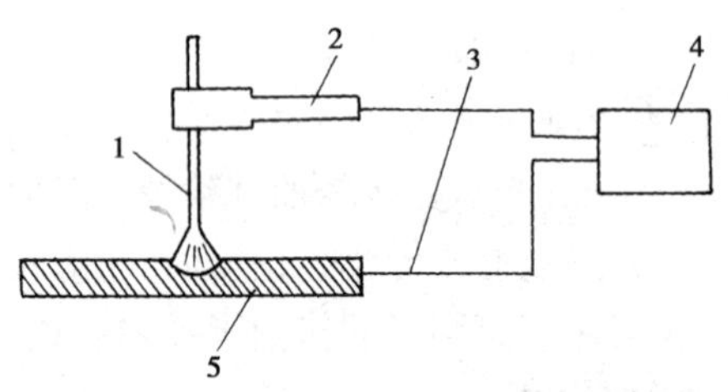

图7-15　电弧焊接示意图
1-焊条；2-焊钳；3-导线；4-电源；5-被焊金属

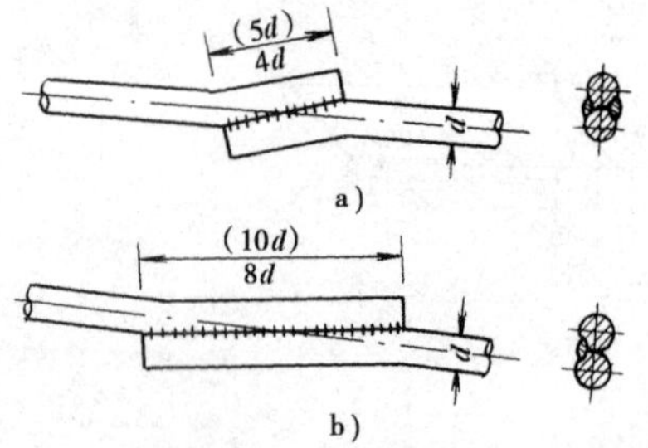

图7-16　电弧焊接头(不带括号的适用于Ⅰ级钢筋；带括号的适用于Ⅱ、Ⅲ级钢筋)
a)双面焊缝；b)单面焊缝

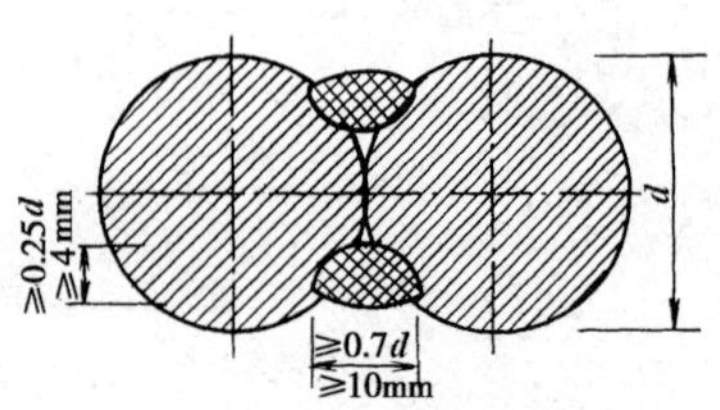

图7-17　焊缝宽度和高度

焊接在桥梁施工中应用十分广，其质量好坏，直接影响到结构的安全，特别是有众多的施工设备均是自行设计和拼装制作的，如果焊接出了问题，其后果极为严重。表7-7至表7-11列出了有关焊接要求。

电焊机及电焊接头 表7-7

电弧焊接使用焊条

钢筋＼焊接形式	搭接焊、帮条焊	坡口焊	熔槽焊
Ⅰ级钢筋	T380或T420	T420	T426
Ⅱ级钢筋	T500	T550	T556
Ⅲ级钢筋	T500或T550	T550或T600	T606

钢筋的搭接、帮条焊接头

名称	接头形式简图	说明
人工绑扎接头	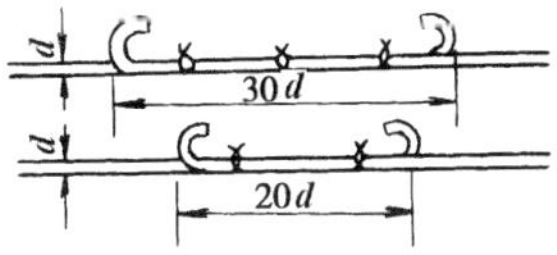 d 30d d 20d	钢筋搭接接头，先将搭接处使钢筋弯折很小角度，相互平行搭接；焊缝长度10d，双面焊5d。 帮条焊可用圆钢筋、扁钢、角钢等，帮条截面强度不小于焊接钢筋的截面强度。
搭接单面电弧焊	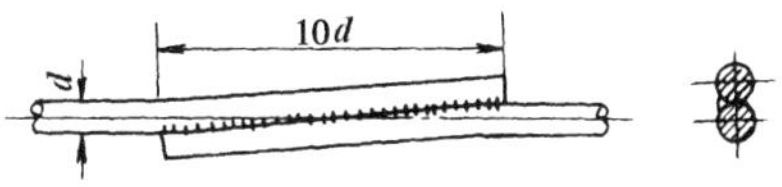 10d d	
搭接双面电弧焊	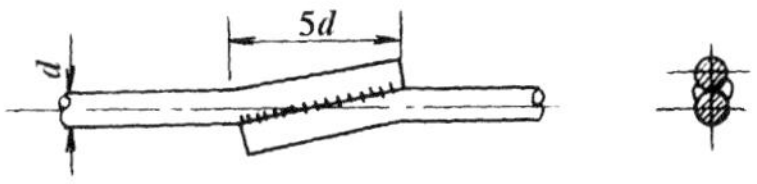 5d d	
帮条单面电弧焊	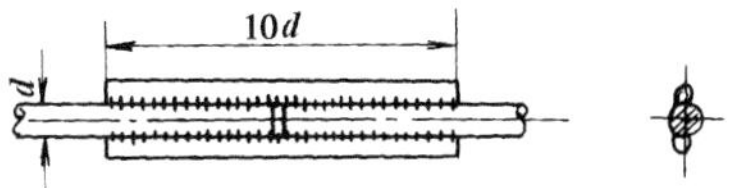 10d d	

续上表

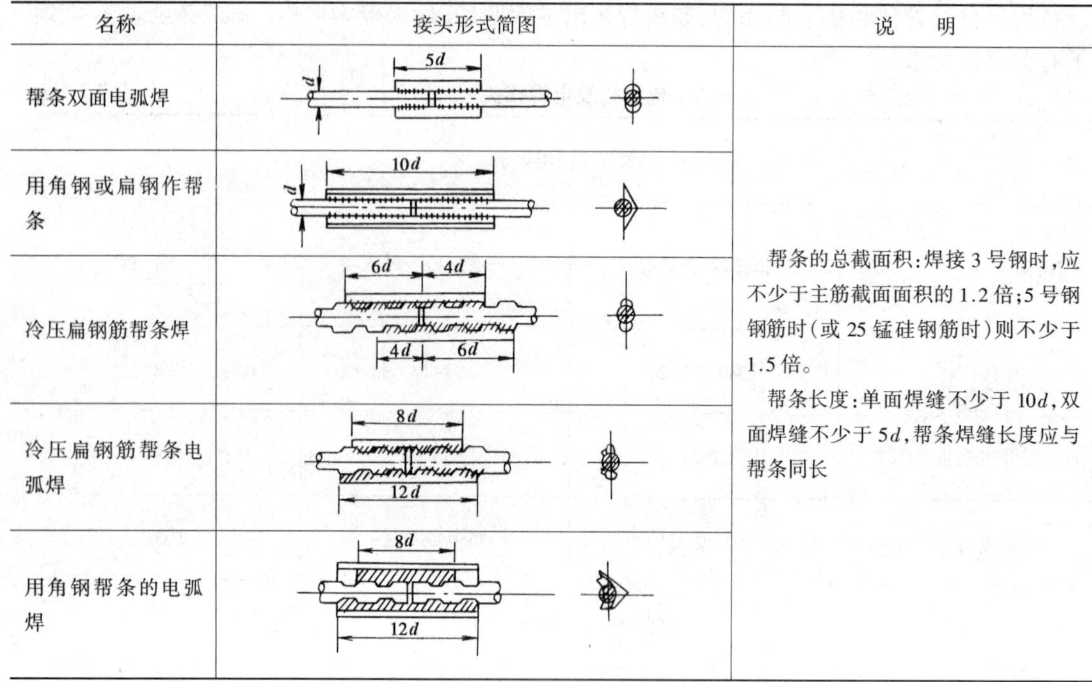

名称	接头形式简图	说　明
帮条双面电弧焊	5d；d	帮条的总截面积：焊接3号钢时，应不少于主筋截面面积的1.2倍；5号钢钢筋时（或25锰硅钢筋时）则不少于1.5倍。 帮条长度：单面焊缝不少于10d，双面焊缝不少于5d，帮条焊缝长度应与帮条同长
用角钢或扁钢作帮条	10d；d	
冷压扁钢筋帮条焊	6d；4d；4d；6d	
冷压扁钢筋帮条电弧焊	8d；12d	
用角钢帮条的电弧焊	8d；12d	

注：焊缝的高度为0.25d，且不少于4mm；焊缝的宽度为0.70d，且不少于10mm。

电焊机及电焊接头 表7-8

钢筋搭接及帮条接头电弧焊焊接参数			
焊接位置	钢筋直径(mm)	焊条直径(mm)	焊接电流(A)
平　　焊	10～12	3.2	90～130
	14～22	4	130～180
	25～32	5	180～230
	36～40	5	190～240
立　　焊	10～12	3.2	80～110
	14～22	4	110～150
	25～32	5	120～170
	36～40	5	170～220

钢筋的熔槽焊接头

钢筋的槽焊和杯焊接头形式

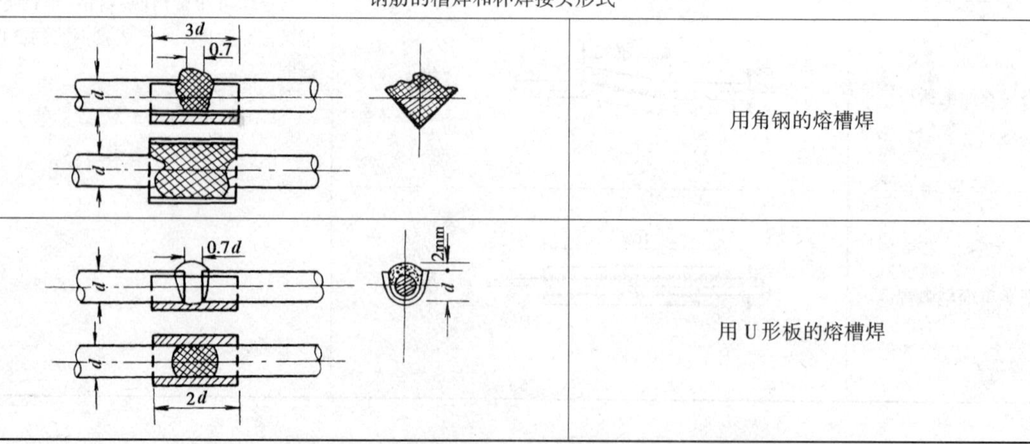

接头形式简图	说明
3d；0.7；d；d	用角钢的熔槽焊
0.7d；2mm；d；d；d；2d	用U形板的熔槽焊

续上表

钢筋的槽焊和杯焊接头形式	
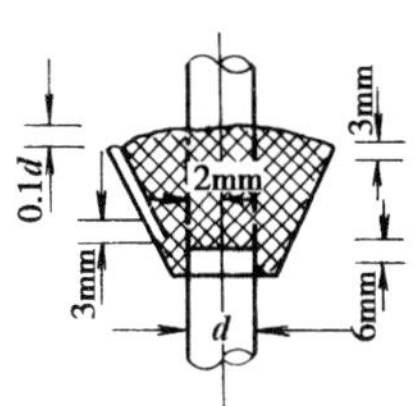	用钢模熔杯焊

电焊机及电焊接头 表 7-9

钢筋的坡口焊接头

名　　称	接头形式简图	说　　明
钢筋坡口平焊接头	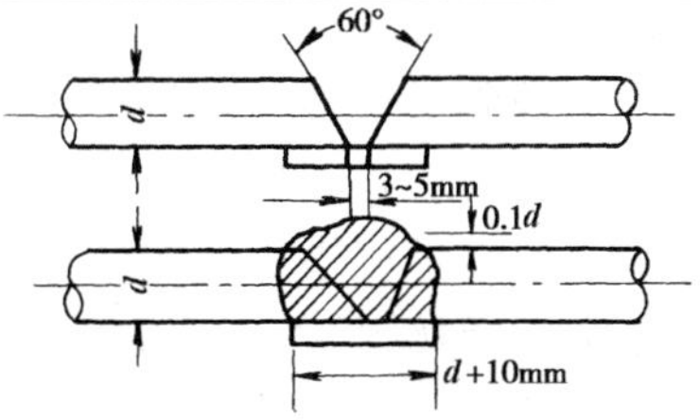 60° d 3~5mm 0.1d d d+10mm	坡口焊也是采用手工电弧焊进行。坡口平焊中，V 形坡口角度约为 60°；半 V 形坡口立焊和 K 形坡口立焊，角度约为 45°；钢筋端部拉开间隙 3 ~ 5mm，不宜超过 10mm。 坡口内焊满，仔细清碴，再进行坡口焊区的加强焊缝焊接。作业时，要正确调节焊接电流
钢筋 V 形坡口立焊接头	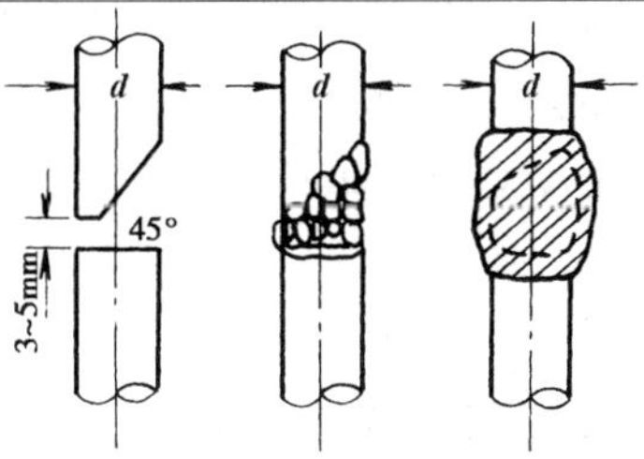 d　d　d 45° 3~5mm	
钢筋 K 形坡口立焊接头	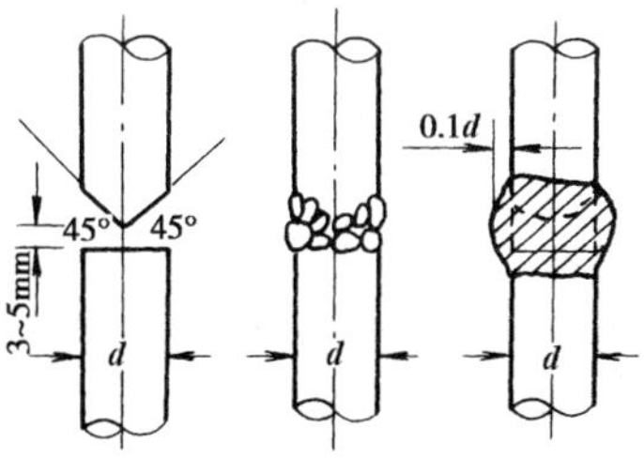 0.1d 45°　45° 3~5mm d　d　d	

钢筋电弧焊接使用焊条 表 7-10

序　　号	钢　筋　等　级	搭接焊帮条焊	熔槽帮条焊
1	Ⅰ级	结 421	结 426
2	Ⅱ级	结 502、结 506	结 556
3	Ⅲ级	结 506	结 606

钢筋搭接长度　表 7-11

钢筋种类＼受力情况＼混凝土标号	15		≥20	
	受拉	受压	受拉	受压
Ⅰ级钢筋	35d	25d	30d	20d
Ⅱ级钢筋	40d	30d	35d	25d
Ⅲ级钢筋	45d	35d	40d	30d

注:位于受拉区的搭接长度不应小于 25cm;位于受压区的搭接长度不应小于 20cm。

加工钢筋的容许偏差见表 7-12。

加工钢筋的容许偏差(mm)　表 7-12

项　目	受力钢筋顺长度方向加工后的全长	弯起钢筋各部分尺寸	箍筋各部分尺寸
容许偏差	+5 或 -10	+20 或 -20	+5 或 -5

钢筋骨架的焊接要求很高,一般采用电弧焊,先焊成单片平面骨架,然后再将平面骨架焊成立体骨架,施焊后,要求骨架具有足够的刚性和不变形性,以便吊运。而钢筋在焊接过程中由于温度变化,骨架将会产生翘曲变形,使骨架的形状和尺寸不能符合设计要求,同时会在焊缝内产生收缩应力而使焊缝开裂。为了防止施焊过程中骨架的变形,一般常在电焊工作台上先用点焊后跳焊(即错开焊接次序)的方法进行焊接,另外采用双面焊缝使骨架的变形尽可能均匀对称。

工作台型式很多,台高一般为 30~40cm,钢筋按骨架的尺寸用角钢固定在台面上,每根斜筋的两侧也用木条固定。钢筋按设计图布置后,各钢筋用点焊固定相对位置,使钢筋固架各部位不致因施焊时加热膨胀及冷却收缩而走动。点焊或施焊,骨架相邻部位的钢筋应错开焊接(跳焊),见图 7-18、图 7-19。

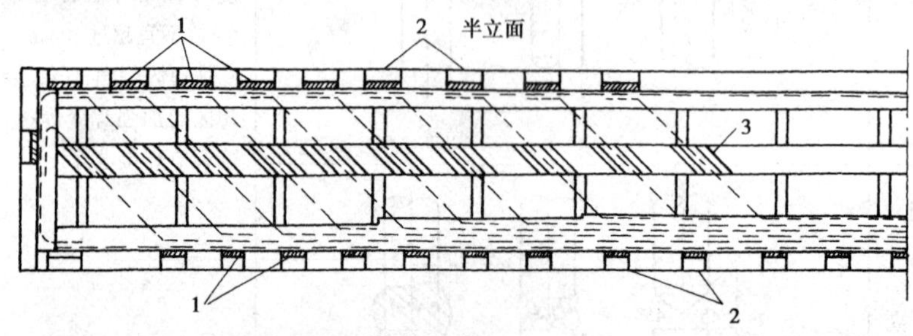

图 7-18　T 形梁钢筋单片骨架拼焊台

1-焊缝长度(用红漆标出);2-焊缝编号;3-木条

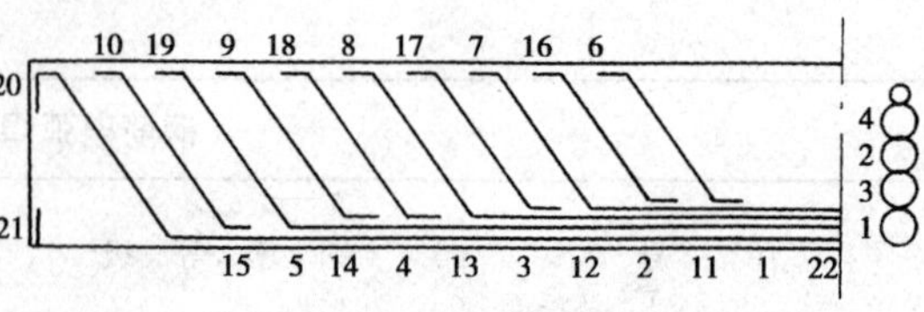

图 7-19　钢筋骨架焊接顺序

上述说明,在公路工程施工中,特别是桥梁工程中,由于结构复杂,对焊接的技术要求很高,工作量也相当大,而且常常处于高处进行施焊,因此,对施工中的安全技术措施要求也很高,其安全技术措施应全面、细致而具体,要有针对性地制定安全技术措施方案。确保施工作业的安全。下面对相关的安全规定要求分述如下:

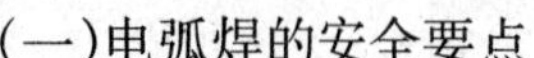

(一)电弧焊的安全要点

1.焊接设备上的电机、电器、空压机等应有完整的防护外壳,一、二次接线柱处应有保护罩。

2.现场使用的电焊机应设有可防雨、防潮、防晒的机棚,并备有消防用品。

3.焊接时,焊接和配合人员必须采取防止触电、高空坠落、瓦斯中毒和火灾等事故的安全措施。

4.严禁在运动中的压力管道、装有易爆易燃物品的容器和受力构件上进行焊接和切割。

5.焊接铜、铝、锌、锡、铅等有色金属时,必须在通风良好的地方进行,焊接人员应戴防毒面具或呼吸滤清器。

6.在容器内施焊时,必须采取以下措施:容器上必须有进、出风口并设置通风设备;容器内的照明电压不得超过12V,焊接时必须有专人在场监护,严禁在已喷涂过油漆或塑料的容器内焊接。

7.焊接预热件时,应设挡板隔离焊件发出的辐射热。

8.高空焊接或切割时,必须挂好安全带,焊件周围和下方应采取防火措施并有专人监护。

9.电焊线通过道路时,必须架高或穿入防护管内埋设在地下,如通过轨道时,必须从轨道下面穿过。

10.接地线及手把线都不得搭在易燃、易爆和带有热源的物品上,接地线不得接在管道、机床设备和建筑物金属构件或轨道上,接地电阻不大于4Ω。

11.雨天不得露天电焊。在潮湿地带作业时,操作人员应站在铺有绝缘物品的地方并穿好绝缘鞋。

12.长期停用的电焊机,使用前,必须检查其绝缘电阻不得低于0.5MΩ,接线部分不得有腐蚀和受潮现象。

13.焊钳应与手把线连接牢固,不得用胳膊夹持焊钳。清除焊渣时,面部应避开被清的焊缝。

14.在载荷运动中,焊接人员应经常检查电焊机的温升,如超过A级60℃、B级80℃时,必须停止运转并降温。

15.施焊现场的10m范围内,不得堆放氧气瓶、乙炔发生器、木材等易燃易爆物。

16.作业后,清理场地、灭绝火种,切断电源,锁好电闸箱,消除焊料余热后,方可离开。

(二)交流电焊机的安全要点

1.应注意初、次级线,不可接错,输入电压必须符合电焊机的铭牌规定。严禁接触初级线路的带电部分。

2.次级抽头连接铜板必须压紧,接线柱应有垫圈。合闸前详细检查接线螺母、螺栓及其他部件应无松动或损坏。

3.移动电焊机时,应切断电源,不得用拖拉电缆的方法移动焊机,如焊接中突然停电,应切断电源。

(三)直流电焊机的安全要点

1.新机使用前,应将换向器上的污物擦干净,使换向器与电刷接触良好。

2.启动时,检查转子的旋转方向应符合焊机标志的箭头方向。

3.启动后,应检查电刷和换向器,如有大量火花时,应停机查明原因,经排除后,方可使用。

4.数台焊机在同一场地作业时,应逐台启动,并使三相载荷平衡。

对于硅整流电焊机:

(1)电焊机应在原厂使用说明书要求的条件下工作。

(2)使用时,必须先开启风扇电机。电压表指示值应正常,仔细察听应无异响。停机后,应清洁硅整流器及其他部件。

(3)严禁用摇表测试电焊机主变压器的次级线圈和控制变压器的次级线圈。

(四)埋弧自动、半自动焊机的安全要点

1.检查送丝滚轮的沟槽及齿纹应完好。滚轮、导电嘴(块)磨损或接触不良时应更换。

2.检查减速箱油槽中的润滑油,不足时应添加。

3.软管式送丝机构的软管槽孔应保持清洁,定期吹洗。

(五)对焊机的安全要求

1.对焊机应安装在室内,并有可靠的接地(接零)。如多台对焊并列安装时,间距不得少于3m,并应分别接在不同相位的电网上,分别有各自的刀型开关。导线的截面应不小于下表7-13的规定:

导线截面积 表7-13

对焊机的额定功率(KVA)	25	50	75	100	150	200	500
一次电压为220V时的导线截面积(mm^2)	10	25	35	45			
一次电压为380V时的导线截面(mm^2)	6	16	25	35	50	70	150

2.作业前,检查对焊机的压力机构应灵活,夹具应牢固,气、液系统无泄漏,确定正常后,方可施焊。

3.焊接前,应根据所得钢筋截面,调整二次电压,不得焊接超过对焊机规定直径的钢筋。

4.断路器的接触点、电极应定期光磨,二次电路全部连接螺栓应定期紧固。冷却水温度不得超过40℃;排水量应根据温度调节。

5.焊接较长钢筋时,应设置托架。配合搬运钢筋的操作人员,在焊接时要注意防止火花烫伤。

6.闪光区应设挡板,焊接时无关人员不得入内。

7.冬季施工时,室内温度应不低于8℃。作业后,放尽机内冷却水。

(六)点焊机的安全要点

1.作业前,必须清除上、下两极的油污。通电后,机体外壳应无漏电。

2.启动前,首先应接通控制线路的转向开关和调整好极数。接通水源、气源、再接通电路。必须按序作业。

3.认真检查电极触头,应保持其光洁,如有漏电时,应立即更换。

4.作业时,气路、水冷系统应畅通。气体必须保持干燥。排水温度不得超过40℃,排水量应根据气温调节。

5.严禁在引燃电路中加大熔断器。当负载过小使引燃管内电弧不能发生时,不得闭合控制箱的引燃电路。

6.控制箱如长期停用,每月应通电加热30min。如更换闸流管,亦应预热30min,正常工作的控制箱的预热不得少于5min。

(七)乙炔气焊安全要点

1. 乙炔发生器使用的安全要点

(1)一次加电石 10kg 或每小时有 $5m^3$ 发气量的乙炔发生器应采用固定式,并建立乙炔站(房),由专人操作。

(2)乙炔发生器(站)、氧气瓶及软管、阀、表均应认真检查,确保齐全有效、紧固牢靠,不得松动、破损和漏气。氧气瓶及其附件、胶管、工具均应经常清洁,不得沾染油污。软管接头不得采用铜质材料制作。

(3)乙炔发生器、氧气瓶和焊距间的距离不得小于 10m,否则应采取隔离措施。同一地点有两个以上乙炔发生器时,其间距不得小于 10m。

(4)电石的贮存地点必须干燥,通风良好,室内不得有明火或敷设水管、水箱。电石桶应密封,桶上必须标明“电石桶”和“严禁用水灭火”等醒目字样。如电石有轻微受潮时,只可轻轻取出电石,不得倾倒。

(5)搬运电石桶时,应打开桶上小盖。严禁用钢铁工具破击桶盖。搬运人员不得站在桶的两端。取装电石和砸碎电石时,操作人员应戴手套、口罩和眼镜。

(6)电石起火时,必须用干砂或二氧化碳灭火器。不得用泡沫等液体及四氧化碳灭火器或水灭火。电石粉末应在露天销毁。

(7)如用新品种电石时,在使用前应作温水浸试,并经试验无爆炸危险时,方可使用。

(8)乙炔发生器的压力应保持正常,压力超过 147kPa 时应停用。用水必须清洁。发气室内壁不得用含铜材料制作。温度不得超过 80℃(入水式发生器,其冷却水温不得超过 50℃,浮桶式发生器水温不得超过 60℃)。当温度超过规定时应停止作业。并用冷水喷射降温和加入低温的冷却水。不得以金属棒等硬物敲击乙炔发生器的金属部分。

(9)使用浮筒式乙炔发生器时,应装设回火防止器。在内筒顶部中间,应有防爆球或胶皮薄膜,其厚度不得超过 1mm,面积应为内筒底面积的 60%以上。

(10)乙炔发生器应放在操作地点的上风处,不得放在高压线及一切电线的下面。不得放在强烈日光下曝晒。四周应设围栏、悬挂“严禁烟火”标志。

(11)碎电石应掺入小块电石内,装入乙炔发生器中使用、不得完全使用碎电石。夜间加添电石不得用明火照明。

2. 乙炔瓶的使用、运输和储存安全技术要点

乙炔瓶虽然比乙炔发生器安全多了,但在运输、贮存和使用过程中,由于受振动、填料下沉、直接受热,以及使用不当、操作失误等,也会发生爆炸事故。所以使用乙炔气瓶时,各方面都要采取必要的安全措施。每三年进行一次技术检验。

1)使用时的安全技术要点

(1)禁止敲击、碰撞;

(2)要立放、不能卧放,以防丙酮流出,引起火爆炸(丙酮蒸气与空气混合的爆炸极限为 2.9% ~ 13%)。气瓶立放 15 ~ 20min 后,才能开启瓶阀使用。拧开瓶时,不要超过 1.5 转,一般情况只拧 3/4 转;

(3)不得靠近热源和电气设备,夏季要防止曝晒,与明火的距离一般不小于 10m(高处作业时,应是与垂直地面处的平行距离);

(4)瓶阀冻结,严禁用火烘烤,必要时可用 40℃以下的温水解冻;

(5)吊装、搬运时,应使用专用夹具和防振的运输车,严禁用电磁起重机和链绳吊装搬运;

(6)严禁放置在通风不良及有放射线的场所,且不得放在橡胶等绝缘体上;

(7)工作地点不固定且移动较频繁时，应装在专用小车上；同时使用乙炔瓶和氧气瓶时，应尽量避免放在一起；

(8)使用时要注意固定，防止倾倒，严禁卧放使用，局部温度不要超过40℃(即烫手)；

(9)必须装设专用的减压器、回火防止器。开启时，操作者应站在阀口的侧后，动作要轻缓；

(10)使用压力不得超过0.15MPa，输气流速不应超过1.5～2.0m³/(h·瓶)；

(11)严禁铜、银、汞等及其制品与乙炔接触，必须使用铜合金器具时，合金含铜量低于70%；

(12)瓶内气体严禁用尽，必须留有不低于表7-14规定的剩余压力。

剩余压力与环境温度关系 表7-14

环境温度(℃)	<0	0～15	15～25	25～40
剩余压力(MPa)	0.05	0.1	0.2	0.3

2)运输乙炔瓶的安全技术要点

(1)应轻装轻卸，严禁抛、滑、滚、碰；

(2)车、船装运时应妥善固定。汽车装运乙炔瓶时：

横向排放，头部应朝向一方，且不得超过车厢高度；

直立排放，车厢高度不得低于瓶高的2/3。

(3)夏季要有遮阳设施，防止曝晒，炎热地区应避免白天运输；

(4)车上禁止烟火，并应备有干粉或二氧化碳灭火器(严禁使用四氯化碳灭火器)；

(5)严禁与氯气瓶、氧气瓶及易燃物品同车运输；

(6)严格遵守交通和公安部门颁布的危险品运输条例及有关规定。

3)储存乙炔瓶的安全技术要点

(1)使用乙炔瓶的现场，储存量不超过5瓶；超过5瓶但不超过20瓶时，应在现场或车间内非燃烧体或难燃烧体墙隔成单独的储存间，应有一面靠外墙；超过20瓶，应设置乙炔瓶库；储存量不超过40瓶的乙炔库房，可与耐火等级不低于二级的生产毗连建造，其毗连的墙应是无门、窗和洞的防火墙，并严禁任何管线穿过；

(2)储存间与明火或散发火花地点的距离不得小于15m，且不应设在地下室或半地下室；

(3)储存间应有良好的通风、降温等设施，要避免阳光直射，要保证运输道路畅通，在其附近应设有消火栓和干粉或二氧化碳灭火器(严禁使用四氯化碳灭火器)；

(4)乙炔瓶储存时，一般要保持竖立位置，并应有防止倾倒的措施；

(5)严禁与氯气瓶、氧气瓶及易燃物品同间储存；

(6)储存间应有专人管理，在醒目的地方应设置“乙炔危险”、“严禁烟火”的标志。

(7)乙炔瓶库的设计和建设，应符合《建筑设计防火规范》和《乙炔站设计规范TJ31》(试行)的有关规定。

3.焊炬的安全使用要点

(1)使用前应首先检查其射吸性能，射吸性能不正常，必须进行修理，否则不得使用；

(2)射吸性能检查正常后，进行是否漏气检查，焊炬的所有连接部位不得有漏气现象；

(3)在前二项检查合格的基础上，进行点火，方法有两种，一种是先给乙炔气另一种是先给氧气。比较安全的点火方法是给乙炔气，点燃后立即给氧气并调节火焰；

(4)停火时，应先关乙炔后关氧气，这样可防止火焰倒吸和产生烟灰；

(5)发生回火时，应急速关闭乙炔，随后立即关闭氧气，这样火焰在焊炬内会很快熄灭；

(6)焊炬停止使用后，应拧紧调节手轮并挂在适当位置，或卸下焊炬和胶管；

(7)焊炬的各连接部位、气体通道及调节阀等处，均不得沾染油脂；

(8)为使用方便而不卸下胶管的作法是不允许的(焊炬、胶管和气源做永久性连接)，同时也不允许连有气源的焊炬，放在容器里或锁在工具箱内。

4.割炬的安全使用要点

(1)气割前应将工件表面的漆皮、锈层和油水污物等清理干净。工作场地面是水泥地面时，应将工件垫起，以防锈皮和水泥爆溅后伤人。

(2)应进行点火试验。如果点火后，出现火焰突然熄炮现象，则说明割嘴没有装好，此时，应松开割嘴进行认真检查。

(3)停火时，应先关掉切割氧流，接着再关掉乙炔，最后关掉预热氧流。发生回火时，应立即关掉乙炔，再关预热氧和切割气。

5.胶管的安全使用要点

(1)使用前必须将胶管内的化石粉吹除干净，以防止气路被堵塞而发生事故。

(2)使用和保管时，应防止与酸、碱、油类以及其他有机溶剂接触，以防胶管损坏、变质，导致使用时出现问题。

(3)使用中应避免受外界挤压和砸碰等机械损伤，不得将胶管折叠，不得与炽热的工件接触。

(4)如果回火火焰烧进氧气胶管时，则胶管不可继续使用，必须更换新胶管，以确保使用安全。

(5)气割时，气瓶阀应全部打开，以便保证足够的流量和稳定的压力，以防止回火和倒燃进入氧气胶管而引起爆炸着火。

(6)氧气和乙炔胶管不得相互混用，或以不合格的其他类型的胶管代替。所用的胶管，必须符合国家标准要求：

氧气胶管应符合国家标准(GB 2550—81)的规定，胶管为红色。

乙炔胶管应符合国家标准(GB 2551—81)的规定，胶管为黑色。

(7)胶管不应过长，以免拖、拉过多而增加不安全因素。

(8)胶管原则上不得有接头。特殊情况需接头时，其接头连接用管不得采用纯铜管，以防爆炸事故的发生。必须认真检试，接头处必须保证无漏气现象。

6.安全泄压装置安全使用要点

1)安全阀安全使用要点

(1)安全规则规定，安全阀的开启压力为0.115MPa。使用时应通过仔细调节螺栓，调节好开启压力，使其符合规定值。

(2)要经常(或定期)检查排气情况是否正常，防止排气管、阀体及弹簧等被乙炔气流中的灰渣、粘性杂质及其他脏物堵塞或粘结，确保安全阀的灵敏有效。

(3)如发现安全阀有漏气或不停地排气现象时，应立即停止工作，待检修调整好后方可使用。

2)爆破片的安全使用要点

(1)发生爆炸后，按规定，使用的爆破片要及时更换新的；

(2)不得使用铜板、铝板、铁板或其他板块代替。

7.指示装置的安全使用要点

1)压力表(乙炔)的安全使用要点

(1)焊接(或气割)工作中要经常检查观察压力表的指示值,使其不大于乙炔发生器最高工作压力值0.15MPa。

(2)要经常检查压力表指针的转动与波动情况,如发现有不正常现象时,应立即停止工作,对压力表进行检修或更换新的压力表。

(3)压力表必须保持清洁,表盘上玻璃明亮清晰、表盘刻度要清楚易见,以便准确观察指针的压力值,否则不得使用。

(4)压力表的连接管要经常或定期进行吹洗,以防堵塞。

(5)压力表必须按规定经计量部门检验校正后,方可使用;超过有效期限的压力表,应重新进行检验校正,否则不得使用。

2)氧气表的安全使用要点

(1)新的氧气表,必须要有出厂合格证。已用的氧气表要做定期检验,已超过定期检验的不得继续使用。

(2)上装氧气表以前,要微开氧气瓶阀,吹净瓶口处的杂质,随后关闭瓶阀,并开始上表,瓶口不可直接对向人体,同时要将调压螺杆松开。

(3)装卸氧气表时,一定要拧紧,并注意防止管接头有滑丝漏气现象,以免因装表不牢而射出,待正常后再接氧气胶带。

(4)开启氧气瓶阀时,应缓慢拧开,以防止因高压氧流作用而引起静电火花。

(5)一定要注意氧气表不得沾有油脂,如果沾有油脂,必须在擦洗干净后再使用。

(6)应经常检查氧气表的工作情况,如发现有故障,一定要及时检修,符合要求后方可使用。

3)水位计的安全使用要点

(1)发生器各罐体内的水量,应符合水位计的标志和水笼头指示水位要求。

(2)水位计要有指示刻度,并清晰易见,水位龙头不应有锈蚀和塞死问题。

8.氧气瓶的安全使用要点

(1)出厂前,必须按照《气瓶安全监察规程》的规定,严格进行技术检验,合格后,方可使用。

(2)做好防振工作:

在贮运和使用过程中,一定要采取措施避免剧烈振动和撞击,尤其是严寒季节,在低温情况下,金属材料易发生脆裂而造成气瓶爆炸。汽车运输时,应缓行,注意路面情况,不得紧急刹车,气瓶必须有护圈和戴好瓶帽,摆放要平稳。

搬运气瓶时,应用专门的抬架或小推车,不得肩背手扛,禁止直接使用钢绳、铁链条、电磁吸盘等吊运氧气瓶。应轻装轻卸,严禁从高处滑下或在地面滚动。

使用和贮存时,应使用栏杆或支架加以固定,且应牢靠,防止气瓶倾倒。

(3)做好防热工作:

要防止气瓶直接受热,应远离高温、明火和熔融金属飞溅物等10m以上。

(4)做好防静电火花和绝热压缩工作:

在开启瓶阀和减压器操作时容易出现问题。高速气流中的静电火花放电、固体微粒的碰撞热和摩擦热、气体受突然压缩时放出的热量(即绝热压缩)等,都可能成为氧气瓶和减压器爆炸着火的因素。因气瓶里的氧气一般均含有部分水和锈皮等，当瓶阀或减压器开得过快时，则随氧气高速流动的水滴和固体微粒，就会与管壁产生摩擦而出现静电火花。而绝热压缩的危险则是高压气流的冲击，将使减压器内局部(高压室或低压室)的气体受突然压缩，瞬时产生的热量会使温度剧增，完全有可能使橡胶软隔膜、衬垫等材料着火，甚至会使铜和钢等金属燃烧，造成减压器完全烧坏，还会导致氧气瓶着火爆炸。

(5)留有余气并关紧阀门，使气瓶保持正压，以防止可燃气体进入瓶内，同时便于瓶内气体成分化验。

(6)超过检验期限的气瓶不得使用。氧气瓶每 3 年必须做一次技术检验。

(7)当瓶阀或减压器发生冻结时，只能用热水或蒸汽进行解冻，绝对不允许用火焰烤或烧红的金属去烫。

(8)做好防油工作。

氧气瓶阀不得沾有油脂，同时也不能用沾有油脂的工具、手套或油污工作服等接触阀门或减压器等。

9.回火防止器的使用安全要点

(1)回火防止器如果发现有问题(乙炔流量不足或带水过多时)而影响工作时，应及时进行检修或更换。在任何情况下，焊工不得擅自拆卸回火防止器，或使水封式回火防止器在无水情况下进行工作。

(2)每个岗位式回火防止器只能供一把焊炬(或割炬)使用。

(3)焊炬或割炬在点火前，应排净回火防止器的空气(或氧气)与乙炔的混合气。

(4)每次发生回火后应检查水位，器内的水量不得少于水位计(或水位阀)标定的要求。水位也不能过高，以免乙炔气带水过多而影响火焰温度。

(5)水封式回火防止器使用时应垂直挂放。

(6)冬季使用水封式回火防止器，工作结束后应将水全部排出、洗净，以免冻结。如发生冻结时，只能用热水或蒸汽解冻，绝不能用明火或红铁烘烤。

(7)乙炔容易产生带粘性的油质杂质，因此，应经常检查止回阀的密封性，以及干式回火防止器阻火元件的堵塞现象(可用丙酮清洗，并用压缩空气吹干)。

10.焊接作业中强调和补充的安全要点

上面我们详细介绍和说明了各种电焊和气焊作业中的安全要点。下面我们进一步介绍《公路工程施工安全技术规程》中的相关规定要求，进一步强调和补充上述的内容。

1)电焊

(1)电焊机应要设在干燥、通风良好的地点，周围严禁存放易燃、易爆物品。

(2)电焊机应设置单独的开关箱，作业时应穿戴防护用品，施焊完毕，拉闸上锁。遇雨雪天，应停止露天作业。

(3)在潮湿地点工作，电焊机应放在木板上，操作人员应站在绝缘胶板或木板上操作。

(4)严禁在带压力的容器和管道上施焊。焊接带电设备时，必须先切断电源。

(5)贮存过易燃、易爆、有毒物品的容器或管道，焊接前必须清洗干净，将所有孔口打开，保持空气流通。

(6)在密闭的金属容器内施焊时，必须开设进、出风口。容器内照明电压不得超过 36V。焊工身体应用绝缘材料与容器壳体隔离开。施焊过程中每隔 0.5 ~ 1h 外出 10 ~ 15min，并应有安全人员在现场监护。

(7)把线、地线不得与钢丝绳、各种管道、金属构件等接触,不得用这些物件代替接地线。

(8)更换场地,移动电焊机时,必须切断电源,检查现场,清除焊渣。

(9)在高空焊接时,必须系好安全带。焊接周围应备有消防设备。

(10)焊接模板中的钢筋、钢板时,施焊部位下面应垫石棉板或铁板。

2)气焊

(1)气焊作业应遵守有关规定。

(2)乙炔发生器应采用定型产品,必须备有灵敏可靠的防止回火的安全装置。

(3)乙炔发生器与氧气瓶不得同放一处,距易燃易爆品不得少于10m。严禁用明火检验是否漏气。氧气、电石应随用随领,下班后送回专用库房。

(4)氧气瓶、乙炔发生器受热不得超过35℃,防止火花和锋利物件碰撞胶管。气焊枪点火时应按"先开乙炔、先关乙炔"的顺序作业。

(5)氧气瓶、氧气表及焊割工具的表面,严禁沾污油脂。

(6)乙炔发生器应每天换水。严禁在浮筒上放置物件,不得用手在浮筒上加压和摇动,添加电石时严禁明火照明。

(7)乙炔发生器不得放在电线的正下方,焊接场地距离明火不得少于10m。

(8)氧气瓶应设有防振胶圈;并旋紧安全帽,避免碰撞、剧烈振动和强烈阳光曝晒。

(9)乙炔气管用后需清除管内积水。胶管回火的安全装置结冻时,应用热水溶化,不得用明火烘烤。

(10)点火时焊枪不得对人。正在燃烧的焊枪不得随意乱放。

(11)电石应放在干燥的地方,移动或搬运应将桶上的小盖打开,轻移、轻放。开桶时头部要闪开,不得用金属工具敲击桶盖。

(12)施焊时,场地应通风良好。施焊完毕,应将氧气阀门关好,拧紧安全罩。乙炔浮筒提出时,头部应避开浮筒上升方向,提出后应挂放,不得扣放在地上。

四、锅炉作业中的安全要点

(一)锅炉(与压力容器)安全附件

锅炉(与压力容器)的安全附件是指为了使锅炉与压力容器能够安全运行而装在设备上的附属装置。包括:压力表、水位计、安全泄压装置、水位警报装置等。它们是确保使用安全的关键部件。

1.压力表

压力表又称压力计,是用来测量锅炉(压力容器)中介质压力的一种计量仪表。其作用是显示出锅炉、压力容器内的压力,使操作人员能正确操作,防止超压而发生安全事故。

锅炉(与压力容器)所使用的压力表一般都是弹性元件式,且大部是单弹簧管式压力表。

压力表有下列情况之一时,应停止使用:

(1)有限止钉的压力表,在无压力时,指针不能回到限止钉处;没有限止钉的压力表,在无压力时,指针距零位的数值超过压力表允许的误差。

(2)表盘封面玻璃破裂或表盘刻度模糊不清。

(3)表内弹簧管泄漏或压力表指针松动。

(4)封印损坏或超过校验有效期。

(5)其他影响压力表准确指示的缺陷。

2.水位计

水(液)位计是用来指示水(液)位(水—汽交界面)的一种装置,主要用于锅炉上。锅炉运行时水位的高低与安全有密切的关系,水位高,严重时会造成管路受剧烈的水冲击,造成满水事故;水位过低,造成严重缺水,会导致炉管过热变形、爆裂,甚至会发生重大爆炸事故。水位计是指示锅炉内是否保持正常水位,过多或过少的一种主要的安全装置之一。锅炉只有在保持正常水位时,才能正常、安全地运行。

3.安全泄压装置

它是指当设备的压力升高时能自动开启而使其压力下降的一种装置。锅炉上装设的是安全阀。

所使用的安全泄压装置必须符合国家规定质量要求。

(二)锅炉房的安全要求要点

1.固定锅炉应装在单独建造的锅炉房内,锅炉房不得与人员集中的房间相邻。锅炉房与其他建筑物的间距及屋架下弦距锅炉顶部的高度,应符合建筑防火标准。锅炉房应为一、二级耐火等级的建筑。但在蒸发量不超过 4t/h,供热量不超过 2.8MW 时,以煤为燃料的锅炉房,允许采用三级耐火等级建筑。

2.锅炉房内的设备布置应便于操作、通行和检修,且有足够的采光、通风及必要的降温和防冻措施。

3.锅炉房地面应平整、无积水。房内承重梁、柱等构件与锅炉有一定的距离或其他措施,防止受高温损坏。

4.锅炉房每层应有两个出口,分别设在两侧。锅炉前端的总宽度不超过 12m、面积不超过 $200m^2$ 的单层锅炉房,可以只开 个出口。通向室外的门应向外开,在运行期间不准锁门或栓住。锅炉房内的工作室或生活室的门应向锅炉房内开。锅炉与墙壁之间至少留有 70cm 的间距。

5.锅炉房应采用轻型屋顶,每 m^2 不宜超过 120kg,否则应开设天窗。开窗面积至少应为占地面积的 10%。保证锅炉在发生事故时,泄压或蒸汽能自由地冒出。

6.锅炉房内操作地点以及水位计、压力表、温度计、流量计等处,应有足够的照明,并应有备用照明设备和工具,以便在正常照明电源发生故障时,能继续维持运行。

7.锅炉房内必须备有防火砂箱(袋)或化学灭火剂,且应经常检查,保证有效。

8.锅炉房及烟囱设计时应考虑防震,烟囱应装设避雷针。

(三)施工现场临时锅炉的安全要点

1.施工现场临时锅炉房设置的位置应考虑周围临建的环境,不宜和木棚、易燃易爆材料仓库、变电室等相邻。同时还应考虑使用方便。其面积大小应根据锅炉设备的台数并满足公安部门的有关规定。

2.应防火,便于操作,有足够的照明,临时用电设备应符合电气规程规定。墙体不准用竹、荆笆糊泥,应用砖或砌块砌筑或瓦楞铁及石棉板,屋顶不准用简易油毡屋顶,应用瓦楞铁或石棉板做屋顶。屋顶距锅炉最高点要保证一定的安全距离。

3.锅炉房大门、窗均应向外开。地面应平整,不积水。锅炉前端至少留 2~3m,后端至少留 60~70cm,以便于操作和维修。

4.锅炉排污、泄水应通向排污池(箱)。

5.锅炉上的安全附件及附属设备应齐全、灵敏、可靠、按正规施工进行安装。司炉工必须经过培训,持证上岗。

交通部根据公路工程施工的实践的国家和有关规定,颁布了《公路工程施工安全技术规程》。对于公路工程施工中锅炉作业中的安全技术作出了明确规定,我们应结合上述的有关要求一并贯彻执行。下面介绍《公路工程施工安全技术规程》中的相关规定要求。

1.有安装锅炉能力的使用单位,经当地劳动部门同意后,可以自行安装立式锅炉和快装锅炉。新安装或检修后的锅炉,自检合格后,报当地劳动部门检查批准后,方可点火运行。

2.锅炉一般应安装在单独建造的锅炉房内。锅炉房如与生产厂房相连时,应用防火墙隔开,其锅炉的容量应符合有关规定的要求。

3.为了保证锅炉安全运行,必须建立健全严格的规章制度。

锅炉安全运行,必须建立的规章制度包括:安全操作规程、交接班制度、检修和维护保养制度、事故登记报告制度等。

4.锅炉在运行中,如发生有严重威胁锅炉安全运行等情况时,应采取紧急停炉措施。

按《蒸汽锅炉安全监察规程》规定,有下列情况之一者,应立即停炉:

(1)锅炉水位降低到锅炉运行规程所规定的水位下限以下;

(2)不断加大向锅炉给水,但水位仍然继续下降;

(3)锅炉水位已升到运行规程所规定的水位上限以上;

(4)给水机械全部失效;

(5)水位表或安全阀全部失效;

(6)锅炉元件损坏,炉墙倒塌或锅炉构架被烧红,严重威胁锅炉安全运行;

(7)其他异常情况。

5.投煤时应注意检查煤中混杂的有害物质。

(四)锅炉常见事故及对处理事故的要求

1.锅炉常见事故

(1)缺水事故

据统计,缺水事故约占锅炉事故总数的50%左右。

缺水事故是指当水位表水位低于最低安全水位时而造成的事故,称为"缺水事故"。它可分为轻微缺水事故和严重缺水事故两种。

锅炉运行中,应加强经常性检查水位表工作,必须保持水位正常。

(2)爆管事故

锅炉爆管事故是指锅炉在运行中,水冷壁管或对流管束破裂而被迫停炉的事故。它是锅炉运行事故中较严重的一种。事故发生,只能停炉检修。如果炸裂破口较大时,就会有大量的水汽喷出伤人,甚至冲塌炉墙,使事故扩大。

(3)超压事故

超压事故是指锅炉在运行中,锅的压力超过最高许可工作压力而危及锅炉安全运行的事故。最高许可工作压力有两种,一种是锅炉的设计压力(铭牌压力),另一种是因锅炉有缺陷而降低的使用压力。

当锅炉使用压力等于或略低于锅炉最高许可工作压力时,一旦发生锅内压力超过使用压力,就有可能发生锅炉超压事故。

超压事故是危险性比较大的事故之一,也往往是锅炉爆炸的直接原因。

2.对处理事故的要求

(1)一旦发生锅炉事故,操作人员一定要保持冷静,不要惊慌失措,应立即查清原因,"稳、准、快”地对事故进行及时处理。重大事故，应保持现场，并及时报告有关领导。

(2)一时查不清事故原因时，应迅速报告上级，不得盲目处理。在未妥善处理之前，操作人员不得擅离岗位。

(3)事故发生后，应将发生事故的前后时间、部位、经过及处理方法等详细记录，分析研究，从中吸取教训，防止类似事故再次发生。

第四节　起重吊装、高处作业中的施工要点

《安全生产法》中明确指出：吊装等危险作业，应当安排专门人员进行现场安全管理，确保操作规程的遵守和落实。现将有关要点介绍如下：

当混凝土强度达到设计强度的70%时，构件才可从预制的底座上移出。

1.细长构件的吊点位置

由于细长构件中所放的钢筋往往是按照起吊受力情况配置的，而吊点位置又是根据细长构件内正、负弯矩相等条件确定的。因此，吊点位置是否正确就十分重要，否则构件可能破坏，在起吊移动过程中有可能造成伤亡事故。

根据桩长的不同，吊点位置有几种情况：

(1)桩长 < 10m 时，采用单点吊(图7-20b)

(2)桩长 > 10m 时，采用双点吊(图7-20a)

(3)桩长 > 17m 时，采用双点吊或四点吊(图7-20c)。

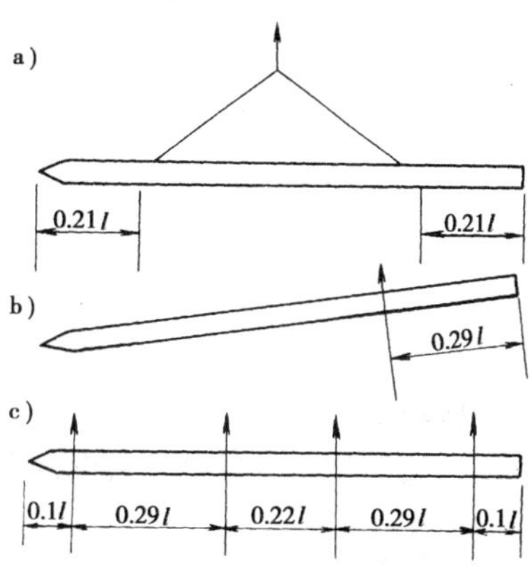

图7-20　细长构件的吊点位置

2.构件绑扎

一般在构件的吊点处预留了吊孔以代替预埋吊环。起吊时，采用千斤绳绑扎，此时，应注意绑扎接头必须位于构件重心之上，千斤绳与构件接触处需用橡胶或麻袋隔开，以减少构件棱角的损伤和千斤绳的磨损，同时还应注意吊点处混凝土削角，以增加此处混凝土的强度。因此，要特别注意绑扎必须牢靠，以免出现安全事故。

3.构件出模

(1)横向滚移

把构件从预制底座上抬高后，在构件底面两端装置横向滚移设备，用手拉葫芦，把构件移出底座，见图7-21。

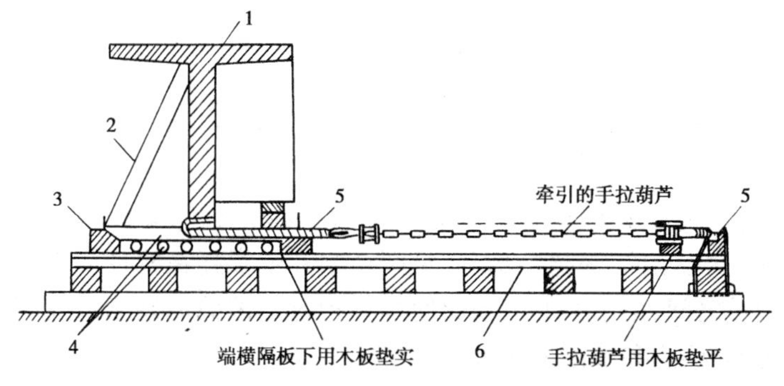

图7-21　横向滚移法

1-梁；2-临时支撑；3-保险三角木；4-走板和滚筒；5-千斤索；6-滚道

从底座上抬高构件的方法有：

①吊高法

吊高法系采用小型门架配神仙葫芦把构件从底座吊起，见图 7-22。

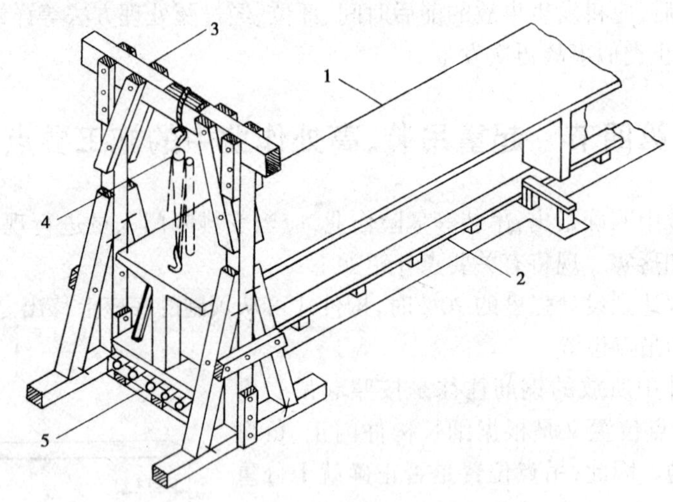

图 7-22　小型门架吊梁

1-梁；2-梁的底座；3-小型门架；4-手拉葫芦；5-滚移设备

②顶高法

顶高法是用特别的凹形托架配以千斤顶把构件从底座顶起，见图 7-23。

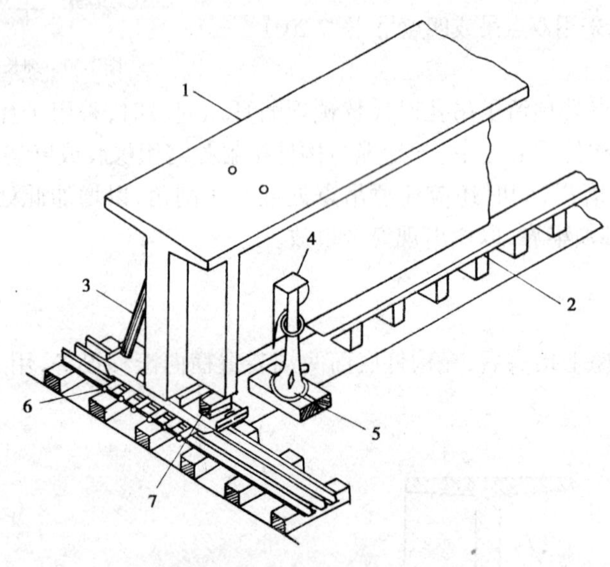

图 7-23　千斤顶顶梁

1-梁；2-梁的底座；3-斜支撑；4-凹形托梁；5-千斤顶；6-滚移设备；7-横隔梁下用木楔塞紧

滚移设备包括走板、滚筒、滚道三部分，见图 7-24。走板托在构件底面，与构件一起行走。滚筒放在走板与滚道之间，由于它的滚动而使构件行走。滚筒用硬木或无缝钢管制成。滚道是滚筒的走道，有钢轨滚道和木滚道两种。

在吊装施工中，用专设的龙门吊机把构件从底座上吊起，横移至运输轨道，卸落在运构件

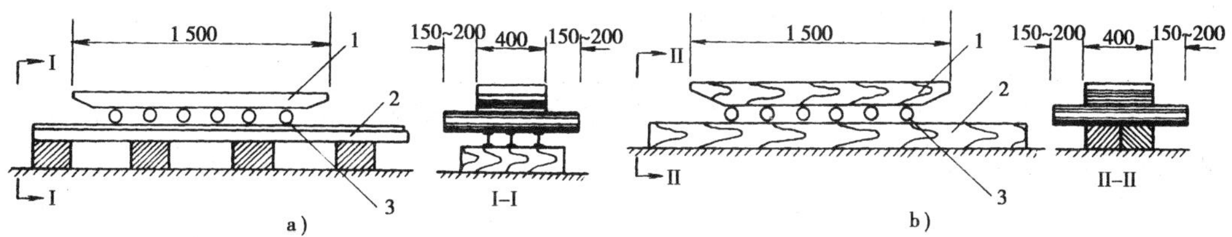

图 7-24　滚移设备(尺寸单位:mm)
a)钢轨滚道;b)木滚道
1-走板;2-滚道;3-滚筒

的平车上。

龙门吊机亦称龙门架是桥梁等工程施工中用得多而且是必备的设备。龙门架由底座、机架和起重行车三部分组成,运行在专用的轨道上。吊机的运动方向有三个:荷重上下升降、行车的横向移动和机架的纵向运动。其结构有钢木组拼和贝雷片组拼两种。钢木组拼龙门吊机,以工字钢为行车梁,以圆木为支柱组成的支架,安装在窄轨平车和方木组成的底座上,可在专用的轨道上运行。而贝雷片组拼的龙门架,是以贝雷片为主要构件,配上少量圆木组成的机架,安装在由平车和方木组成的底座上,也在专用的轨道上运行,见图 7-25。

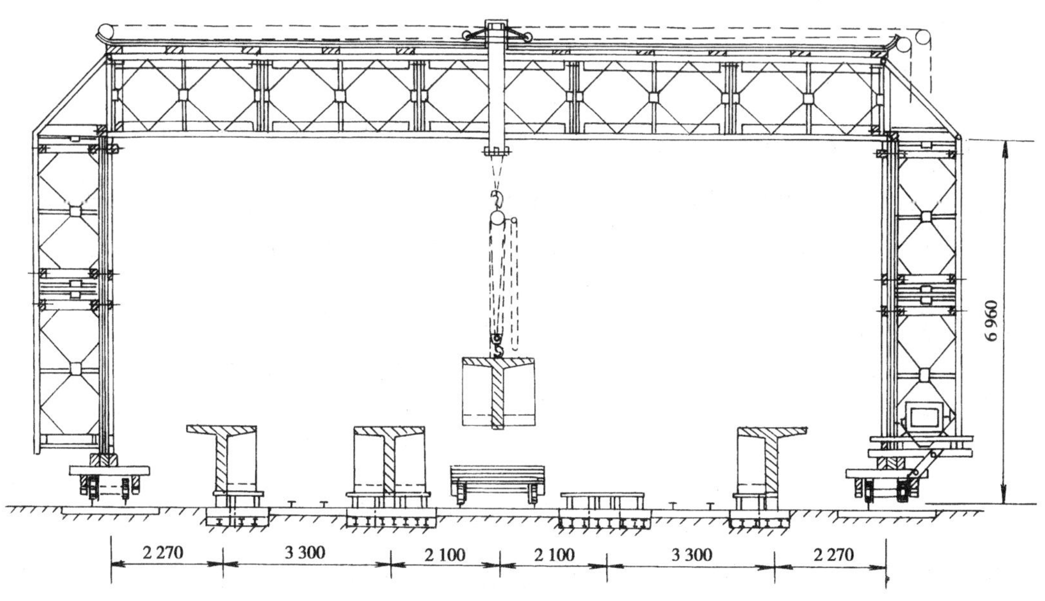

图 7-25　贝雷片组拼龙门吊机(尺寸单位:mm)

构件的纵向滚移:

采用滚移设备,以人力或电动绞车牵引,把构件从预制场运往桥位。其设备和操作方法与横向滚移基本相同,不过走板的宽度要适当加宽,以便在走板上装置斜撑,使 T 型梁具有足够的稳定性,见图 7-26。

构件的轨道平车运输:

把构件吊装在轨道平车上,用电动绞车牵引,运往桥位。轨道平车设有转盘装置,以便装上构件后能在曲线轨道上运行,同时装有制动设备,以保证在运行过程中发生情况时刹车。运构件时,牵引的钢丝绳必须挂在后面一辆平车上,或从整根构件的下部缠绕一周后再引向导向轮至绞车,为保安全,对T型梁应加设斜支撑。

构件汽车运输:

把构件吊装在平台拖车上,由汽车牵引,运往桥位。运预制T型梁或I字梁时,应使梁具有足够的稳定性,以保证安全。

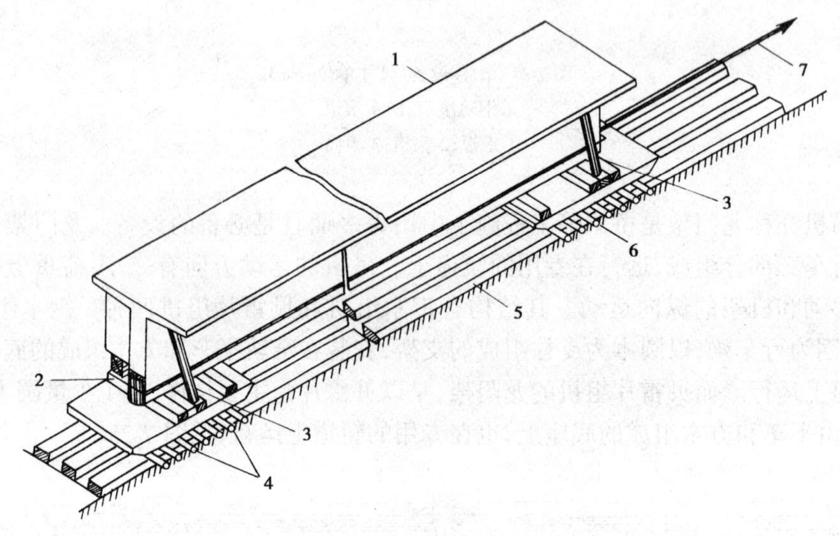

图7-26　纵向滚移法运梁

1-预制梁;2-保护混凝土的垫木;3-临时支撑;4-后走板及滚筒;5-方木滚道;6-前走板及滚筒;7-牵引钢丝绳

4.构件安装

安装方法很多,大致可归纳为人工架梁、机械架梁和浮运架梁三大类。桥梁构件安装是一项复杂的高空作业,人、机、物交错流动,其施工安全尤显突出和重要。总之,吊装施工是工人和众多的机具与构件、环境组合的一个系统过程。机具包括:钢丝绳、钢丝绳绳扣、绳夹、螺栓、吊耳环、吊索、吊钩、卡环、滑车、手摇或电动绞车及其锚固、千斤顶、葫芦等等。另外还有龙门架等。这些机具,在施工工艺中,按其要求组合起来运作,完成施工任务。不管哪种机具在施工使用中都十分重要,对安全施工均具有重大意义。下面对使用最多的一些机具作较详细的介绍,使大家能更好地理解有关施工安全规定要求。

一、起重吊装机具与使用方法要点

起重吊装机具在施工中使用极多,其不安全因素也多,而且造成的事故后果也相当严重。为此,下面对相关内容作比较详细的介绍和说明,并列举了一些图式和资料,供大家学习应用参考。

1.钢丝绳绳扣

在吊装作业中,为了使构件起吊、稳定,必须要求要正确地将钢丝绳与构件如与预留吊孔、吊环或与其他设施、设备扣结,保证扣结牢靠,否则,将会导致重大的质量事故或人员伤亡事故发生。例如:当钢丝绳穿过构件预留吊孔后,钢丝绳扣结不牢靠,则在起吊或移动过程中,构件将脱吊损坏,伤人。

钢丝绳绳扣的扣结方法见图7-27。

2.绳夹

绳夹有多种类型:

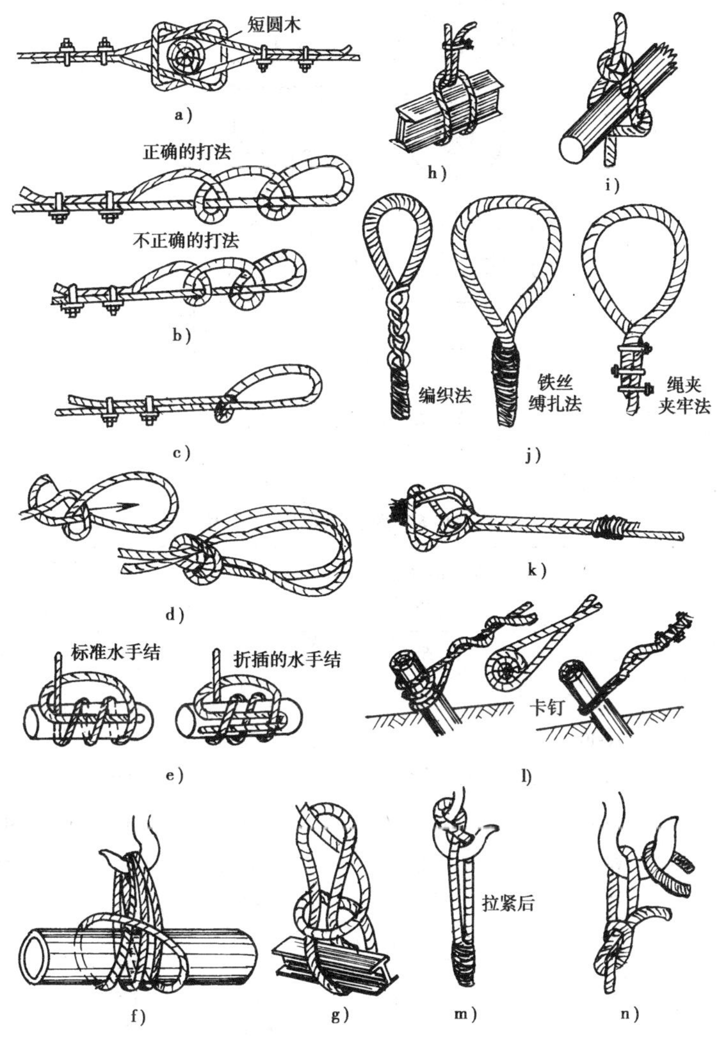

图 7-27 扣结图式

a)平结;b)对结(双十结);c)单套结;d)锁圈结;e)水平结;f)捆绑结;g)海员结;h)死结;i)杠结;j)普通环或桩合环;k)套环连接;l)锚接结;m)吊钩结;n)双头吊结

(1)U 型绳夹

U 型绳夹构造图如图 7-28,图中的相关尺寸,见表 7-15。

钢绳直径与 U 型夹尺寸表 表 7-15

钢绳直径(mm)	尺寸 (mm)								
	a	b	c	d_1	l	f	k	L	n
12.5	12	34	24	10	15	25	8	122	2
15.5	14	40	31	13	17.5	30	10	157	2
17.5	16	45	35	16	20	38	10	185	3
19.5	16	52	37	16	21.5	38	10	198	3
21.5	16	52	40	16	22	38	12	203	3
24	20	60	44	20	24	42	12	229	4
28	22	60	49	20	25.5	44	15	249	5
34.5	24	70	58	22	26	46	20	291	6
37	24	80	63	27	28.5	50	23	310	8

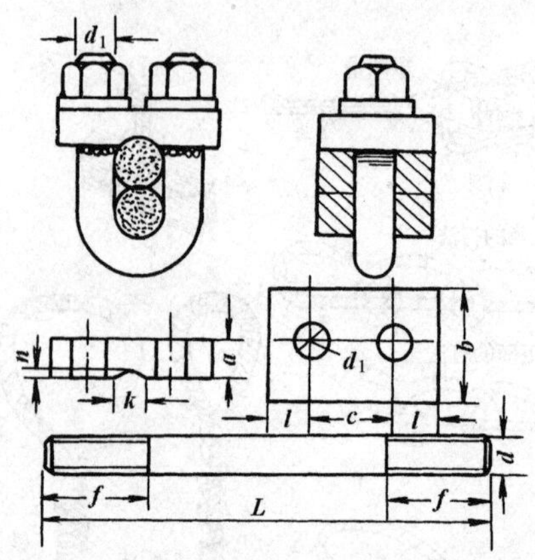

图 7-28　U 型绳夹示意图

(2)骑马型绳夹

其简图与相关尺寸见表 7-16。

骑马型绳夹简图与相关尺寸表　　表 7-16

简　图	型　号	常用钢丝绳直径 (mm)	尺　寸 (mm)			
			A	B	d*	H
	Y1-6	6.5	14	28	M6	35
	Y2-8	8.8	18	36	M8	44
	Y3-10	11	22	43	M10	55
	Y4-12	13	28	53	M12	69
	Y5-15	15、17.5	33	61	M14	89
	Y6-20	20	39	71	M16	108
	Y7-22	21.5、23.5	44	80	M18	122
	Y8-25	26	49	87	M20	137
	Y9-28	28.5、31	55	97	M22	149
	Y10-32	32.6、34.5	60	105	M24	149
	Y11-40	37、41.5	67	112	M24	164
	Y12-45	43、47	78	128	M27	188
	Y13-50	52	88	143	M30	210

* d 为螺栓直径(米制标准螺纹)

(3)抱合型(L 型)绳夹

其简图及相关尺寸分别见图 7-29 和表 7-17。

抱合型(L 型)绳夹及相关尺寸表　表 7-17。

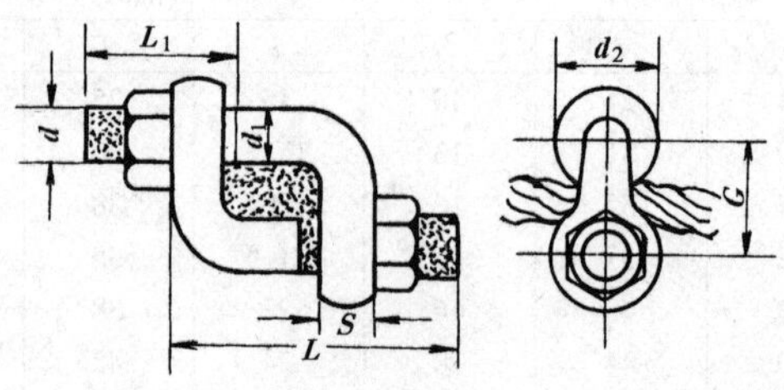

图 7-29　抱合型简图

抱合型绳夹相关尺寸表　　表 7-17

钢丝绳直径 (mm)	尺　寸　(mm)							
	d	d_1	d_2	L	L_1	s	c	r
8.7~9.2	12	14	26	65	35	12	23	5
11~12.5	12	14	26	75	35	12	27	6.5
13~15.5	14	16	32	80	40	14	32	8
17~18.5	20	22	45	110	55	20	42	10
19.5~22	20	22	45	110	55	20	45	12
23~26	22	24	50	130	55	22	51	14
28~31	24	26	55	150	65	24	58	16
31.5~33.5	28	30	70	170	80	28	65	18

(4)绳夹使用数量

这是非常重要的、保证绳扣安全可靠的要求,见表 7-18。

绳夹使用数量表　　表 7-18

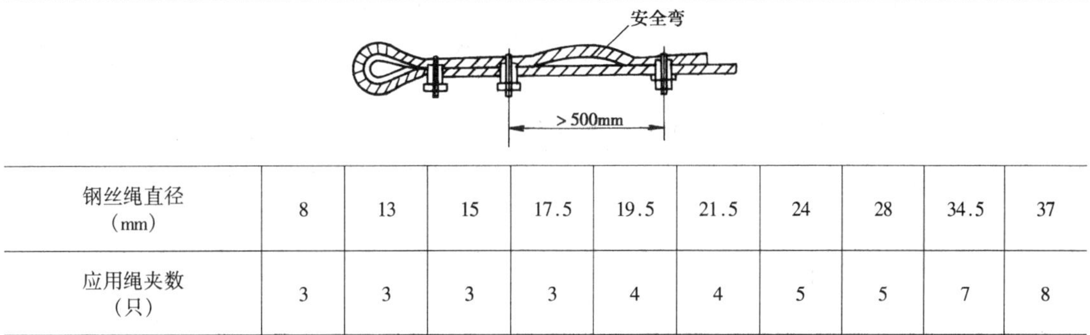

钢丝绳直径 (mm)	8	13	15	17.5	19.5	21.5	24	28	34.5	37
应用绳夹数 (只)	3	3	3	3	4	4	5	5	7	8

3.松紧螺栓(花篮螺栓)

松紧螺栓技术参数见表 7-19。

松紧螺栓(花篮螺栓)表　　表 7-19

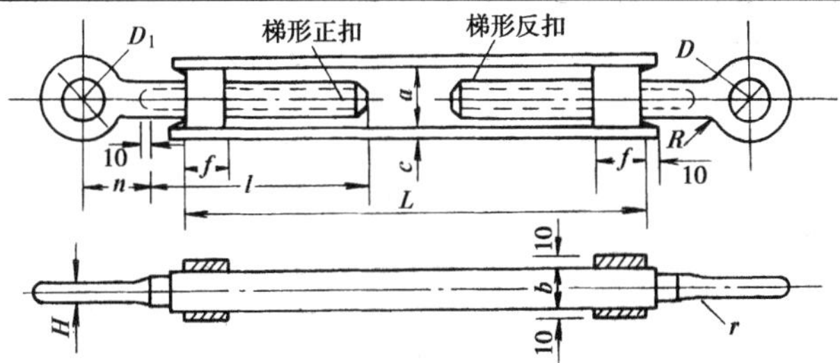

容许负荷 (kN)	尺　寸　(mm)												
	a	b	c	H	f	n	R	r	d	D	D_1	l	L
30	60	40	10	20	50	70	30	15	26	40	86	325	620
50	70	50	10	25	70	80	40	25	32	50	100	350	660
100	110	90	12	41	90	100	50	40	56	60	130	500	940
150	130	110	14	46	100	110	60	55	55	70	140	540	1050
200	150	130	14	54	120	130	70	70	65	80	170	690	1320

4.吊耳环(桃子圈)

吊耳环技术参数见表 7-20。

吊耳环(桃子圈)　　表 7-20

型　号	容许负荷 (kN)	最大钢丝绳直径(mm)	尺　寸　(mm)						重　量 (kg)
			B	D	H	h	h_1	R≮	
0.1	1	6.5	9	15	26	2	4	3.5	0.02
0.2	2	8	11	20	32	3	4	4.5	0.05
0.3	3	9.5	13	25	40	3	5	5.5	0.07
0.4	4	11.5	15	30	48	3	7	6.5	0.10
0.8	8	15	20	40	64	4	8	8.5	0.22
1.3	13	19	25	50	80	5	10	10.5	0.43
1.7	17	21.5	27	55	88	6	12	11.5	0.62
1.9	19	22.5	29	60	96	8	13	12.5	1.06
2.4	.24	28	34	70	112	10	15	14.5	1.58
3.0	30	31	38	75	120	12	17	16	2.32
3.8	38	34	48	90	144	14	20	18	3.50
4.5	45	37	54	105	168	16	22	20	4.45

注:1.吊耳环亦称套环或梨形环;2.表中代号参见下页简图

吊 耳 环 简 图	使用吊耳环时钢丝绳的连接效率	
	钢丝绳直径 (mm)	连接效率 (%)
H, h, h_1, D, B, k	<19	95
	22 ~ 25	88
	28 ~ 38	82
	43 ~ 50	75
	>56	70

注:当不用吊耳环时,钢丝绳连接效率仍须按表列降低 10%

5.吊索

吊索技术参数见表 7-21 ~ 表 7-23。

吊索(千斤绳)　　表 7-21

		钢丝绳直径 d(mm)	连接处长度 a(m)	每侧长度 L(m)	钢丝绳的长度 (m)
封闭式万能吊索	d, a, L	19.5	0.40	8	16.5
		19.5	0.40	10	20.0
		22	0.45	8	16.5
		22	0.45	12	24.5
		25	0.50	8	16.5
		25	0.50	12	24.5
		30	0.75	10	21.0
		30	0.75	15	31.0

吊索(千斤绳) 表 7-22

		钢丝绳直径 d(mm)	钢丝绳编织长度 a(mm)	绳长(按需要而定)L(m)
开口式吊索		12	300	$L+2.00$
		16	350	$L+2.60$
		19	400	$L+3.20$
		22	450	$L+3.80$
		25	500	$L+4.50$
		30	600 ~ 800	$L+5.50$

吊索钢丝绳直径及其容许负荷 表 7-23

钢丝绳直径 (mm)	$\beta=90°$			$n=2$			$n=4$		
	吊索分支数 n			与水平面夹角 β			与水平面夹角 β		
	1	2	4	60°	45°	30°	60°	45°	30°
	6×19+1 钢丝绳容许负荷(kN)								
9.3	6	13	26	11	9	6	22	18	13
11.0	9	17	35	15	12	9	30	25	17
12.5	11	23	45	20	16	11	39	32	23
14.0	14	29	58	25	20	14	50	41	29
15.5	18	35	71	31	25	18	61	50	35
17.0	21	43	86	37	30	21	74	61	43
18.5	26	51	102	44	36	26	88	72	51
20.0	30	60	120	52	42	30	104	85	60
21.5	35	70	139	60	49	35	120	98	70
23.0	40	80	160	69	56	40	138	118	80
24.5	45	91	182	79	64	45	157	129	91
26.0	51	103	205	89	72	51	178	145	103
29.0	58	115	230	100	80	58	199	163	115
31.0	71	142	284	123	100	71	246	201	142
34.0	86	172	344	149	120	86	298	243	172

6.吊钩

吊钩技术参数见表 7-24。

吊钩资料表

表 7-24

Ⅰ.单钩主要尺寸及容许负荷

简　　图	容许负荷(kN)	主要尺寸(mm)				
		D	a	b	h	m
	2.5	20	14	12	18	10
	5	30	22	18	26	16
	10	40	30	24	36	20
	20	55	40	34	52	30
	30	65	50	40	62	33
	50	85	65	54	82	42
	100	120	90	74	115	60
	150	150	115	90	142	76
	200	170	130	102	164	80
	250	190	145	115	184	95
	300	210	160	130	205	100
	500	270	205	165	260	135
	750	320	250	200	320	160

Ⅱ.双钩主要尺寸及容许负荷

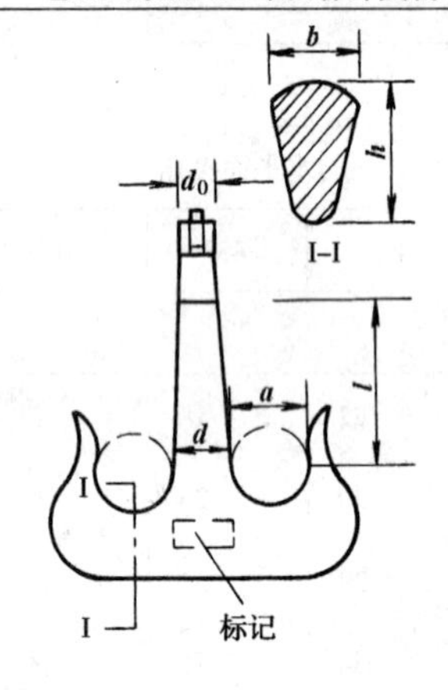

容许负荷(kN)	主要尺寸(mm)					
	a	b	h	d	d_0	l
50	70	40	66	55	48	120
100	100	60	90	75	64	170
150	115	65	110	90	80	200
200	125	75	120	105	90	220
250	145	85	140	120	100	260
300	160	95	150	135	110	290
500	200	115	180	165	140	365
750	240	140	225	195	170	440

7.卡环(卸扣)

卡环技术参见表 7-25。

卡环(卸扣)

表 7-25

卡环是由环圈和销轴构成。环圈一般用 A3、20 号、25 号钢锻制而成,销轴多用 40 号或 45 号钢。常用国产系列有 10～500kN(1～50t)。在重型吊装作业中,大吨位的卡环规格起重量可达 3200kN(300t)以上

Ⅰ.国产系列常用卡环

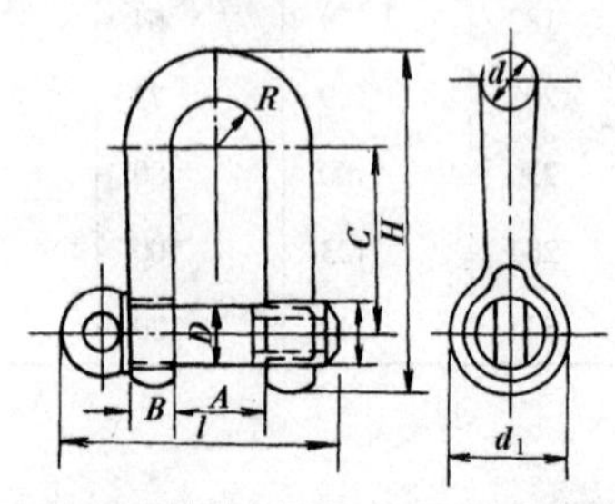

卡环(卸扣) 续上表

起 重 量	A	B	C	D	d	d_1	M	R	H	l
kN	(mm)									
10	28	14	68	20	14	40	18	14	102	79
20	36	18	90	25	20	48	22	18	132	103
30	44	24	107	33	24	65	30	22	164	128
40	56	28	118	37	28	72	33	25	182	145
50	64	32	138	40	32	80	36	25	210	150
80	72	36	149	43	36	80	38	25	225	154
100	50	38	148	45	38	84	42	25	228	174
150	60	46	178	54	46	100	52	30	274	214
200	70	52	205	62	52	114	60	35	314	246
250	80	60	230	70	60	130	68	40	355	245
300	90	65	258	78	65	144	76	45	395	270
350	100	70	280	85	70	156	80	50	428	295
400	110	76	300	90	76	168	85	55	459	320
450	120	82	320	96	82	178	95	60	491	346
500	130	88	343	104	88	192	100	65	527	371

注:产品出厂前均按本表额定负荷能力 1.5 倍进行拉力试验

Ⅱ.大吨位 D 型索具卡环(卸扣)*

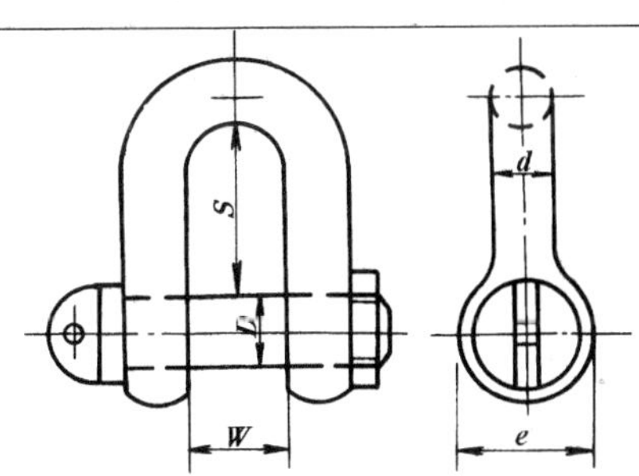

起重量 C_p	试验载荷 F_e		主 要 尺 寸				
			W	S	d	D	e
kN	kN	tF	mm				
200	400	40	89	195	54	62	124
250	500	50	99	218	60	69	138
320	640	60	112	247	68	78	156
400	800	80	125	275	76	87	174
500	1 000	100	140	308	85	98	196
630	1 250	125	157	346	96	110	220
800	1 600	160	177	390	100	124	248
1 000	1 850	185	190	418	120	138	276
1 250	2 300	230	212	466	134	154	308
1 600	2 960	296	240	530	152	175	350
2 000	3 700	370	269	592	170	196	392
2 500	4 375	437.5	292	644	190	218	436
3 200	5 600	560	330	729	215	248	496

* 常熟市碧溪机械厂企业标准。该产品系按国际 ISO2731 标准 M 级强度设计制造,起重量规格按优先系数排列与最新国产 HQ 型通用滑车起重量配套

8.钢滑车

钢滑车技术参数见表7-26,表7-27。

国产 HQ 系列钢滑车 表7-26

吊环型带滑动轴承闭口式十轮通用滑车

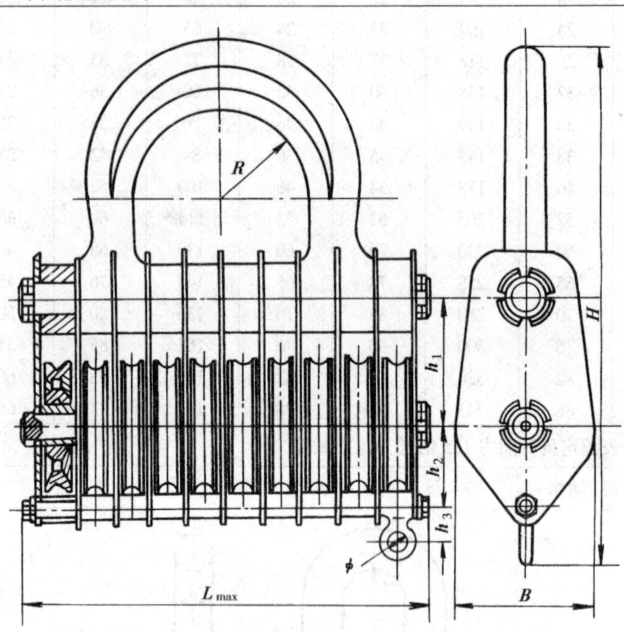

2 000,2 500,3 000kN

型号	额定起重量	试验载荷	外形尺寸						
			H	B	L_{max}	h_1	h_2	h_3	ϕ
	kN	kN	mm						
HQD10-200	2 000	2 500	1 630	452	1 275	400	263	106	56
HQD10-250	2 500	3 125	1 795	514	1 432	448	290	106	63
HQD10-300	3 000	4 000	2 015	576	1 585	515	330	125	75

国产 HQ 系列钢滑车 表7-27

吊钩(链环)型带滚针轴承开口式单轮通用滑车

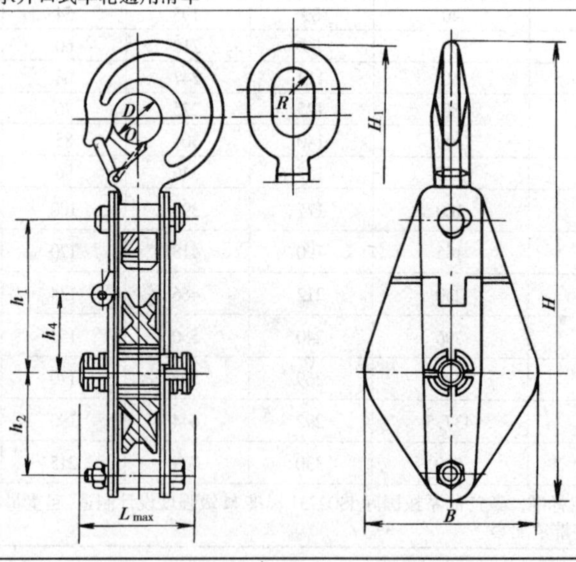

续上表

额定起重量	试验载荷	外形尺寸							钩口、环腔尺寸		
		H	H_1	B	L_{max}	h_1	h_2	h_4	D	$O\geqslant$	R_1
kN	kN	mm									
3.2	5.12	230	200	90	56.5	13	52	36	28	20	10
5	8.00	236	230	98	61.5	80	57	40	31.5	22	11
10	16.00	310	285	116	70.5	100	68	47	37.5	27	14
20	32.00	405	370	152	88	132	88	62	45	32	19
32	51.20	470	440	176	101	153	103	72	50	37	21
50	80.00	570	540	212	117	189	126	86	60	42	26.5
80	128.00	730	685	280	141	245	164	114	75	56	33.5
100	160.00	810	775	316	159	273	185	130	85	61	37.5

注:不同起重量的滑车,各有四种型号:滚针轴承分有 HQGZK:(吊钩型)、及 HQLZK:(链环型);滑动轴承分有 HQGK:(吊钩型)及 HQLK:(链环型)。

9.滑车组

滑车组技术参数见表 7-28 至 7-31。

滑 车 组 表 7-28

滑车组及其穿绳法

组成	穿绳方法示意图	说明
一般常用滑车组	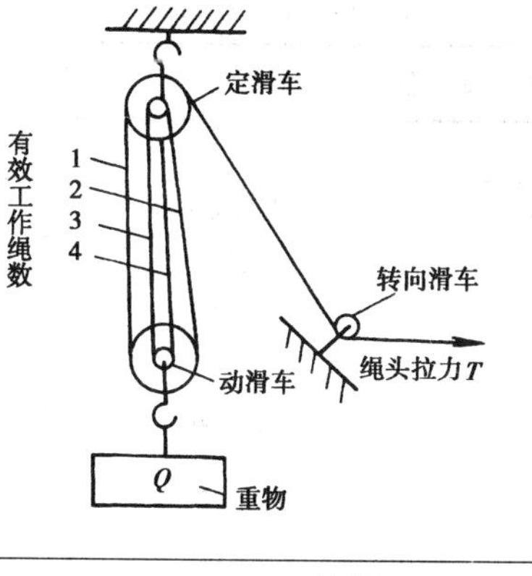	滑车组是由定滑车和动滑车组成,其作用是利用多轮多绳的分力作用,成倍地减小起重拉力,按滑轮和工作绳数,称为几轮几绳滑车组,通称为"走几"。图示为四轮四绳,即通称"走四"滑车组
花穿法组成的滑车组	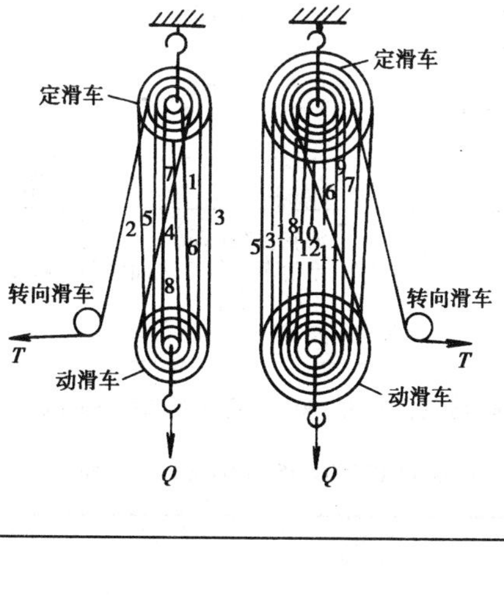	为使吊装起重作业中,滑车组的平衡受力,避免牵引力侧重在边缘滑轮一侧,故在走四以上的滑车组,须考虑采用花穿法穿绕钢丝绳。其穿绕顺序如示意图所注数字

滑　车　组　　　　表 7-29

组　成	穿绳方法示意图	说　　明
双头组成的滑车组	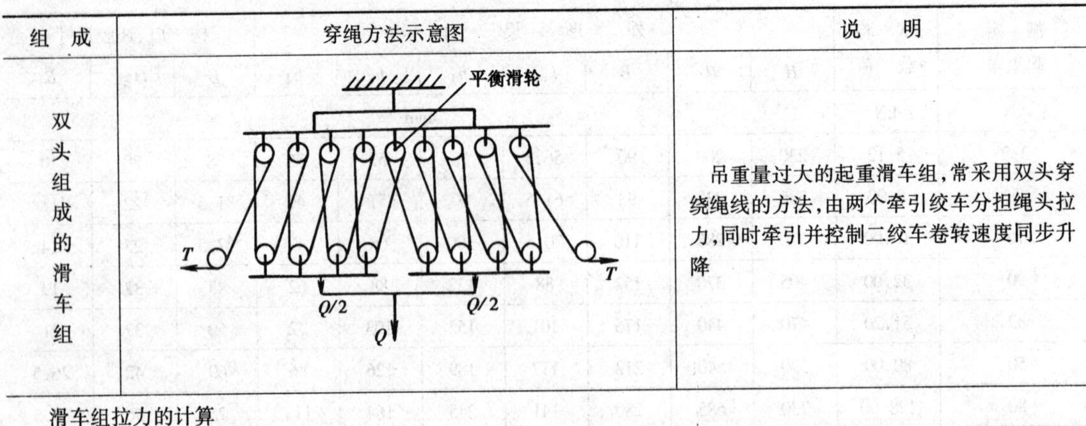	吊重量过大的起重滑车组，常采用双头穿绕绳线的方法，由两个牵引绞车分担绳头拉力，同时牵引并控制二绞车卷转速度同步升降

滑车组拉力的计算

通向绞车(卷扬机)上滑车组的绳头拉力(T)计算公式	说　　明
$T = QS = \dfrac{f-1}{f^{n}-1}f^{m}Q$	S—滑车组倍率系数； Q—起吊物重(kN)； f—滑轮的阻力系数； 　有轴套滑轮 $f = 1.04$； 　无轴套滑轮 $f = 1.06$； 　轴承滑轮 $f = 1.02$； n—滑车组有效工作绳数； m—滑车组穿绕钢绳通过滑轮数 　(包括转向滑轮)

滑　车　组　　　　表 7-30

滑车组拉紧时上下滑车最小间距

吊重能力 (kN)	滑轮轮轴间距 h(mm)	拉紧状态下滑车组 的长度 L(mm)
50	900	1 400
100	1 100	2 200
150	1 200	2 800
200	1 200	2 800
250	1 200	3 200
300	1 200	3 500
400	1 200	3 700
500	1 200	3 700

滑车组钢丝绳长度的计算

钢丝绳长度(L)计算公式	说　　明
$L = n \times (h + 3d) + l + 10(\mathrm{m})$	d—滑轮直径(mm)； l—定滑车至绞车之间距离(mm)； n—工作绳数； h—扬程(mm)

〔例〕某吊装现场，设置滑车组的工作绳数为 6 根，滑轮直径为 350mm，扬程为 20000mm，定滑车至绞车间距离为 15000mm，求钢丝绳长度 L。

解：$L = n(h + 3d) + l + 10\,000 = 6(20\,000 + 3 \times 350) + 15\,000 + 10\,000 = 151\,300\mathrm{mm} = 151.30\mathrm{m}$

转向(导向)滑车的受力计算

<table>
<tr><td rowspan="2">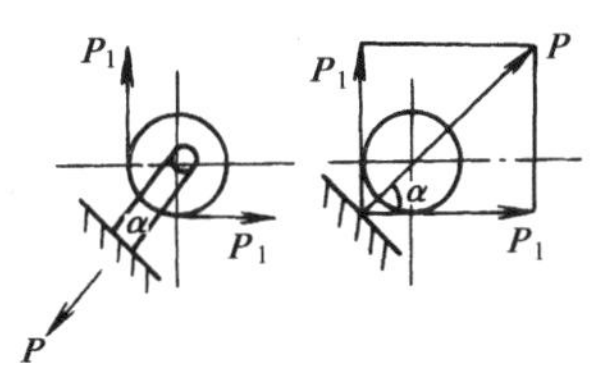
</td><td colspan="7">转向滑车的受力 $P = P_1 \times Z$
P_1—牵引端绳头拉力(kN);
Z—角度系数,见下列:</td></tr>
<tr><td>

α	0°	15°	22.5°	30°	45°	60°
Z	2	1.94	1.84	1.73	1.41	1

</td></tr>
<tr><td>〔例〕设 P_1 为 50kN,α 为 45°(夹角),求所用转向滑车的受力</td><td>解:$P = P_1 \times Z = 50 \times 1.41 = 70.5$kN 应选择负荷能力 70kN 以上的滑车</td></tr>
</table>

10.链滑车

链滑车简图及技术参数分别见表 7-32 和表 7-33。

链 滑 车 表 7-32

WA 型链滑车技术性能

WA 型链滑车简图	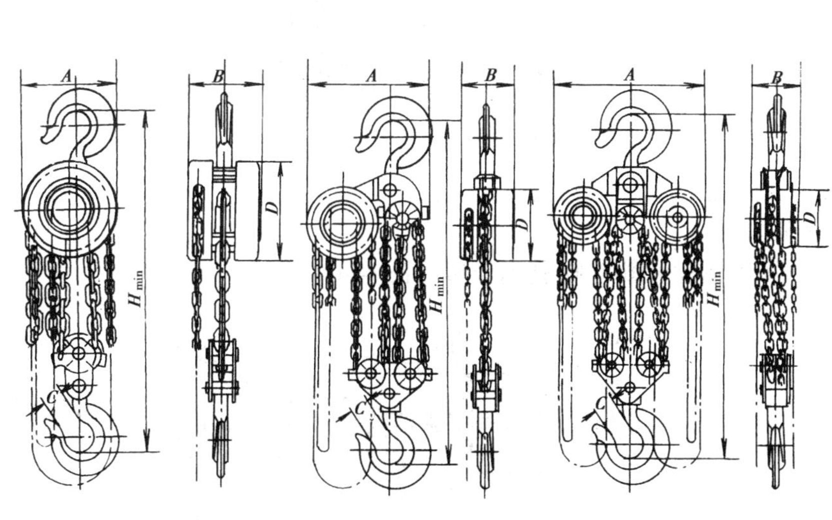

链 滑 车 表 7-33

	项目		单位 \ 型号	WA2	WA2 $\frac{1}{2}$	WA5	WA10	WA20
WA型链滑车性能规格	起重能力		kN	20	25	50	100	200
	起升高度		m	2.5	2.5	3	3	3
	试验荷载		kN	30	31.5	62.5	125	250
	两钩间最小高 H		mm	380	370	600	700	1000
	满截时手链拉力		kN	0.32	0.38	0.38	0.39	0.39
	起重链	行数		2	1	2	4	8
		圆钢直径	mm	6	10	10	10	10
	主要尺寸	A	mm	142	210	210	358	580
		B	mm	120	160	160	160	186
		C	mm	34	36	48	64	82
		D	mm	142	210	210	210	210
	重　量		kg	14	5	36	68	150
	起重高度每增 1m 应增加重量		kg	2.5	3.1	5.3	9.7	19.4

注:链滑车又称手拉葫芦或神仙葫芦。WA 系列链滑车生产厂为:杭州武林机器厂(50、100、200kN),柳州起重工具厂(50kN),南京起重机械厂(20、50kN),福州起重设备厂(50、100kN)

	SH、612、651 型链滑车技术性能
SH、612、651型链滑车简图	A　B　D　H_{min}　C

11.手摇绞车

手摇绞车的图式见图 7-30,技术规格见表 7-34。

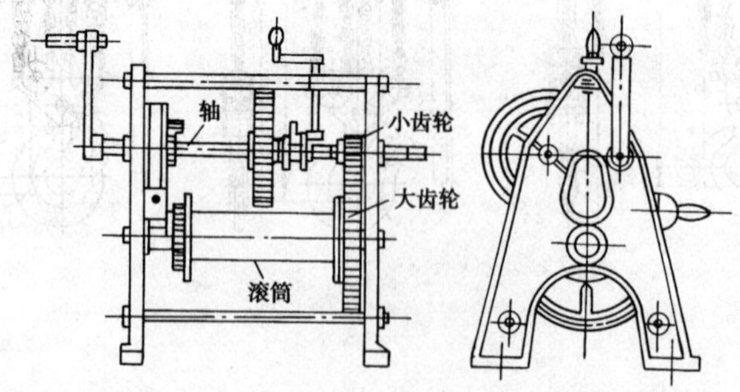

图 7-30　手摇绞车

部分手摇绞车技术规格资料表 表 7-34

项目		单位	型号			
			ST0.5	SJ1	DSJ3	DSJ5
最外层额定牵引力		kN	5	10	30	50
卷筒	直径	mm	130	180	200	280
	宽度	mm	460	(400) 500	520	670
	容绳量	m	100	150	200	200
	缠绕层数	层	4	5	7	6
钢丝绳直径		mm	7.7	11	15.5	18.5
总传动比			14	(18)9	26.4	50
手柄数		只	1	2	2	2
操作人数		人	1	2	4	4
每人作用力		kN	0.14	0.16	0.15	0.16
外形尺寸	长	mm	1 035	1 490 (1 770)	1 813	2 106
	宽	mm	602	775 (721)	863	866
	高	mm	793	990 (1 160)	1 265	1 547
自重		kg	126	216 (234)	525	1 240

注:生产厂为阜新市东方红机械厂,山东长清县电器厂(SJ1 型)

手摇绞车使用中应注意的安全要点是:

①为了保证安全,在绞车上部应装有安全摇柄或制动装置,用止动棘轮以制动重物悬吊于一定位置,防止卷筒倒转,应检查其装置的可靠性。当重物下降时,则由摩擦制动器减低下降速度,保证工作安全、可靠。使用绞车过程中,必须充分注意随时运用降速、制动装置。

②绞车与前面最近的转向滑车之间,必须有一定的距离(L),一般应为 m 的 20 倍(最少 15 倍以上),当钢丝绳绕至卷筒边缘二侧时,其偏斜角 α 应不大于 1.5°(对光面卷筒),对于有绳槽的卷筒,应不大于 2°(见图 7-31)。

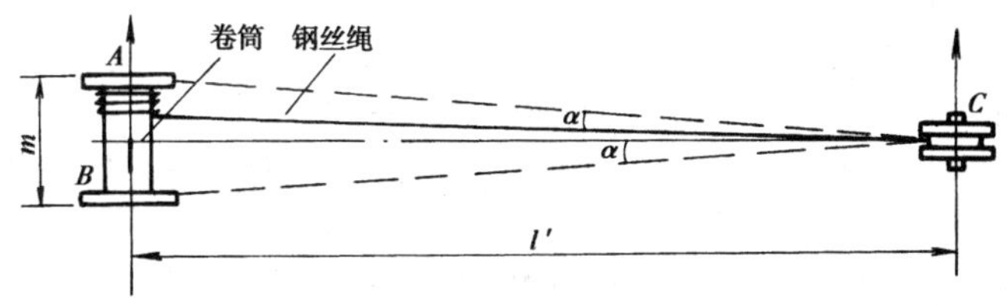

图 7-31 卷绕钢线绳要求示意图

③钢丝绳定梢在卷筒上的缠绕圈数,在任何情况下,不得少于 4 圈。从卷筒一端开始,圈圈靠紧,分层圈绕。

④拉梢所需之力,与缠绕在卷筒上的圈数多少有关,圈数愈多,拉梢力愈小。钢丝绳绳头(跑头拉力)拉力与拉梢力的比值如表 7-35 所示:

绳头拉力与拉梢力的比值表 表 7-35

钢丝绳缠绕圈数	1	2	3	4	5	6	示意图
比　值	2.5	6.5	17	43	111	284	拉梢力 跑头拉力

例:设跑头拉力为 50kN,钢丝绳在卷筒上绕缠 5 圈,则绕出端的拉梢力 P

$$P = 50 \div 111 \approx 0.45\text{kN}$$

⑤绞车必须用地锚锚固稳定,不得滑动或倾覆,一般手摇绞车可按其负荷大小,采用平衡压重或地锚固定。地锚心必稳固可靠,并应经常检查其状况。

12. 电动绞车

电动绞车技术参数见表 7-36。

电　动　绞　车 表 7-36

电动绞车又名电动卷扬机,有单、双卷筒之分,规格亦有多种,现场常用的一般为起重能力在 10 ~ 50kN 额定牵引力最普遍

常用电动绞车技术规格

项　目		额定牵引力	卷筒 直径	卷筒 长度	卷筒 容绳量	钢丝绳直径	电动机功率	外形尺寸(长 × 宽 × 高)	自　重	生产厂
型　号	单　位	kN	mm	mm	m	mm	kW	mm	kg	
单卷筒电动绞车	JJK-1A(JJ1)	10	180	335	120	9.7	7.5	933 × 970 × 515	500	(1)
	JJM2	20	325	650	180	15.5	14	1 590 × 1 486 × 1 224	1400	(2)
	JJK-3A(JJ3)	30	325	500	200	18.5	22	1 673 × 1 596 × 968		(1)
	JJK-5(JJ5)	50	410	700	300	23.5	40	1 884 × 1 743 × 890		
双卷筒电动绞车	JJ2K-1	10	200	400	59	13	7	1 800 × 1 500 × 1 000	1 100	(3)
	22A	20	300	620	300	15.5	20	2 080 × 1 679 × 1 974		(4)
	JJ2K-3	30	320	500	300	17.5	22	2 553 × 1 741 × 1 200	3 000	
			350			17.0	28	2 710 × 1 840 × 1 165	2 783	
	JJ2K-5A	50	550	850	500	26.5	60	4 410 × 2 950 × 2 130	1 200	(1)
	JJ2K-5	50	420	600	500	20	40	3 090 × 2 497 × 1 390	5 430	

* 生产厂商:(1)阜新市东方红机械厂;(2)山西机器厂;(3)广州建筑机械厂;(4)齐齐哈尔第一机械厂

电动绞车使用中应注意的要点:

(1)电动绞车使用前,应检查减速箱的油量、油的纯度及各滑动轴承是否有油。对减速箱

一般用 30 号机油，滑动轴承注干黄油。

(2)开车前，先用手扳动齿轮空转一圈，检查各部零件是否转动灵活，特别注意制动闸是否完善可靠。

(3)防止电动绞车受潮淋雨，烧毁电气装置，一般用道木垫高底座，并设置雨棚。

(4)操作人员须熟悉所使用电动绞车的构造、性能、规格。作业时，绞车附近严禁站人。

(5)操作过程中，应随时注意绞车在起吊重物前后，绞车有无滑动位移现象，车尾锚固是否可靠，以防倾覆。

(6)绞车卷绕钢丝绳应从水平方向卷绕，防止绕乱堆积甚至卡牢发生危险，必要时应随时刹车检查，不得强行卷绕。

(7)起吊重物(构件)时，应进行试吊，检查绳结及绑扎是否可靠，转动卷绕是否平稳，卷绕钢丝绳在卷筒上余留圈数不得少于三圈，以策安全。

(8)操作人员应严格听从现场指挥手势、旗号，并尽量观察所吊重物(构件)升降动态，密切呼应。

(9)绞车停车后，须切断电源，控制器放到 0 位，用保险闸制动刹紧，此时牵引钢丝绳应保持松弛状态。

13.绞车固定与卷筒上钢丝绳缠绕方法

绞车固定与卷筒上钢丝绳缠绕方法见表 7-37。

绞车固定与卷筒上钢丝绳缠绕方法 表 7-37

绞车的固定		
手摇或电动绞车安置的好坏，都关系到起吊、移动重物过程中的安全性、可靠性。必须选择视野广阔，便于绞车司机和指挥人员		
卷筒上钢丝绳缠绕方法		
方法	示意图	说明
用右捻钢丝绳上卷	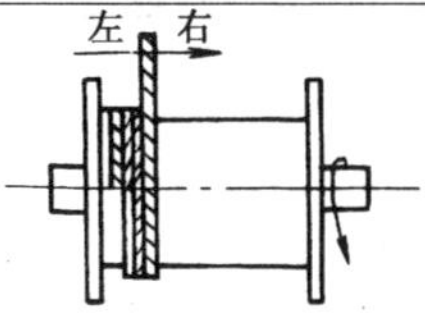 左 右	钢丝绳一端固定在卷筒左边，由左向右卷绕
用左捻钢丝绳上卷	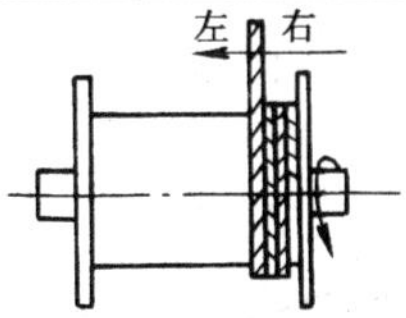 左 右	钢丝绳一端固定在卷筒右边，由右向左卷绕
用右捻钢丝绳下卷	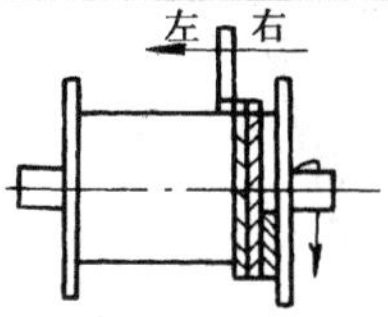 左 右	钢丝绳一端固定在卷筒右边，由右向左卷绕
用左捻钢丝绳下卷	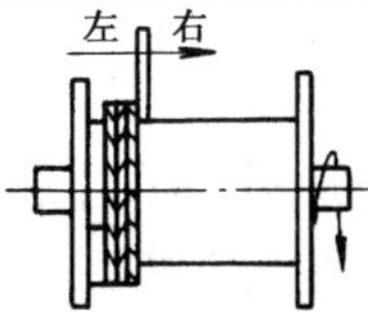 左 右	钢丝绳一端固定在卷筒左边，由左向右卷绕
注：从卷筒上面卷绕者为上卷，从卷筒下面卷绕者为下卷		

14.绞车固定与卷筒上钢丝绳缠绕方法

绞车的固定十分重要,施工中应用众多,故手摇或电动绞车安置的好坏,都关系到起吊、移运重物过程中的安全性。必须选择视野广阔、便于绞车司机和指挥人员观察,且距离吊装点至少15m以外,如果用桅杆起重机构,则距离应大于桅杆高度。为防止绞车倾覆与滑动,必须加以妥善锚定。其锚定方法与要点见表7-38。

绞车锚定方法与要点表 表7-38

固定方法简图		要　点
固定基础法		在长期使用的情况下,可在安放绞车处浇筑水泥混凝土,并预埋地脚螺栓,由螺母拧紧固定绞车位置。此法在料库、码头等处适用
平衡压重法		在临时或较短时期使用的情况下,可将绞车固定于木垫上,前面设置木桩以防滑动,后加压重(生铁、大石块等),以免倾覆滑移。压重应满足下式: $Q = 1.5\dfrac{T \cdot a}{b}$ 式中:Q—平衡重(kN); T—钢丝绳拉力(kN); a—钢丝绳离地面高度(m); b—重心距离(m); 1.5—稳定系数
栓绳锚桩法		属于临时性的固定方法之一。是用紧绳和锚绳栓绑在锚桩中央,栓绳等长,但不宜大于2m,以防产生歪斜,使卷筒绕绳方向不正

15.锚碇装置

锚碇装置技术参数见表7-39和表7-40。

锚　碇　装　置 表7-39

在架设安装工程中,锚碇是为固定滑车组、绞车、缆风绳等所必需。除在吊装现场附近可以充分利用牢靠的建筑物或大树等作固定外,绝大多数情况下,须设置临时地锚或地垄木锚碇。因直接关系到安全作业,所以应予足够的重视

桩锚标准尺寸

桩锚简图										
容许拉力(kN)		10	15	20	30	40	50	60	80	100
水桩根数			1			2			3	
木桩直径(cm)	第1根	18	20	22	22	25	26	28	30	33
	第2根	—	—	—	20	22	24	22	25	26
	第3根	—	—	—	—	—	—	20	22	24
土壤最小容许压力(MPa)		0.15	0.20	0.28	0.15	0.20	0.28	0.15	0.20	0.28

地垄木锚碇规格尺寸	
常用地垄木锚碇简图	
(1)拉力在 30kN 以下时	(2)拉力在 50kN 以下时
(3)拉力在 100kN 以下时	(4)拉力在 400kN 以下时

地垄木锚碇规格尺寸 表 7-40

项　　目	数	据						
锚碇承受拉力(kN)	28	50	75	100	150	200	300	400
钢丝绳与地面夹角 α	30°	30°	30°	30°	30°	30°	30°	30°
地垄木(ϕ = 24cm) 根数 × 长度(cm)	1 × 250	3 × 250	3 × 320	30 × 300	3 × 270	3 × 350	4 × 400	4 × 400
埋深 H(m)	1.70	1.70	1.80	2.20	2.50	2.75	2.75	3.50
地垄木上系绳点数	1	1	1	1	2	2	2	2
挡木(ϕ = 24cm) 根数 × 长度(cm)	无	无	无	无	4 × 270	4 × 350	5 × 400	5 × 400
柱木,根数 × 长度 × 直径	—	—	—	—	2 × 120 × ϕ20	2 × 120 × ϕ20	4 × 150 × ϕ22	4 × 150 × ϕ22
压板,密排 ϕ10 圆木、 长 × 宽(cm)	—	—	80 × 320	80 × 320	140 × 270	140 × 350	150 × 400	150 × 400

注:本表计算依据:回填土密度 = 1 600kg/m^3;土壤内摩擦角 45°;木材容许应力 11MPa(110kgf/cm^2)。

16.单柱圆木桅杆

单柱桅杆又称独立扒杆,或独脚扒杆。是一种简单的吊装设备。通常采用圆木(或方木)制成,桅杆高一般不大于 13m,最大起重能力在 100kN 左右,见图 7-32。其性能参数见表 7-41。

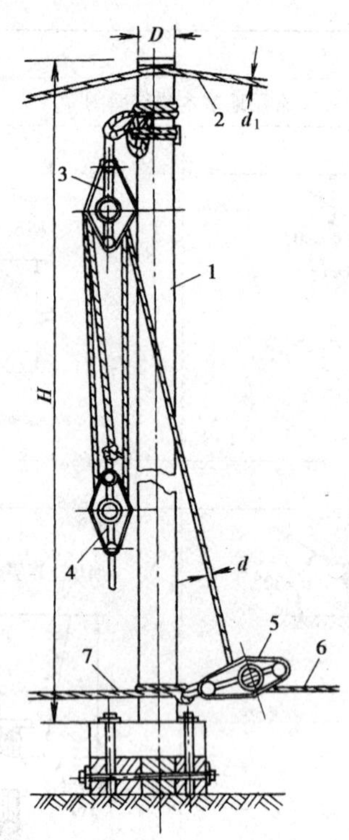

图 7-32　单柱木桅杆

1-单柱桅杆；2-缆风绳；3-定滑车；4-动滑车；5-转向滑车；6-联向绞车的钢丝绳；7-锚绳

单柱圆木桅杆规格性能参数表　　表 7-41

桅杆起重量(kN)	桅杆高度 H (m)	桅杆上部扎结处直径(cm)	缆风绳直径(mm)	缆风绳长度(m) 当β=		起重滑车组			绞车牵引力(kN)
				45°	30°	钢丝绳直径(mm)	上面轮数	下面轮数	
30	8.5	20	15.5	70	80	11.5	2	1	10
30	11.0	22	15.5	86	100	11.5	2	1	10
30	13.0	22	15.5	96	112	11.5	2	1	10
30	15.0	24	15.5	100	120	11.5	2	1	10
50	8.5	24	20	70	80	15.5	2	1	30
50	11.0	26	20	86	100	15.5	2	1	30
50	13.0	26	20	96	112	15.5	2	1	30
50	15.0	27	20	100	120	15.5	2	1	30
100	8.5	30	21.5	70	80	17.0	3	2	30
100	11.0	30	21.5	86	100	17.0	3	2	30
100	13.0	31	21.5	96	112	17.0	3	2	30

注：1.缆风绳长度未包括绳端固结于锚碇上的扎结和余裕长度；

2.桅杆所用木材须正直，无局部损坏或腐朽。

17.人字木桅杆—人字扒杆

其图式见图 7-33，性能参数见表 7-42。

18.钢管单柱桅杆

系采用无缝钢管制作的管式桅杆时，其起重能力一般小于 300kN，高可达 30m 左右。桅杆上部设置缆风盘和吊耳，用以系结缆风绳和起重滑车组，桅杆下部吊耳用以固定转向滑车。见图 7-34。

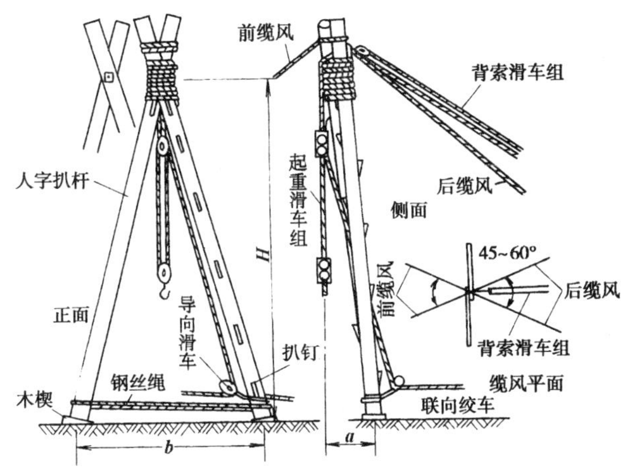

图 7-33 人字木桅杆—人字扒杆图

注:图中 $b = H/2$, $a = H/10$;后缆风 2 根呈八字形,夹角 45°~60°,坡度为 1:2(垂直:水平)。

人字木桅杆规格性能 表 7-42

桅杆木规格			桅杆高度 H(m)	缆风绳直径 (mm)	起重滑车组			绞车牵引力 (kN)	桅杆起重量 (kN)
截面形式	直径边长 (cm)	长度 (m)			起重钢丝绳直径(mm)	上面轮数	下面轮数		
方木	30×30	15	13.7	19.5	21.5	3	2	50	140
	30×30	12	10.8	21.5	24	3	3	50	210
	30×30	10	9.0	24.0	24	5	5	50	320
	30×30	8	7.0	28.0	28	5	5	80	490
圆木	ϕ16	7	6.0	15.5	12.5	2	1	15	30
	ϕ16	6	5.0	15.5	15.5	2	1	20	45
	ϕ16	4	3.2	15.5	17.5	3	2	30	100
	ϕ20	8	7.0	15.5	19.5	2	1	30	60
	ϕ20	6	5.0	15.5	19.5	3	2	30	110
	ϕ30	10	9.0	19.5	24	3	3	50	190
	ϕ30	8	7.0	24.0	24	5	4	50	310

注:人字木桅杆组合要求同上页所注,圆木以中径计,木材容许应力为 11MPa(≈110kgf/cm²)

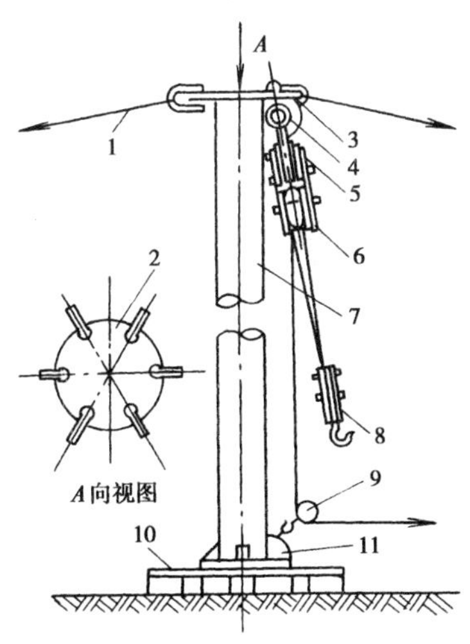

图 7-34 钢管单柱桅杆

1-缆风绳;2-缆风盘;3-缆风绳连接卸扣;4-吊耳;5-起重滑车组连接卸扣;6-定滑车;7-钢管桅杆;8-动滑车;9-转向滑车;10-钢底板;11-下吊耳

19.钢管人字桅杆

其有关资料见表 7-43。

钢管人字桅杆(人字架)性能 表 7-43

桅杆高度 H(m)	起重能力 (kN)	桅杆管径 D(mm)	尺 寸 (mm)		拆卸段数	自重(kg)
			M	K		
6	100	102/8	154	2 100	—	380
9	200	168/8	222	3 050	—	837
12	200	219/8	220	4 220	4	1267
15	300	273/10	254	5 200	4	2430

钢管人字架简图

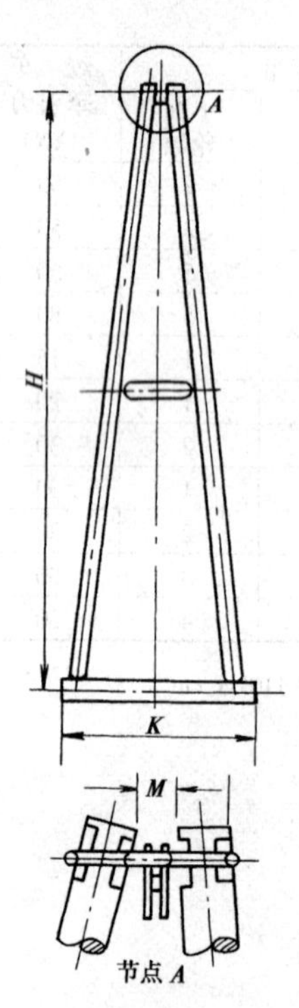

计 算 荷 载

桅杆高 H(m)	起重能力 Q(kN)	索具重 Q_1(kN)	桅杆重 G(kN)	分拉力 P_2(kN)
6	100	2.5	4.0	30
9	200	5.0	8.0	30
12	200	5.5	13.0	30
15	300	10.0	24.0	30

后缆风绳拉力及锚碇力

桅杆高 H(m)	α/H_1	后缆风绳拉力 P_3(kN)	锚固力 P_1(kN)	支点垂直压力 P_0(kN)
6	1/5.9	26	20	148
6	2/5.6	59	50	161
6	3/5.15	101	90	177
9	2/8.5	74	56	280
9	4/8	174	148	320
12	2/11.8	54	40	266
12	4/11.3	116	94	300
12	4/10.4	203	174	330
15	2/14.8	60	45	390
15	4/14.5	133	105	430
15	6/13.7	219	185	465

20.角钢格构桅杆

格状结构桅杆可制成吊重能力为 250 ~ 300kN,高 25 ~ 35m 的各种不同形式。其断面尺寸和结构组成,由计算决定,一般采用的规格见表 7-44。

格状结构的桅杆尺寸、吊重量 表 7-44

桅杆吊重量（kN）	桅杆高度（m）	主要角钢的断面（mm）	撑条角钢的断面（mm）	桅杆断面尺寸（mm）	
				中　间	端　部
250	25	4 < 100 × 10	60 × 40 × 6	800 × 800	400 × 400
500	25	4 < 130 × 12	75 × 50 × 8	900 × 900	400 × 400
500	35	4 < 150 × 12	75 × 50 × 8	1 000 × 1 000	500 × 500

其长度的选择见图 7-35。

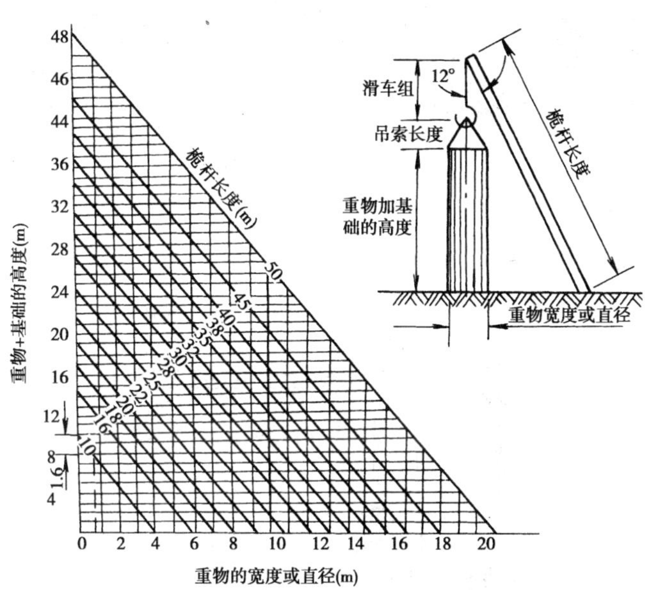

图 7-35　桅杆长度计算图

例题：现需吊升一直径为 3m、高 23m（包括索具所需高度）的构件，求桅杆所需长度。

解：在图 7-35 的水平轴为 3m 处引垂线，再沿纵坐标轴的 23m 处引一水平线，两线相交于斜线 30 的位置上，则桅杆选择高度可为 30m。

桅杆使用中的一般安全要点：

在施工中，往往要根据实需要进行制作，因此，其安全要点主要有：

（1）坚持按设计和计算的图纸制作，不得凭经验随意组拼；

（2）所用材料必须符合材料标准和负荷要求；

（3）各种组合部件必须符合标准要求；

（4）在使用前应进行检查，并进行分级试吊；

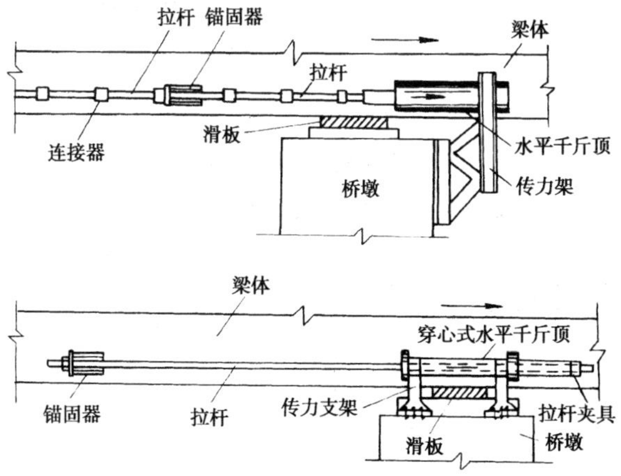

图 7-36　拉杆式顶推装置

(5)在使用中应注意经常检查、维护,以保证其整体结构完好,使用可靠;

(6)必须按操作规程要求进行操作。

21.千斤顶

千斤顶在公路工程施工中应用很多,图7-36和图7-37是利用千斤顶顶梁的情况。如果不能正确地使用千斤顶,则可能导致重大的质量或伤亡事故。要正确使用千斤顶,就必须了解千斤顶。

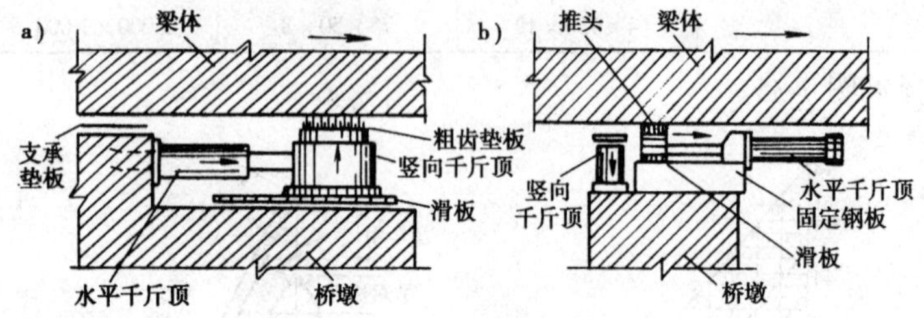

图7-37 推头式顶推装置

(1)移动式螺旋千斤顶

移动式螺旋千斤顶如图7-38所示。

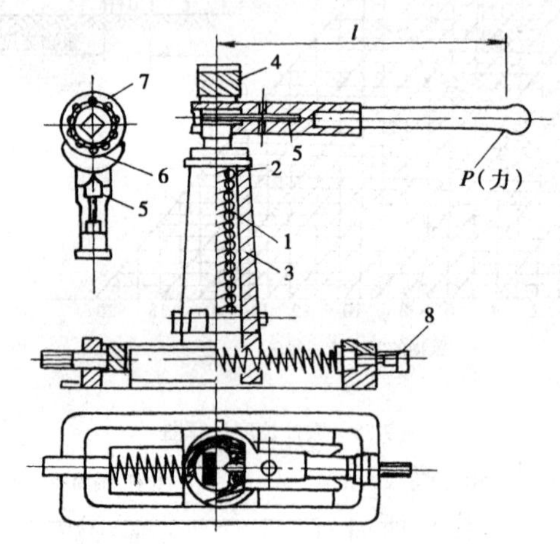

图7-38 移动式螺旋千斤顶构造图

1-顶升螺杆;2-青铜轴套;3-千斤顶外壳;4-千斤顶顶盖;5-棘轮手柄;6-制动爪;7-棘轮;8-横向移动螺杆

根据施工需要,可按表7-45选用。

螺旋千斤顶参数表 表7-45

顶升能力(kN)	顶升螺杆直径(mm)	下降时最小高度(mm)	顶升高度(mm)	水平移动距离(mm)	千斤顶重(kg)
60	54	508	190	203	39
80	57	508	229	254	42
100	60	610	229	305	50
120	62	610	305	381	54
150	63.5	610	305	457	68
200	76	686	305	457	94
250	83	699	305	457	135
300	89	749	305	457	158
350	95	749	305	457	185

在使用中应注意的安全要点:

①使用千斤顶时,底部必须垫平找正,并平稳顶升。否则可能导致被顶构件倾斜、受力不

均而破坏或不稳而出现事故。

②应经常检查螺旋、螺母有无磨损,如磨损超过 20%,则不得使用。

③注意防止超负荷、超高顶升规定高度,以免发生事故。

④传动部分应经常润滑，顶升时顶部应垫枕木，以防滑动而导致事故。

⑤重物放落下降千斤顶时,应注意支垫重物,缓缓降落。

(2)齿条千斤顶

齿条千斤顶有钢、木壳二种,后者已很少采用。齿条千斤顶如图 7-39所示。其有关参数见表 7-46。

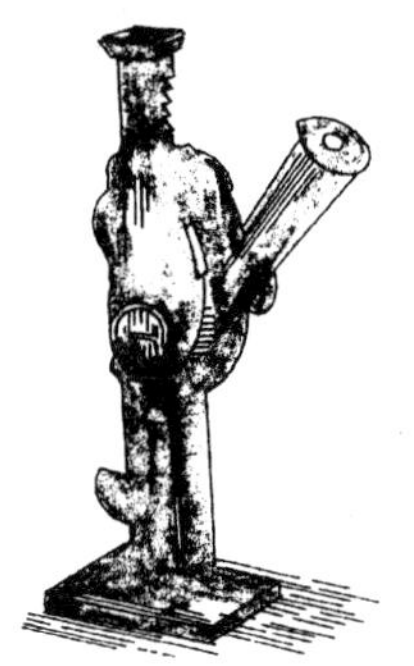

图 7-39　齿条千斤顶图式

齿条千斤顶　　表 7-46

型　号		Y63—01	TY63—02
起重能力	静荷(kN)	150	150
	动荷(kN)	100	100
最大起重高度(mm)		280	330
每次顶升高度(mm)		12.7	15
钩面最低高度(mm)		55	55
机座尺寸(mm)		166×260	166×260
外形尺寸(mm)		370×166×525	414×166×550
总　重(kg)		26	25

(3)液压千斤顶

液压千斤顶如图 7-40 所示。有关参数见表 7-47。

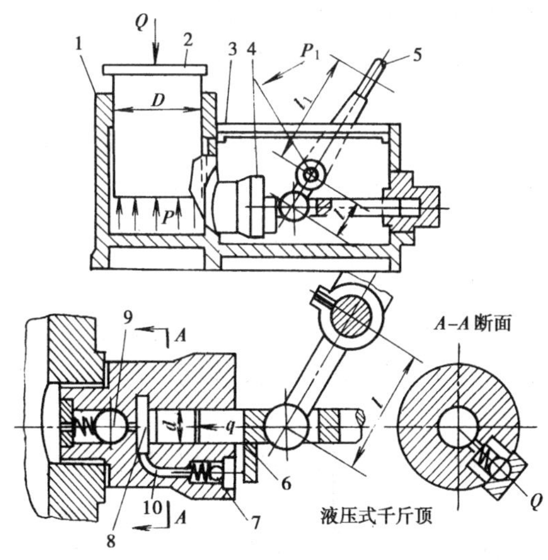

图 7-40　液压千斤顶构造图

1-工作缸;2-起重活塞;3-工作液贮存器;4-柱塞泵;5-手柄;6-挡板;7-排液阀;8-顶针;9-进液阀;10-孔道

液压千斤顶 表 7-47

型　　号	起重能力(kN)	最低高度(mm)	起升高度(mm)	螺旋调整高度(mm)	活塞直径(mm)	油泵直径(mm)	工作压力(MPa)	手柄长度(cm)	操作力(kN)	操作人数(人)	底座尺寸(mm)	顶端直径(mm)	千斤顶重(kg)
YQ 型液压千斤顶性能规格													
YQ-3	30	200	130	80	30	12	44.3	62	0.23	1	130×80	27	3.8
YQ5-125	50	215	125	75	—	—	49.2	—	0.34	1	154×126	—	6.5
YQ-5A	50	235	160	100	35	12	52.0	62	0.31	1	130×90	31	5.5
YQ1-5	50	215	125	100	35	11	49.1	—		—	130×110	—	5.2
YQ-5	50	260	160	80	—	—	50.0	—	0.29～0.34	1	160×138	—	8
YQ-8	80	240	160	100	42	12	57.8	62	0.36	1	140×110	38	7
YQ-12.5	125	245	160	100	50	12	63.7	85	0.29	1	160×130	45	9.1～10
YQ-16	160	250	160	100	55	12	67.4	85	0.27	1	170×140	50	13.8
YQ-20	200	285	180	—	60	12	75.7	100	0.27	1	170×130	54	20
YQ-30	300	290	180	—	—	—	72.4	100	0.34	1	204×160	69	30
YQ-32	320	290	180	—	75	12	72.4	100	0.30	1	200×160	69	29
YQ-50	500	300	180	—	90	12	78.6	100	0.30	1	230×190	84	43
YQ-100	1 000	360	200	—	140	18	65.0	100	0.39	1	ϕ222	139	123
YQ-200	2 000	400	200	—	190	18	70.6	100	0.39	2	ϕ314	188	227
YQ-320	3 200	450	200	—	240	18	70.7	100	0.39	2	ϕ394	238	435

液压千斤顶使用中的安全要点有：

①选择千斤顶时，其顶重能力不得小于被顶物体重量。如几台千斤顶联合使用时，每台的起重能力不得小于其计算荷载的 1.2 倍，防止因动作不协调整齐而导致个别千斤顶负荷过大而损坏，致使出现安全事故。

②对于起落高度较大的作业，应尽量采用升起高度较大的千斤顶，起落过程中以枕木垛支垫重物时，起升高度应至少等于枕木厚度加枕木垛的弹性变形。

③操作时，千斤顶底座必须稳定可靠，并用厚钢板或枕木垫起千斤顶，以扩大支承面，确保其工作正常条件。

④液压千斤顶的贮液器(油箱)和液体，必须经常保持清洁，防止混杂污浊渣滓，造成活塞顶升阻碍，导致顶升缓慢，甚至发生故障，多台千斤顶同时起重同一构件时，更应特别注意，以免由于顶升不一致而导致事故发生。

⑤为防止长时间顶举或突然下降，必要时，应在顶升部分作临时垫承，以保证安全作业并避免密封圈的损坏。

⑥顶升荷载应与千斤顶轴线方向一致，严防由于基底偏沉及荷载偏移而发生千斤顶偏歪的危险。

⑦每次起重活塞升起高度不得超过规定的升起高度，以防活塞全部顶出工作缸，损坏千斤顶或造成事故。当不清楚技术规格时，其升起高度不得超过活塞总高的 3/4，以保证安全。

⑧手柄长度不得任意增长，不得强迫液压千斤顶超荷作业。

22.钢丝绳手扳葫芦

在起吊安装施工中,钢丝绳手扳葫芦是常用的机具之一。它是一种使用灵活的手动牵引机械,其工作原理是由两对平滑自锁的夹钳交替夹紧钢丝绳,作直线往复运动达到牵引目的。它能在水平、垂直、倾斜、高低不平以及狭窄地带使用,因而它又被称为万能钢绳牵引器。吊装作业中用于拖滚移动构件等非常方便。见图 7-41。

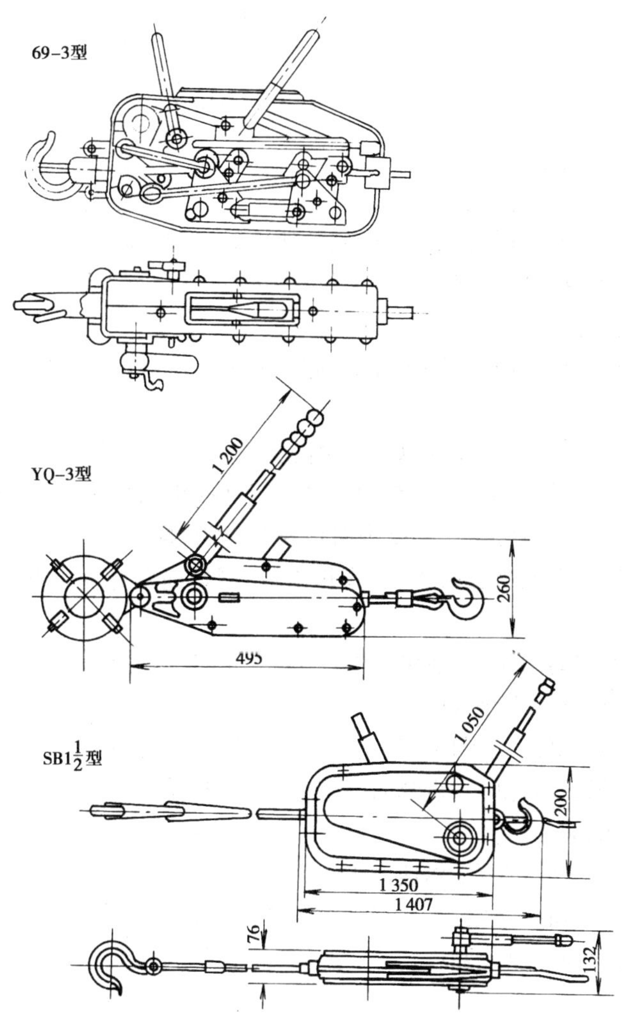

图 7-41 钢丝绳手扳葫芦(单位 mm)

二、起重吊装的安全要点

国家颁布的《建筑安装工程安全技术规程》中规定:在编制施工组织设计中应提出安全技术措施。对于结构复杂、施工难度和危险性比较大如大型吊装工程、深基础、沉井、水下施工等工程,均应根据不同的施工特点制定相应的、有针对性的安全技术措施。

(一)起重作业应遵守下列规定要求

1.大型吊装工程,应在编制的施工组织设计中,制定安全技术措施,并向参加施工的作业人员进行安全技术交底。

2.吊装作业应指派专人统一指挥,参加吊装的起重工要掌握作业的安全要求,其他人员要有明确的分工。

3.吊装作业前必须严格检查起重设备各部件的可靠性和安全性,并进行试吊。

4.各种起重机具不得超负荷使用。

5.钢丝绳的安全系数应不小于表7-48的要求:

钢丝绳安全系数 表7-48

用　途	安全系数	用　途	安全系数
缆风绳	3.5	吊挂和捆绑用	6
支承动臂用	4	千斤绳	10
卷扬机用	5	缆索承重绳	3.75

6.地锚要牢固,缆风绳不得绑扎在电杆或其他不稳定的物件上。对地锚状态应经常检查。

7.作业中遇有停电或其他特殊情况,应将重物落至地面,不得悬在空中。

(二)起重机具的安全要点

起重机械的使用应符合现行的国家标准《起重机械安全规程》(GB 6067—85)

1.卷扬机

(1)卷扬机的各部机件、电气元件以及安全防护装置、钢丝绳等应达到安全规定要求。

(2)作业前应检查钢丝绳、离合器、制动器、保险棘轮、传动滑轮等,发现故障应立即排除。

(3)卷扬机应安装牢固、稳定,严防受力时位移和倾斜,操作位置必须视野开阔,联系方便。

(4)通过滑轮的钢丝绳不得有接头、结节和扭绕,钢丝绳在卷筒上必须排列整齐,作业时,最少需保留三圈。

(5)操作人员不得擅离岗位,作业中突然停电,应立即拉开闸刀,并将运送物件放下。

2.轮胎式起重机和履带式起重机

(1)作业地面应加工整修,达到坚实平整要求,支脚必须支垫牢靠,回转半径内不得有障碍物。两台或多台起重吊机吊运同一重物时,钢丝绳应保持垂直,各台起重机升降应同步,各台起重机不得超过各自的额定起重能力,应在统一指挥下,密切协调。

(2)吊起重物时,应先将重物吊离地面10cm左右,停机检查制动器灵敏性和可靠性以及重物绑扎的牢固程度,确认情况正常后,方可继续工作。作业中不得悬吊重物行走。

(3)起升或降下重物时,速度要均匀、平稳,保持机身的稳定,防止重心倾斜。严禁起吊的重物自由下落。

(4)在驳船上作业,应用绳索系牢在船上,前后轮(或履带)下应用三角木块楔紧。工作完毕应将起重臂放下,制动器刹车。

(5)配备必要的灭火器,驾驶室内不得存放易燃品。雨天作业,制动带淋雨打滑时,应停止作业。

(6)在输电线路下作业时,起重臂、吊具、辅具、钢丝绳等与输电线的距离不得小于表7-49的规定:

输电线路电压与最小距离 表7-49

输电线路电压(kV)	最小距离(m)	输电线路电压(kV)	最小距离(m)	输电线路电压(kV)	最小距离(m)
1以下	1.5	1~35	3	≥60	0.01(V-50)+3

3.塔式起重机

(1)塔式起重机的安全防护装置应进行检查,确保可靠,符合有关规定。

(2)在轨道上行驶前应检查轨道有无障碍物和下沉现象,发现问题,及时处理。

(3)起重机行走前轮(行走方向)至轨道端部的距离不得小于5m;工作完毕,应锁紧夹轨器,并将各控制开关转到“零”位,切断电源。

4.龙门架

(1)龙门架制作(拼装),应按设计要求组织检查验收。

(2)移动式龙门架除应进行静载试验外,还应等载在轨道上往返运行一次,检查龙门架在移动中的变形以及轨距、轨道平整度等情况。在达到要求后方可使用。

(3)吊起重物作水平移动时,应将重物提高到可能遇到的障碍物0.5m以上;运行时,重物不得左右摇摆。

(4)牵引移动的跨墩龙门架,在行走时,两侧牵引卷扬机必须同时同速启动和运行。

(5)开动和停止电动机,应缓慢平稳地操纵控制器;作后向移动时,必须等机、物完全停稳后方可操作。

(6)龙门架拆除时,应制定安全技术措施。

5.人字桅杆和独脚桅杆

(1)人字桅杆和独脚桅杆应选用优质钢、木材料制作;人字桅杆两腿的夹角不得大于45°。

(2)桅杆底脚基础要坚固,底脚要稳定牢靠;人字桅杆设置的缆风绳应不少于2根,独脚桅杆设置的缆风绳不少于4根。

(3)独脚桅杆如加设摇杆时,变幅钢丝绳应在起重前固定好,调整适度;摇杆摆动幅度应用钢丝绳(或牵引卷扬机)控制。

6.手拉葫芦(吊链)

(1)悬挂支承点必须牢固,使用三角架悬挂时,基础应坚实,三支架腿受力要均匀,防止滑动和倾覆;

(2)严禁斜拉重物;

(3)重物吊起后发生卡链时,应在重物下方支垫后进行检查修理,不得硬拉。

7.千斤顶

(1)顶升重物必须在重心位置;如需用千斤顶纠正偏斜物体时,放置千斤顶的台座必须坚固可靠;

(2)顶升重物过程中,千斤顶出现故障时,应在重物支垫稳固后,再取出修理;

(3)用多台千斤顶起升同一重物时,动作应同步、均衡。

8.缆索吊装设备

(1)缆索塔架拼装时,应按设计图组拼。索鞍、跑车在组拼前,应进行全面检查。在装卸、运输及组拼中,要防止碰伤,有损伤的杆件不得使用;木塔架施工,应优选材质,精细加工制作,联结处应采取加固措施。

(2)各种滑轮在使用前,要检查是否灵活,绳槽是否平滑。滑轮组应共同承受荷载,受力不均时,应进行调整。

(3)钢丝绳必须按设计荷载要求,选用适合的标准绳索。在使用当中,应经常检查,并做必要的维护。

(4)塔架拼装,应随塔高的增加逐步搭好脚手架。作业平台四周挂好安全网和上下设扶梯。随着塔身增高,安全网应随之上移,同时应增设铺助缆风绳,待设计缆风绳安设完成后,方可拆除。

(5)使用万能杆件或桁梁片组拼的索塔,可利用已装好的杆件搭设塔内作业平台。平台木板必须铺设平稳,不得松动。塔架节段增高时,操作人员不得攀登杆件,应通过安全梯或吊篮上下。

(6)主索道两端应设置限位器,工作完毕,收紧吊钩,并切断电源。

(7)主索道和塔架的拆除应在制定的拆除方案中制定安全技术措施。作业场地应设立警示标志,并设专人(或监护船只)维护道口、航道和村屯附近的交通安全。

三、高处作业

1.高处作业的含义和级别划分应符合现行的国家标准《高处作业分级》(GB 3608—83)的规定。即:"凡在坠落高度基准面 2m 以上(含 2m)有可能坠落的高处进行的作业,均称为高处作业。"

高处作业级别:

高度在 2~5m 为一级高处作业;

高度在 5m 以上至 15m 时为二级高处作业;

高度在 15m 以上至 30m 时为三级高处作业;

高度在 30m 以上时,为特级高处作业。

作业者可能坠落的最低着落面(可能坠落不一定就是地面,也可能是在某一高处,某一物体的某一部位)为计算高处作业高度的基准面。

2.悬空高处作业必须设有可靠的安全防护措施。悬空高处作业包括:在开放型结构上施工,如高处搭设脚手架等;在无防护的边缘上作业;在受限制的高处或不稳定处高处作业;在没有立足点或没有牢靠立足的地方作业等。

3.从事高处作业人员要定期或随时体检,发现有不宜登高的病症,不得从事高处作业。

根据有关规定,凡患有高血压,心脏病,癫痫病者以及其他不适于高处作业的人员,不得从事高处作业。

4.高处作业人员不得穿拖鞋或硬底鞋。所需的材料要事先准备齐全,工具应放在工具袋内。

5.高处作业所用的梯子不得缺档和垫高,同一架梯子不得二人同时上下,在通道处(或平台)使用梯子应设置围栏。

6.高处作业与地面联系,应有专人负责,或配有通信设备。

7.运送人员和物件的各种升降电梯、吊笼,应有可靠的安全装置,严禁人员乘坐运送物件的吊笼。

第五节　水上作业、潜水作业的安全要点

在公路工程特别是桥梁施工中,很多作业是水上作业和潜水作业。图 7-42、图 7-43 是 T 型梁悬臂梁施工中由船运预制梁的情况。

在运梁和浮运沉井中,还需对定位船和作业船进行锚碇。另外还有打桩船、起重船、牵引或在旁侧拖带作业船等作业,在施工中必须确保安全,要事先制订施工安全技术方案,进行安全交底。同时由于这些作业在通航江河上进行,其通航安全保证也就十分重要。

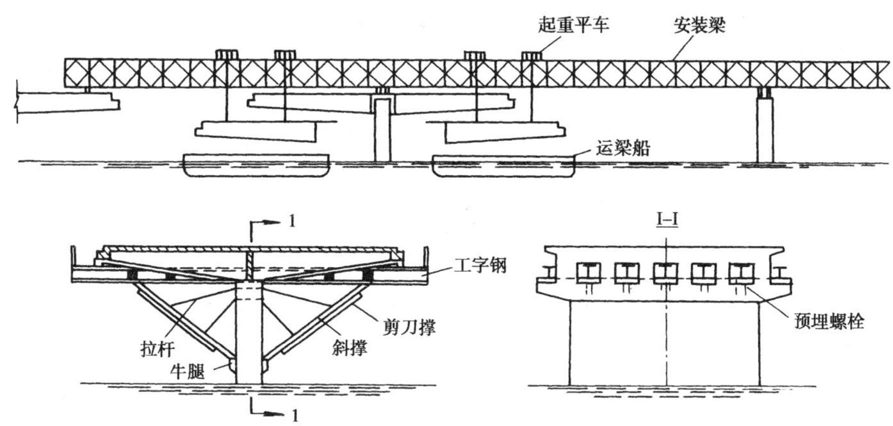

图 7-42　T 型悬臂梁桥施工

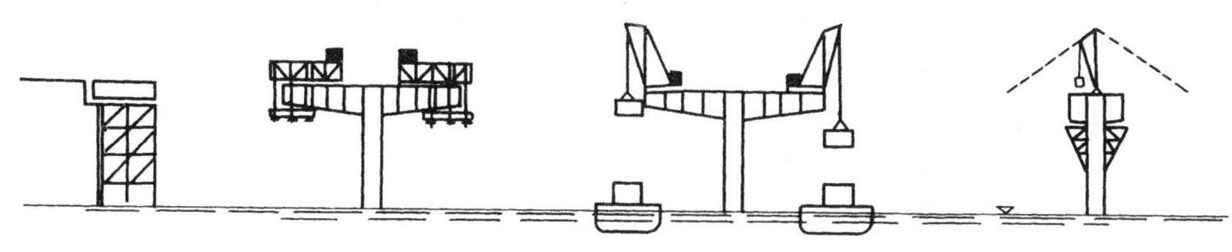

图 7-43　悬臂施工法概貌

一、水上作业中的安全要点

1.在通航江河上施工的安全管理工作应符合现行的《内河交通安全管理条例》的规定，开工前应报告当地港航监督部门。

2.施工所使用的船只应经船检部门检查合格后方可使用。施工期间按规定应设置临时码头、航行标志及救护、消防等设施。

3.船只在航行前，应检查各部位的机械与设施是否良好，不得带病作业。

4.应掌握和及时了解当地的气象和水文情况，遇有大风天气应检查和加固船只的锚缆等设施。

遇有雨、雾天，视线不清时，船只应显示规定的信号，必要时应停止航行或作业。

5.定位船及作业船锚碇石，应在涉及航域范围内设置警示标志。抛锚时，锚链滚滑附近不得站人。

6.船只靠岸后(或在两船间倒运货物时)应搭设跳板、扶手或安全网，经踏试稳定牢固，方可上下人或装卸货物。

7.装船时严禁超载、偏载，必要时应加配重，调整平衡。卸船时应分层均匀卸运。

8.打桩船、起重船施工前应了解作业区域的水深、流速、河床地质等有关情况，为船舶行驶、抛锚、定位做好安全准备工作。

9.抛锚、就位应保持船体稳定。如用两艘船体联接时，必须连接牢固，稳定可靠。

10.使用轮船或履带吊车在船上打桩、起重作业时，船体应按施工要求进行加固，并在吊车轮船(或履带)下加铺垫板。

11.牵引或在旁侧拖带作业船时，严禁超载，牵引(或拖带)用的钢丝绳必须联接牢固。

12.交通船应按规定的载人数量渡运;严禁超员强渡。船上应配有救生设备。船行中途遇有阵风、雨时,乘船人员不得走动或站立。

二、潜水作业中的安全要点

1.潜水作业前施工负责人应将下潜任务、下潜环境、工作部位、水深、流速、流向等,向潜水员做明确交待,下潜深度应符合现行的国家标准《产业潜水最大安全深度》(GB 12552—90)的规定。非持证的专业潜水员或其他人员一律不得承担潜水作业任务。

2.在作业条件比较困难的情况下,应在搭设的平台上另备一套潜水装具,并指派一名预备潜水员,以便在必要时下水协助和救援。

3.夜间潜水作业,除平台上的照明外,还应另装照明度较大的灯具,照在潜水点的水面上。

4.在寒冷环境作业时,应遵守下列规定:

(1)潜水员应穿保温内衣,双手应擦防冻油、戴手套;

(2)潜水前,供气软管应用压缩空气吹通几分钟,接头部位应用棉垫包裹严密;出水时要用热水管加温排气阀,以防排气阀冻结;

(3)在冰层上入水要凿开能确保潜水员安全上下的洞口;水面有浮动时,供气软管、信号绳与冰块摩擦接触处,应有防割断措施;

(4)潜水员行走的冰面和潜水用梯均有防滑措施。

5.潜水员作业范围的水面上,严禁其他作业。

6.潜水员在进行冲泥和吸沙作业时,要在头盔的排气阀上包裹纱布,防止沙粒、污泥等进入排气阀内。

7.潜水员在水下行进时,要尽量避免在倒塌的物体或杂乱的索具空档内穿越。

8.在检查船舶推进器或解除推进器的缠绕物时,严禁开动推进器,并派专人监护。

9.信绳员和掌握供气软管人员,应负责做好潜水员下潜和上升的安全工作。

10.在沉井,钻孔桩内作业,应遵守下列规定:

(1)作业时,沉井内的水位应不低于沉井外的水位;

(2)沉井内壁不得有钢筋头、扒钉头、铁线、铁钉等外露,潜水员不得进入刃脚下工作;

(3)潜水员在沉井内吸泥时,不得用手脚触动正在工作的吸泥管头部,吸泥机的开闭由地面电话员提前通知潜水员;

(4)在钻孔桩内作业,桩内泥浆面必须高于护筒外的水位;潜水员在护筒底缘以下部位作业时,必须有安全防护措施。

11.水下起吊作业应遵守下列规定:

(1)进行水下起吊作业时,应根据被吊物的特点和当地的水情制定方案;

(2)潜水员应熟悉被吊物的特点、体积、重量、吊点和沉没原因;

(3)在起吊时,潜水员应将沉落物件拴牢,经验查确认拴挂牢固,待潜水员上升出水后再起吊;

(4)打捞沉船、钢结构、圆筒等物件时,潜水员严禁在上述打捞物件内穿行,不得进入已有断裂或破损面的船体内;

(5)潜水员不得在水中悬吊的物体上工作或从悬吊物件下穿越。

12.水下焊接和切割,应遵守下列规定:

(1)潜水员应熟悉爆破器材的性能和引爆的安全操作技术;

(2)根据爆破波及范围,划定危险区,引爆前应派人警戒;

(3)雷管在使用前应做测试;在同一起爆点,不得使用不同型号的雷管;

(4)炸药包装好后,应由潜水员带下水,不得用绳索下放;炸药包布设完毕,潜水员出水,并躲避到安全地点后,方可引爆;

(5)引爆线路的开关应设专人严格管理,未经负责人许可严禁通电;

(6)发生“盲炮”时,应在切断电源 15min 后,再下潜取出。

第八章 其他相关施工作业中的安全要点

第一节 特殊季节与夜间施工中的安全要点

一、夏季安全技术措施要点

1. 对职工进行防暑降温知识的宣传教育，使职工知道中暑症状，学会对中暑病人所应采取的应急措施。利用黑板报、墙报、广播、政务人员讲座与示范等形式开展教育活动。

2. 合理调整作息时间，避开中午高温时间作业。高温作业是指在高温、高湿或强烈辐射的环境下从事作业。当工作需要时，应加强防晒防暑保护措施，严格控制加班加点，高处高温作业人员的工作时间要适当缩短。保证工人有充足的休息和睡眠时间。

3. 对在容器内和高温条件下的作业场所，要采取通风和降温措施。

4. 对露天作业中的固定场所，应搭设歇凉棚，防止热辐射，并要经常洒水降温。

5. 对高温、高处作业的人员，需经常进行健康检查，发现有作业禁忌者，应及时调离高温和高处作业岗位。

6. 要保证及时供应符合卫生要求的茶水、清凉含盐饮料、绿豆汤。

7. 要经常组织医护人员深入工地进行巡回医疗和预防工作。重视年老体弱、患过中暑者和血压较高的工人身体情况的变化。

8. 及时给职工发放防暑降温的急救药品和劳动保护用品。

二、雨季安全技术措施

1. 雨季及洪水期施工应根据当地气象预报及施工所在地的具体情况，做好施工期间的防洪排涝工作。

2. 在雨季施工时，施工现场应及时排除积水，人行道的上下坡应挖步梯或铺砂。脚手板、斜道板、跳板上应采取防滑措施。加强对支架、脚手架和土方工程的检查，防止倾倒和坍塌。

3. 雨季施工时，处于洪水可能淹没地带的机械设备、材料等应做好防范措施，施工人员要提前做好安全撤离的准备工作。要选好出入通道，防止被洪水包围。

4. 长时间在雨季中作业的工程，应根据条件搭设防雨棚。施工中遇有暴风雨应暂停施工。

5. 做好防触电工作。电源线不得使用裸导线和塑料线，不得沿地面敷设。配电箱必须防雨、防水，电器布置符合规定，电元件不应破损，严禁带电明露。机电设备的金属外壳，必须采取可靠的接地或零保护。手持电动工具和机械设备使用时，必须安装合格的漏电保护器。工地临时照明灯、标志灯，其电压不超过36V。特别潮湿场所、金属管道和容器内的照明灯，电压不超过12V。电气作业人员，应穿绝缘鞋，戴绝缘手套。

6.做好防雷击工作。达到一定高度的塔吊、龙门架、脚手架等应安装避雷装置。

7.做好防坍塌工作

搞好脚手架、龙门架等场地的排水工作，防止沉陷倾斜。坑、槽、沟两边要放足边坡，危险部位要另作支撑，搞好排水工作，一经发现紧急情况，应马上停止土方施工。

8.做好防台风、大风工作。沿海地区和桥梁工程中应防止汛期台风和大风的侵袭与影响，应注意天气预报。大型施工机械在风力达到六级时，要采取放下臂杆、固定行走装置等措施，以免发生事故。

9.做好防潮工作

现场各类机械设备、电气装置、仓库等，应做好防潮防湿工作。

三、冬季施工安全措施

1.凡参加施工作业人员，均应接受冬季施工安全教育，并进行安全交底。

2.锅炉工人必须持证上岗。

3.安装的取暖炉必须符合要求，验收合格后才能使用。

4.六级以上大风或大雪，应停止高处作业和吊装作业。

5.搞好防滑工作。通道防滑条损坏的要及时修补，斜道、通行道、爬梯等作业面上的霜冻、冰块、积雪要及时清除。

6.采用热电法施工，要加强检查和维修，防止触电和火灾。

7.加强用火申请和管理，遵守消防规定，加强防火检查，防止火灾发生。

8.必须正确使用个人防护用品，并应按规定及时发放。特别要注意冻伤作业人员手、脚事故的发生。应确保防护用品的质量，要按规定的发放制度执行。

9.冬季施工应严格执行冬季施工的有关规定，做好保温、防冻等安全防护工作。

10.冬季施工在江河冰面上通行时，事先应详细调查冰层的厚度及承载能力。冰面结冻不实地段，严禁通行。结冻不实地段、可通行地段都应设明显标志。初冬及春融季节应经常检查冰层变化情况，以确定可否通行。

11.江河流冰前应制定出防流冰方案，并将停留在冰面上的车辆、船只、机械和物资提前撤至安全地带。

12.爆破流冰通道时，除应遵守国家现行的《爆破安全规程》(GB 6722—86)外，还应在爆破前详细检查冰面后再进行作业。爆破流冰时应穿好救生衣，必要时应备有救护船只。

四、夜间施工安全技术措施

1.夜间施工时，现场必须有符合操作要求的照明设备。施工住地要设置路灯。

2.施工中的小型桥涵两侧及穿越路基的管线等临时工程，应设置围栏，并悬挂红灯警示标志。

3.大型桥梁攀登扶梯处应设有照明灯具。

4.夜间作业船只或在通航江河上长期停置的锚船、码头船等应按港航监督部门规定，配置齐全的夜航、停泊标志灯。船只停靠码头应设照明灯。

第二节　边通车、边施工地段的交通安全要点

1.改建工程中,边通车、边施工路段的安全生产,除应遵守有关规程的规定外,还应加强对通行车辆的安全管理,确保施工、交通安全。

2.改建工程需挖除旧路路基、路面进行重建的路段,在施工路段的两端应竖立显示正在施工的警告标志。标志应鲜明、醒目。标志与施工路段的距离,应根据开挖宽度、路段等级、交通量等情况确定。

警告标志牌应高2m,宽1.5m,牌上可写:“前面施工,慢速通行”。

3.一侧拓宽或两侧拓宽的改建工程,原有道路的路面宜先保留,以维持交通。

半幅施工路段,原有路段保留部分不得小于3.5m。

4.在拓宽地段,如必须在原有道路上运送土石方,宜采用机动车辆运输。采用手推车运输时,可划分部分路面,专供手推车行驶,并应做到:

(1)剩余部分路面宽度应保证机动车行车安全;

(2)要用红白相间的栏杆等隔离设施,与机动车行车道隔开;

(3)设专职人员指挥来往车辆。

5.通车路段的路面应经常清扫干净,防止车辆碾飞土石伤人或雨后泥泞影响通车。

主管部门要明确改建路段的养护职责,处理好改建与养护的关系。对已经列入改建计划尚未动工和已经动工改建的路段,必须列足养护费用,落实养护单位,认真做好养护工作。

6.在原有路段上,进行降坡改建的工程,有条件的可修建临时便道维持交通,也可在降坡地段半幅施工,另半幅做通车之用。

7.半幅通车路段,在车辆驶出(入)前方应设置指示方向和减速慢行的标志。同时在施工作业区的两端设置明显的路栏。晚间要在路栏上加设施工标志灯。半幅施工区与行车道之间设置红白相间的隔离栅。

8.半幅施工的路段不宜过长,一般以不超过300~500m为宜。

9.在单车道维持通车路段上,当路段不长,交通量不大时,可在该路段的适当地点设置车辆会让处;当施工路段较长、交通量较大时,应实行交通管制。每班配置专职人员和通信设备,指挥交通,疏导车辆。

工程预算中列入施工现场交通指挥人员、通信设备的经费、应专款专用。交通指挥人员要组织培训,由交通监理人员讲解交通规则,学习交通指挥的知识。

10.在居民或公共场所附近开挖沟槽时,应设护栏及搭设跳板供行人通过。夜间应设置照明灯和红灯。

11.在原地拆除旧桥(涵)重建新桥(涵)时,应先建好通车便桥(涵)或渡口。在旧桥的两端应设置路栏,夜间应在路栏上悬挂警示灯,并在路肩上竖立通向便桥或渡口的指示标志。

便道宽度不得小于便桥面宽度。施工材料的堆放不得占用便桥及其接线的路面。

第九章 施工安全技术措施编制示例及说明

为了做到施工生产安全,就必须真正做到政策落实、组织落实、人员落实、经费落实、制度落实、安全技术措施落实。

关于政策落实,已在前面章节中作了阐述,在此不再作说明。

关于安全保障组织落实,应视工程规模、要求、条件、环境等多方面的因素来考虑。

关于施工安全生产的保障,在施工单位编制投标书时就必须根据该工程项目招标文件的资料和要求,编制专门的章节,作为投标书中必不可少的重要内容予以说明,这部分内容也是施工单位投标是否能中标的一个重要因素。中标以后,施工单位在编制实施性施工组织设计时,特别是在制定施工方案时,必须同步编制相应的更加细致、具体、有针对性的施工生产安全措施。下面我们分别以实例的形式进行重点介绍。

第一节 投标书中施工安全保障的基本内容

××省公路桥梁总公司对×××特大桥投标时,所编制安全保障的基本内容如下:

一、安全保障组织机构

该公司根据招标书中提供的工程项目的资料和实地考查的结果以及对施工生产安全保障的要求并结合本公司的条件,建立以分管生产安全的副总经理为首的安全保障组织机构,其情况如图 9-1 所示:

二、组织机构成员

对应于上述组织机构,副经理、总工程师、总经济师及工地工程师等均为组织机构中的相应成员,应列出成员的姓名、职务、安全责任等。

三、制定施工方案及与之配套的施工方案图及施工方案说明

由于施工安全技术措施是针对施工方案与方法而编的,因此下面以投标书中的 54 号~60 号、62 号墩、63 号墩桩基础施工方案为例进行说明。其相关的施工方案图见图 9-2~9-7,供学习应用参考。

(一)54 号墩~60 号墩、62 号墩、63 号墩桩基础施工

54 号墩~60 号墩、62 号墩、63 号墩为水中群桩基础,其中 58 号墩、60 号墩各有 22 根桩,59 号墩有 18 根桩,其余各墩均为 12 根桩,桩径均为 250cm,桩板标高除 54 号墩为 28.0m,63 号墩为 32.0m 外,其余均为 27.0m。具体施工方案步骤如下。

1.平台施工

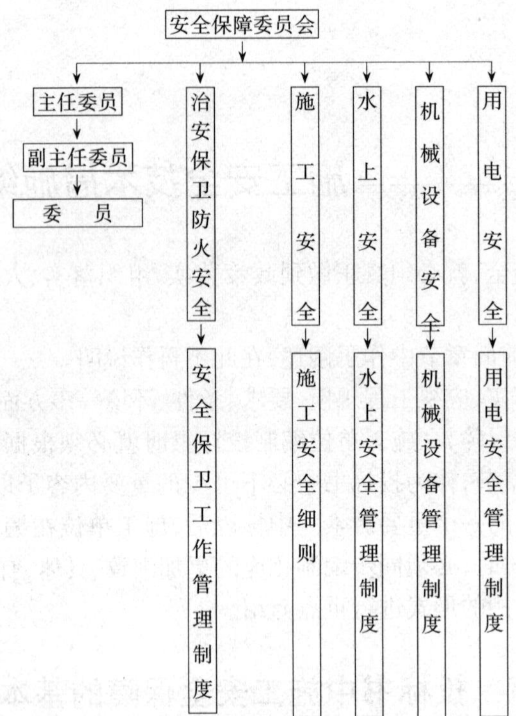

图 9-1　安全保障组织机构示意图

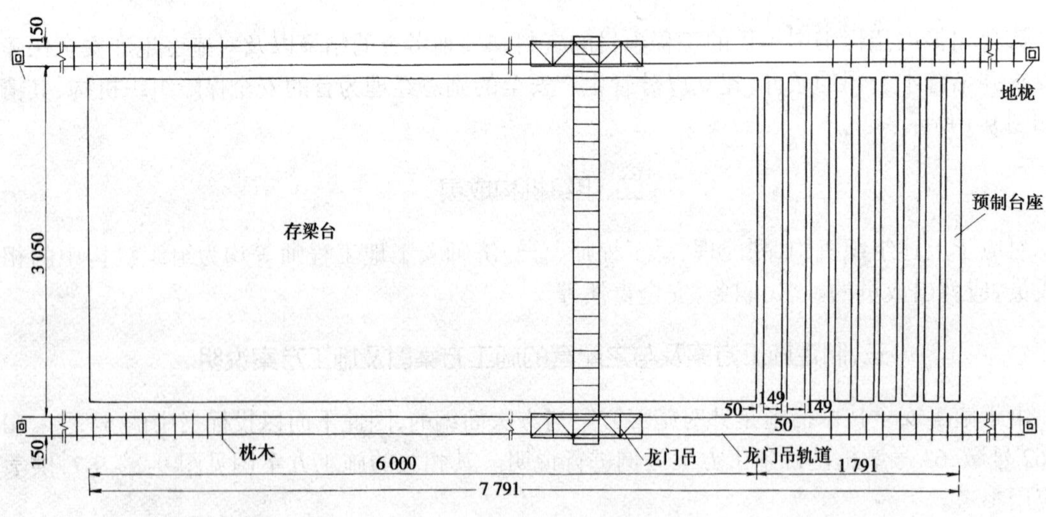

图 9-2　××特大桥预制右座布置图

首先将打桩船抛锚定位于墩位附近，打桩船上设置一台 25t 的吊车。60t 打桩锤和 200kW 发电机、ϕ85cm的钢管桩等。然后用吊车配合60t振动打桩锤将ϕ85cm的钢管桩打入控制标

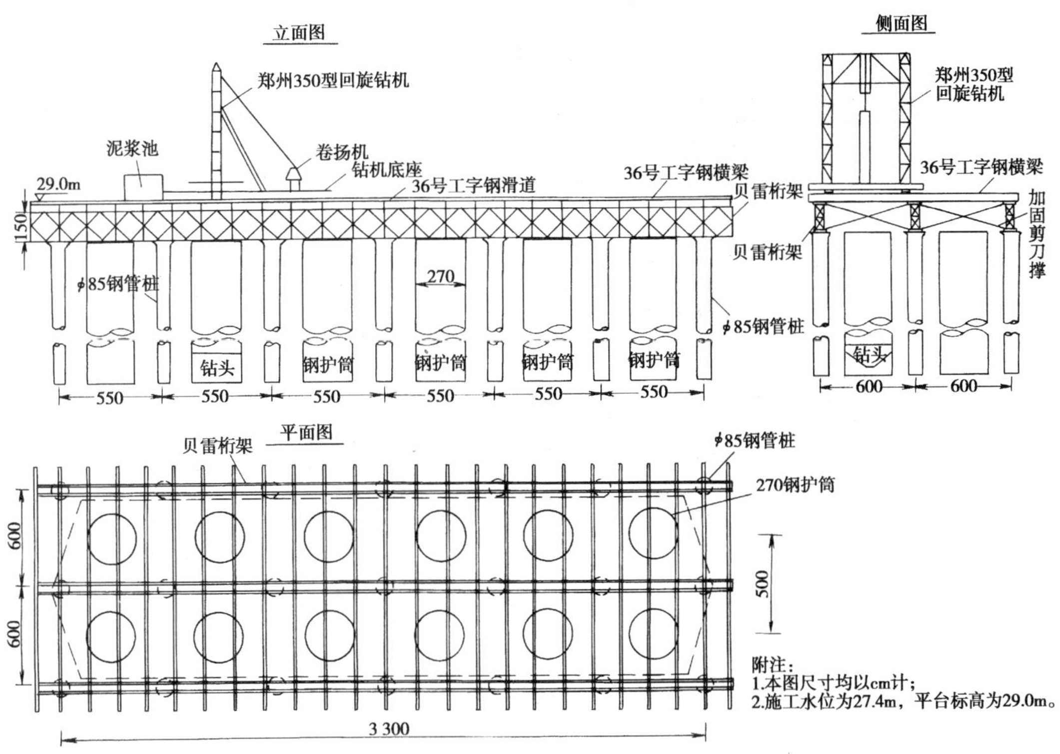

图 9-3　××特大桥 54～57、62、63 号墩桩基施工平台图

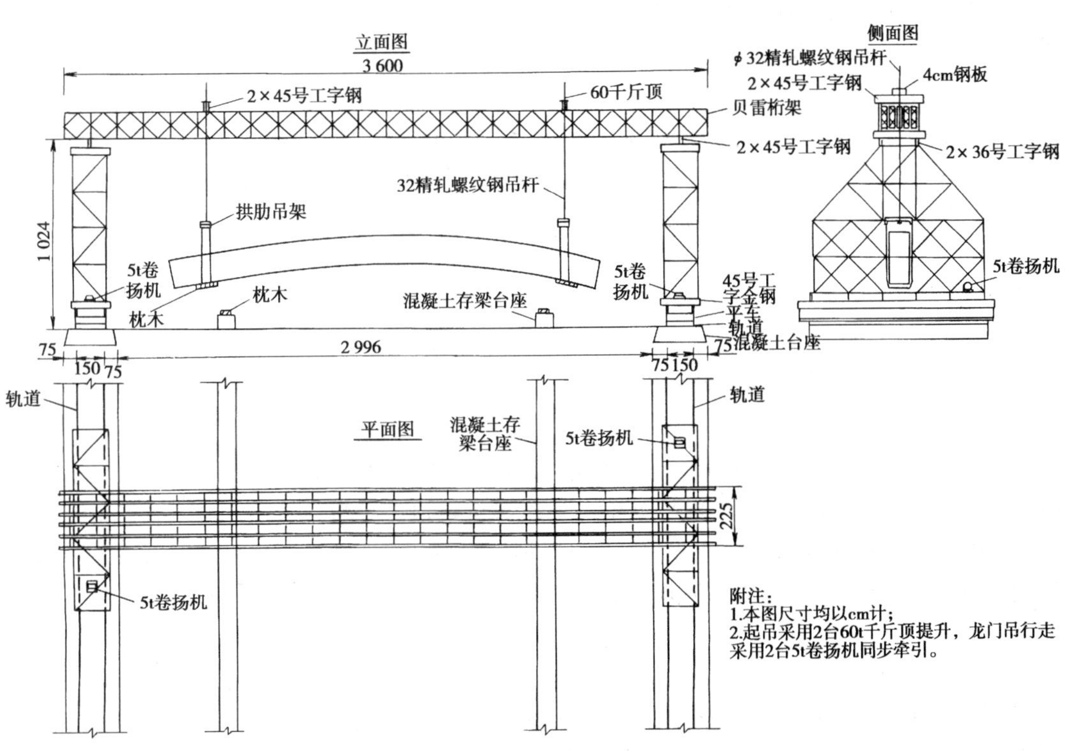

图 9-4　××特大桥 60t 龙门吊

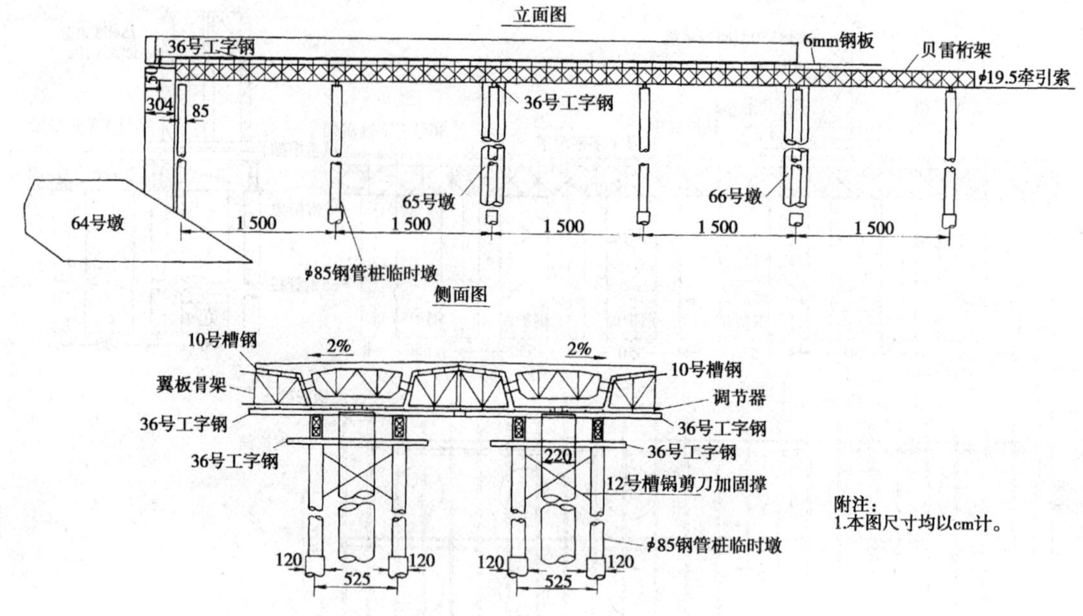

图 9-5　××特大桥梁施工方案图

高。58 号墩平台需钢管桩 18 根；59 号墩、60 号墩平台需钢管桩 22 根；54 号～57 号墩、62 号墩、63 号墩平台各钢管桩 21 根。钢管桩用 6mm 厚的钢板卷制而成。钢管桩全部振打就位后用 22 号槽钢纵联作剪刀撑。再在钢管桩顶设置 20mm 厚钢板为桩帽，钢管桩桩帽顶部置两组贝雷架纵桁，每组两排，58 号～60 号墩每排 14 片，其他墩每排均为 12 片，贝雷架与钢管桩桩帽之间用 10 号槽钢做骑马式焊结成整体，贝雷架之间用 22 号槽钢做剪刀撑，贝雷架纵桁上铺设 36 号工字钢作为横桁，36 号工字钢横桁与贝雷架纵桁之间用骑马螺栓连结。同时将 30 号槽钢焊在 36 号工字钢横桁跨中的护筒壁上，以增强横桁刚度。54 号～57 号墩、62 号墩、63 号墩的工作平台平面尺寸为 36m×12m，58 号～60 号墩的工作平台平面尺寸为 42m×16m。

2.钢护筒施工

钢护筒直径 270cm，用 δ10mm 钢板卷制而成，钢护筒内不设法兰盘。护筒分节制作，整体吊装，吊装时采用 25t 吊车吊装就位，振动锤振动下沉，钢护筒就位过程应时刻注意观测，使之不产生偏移，施工时要求护筒的倾斜度不大于 1%。

3.钻孔

拟定平台控制标高为 29.0m，每个平台配置郑州 350 型回旋钻机，钻机就位前，先在横向铺放的 36 号工字钢上铺放 2 根 36 号纵桁为钻机移位轨道。钻机就位利用 25t 吊车船进行，就位后，利用钻机的功能加快施工进度，施工中根据岩石强度加以配重，使钻机速度加快。钻孔作业中，为保证成孔质量，应采用减压钻进工艺，避免塌孔事故发生，同时应做好钻进记录，注意孔的垂直度和扩孔率。

4.钢筋笼设置、桩基混凝土浇注

钢筋笼制作在平台上放样、加工、成型，主筋接长采用双面搭接焊。钢筋笼在现场组装，用电焊固定。钢筋笼就位采用 25t 吊车下落就位，钢筋笼下放至设计标高后，上端用槽钢固定在导墙上，为防止在浇注水下混凝土时，钢筋笼产生偏位，应在笼体上沿高度方向每隔 3m 在周边设钢筋导向垫块。

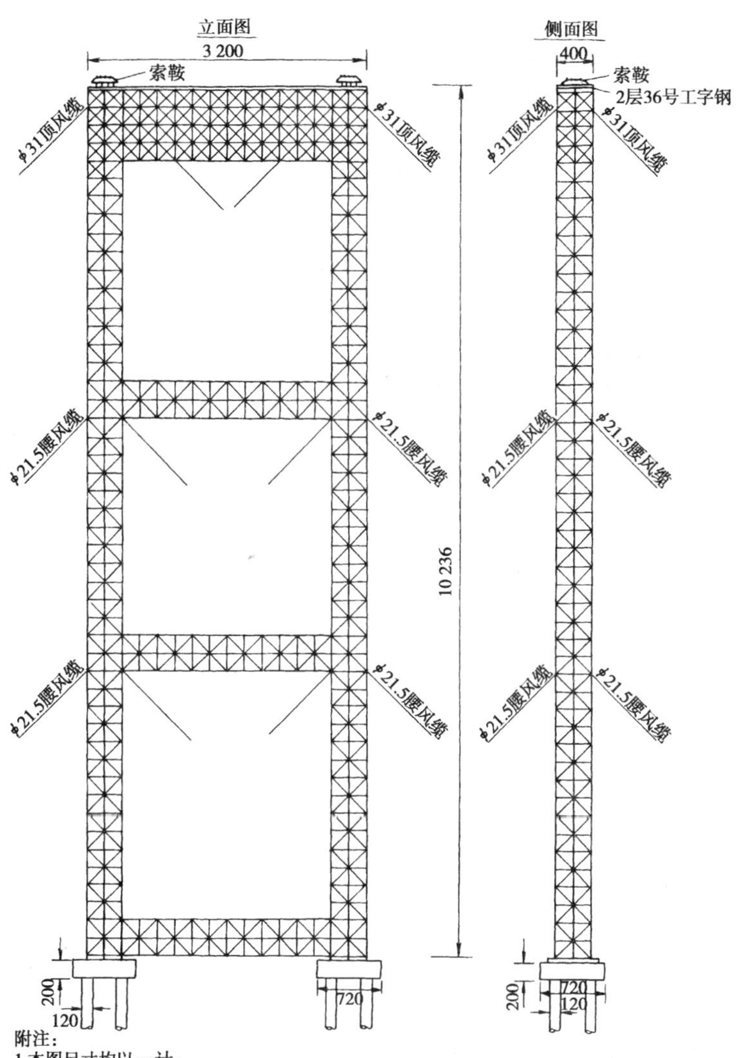

附注：

1.本图尺寸均以cm计；

2.立柱前后肢4M1，中肢2M1斜撑2M5，横撑2M4，塔顶横桁、横撑4M1，立柱2M4、2M3；

3.塔架：1号高118m,2号高103m,3号高106m；

4.塔架设置2层 ϕ21.5腰风缆；

5.塔架底座铰接，支承在混凝土梁上，由于塔架处地质条件不能满足受压要求，因此每个塔 ϕ120cm的钢筋混凝土支承桩。

图 9-6 ××特大桥搭架一般构造图

吊放完钢筋笼后，用输送泵浇注水下混凝土。水下混凝土的浇注采用提升导管法进行，导管直径为 30cm，储料斗的容量应使首批灌注下去的混凝土能满足导管埋置深至少 1m 的要求，混凝土在浇筑过程中，注意控制导管埋深在 2 ~ 4m 之间，另外每次导管的提升高度不得过大，以免在灌注混凝土时被拔出混凝土面。

（二）61 号墩扩大基础施工方案、方法

拟利用枯水季节进行 61 号墩扩大基础的施工工作，首先在墩位周围用砂袋填筑一个围堰，筑岛的面积为 45m × 20m，共 900m^2。然后进行基础放样，利用抽水机将岛内的积水抽干，进行人工开挖，在开挖过程中注意渗水的大小，并利用抽水机将孔内渗水抽干。挖基到位后，拼装侧模。然后在基坑底铺一层砂砾垫层，并绑扎基础钢筋，报请监理工程师经其检验合格后，马上浇注混凝土，混凝土的浇注由水上拌和站来完成。

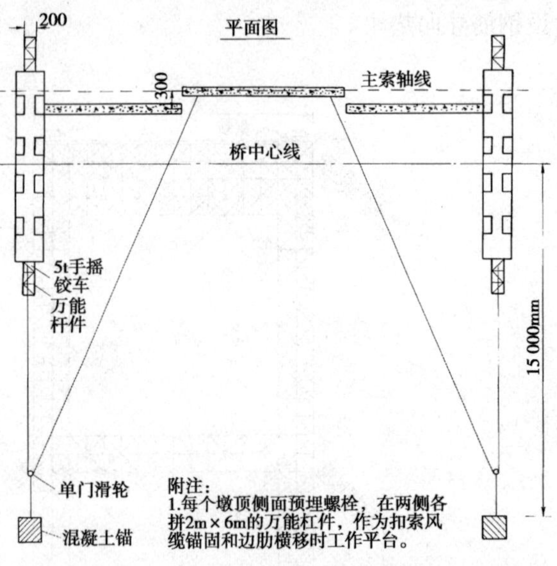

图 9-7　××特大桥拱肋横移示意图

(三)54号～57号墩，62号墩、63号墩承台套箱施工方案

1.说明

54号～57号墩，62号墩、63号墩承台基础由12根直径2.5m的灌注桩组成，承台尺寸为34.0cm×9.0cm×4.0cm，混凝土设计等级为C25，其中封底混凝土厚0.5m，每个承台混凝土方数为1071.0m^3，封底混凝土为153.0m^3，混凝土标号为C25。58号、60号承台基础由22根直径2.5mr灌注柱组成，59号墩承台基础由18根直径2.5m的灌注柱组成。承台尺寸为40cm×14cm×5cm。混凝土标号为C25，其中封底混凝土厚0.5m，每个承台混凝土方数为2520.0m^3，封底混凝土为280.0m^3，混凝土标号为C25。拟利用枯水季节，采用钢套箱法施工，具体情况介绍如下。

2.承台套箱设计

套箱由上承重结构、底梁、底模、侧模、封底混凝土及内撑梁等组成。承台混凝土一次性浇注完毕。承台钢套箱的详细设计情况如下：

(1)承重架

①54号～57号墩，62号、63号墩承重梁的设计

采用3排单层贝雷架做纵向布置，并在每个支承柱上铺放2根56号工字钢梁，工字钢长12m，贝雷桁架节点位置布置在群桩的支承柱上，贝雷架片共设计4组，贝雷架横梁长36m，计144片贝雷架，贝雷片上面纵向安装工字钢组合梁，共12组，工字梁梁长12.0m，工字梁总长288.0m，每条工字梁上设4个吊点，共计48个吊点。

②58号～60号墩承重梁的设计

首先在横向每两个支承柱上铺放2根16m长的56号工字梁，然后在其上采用3排单层贝雷架级作纵向布置，贝雷架片共设计6组，贝雷架片上面横向安装工字梁组合梁2I45，共22组，工字钢梁长16.0m，工字钢总长704.0m，通过两侧支承柱的每条工字钢设4个吊点，通过中间支承柱的每条工字钢上设2个吊点，其中有14组工字钢通过两侧支承柱，8组工字梁通过中间支承柱，共计72个吊点。

(2)吊杆及提升系统

54～57号、62号、63号墩吊杆采用ϕ^L32的精轧螺纹钢，吊杆从顶梁座和底梁中穿过，底座支承点以螺母、垫板固定，整个套箱共采用48根吊杆。(58号～60号墩套箱共采用72根吊杆ϕ^L32的精轧螺纹钢吊杆)，提升系统采用50t螺旋千斤顶配合10t的手拉葫芦来进行操作。

(3)支承柱

支承柱承受钢套箱施工中的全部荷载，54～57号、62号、63号墩每个承台设置12根支承柱，58号～60号墩的承台共设置18根支承柱。支承柱截面尺寸为50cm×50cm的钢筋混凝土

柱,混凝土标号为 30 号。

(4)底梁

套箱底梁所受荷载主要有套箱自重,封底混凝土、承台混凝土、施工动荷载。根据计算确定底梁采用钢筋混凝土梁,混凝土的设计强度为 C30,其中 54 号 ~ 57 号、62、63 号墩每个承台共布设 12 根底梁,底梁尺寸为 35cm × 45cm × 1200cm,单根梁重 4.6t,每根底梁设 4 个吊点。58 号 ~ 60 号墩每个承台共布设 6 根底梁,底梁尺寸为 35cm × 45cm × 800cm,单根梁重 3.1t,每根底梁设 2 个吊点。承受底梁的预留孔要求精确。

(5)底板

底板采用 20cm 厚的钢筋混凝土板,每个承台底板按实测桩位尺寸分块,在预制场预制,54 号 ~ 57 号、62 号、63 号墩每个承台 30 块底板,58 号 ~ 60 号墩每个承台 60 块底板,混凝土强度等级为 C30。底板纵向铺设在底梁上,相互之间以及钢护筒之间预留 5cm 的安装间隙作施工缝处理。在浇注封底混凝土前处理好各道施工缝。

(6)侧模

套箱侧模主要用于封水,并做承台侧模板、套箱侧模采用整体钢模高 5.5m,各块套箱侧模之间采用高强螺栓连接起来。套箱侧模采用桁架式模板,故其内部不需内撑。

3.承台套箱施工

(1)各预制件的施工

①立柱预制

预制立柱时必须严格控制立柱长度,其误差不得超过 5mm,立柱的预埋件有三种:柱顶预埋板,柱预埋吊环,柱底以上 40cm 按层间间距 10cm 预埋四层钢筋,每层钢筋间距亦为 10cm。

②底梁预制

底梁预制主要考虑各吊环位置的预留孔,孔底的预留钢板,共套箱下放过程中挂钢丝绳的预留环,各种预埋件必须严格按照设计尺寸对中布置,顺梁向尺寸偏位不得超过 10mm,横梁向不得超过 5mm。并且底梁在运到平台安装前必须先到底预埋钢板上固定螺母。其具体方法为:先将一截精轧螺纹钢穿入预留孔,拧上螺母,然后焊上限位匝子,固定螺母不得有任何松动,限位匝子必须牢靠,然后抽出螺杆。

③底板预制

底板预制首先必须精确放出护筒 ± 3.0mm 标高的最大偏位,以确定预留护筒孔位。其次要精确放出底梁位置以确定底板的分块,由于底梁只有 30cm 宽,加上中间的预埋声测管占位及其有偏差,因此板与梁的搭接只有 10cm 左右,其分块必须精确,并且安装时底梁也必须准确放样。还有因两条边梁都处于边板中间,因此在相应板必须设置底梁预留孔与预埋不相应位置的预留孔,由于孔位较多,底板的受力筋较多必须在开孔周围进行加强,各边板注意预埋钢板及预埋吊环。

(2)承台套箱的安装

承台套箱的安装应注意安装的先后顺序。

①立柱安装

进行立柱安装时,先在桩头凿一个孔,将坑底凿平。然后吊装立柱。在吊装过程中要注意,严格控制其垂直度及各柱与柱顶标高。

②护筒抄平

接着是抄平护筒,然后在上面摆放工字钢,注意工字钢处于同一水平面摆放底梁,各底梁必须平行且控制间距，并注意与护筒的相对位置。

③摆放底板、底板摆放好后马上进行板间的连接与塞缝。

④在底板上放出侧板位置。按各块间距摆放相应数量的第一层钢筋。

⑤安装上承重梁，在安装上承重架时一定注意工字钢梁与相应底梁的位置，一定要处于同一垂直面。另外，施工过程中注意工字钢与贝雷架的加劲。

⑥安装侧板

侧板安装顺序宜从角点先安装横梁向侧板，再安装与之相连角点处侧板，使构成一个稳定结构，再对称按同样顺序安装另一角点，然后对称安装与之相连的侧板。在安装过程中一定要注意对称及侧板的稳定性问题。

(3)承台套箱下放

四、施工安全保障措施

根据招标文件的资料及对安全保障的要求，结合本单位的条件，按施工方案及实施工艺的要求，全面综合考虑，提出工程项目的施工安全保障措施。下面是投标书中提出的施工安全保障措施。

(一)安全保障措施

1.坚持“安全生产，预防为主”的方针，确保提供一个安全保障可靠的施工环境，确保安全生产。

2.成立以项目经理为首的安全保障委员会，项目经理为主任委员，是本项目安全管理第一责任人，各职能部门人员(表 9-1)在各个岗位上对实现本项目安全生产的要求负责。

3.加强本项目全体人员的教育，提高安全意识，制定具体可行的安全施工保护措施。

4.建立安全生产岗位责任制，保证安全生产责任制到人、到位。安全生产责任落实情况要定时检查，记录要详细、真实、及时。

5.从事本项目安全生产管理与操作人员，必须取得安全操作许可证，持证上岗。

6.安全检查采取定期、不定期方式自检形式进行，全员参与，进行全过程、全方位检查，确保安全生产顺利进行。

安全保障委员会人员配备表 表 9-1

主任委员	×××
副主任委员	××× ×××
委员	××××××
主桥安全领导小组组长	×××
组员	××× ××× ×××
水上安全领导小组组长	××× ×××
组员	××× ××× ×××

7.积极与当地公安部门联系，按照上级部门和当地有关规定办理所需各种手续。

8.对上该合同标段的施工安全，做专项调查研究，制定出相应的技术措施。工程开工前，根据安全操作细则，向施工人员进行安全技术交底，并对施工现场、机具设备等安全防护措施进行全面检查，确认完全符合安全要求后方可施工。

9.高空作业：在高空作业点周围设置安全网，登高作业前，应先检查、维护所用的登高工具和安全用具，如安全帽、安全带、安全网、脚手架等，同时在高空作业点留出一定区域，派专人值班，防止非作业人员或酒后人员入内。

10.夜间作业：工作点周围必须配备一定数量的灯光照明设施，必须细心地设置有效的保护措施，操作人员一定要全神贯注，避免麻痹大意，确保夜间施工安全。

11.水上施工作业:严格遵守航道、港监、水利等部门的规定,切实执行航行安全和施工安全防护措施,在施工水域内设置明显的施工标志,以及各种照明和信号。

12.防雨防雷措施:对职工、合同工发放雨具,在混凝土搅拌站、钻孔等处搭设临时雨棚。受雨季影响的施工工作,如混凝土浇筑,应提前或推迟进行。雨季期间应安排一些不受雨季施工影响的施工工作,如材料转运、模板制作、设备维修等。在塔柱施工时,要设置避雷针;塔吊、桅杆吊上均应设置避雷针;工作区、生活区均设置避雷装置。

13.雨季及洪水期施工:应根据当地气象部门及施工所在地的具体实际情况,做好施工期间的防洪排涝工作,长时间在雨季中作业要搭设防雨棚;施工中遇有暴风雨时,暂停止施工。

14.坚持机械设备"三定"(定人、定机、定岗位)制度和交接班制度。机械操作人员必须严格遵守操作规程、机械运行规程和工程施工规范,确保工程建设安全生产的顺利进行。

15.投入施工的机械设备应做到技术状况良好、运行正常,同时要定期加强对机械设备的维修保养等。

16.预应力张拉、卷扬机、吊车等各种变力操作人员必须处在安全范围之内。

17.易燃易爆品应放在安全范围内,防止易燃气体、液体泄漏。

18.本项目所有的电气设备统一采取保护接零,再分段对零线进行重复接地。

19.加强对全体施工人员的安全思想教育,提高安全意识,制定各工序岗位安全生产规程,规范施工人员的生产行为。保证工地良好的施工秩序,坚持文明施工。

20.对于该合同桥梁的施工安全做专项调查研究,制定出相应的安全技术措施,单项工程开工前,根据安全操作细则,向施工人员进行安全技术交底,施工前,对施工现场、机具设备等安全防护措施进行全面检查,确认符合安全要求后方可施工。

(二)卫生保健措施

成立卫生防护机构,与当地卫生部门合作,配备一定数量、精通业务、认真负责的医务人员及常用的医疗器械和急救药物,以保证职员和工人的健康加强施工区域内的卫生工作,饮用清洁水,定期对工作人员进行体检,防止传染病的传播。

(三)环保措施

中标后,我们在施工中将严格执行《公路建设项目环境保护设计规程》及《环境保护法》的有关要求,严格遵守国家和地方所有控制环境污染的法律和法规,采取行之有效的措施来维持当地环境。

1.设立环保小组,归口由有一定专业水准的办公室主任管理,对施工区周围环境,临近的资产和居民作合理的保护,并积极主动与当地环保部门联系,定期向他们汇报工作,取得当地环保部门对我们的支持。加强对全体职工、民工的环保思想教育,重视环保的文明施工,环保小组应经常对所属工地进行检查、批评、奖优罚劣。把环保工作当成我们一项重要的、经常性的工作来抓。

2.设置污水处理系统,防止直接排入海域,工地生活区的生活垃圾集中运至当地环保部门指定的地点堆放,处理后的污水排至排污管。

3.施工现场旁,设立施工废水处理池,施工中不将有害物质和未经处理的施工废水直接排入河中或其他水体。处理后的废水排至排污管。

4.施工和生活区的废物集中设置,并及时处理或运至当地部门同意的地方放置,如无法及时处理或运走,则加以掩盖以防散失。

5.施工中采取有效措施,确保当地的道路不受污染,松散材料在运输途中采取措施防止材料沿途撒漏，并遮盖防止扬尘。施工碾压、堆放、拌和的细粒材料，适时洒水，减少粉尘污染。

6.通过采取措施或改进施工方法，使施工噪声振动达到施工现场环境要求，其措施和方法须经监理工程师批准。

7.桩基施工过程中产生的钻渣、废液，运往业主指定的地点排放。

五、安全保障检查程序

为了确保施工中的安全，必须加强安全检查工作。投标书中提出的安全保障检查程序框图，见图9-8。

安全组织机构
安全生产制度
安全教育
安全技术
安全检查
安全业务工作
作业前安全检查
作业中安全检查
作业后安全检查
安全总结

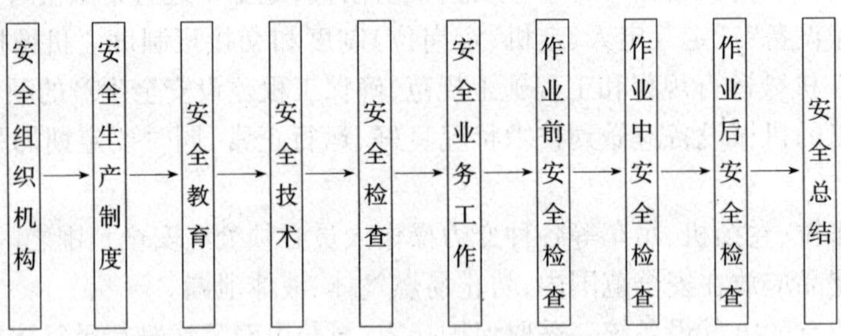

图9-8 安全保障检查程序框图

图9-9系某工程投标书中所提出的施工安全目标管理图。

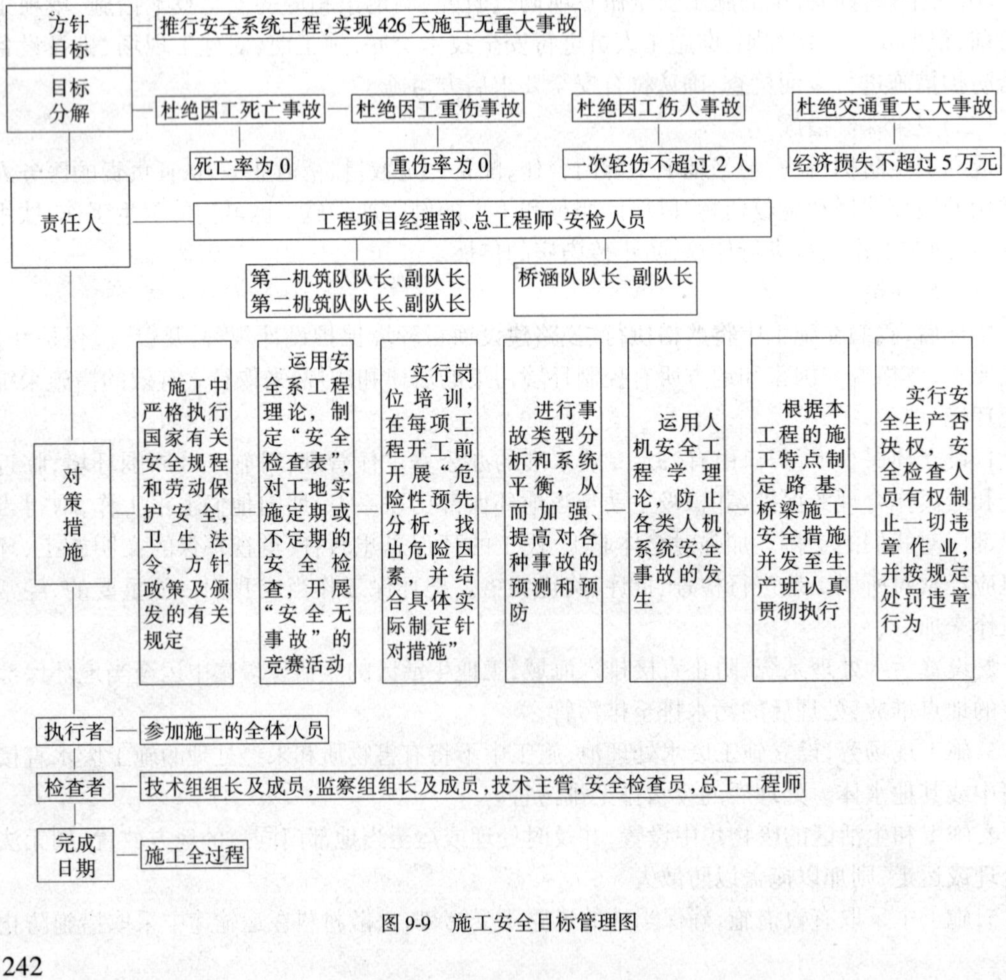

方针目标
推行安全系统工程，实现426天施工无重大事故
目标分解
杜绝因工死亡事故
杜绝因工重伤事故
杜绝因工伤人事故
杜绝交通重大、大事故
死亡率为0
重伤率为0
一次轻伤不超过2人
经济损失不超过5万元
责任人
工程项目经理部、总工程师、安检人员
第一机筑队队长、副队长
第二机筑队队长、副队长
桥涵队队长、副队长
对策措施
施工中严格执行国家有关安全规程和劳动保护安全，卫生法令，方针政策及颁发的有关规定
运用安全系统工程理论，制定“安全检查表”，对工地实施定期或不定期的安全检查，开展“安全无事故”的竞赛活动
实行岗位培训，在每项工程开工前开展“危险性预先分析，找出危险因素，并结合具体实际制定针对措施”
进行事故类型分析和系统平衡，从而加强、提高对各种事故的预测和预防
运用人机安全工程学理论，防止各类人机系统安全事故的发生
根据本工程的施工特点制定路基、桥梁施工安全措施并发至生产班认真贯彻执行
实行安全生产否决权，安全检查人员有权制止一切违章作业，并按规定处罚违章行为
执行者
参加施工的全体人员
检查者
技术组组长及成员，监察组组长及成员，技术主管，安全检查员，总工工程师
完成日期
施工全过程

图9-9 施工安全目标管理图

第二节　实施性安全保障措施与示例

施工单位投标中标后，要以投标书中的施工组织设计为基础，制定实施性的更为具体、细致、针对性更强的施工方案，同时应同步编制相应的更为详细的具体的安全保障措施。此时编制的安全技术措施从工序、工序衔接、分项工程、分部工程、单位工程等具体制定。也就是说，在书中所介绍的施工安全技术要点均应定在相关项目的施工安全保障措施中制定。下面以"桩基工程施工安全措施"的编制作为示例进行介绍。

示例：桩基工程施工安全

1.锤击沉桩的施工安全

1)锤击沉桩的工艺

(1)平整场地

(2)桩机就位及调整，使桩架(或导杆)处于铅直状态，并在拟打桩的侧面或桩架上设置标尺。

(3)根据桩长，采用合适的吊点将桩起吊，并令其垂直对准桩位中心，将桩锤下的桩帽(已加好缓冲垫层材料)徐徐松下套在桩顶，解除吊钩，检查并使桩锤、桩帽与预制桩三者处于同一纵轴线上，且垂直插入土中。

(4)起锤轻压或锤击，落距应较小，当入土一定深度并待桩稳定后，再按要求的落距沉桩，采用柴油锤时，应保持锤跳动正常。沉桩过程中，注意桩身是否发生位移或倾斜，若有不正常，应及时纠正，并同时做好沉桩记录。但应注意：起锤轻压或锤击，应在两台经纬仪的核校下，使桩保持垂直，无异常才可正式打桩。

(5)当有接桩要求时，应按设计要求及有关施工操作规程进行。

(6)当有送桩要求时，对桩顶平面位置应进行中间验收。送桩时，要选用合适的送桩工具，并使送桩工具中心线与桩身中心线吻合一致，送桩结束，即拔出送桩工具，并应及时将桩孔填盖。

2)锤击沉桩的安全技术措施

(1)根据地质情况，建立监测、监控组织

如地基附近有建筑物和地下管线时，应调查清楚，并绘制相应的平、剖面图。并应与有关方面联系，拟定监测方案，并进行全过程的监测。

(2)设置排水系统，做好排水工作。打桩时挤土也挤水，如果打桩时孔隙水能自由涌向地面排出，土体挤动就小，故设置排水系统，而使孔隙水顺利排出地面，以有效地减少打桩的影响。可根据具体情况，采取不同的排水措施。如采取在打桩之前向基地内打入塑料排水板或采取向基坑内打入袋装砂井的方法，但在塑料排水板或袋装砂井上应设有相同的排水沟，并保证通过这些排水沟能将排放出地面的孔隙水排到基地之外。

(3)设置防振沟

在被保护目标与打桩工作面之间，挖一条一定深度和宽度的沟，沟的具体做法有：打二排钢板桩，中间土体挖空达一定深度或打一排钢板桩，挖沟填砂或不打钢板桩，只挖沟填砂或只挖沟不填砂等，如此，既可起到防振的作用，也可减少局部土体的挤动。

(4)控制打桩速度

打桩速度对土体的影响极大，因为软土地基的土壤内含有大量的孔隙水，如果一根桩打入后，隔一段时间孔隙水压便将消失部分，再打入一根桩，这样慢慢打入可减小孔隙水压而使土体的挤动减小。反之，将会使地基内或附近土体大量隆起变形。控制打桩速度是保护环境的有效措施。其速度值应通过试验及监测数据确定。

(5)沉桩后地基中形成的成孔，必须封盖。

3)塔式桩机施工安全要点

(1)安全的基本要求

①进入施工现场必须戴好安全帽，扣好帽带。

②2m以上的高空作业时，必须带好安全带，并不得随意往下抛物。

③各种电动机械设备必须有安全接地和防护装置，方可开动使用。

④凡是电机和机械设备，都应贯彻定人定机负责制，操作人员必须持证上岗。

⑤桩机、吊机所行驶的道路应平整，坡度应小于1%，并要求地面承载力大于150kg/m^2，否则，必须经铺石碾压加固处理。

⑥桩架等施工机械与现场输电线路之间的距离，应满足表9-2的安全距离要求。

施工机械与现场的输电线路的允许最近距离 表9-2

输电线路电压(kV)	<1	1~20	35~110	154	220
允许与输电线路的最近距离(m)	1.5	2.0	4.0	5.0	6.0

(2)桩机安装或拆卸作业时的安全要求

①桩机的安装或拆卸作业，应有专人负责，统一指挥，角钢等部件均应编号，以免搞错。

②角钢和其他部件堆放时要用楞木垫起，抬运时要同时起、放。

③吊卸部件时，围绳不能太紧或太松，防止与把杆或笼门底座相撞。

④安装桩架接点螺栓时，对准螺栓孔要用"尖头扳"，不可用手指探摸。操作时，应将"尖头扳"插进中间孔内，先安装上、下两只螺栓，然后取出"尖头扳"，再装中间的螺栓。

⑤安装作业时，高处操作须有一人为主，负责高处作业指挥，地面指挥与高处作业密切联系，并听从高处指挥的信号，司机要听从地面指挥的信号。

⑥桩架底盘及第一节塔架安装完，应将司机操作座位上的第一节塔架脚手棚板盖好，防止高处作业时有物件坠落而砸伤司机。

⑦桩架安装完毕，要把所有螺栓拧紧，棚板用圆钉钉牢，连成一片，不得移动。

⑧工具式材料等不准放在高空架子式脚手板上，随身携带的工具必须放入工具袋中。

(3)桩机施工作业时的安全要求

①在吊桩、套"送桩"、跑架子时，桩锤一定要保险好。

②桩锤吊在桩架上端时，严禁以桩架的钢丝绳去拉、提、吊远离"龙门"的桩。

③严禁升桩锤与拔"送桩"及跑架子同时进行。

④吊桩作业时，龙门前(即下风)严禁站人。

⑤使用撬棒工具校正桩身时，必须步调一致，统一指挥，防止撬棒等回弹伤人。

⑥吊桩"千斤"中发现一个节距内有10丝以上已拉断时，应及时调换，不得继续使用。"卸甲"须保持结构完整方可继续使用。

⑦桩架安装完毕，桩锤进档后，要先试跳，以检查锤的各个部件工作是否正常。

⑧插桩时，指挥要注意桩头的下沉情况，1号与2号钢丝绳要同时松，防止桩帽与桩脱离。

⑨34m以上桩架要常备2根走3钢丝绳，每逢节假日及台风季节，应妥善拉扣好。

⑩高处作业人员严禁搭乘桩锤上下。

⑪高处作业人员必须穿软底鞋登高操作,并在登高前将鞋底淤泥铲刮干净。

⑫在桩锤上升和下降时,操作人员手脚不准放在“龙门”档内,防止轧伤。

⑬当使用蒸汽桩锤时,蒸汽管道应用草绳包扎好,防止烫伤。

⑭施工时,要注意清除粘贴在桩身上的砂浆或混凝土块、并清除桩帽和送桩杆内嵌夹的混凝土块,以防沉桩时坠落伤人。

⑮桩帽大小应同桩截面尺寸配套,不允许以大规格桩帽镶以铁板改小为规格桩帽,以防锤击沉桩作业时,焊缝开裂,导致铁板突然坠落伤人。

⑯冬季施工时,应注意将高处脚手架、扶梯、角铁上的霜、雪、冰清除,然后才能进行施工作业。

⑰当多机施工或一台运桩设备供应两台桩机用桩时,指挥联络信号必须清楚而且统一,并力求联络视线不受阻碍,避免失误造成施工混乱。

⑱6 级以上大风时,必须停止打桩作业,并将桩锤下降到最低位置。

⑲夜间施工时,要配备足够的照明,步履式行走装置的塔式桩机,应用专门接地线,该线路终端的入土深度应不小于 1.5m,并有专人负责移位和检查。

4)运桩作业的安全要求

(1)安全的基本要求

与塔式桩机施工作业要求相同。

(2)桩机安装或拆卸作业的安全要求

①安装连接各杆件应在支架上进行。

②竖立导杆时,须将履带锁住。

③当导杆搬起 75°时,必须栓紧留缆,待导杆竖直并装好撑杆后,留缆方可拆除。

④桩机留缆的锚碇重量应不小于 5t。

(3)桩机施工作业时的安全要求

①施工作业时,必须铺垫厚钢板,钢板铺设的间距应不大于 30cm。沉桩作业位置移动时,由桩机自身动力将钢板吊移铺设,操作人员与驾驶员要很好配合,严防手脚被压。

②沉桩作业时,导杆必须垂直,严防导杆前倾而失稳。

③桩机吊桩的距离不可大于 2m,否则,应将桩移到导杆前再起吊,吊点位置应按规定设置,并严禁操作人员进入桩身里档。

④应经常对桩锤的紧固件、锤体、桩帽千斤、提升装置(起落架)进行检查与保养。

⑤吊出“送桩”时,严防偏心受力。

(4)运桩作业时安全要求

与塔式桩机施工中的运桩要求相同。

2.静力压桩的施工安全

1)安全的基本要求

与塔式桩机施工中的基本要求相同。

2)桩机安装或拆卸作业时的安全要求

①作业时,均应有专人负责、统一指挥,并应按顺序进行。

②安装或拆卸桩架各部件时,要拉围绳,并注意下不可站人。

③桩架杆架拼装时,要用“尖头扳”来对螺栓孔,不可用手指头探摸,避免轧伤,安装螺栓时,宜先装对角部位。

3)压桩施工作业时的安全要求

①吊桩时应有留缆配合，避免碰撞。

②吊桩“千斤”如发现三股中有10丝以上拉断，应及时调换，“卸甲”须保持完整。

③高空作业人员严禁搭乘压梁上下。

④高空作业人员须穿软底鞋登高操作且鞋底淤泥应清除干净。

⑤桩帽大小应与混凝土预制桩截面尺寸配套，不允许以大规格桩帽镶嵌入钢板改成小规格桩帽，防止焊缝开裂导致钢板坠落伤人。

⑥冬季施工时，应先将高处脚手架上的霜、雪、冰清除干净，然后方可进行作业。

⑦6级以上大风天气时，要停止压桩施工。

⑧夜间施工应配备足够的照明设备。

⑨绕髭头或围绳的操作人员必须戴帆布手套，严禁用纱手套，并且手应离髭头或围绳桩60cm以上，防止轧伤。

⑩钢丝绳如有绞绕，必须将钢丝绳放直后，方可进行工作。

⑪绕髭头或围绳时，如发现克索，应立即通知停车，解开克索后方可继续作业，严禁停车前用手直接去拉钢丝绳。

第三节　安全技术措施交底

要确保施工生产安全，所制定的安全技术措施不但要有针对性、具体、全面，而且真正落实。为此，必须认真做好安全技术措施交底工作，使工人掌握并运用于施工过程之中。

下面以临时用电安全技术交底为例，说明安全技术交底的形式、内容与要求。

临时用电安全技术交底

一、安全用电自我防护技术交底

施工现场用电人员应加强用电自我防护意识，特别是电动机械的操作人员。现对若干内容技术交底如下：

(1)开机前认真检查开关箱内的控制开关设备是否齐全有效，漏电保护器是否可靠，发现问题应及时向工班长汇报，工班长应派电工及时解决处理。

(2)开机前应仔细检查电气设备的接零保护线端子有无松动，严禁赤手触摸一切带电绝缘导线。

(3)严格执行安全用电规范，凡一切属于电气维修、安装的工作，必须由电工来操作，严禁非电工进行电工作业。

1.电工安全技术交底

(1)电气操作人员应严格执行电工安全操作规程，对电气设备工具应进行定期检查和试验，凡不合格的电气设备、工具应停止使用。

(2)电工人员严禁带电操作，线路上禁止带负荷接线，并应正确使用电工工具。

(3)电气设备的金属外壳必须做接地或接零保护，在总箱、开关箱内必须安装漏电保护器实行两级漏电保护。

(4)电气设备所用熔断丝，禁止用其他金属丝代替，并且应与设备容量相匹配。

(5)施工现场内严禁使用塑料线，所用绝缘导线型号及截面必须符合临电设计。

(6)电工必须持证上岗,操作时必须穿戴好各种绝缘防护用品,不得违章操作。

(7)当发生电气火灾时应立即断开电源,用干砂灭火,或用干粉灭火机灭火,严禁使用导电的灭火剂灭火。

(8)凡移动式照明,必须采用安全电压。

(9)施工现场临时用电施工,必须执行施工组织设计和安全操作规程。

2.塔式起重机安全技术交底

(1)塔式起重机的重复接地应在轨道两端各设一组接地装置,对较长的轨道,每隔30m应加一组接地装置。

(2)塔式起重机必须做防雷接地,同一台电气设备的重复接地与防雷接地可使用同一个接地体,接地电阻值应取两者最低者的最低值。

(3)塔式起重机的各种限位开关必须齐全有效,其供电电缆不得拖地行走。

(4)对于起重设备在每天工作前必须对各种行程开关进行空载检查,正常后方可使用。

(5)塔吊司机必须持证上岗。

3.夯土机械安全技术交底

(1)夯土机械的操作手柄必须采取绝缘措施。

(2)操作人员必须穿戴绝缘胶鞋和绝缘手套,两人操作,一人扶夯,一人负责整理电缆。

(3)夯土机械必须装设防溅型漏电保护器。其额定漏电动作电流小于15mA,额定漏电动作时间小于0.1s。

(4)夯土机械的负荷线应采用橡皮护套铜芯电缆。其电缆长度应小于50m。

4.焊接机械安全技术交底

(1)电焊机应放置在防雨和通风良好的地方,严禁在有易燃、易爆物品周围施焊。

(2)电焊机一次线长度应不小于5m,一、二次侧防护罩齐全。

(3)焊机机械二次线应选用YHS型橡皮护套铜芯多股软电缆。

(4)手柄和电缆线的绝缘应良好。

(5)电焊变压器的空载电压应控制在80V以内。

(6)操作人员必须持证上岗,施焊人要有动火证并配监护人,必须穿戴绝缘手套、使用护目镜。

二、手持电动工具安全技术交底

1.手持电动工具分类

手持电动工具依据安全防护的要求分为Ⅰ、Ⅱ、Ⅲ类。

(1)Ⅰ类手持电动工具的额定电压超过50V,属于非安全电压,所以必须作接地或接零保护。同时还必须接漏电保护器以保安全。

(2)Ⅱ类手持电动工具的额定电压超过50V,但它采用了双重绝缘或加强绝缘的附加安全措施。双重绝缘是指除了工作绝缘以外,还有一层独立的保护绝缘,当工作绝缘损坏时,操作人员仍与带电体隔离,故不会触电。Ⅱ类手持电动工具可以不必做接地或接零保护。Ⅱ类手持电动工具的铭牌上有一个“回”字。

(3)Ⅲ类手持电动工具是采用安全电压的工具,它需要有一个隔离良好的双绕组变压器供电,变压器副边额定电压不超过50V,故不需要保护接地或接零,但一定要有漏电保护器。

2.手持电动工具安全技术交底

(1)手持电动工具的开关箱内必须安装隔离开关、短路保护、过负荷保护和漏电保护器。

(2)手持电动工具的负荷线,必须选择无接头的多股铜芯橡皮护套软电缆。其性能应符合《通用橡套软电缆》(GB 1169—74)的要求。其中绿/黄双色线在任何情况下只能用作保护线。

(3)施工现场优先选用Ⅱ类手持电动工具,并应装设额定动作电流不大于15mA,定额漏电动作时间小于0.1s的漏电保护器。

三、特殊潮湿环境场所作业安全技术交底

(1)开关箱内必须装设隔离开关。

(2)在露天或潮湿环境的场所必须使用Ⅱ类手持电动工具。

(3)特殊潮湿环境场所电气设备开关箱内的漏电保护器应选用防溅型的,其额定漏电动作电流应小于15mA,额定漏电动作时间不大于0.1s。

(4)在狭窄场所施工,优先使用带隔离变压器的Ⅲ类手持电动工具。如果选用Ⅱ类手持电动工具,则必须装设防溅型的漏电保护器,把隔离变压器或漏电保护器装在狭窄场所外并应设专人看护。

(5)手持电动工具的负荷线应采用耐气候型的橡皮护套铜芯软电缆并不得有接头。

(6)手持式电动工具的外壳、手柄、负荷线、插头、开关等必须完好无损,使用前要做空载检查,运转正常方可使用。

(7)各项专业管理制度。除综合管理制度外,还应建立健全质量、安全、消防、保卫、机械、场容、卫生、料具、环保、民工管理等制度,这些专业管理制度中,均应包含文明施工的内容。例如:仓库五项管理制度:保管员岗位责任制;库存物资盘点检查制度;仓库收发料制度;库存物资维护保养制度及安全保卫防火制度等。

3.健全完善资料管理:

这些资料包括:

(1)上级关于文明施工的标准、规定、法律、法规等。

(2)施工组织设计(方案)中应有质量、安全、保卫、消防、环境保护技术措施和对文明施工、环境卫生、材料节约等管理要求,并有施工各阶段施工现场的平面布置图和季节性施工方案。

施工组织设计方案应有编制人、审批人签字及审批意见。补充、变更施工组织设计应按规定办好有关手续。

4.开展多种形式的竞赛。

5.加强教育培训工作:

采用多种生动活泼的形式加强教育培训工作。要特别注意对民工的岗前教育工作。专业管理人员要熟悉掌握文明施工标准。

在这里要强调指出:国家已经颁布了公民道德规范,在教育中应作为必须的教育内容。

6.积极推广应用新技术、新工艺、新设备和现代化管理方法,提高机械化作业程度。

文明施工是现代工业生产本身的客观要求,广泛应用新技术、新设备、新材料、新工艺是实现现代化施工的必由之路,它为文明施工创造了条件,打下了基础。

例如:应尽量集中设置符合施工工程要求的现代化的混凝土搅拌站,广泛应用新材料,改革施工工艺,减少手工作业和劳动强度,如采用真空吸水工艺,混凝土路面滑模施工技术、工艺等,广泛采用电子计算机加强管理,设计、质量分析等。

(二)现场管理的措施

文明施工必须加强管理、善于管理,应采用现代化管理理论和方法。这方面的理论和方法很多,下面简要介绍几种方法及在文明施工管理中的应用要点。

1.全面计划管理

1)全面计划管理的要点

(1)计划的内容是全面的

计划要有明确的目标及具体指标,有可靠的组织保证措施,能达到以措施保指标,以指标保目标的实现。

(2)计划时期是完整的

计划有长期、中期和短期的,达到以短期计划保中期计划,以中期计划保长期计划的目标实现。

(3)计划组织执行是全过程的。

应制订好计划、组织好执行计划、控制修订好计划。做到以控制修订保计划的执行,以组织执行保计划任务的完成,形成一个计划、组织、执行、控制的全面计划管理循环。

2)全面计划管理应用

对于文明施工来说,首先要根据企业或工程的特点、制定出文明施工的明确目标,例如确定目标为在工程所在地区(市、省、区)成为同类施工工程中的先进文明施工单位。然后将目标分解为相关的各项指标,例如分解成:场内交通与交通安全;材料堆放与仓库管理;生活区的环境、卫生管理;生产施工现场的文明施工等等,然后明确具体指标内容要求,例如:保证场内道路符合规定的修建标准,一般弯道半径不得小于15m,最小不得小于10m;各类交通标志牌应按需要设置齐全并醒目易见;保持运输道路平整、坚实,符合使用要求等等。其后,制定出可靠的组织措施,建立各相应的制度,并落实负责人,并加强检查等等。

总之,应根据现场的具体情况,按照全面计划管理的要点,逐条细化而形成一个全面计划,并按此计划进行管理。

2."5S"管理

"5S"管理是指对施工现场各生产要素(主要是物的要素)所处状态不断地进行整理、整顿、清扫、清洁和素养的管理。"5S"管理在日本和西方国家企业中广泛应用,它是符合现代化大生产特点的一种科学管理方法,是提高职工素质,实现文明施工的一种有效措施与手段。

1)整理

整理是指对施工现场现实存在的人、事、物进行调查分析,按照有关要求区分需要与不需要,合理与不合理,把施工现场不需要和不合理的人、事、物及时处理。

(1)按照有关规定、计划和工程实际进展情况,区分施工现场现实存在的人、事、物需要还是不需要,不需要的要坚决清理出现场。例如:已经不需要的劳动力应及时调到其他需要的工地去,一时调不走的,可组织培训,学习,以提高素质与技术水平;施工现场的垃圾渣土,各种多余的周转工具、报废和多余的材料、机械设备和构件、职工个人生活用品等等,要及时清理,按指定地点,有序存放,经分拣利用后把施工现场不需要的东西坚决清理出现场。监理工程师按规定要求确认不能用于工程的材料等应坚决清理撤出现场。

(2)把作业面暂时不需要的人、事、物及时进行清理,调整到合适位置。例如把现场作业面暂时不需要的人调走做其他工作;把作业面多余的和暂时不用的模板、钢筋、支架、木料等及时清理,并按指定地点堆放,要求稳定可靠。

(3)对施工现场的人、机、物使用不合理,安排不恰当或物料摆放位置、存放方法不合理的,一经发现就要及时调整处理。例如:用钢模板垫道,技工岗位用非技术工人,本专业技工干非本专业的工作;料、具混堆,材料、构件、模板等超高码放;明火作业位置到易燃、易爆物品的距离不符合安全规定等等。

整理的范围包括作业面、每个工位、食堂、仓库、办公室、加工场、料场、预制场、机房、加工房(棚)、发电机房等场区的各个角落。通过整理,以创造最佳施工环境。

2)整顿

整顿是指合理定置。就是通过上一步整理后,把施工现场所需的人、机、物等,按照施工现场平面布置图规定的位置,并根据有关法规、标准、规程等,科学合理地安排布置和堆码,使人才合理使用,物料合理定置,实现人、物、场所在空间上的最佳结合,从而达到科学施工,文明安全生产,培养人才,提高质量和效率的目的。

在整顿过程中,应注意下述问题:

(1)要根据施工现场实际情况,注意及时调整施工现场平面布置图,使其真正科学合理。

(2)物品摆放要按图固定地点和区域,有序、可靠。做到无论谁去看,都能一目了然,知道该物在某处,是什么,有多少,马上知道有还是没有。

(3)应根据物品的使用频率,经常使用的物料应尽量靠近作业区,模板加工、构件放置、物料地点、搅拌设备、预制场地的相对位置应科学安排,力求运距短、二次运输少或没有,与场内道路相适应。

(4)整顿过程中，物品的摆放不但平面位置要合理，同时应满足安全规定要求。

3)清扫

清扫是指对施工现场的设备、场地、物品勤加维护打扫，保持现场环境卫生、干净整齐，无垃圾、无污物，并保证设备运转正常。

4)清洁

清洁是指在维持整理、整顿、清扫基础上的进一步深入要求，也就是预防疾病和食物中毒，消除发生安全事故的根源，使施工现场保持良好的施工与生活环境和施工秩序，并始终处于最佳状态。

清洁的要求如下：

(1)从人开始

炊事员应体检合格，工作服应清洁，讲究个人卫生。要求职工做好个人卫生，包括及时理发、剪指甲、刮须、勤换洗衣服，着装符合要求。职工不仅应做到形体上的清洁，而且要注意精神文明、礼貌待人，在现场不大声喧哗，不聚众打架、斗殴、酗酒、赌博、不看黄色书刊杂志和录像、不随地大小便、不凌空抛洒垃圾与物品等，总之应执行国家规定的公民道德规范。

(2)全方位的清洁

清洁是指现场所有场所和空间上的清洁。施工现场空气、粉尘、噪声、水源污染源等应达到规定要求，保证职工身体健康，提高工人劳动热情，心情愉快地工作与生活。

5)素养

素养是指努力提高施工现场全体职工的素质，养成遵章守纪和文明施工习惯。素养是开展“5S”活动的核心和精髓。

因此，在开展“5S”管理活动中，要特别注意调动全体职工的积极性，自觉管理，自我实施，自我控制，并贯彻于施工全过程。

开展“5S”管理活动，必须领导重视，加强组织，严格管理。将“5S”管理活动纳入岗位责任制，并按照文明标准检查、评比、考核、奖罚兑现。

开展“5S”管理活动必须坚持制度化、经常化、规范化。

3.目视管理

目视管理是指用眼睛看的管理。它利用形象直观、色彩适宜的各种视觉感知信息来组织现场施工生产活动，达到提高劳动生产率、保证工程质量与工期、降低成本和安全施工生产的目的。因此，它又可称为“看得见的管理”。它是一种符合现代化施工要求和生理及心理需要的科学管理方式，是搞好文明施工、安全生产的一项重要措施，是现场管理的一项内容。

1)目视管理的特征

(1)以视觉显示为基本手段，大家一看就知道正常还是不正常，并且可视实际情况采取临时性的或永久性的措施。

(2)以公开化为基本原则，尽可能地向全体职工全面提供所需的信息，让大家都能看得见，并形成一种全员自觉参加完成单位目标的系统。更利于集思广益，形成全员管理。

2)目视管理的作用

目视管理是一种形象直观，简便适用，透明度高，便于职工参与和自主管理，自我控制，科学组织生产的一种有效管理方式，并可贯穿于施工现场管理的各个领域之中，具有其他方式不可替代的作用。

(1)目视管理简单、明了，发现问题早、纠正快、效率高。

目视管理充分发挥了视觉显示信号的特长。塔吊信号工只要正确地打出规定的手势信号或旗语信号，就能迅速准确地传递信息，就能和塔吊司机密切配合，顺利完成吊运任务。钢筋工只要一看加工图纸，即可加工出合格的钢筋成品、半成品。

(2)能使操作者通过目测，自我控制调整施工作业中存在的问题。实行目视管理，对生产作业的各种要求可以做到公开化，干什么、怎样干、干多少、什么时间干、在何处干等等问题一目了然，让一线工人熟练掌握本工种质量标准，自觉、主动地参与施工管理，充分发挥技术骨干，能工巧匠的聪明才智，自主管理、自我控制、通过目测，随时调整解决施工作业存在问题，齐心协力，紧张而有秩序地完成任务。

(3)目视管理能够科学地改善施工环境，有利于职工的身心健康。目视管理就是用眼睛看的管理。只要用眼一看就知道哪个部位脏、乱、差；哪是文明施工，哪是违章作业。对发现的问题，对不正常的情况，采取临时性的或者永久性的措施就可改善施工条件和环境，使职工产生良好的生理和心理效应。如当工人一进现场，看到常见警示标牌，如戴好安全帽、工地禁止吸烟等，就会照办，就可以改善施工环境，减少污染和意外伤亡。工人看到施工现场平面布置图后，就可知道某物在某处，按图合理定置就可以使施工现场井井有条，工作忙而不乱。

3)目视管理的内容和形式

目视管理以施工现场的人、物及其环境为对象，贯穿于施工的全过程，存在于施工现场管理的各项专业管理之中，并且还要覆盖作业者、作业环境和作业手段，这样目视管理的内容才是完整的。其主要内容与形式如下：

(1)施工任务和完成情况要制成图表，公布于众，使每个工人都知道自行完成任务，按劳分配知多少。

工地项目经理部，分公司或队应按工点、栋号编制施工进度计划，大力推广应用网络计划，并按月提出旬、日作业计划，以施工任务书的形式，定人、定时、定项、定质、定量，把计划分解下达到施工班组。施工进度计划和网络计划图表以及任务完成情况要公布于众，使大家看出各项计划指标完成中的问题和发展趋势，以及解决问题的方法和措施；促使全体职工都能按要求完成各自的任务，人人知道我完成定额任务分配是多少，以调动生产积极性。

(2)施工现场各项管理制度、操作规程、工作标准、施工现场管理实施细则布告等应该用看板、挂板或写后张贴墙上公布，展示清楚。

为了使职工自觉遵守施工现场各项规章制度和操作规程，应将与现场职工密切相关的规章制度、工艺规程、标准等，一一公布于众。与岗位工人有直接关系的部分，应分别展示在岗位上。如施工现场管理各项制度板和施工现场平面布置图板竖立在工地入口处；管理人员名单、岗位责任制展示在工地办公室；各种仓库，食堂、工地临时宿舍、厕所、自行车棚、配电室等制度板挂在相应的墙上；所有机械操作规程等板悬挂于相应的操作室、棚、站内，并要始终保持内容齐全、完整、正确与洁净。

(3)在定置过程中，以清晰的、标准化的视觉显示信息落实定置设计，实现合理定置。

在定置过程中，为了确定大小型临时设施，拟建工程和各种物品的摆放位置，必须有完善而准确的视觉信号显示手段，诸如标志线、标志牌、标志色等。将上述位置鲜明地标示出来，以防误置和物品混放。在这里目视管理自然而然地与定置管理融为一体，并为合理定置创造了客观条件。

在定置过程中，一定要坚持标准化，并发挥目视管理的长处，以便过目知数，实现一次到位，合理定置。例如：码放袋装水泥每垛 10 袋，预制圆孔板每堆 10 块，装饰用各种面砖、油漆、涂料、电气设备，水暖配件等均应按规定的标准数量盛装，这样，操作、搬运和检查人员点数时，既方便又准确。

(4)施工现场管理岗位责任人标牌显示，简单易行。为了更好地落实岗位责任制，激发岗位人员的责任心，并有利于群众监督，将施工现场分区、片管理，责任人名单用标牌显示，简单易行。如工地大门口设置标牌，注明工程名称、建设单位、设计单位、项目经理和施工现场总代表人的姓名，开、竣工日期等。施工现场主要管理人员在施工现场应佩戴证明其身份的证卡。施工现场责任区负责人，各种加工场、站、堆料场、仓库、食堂、机械设备操作室、棚、电气设备、厕所，垃圾站等以及部分作业区责任人名单标牌显示。标牌的制作规格、材质、颜色字体以及放置位置都要标准化。

(5)施工现场作业控制手段要形象直观，适用方便。为了加快施工进度，保证工程质量，减少返工浪费，提高一次成活率，并做到文明施工，安全生产，就要采用与现场工作状况相适应的简便适用的信息传导手段来有效地进行施工作业控制。目前，我国建筑业最常用的施工作业控制手段有点、线控制，施工图控制，通知书控制，看板控制，旗语、手势等信息传导信号控制等。

(6)现场合理利用各种色彩，如安全色、安全标志等有利于生产，有利于职工安全与身心健康，施工现场科学、合理、巧妙地运用色彩，正确使用安全色，安全、消防、交通等标志，并实行标准化管理，对创造良好的施工秩序，预防发生事故，有利职工身心健康，具有其他方式难于替代的作用。

施工现场职工戴的安全帽有红、黄、白、蓝、绿等几种颜色。如果按施工现场不同单位，不同工种和职务之间的区别，分别戴不同颜色的安全帽，不仅能起到劳动保护的作用，还可以体现职工队伍的优良素质，显示企业内部不同单位，工种和职务之间的区别，使人产生责任感，对于组织施工生产，改善施工秩序，施工环境也可创造一定的方便条件。

安全色、安全标志、防火和交通标志是清晰、标准化的视觉显示信息，形象直观，使用方便。正确地运用可以引起人们对不安全因素的警惕，增强自我防护意识，可以预防发生事故。例如：需要夜间工作的塔式起重机，应设置正对工作面的投光灯；塔身高于 30m 时，应在塔顶和臂架端部装设防撞红色信号灯。施工现场基坑、沟、槽、井、便桥还应加设通行吨位标志牌等。在易燃易爆、化学危险品库区应设明显的“严禁烟火”标志牌和“禁止吸烟”等警告标志；场区道路应设交通标志牌。对配电箱，开关箱进行检查，维修时，必须将其前一级相应的电源开关分闸断电，并悬挂停电标志牌。在工地入口醒目位置悬挂进入现场必须戴安全帽标志等等。

(7)施工现场管理各项检查结果张榜公布。根据企业管理规定，工地每月都要组织几次施工现场管理综合检查或质量、安全、文明施工，环境卫生等单项检查，每次检查评比结果都要绘成图表张榜公布或在黑板、专栏上公布，有的单位在图表上挂不同色彩的牌、旗，以鼓励先进，曝光落后，并且将现场管理综合检查和进度、质量、安全等专业检查结果与单位和职工个人工资奖金挂钩，奖罚严明，推动文明施工水平向高起点迈进。

(8)信息显示手段科学化。应广泛应用电视机、广播、仪表、信号等现代化传递信息手段，宣传教育动员全体职工做好文明施工的同时，搞好企业职工精神文明建设。

4)推行目视管理应注意的问题

(1)推行目视管理，一定要从施工现场实际情况出发，做深入细致的调查研究，有重点、有计划地逐步展开，不摆花架子，不盲目一轰而上或搞形式主义。

(2)推行目视管理，一定要实行标准化，消除五花八门的杂乱现象。

(3)推行目视管理,一定注意现场各种视觉信息显示手段,要做到形象直观,一目了然;清晰、鲜明、位置适宜,现场人员都能看得见,看得清,要适用,少花钱,多办事,讲究实效。

(4)要严格管理,严格要求。现场所有人员都必须严格遵守和执行有关规定,有错必纠,奖罚合理,坚持兑现。

第二节　施工现场环境保护

一、环境保护的意义

我国《宪法》规定:"国家保护环境和自然资源,防治污染和其他公害"。

《中华人民共和国环境保护法》规定:"积极试验和采用无污染或少污染环境的新工艺、新技术、新产品"。

"加强企业管理,实行文明生产,对于污染环境的废气,废水,废渣,要实行综合利用,化害为利;需要排放的,必须遵守国家规定的标准;一时达不到国家标准的要限期治理;逾期达不到国家标准的,要限制企业的生产规模"。

"一切排烟装置,工业窑炉,机动车辆,船舶等,都要采取有效的消烟除尘措施,有害气体的排放,必须符合国家规定的标准"。

"散发有害气体、粉尘的单位,要积极采用密闭的生产设备和生产工艺,并安装通风、吸尘和净化、回收设施。劳动环境的有害气体和粉尘含量,必须符合国家工业卫生标准的规定"。

上述法律法规的规定充分说明,加强环境保护是国家和政府的要求,是全体人民群众根本利益的要求,是造福子孙后代的一件大事,是国家的基本国策。其意义十分重大。

就施工现场环境保护而言,其意义在于:

1.保护和改善施工环境是保证人们身体健康的需要

工人是施工生产的主力军。防止粉尘、噪声和水源污染,搞好施工环境卫生,改善作业环境,就能保证职工身体健康,积极投入施工生产。如果在隧道施工中,由于开凿炮眼或掘进,满洞的粉尘飞扬,作业人员长期吸入粉尘,则定会产生职业疾病;洞内空气污浊,瓦斯等有毒气体严重超标,则将直接危害人身健康,甚至造成死亡,同时还可能引起瓦斯爆炸;如果作业人员长期连续在强噪声环境中作业,则会损害人的听觉系统,造成暂时性的或持久性的听力损伤(职业性耳聋),严重者,造成脱发、秃顶,甚至神经系统及植物神经系统功能紊乱,肠胃功能紊乱等。因此,搞好环境保护是保障人的身体健康的一项重要任务。

2.保护和改善施工环境是消除外部干扰保证施工顺利进行的需要

这主要是公路工程在施工中,特别是城区或郊区施工中,往往由于施工中的噪声、如打桩,钻孔等产生噪声扰民,而与居民产生矛盾,从而影响施工。

3.保护和改善施工环境是现代化大生产的客观要求

现代化施工广泛应用新设备、新技术、新工艺,对环境质量要求很高,如果粉尘、振动超标就可能损坏设备、影响功能发挥,再好的设备、再先进的技术也难于发挥作用。如现代化搅拌站各种自动化设备、计算机、精密仪器仪表等都对环境质量有很严格的要求。

4.环境保护是国法和政府的要求,是企业行为准则

宪法、环境保护等法规正是国法和政府要求的体现。而企业必须遵守国家法令法规,从事生产施工活动,否则将受到法律的制裁,因此,国法和政府的要求也就是企业行为的准则。

5.环境保护是企业生存发展的重要条件

现在我国基本建设均实施招投标制度。一个企业要生产发展就必须要通过投标并中标而获得任务,而环境保护是对中标有影响的重要因素之一。因为在招标单位组织评标时,将要考虑企业在投标书中所体现的环境保护的水平和能力。

6.施工环境保护是保证施工生产安全的重要条件

前面有关章节对此已有多处说明,在此不再赘述。

二、环境保护的措施

(一)实行环保目标责任制:

实行环保目标责任制是目标管理的具体应用。目标管理的特征主要有:

1.有一套完整的、科学的目标体系。

企业通过制定目标,在企业内(或施工现场内)部建立起一个纵横交错的科学的完整的目标体系,并用目标展开图的形式将其固定下来,因此其管理方法有鲜明的科学性和完整性。

2.重视协商、实行自我控制。目标管理非常重视上下级之间的协商和意见交流,发动全员参与,可以说,没有这种协商和信息交流,也就没有目标管理。

3.强调成果,注重实效。

4.重视职工教育与培训,不断提高职工素质。

实行环保目标责任制就是把分解的指标以责任书的形式层层分解到有关单位和个人,列入岗位责任制中,建立一支懂行善管的环保自我监控体系。

项目经理是环保工作的第一责任人,是施工现场环境保护自我监控体系的领导者和责任者。环保政绩是考核项目经理的一项重要内容。

(二)加强检查和监控工作:

加强对施工现场粉尘、噪声、废气、污水等监测和监控工作。要根据监控结果,进行妥善而有效的处理。应与文明施工现场管理一起检查、考核、奖罚。

(三)保护和改善施工现场环境,要进行综合治理,全员参与。

(四)要有技术措施,严格执行国家的法律、法规。

编制施工组织设计(施工方案)时,必须要有环境保护的技术措施。

(五)采取有效措施,防止污染:

1.施工现场垃圾、渣土应及时清理出现场,并应符合当地有关部门要求,运至规定地点。

2.现场道路应注意防尘,需要时,应有洒水,并应清扫干净。

3.袋装水泥、石灰、粉煤灰等易飞扬的细颗粒散体材料,应库内存放,粉煤灰露天存放时应洒水浸湿,不得出现扬尘现象。运输上述材料时应采用加盖措施,防止沿途遗撒、扬尘。卸运时,应采取措施,尽量减少扬尘。

4.应采取措施,使出场车辆不带泥砂,例如采取在出场口起修一段石子路,定期过筛清理;作一段水沟冲刷车轮;人工拍土、清扫车轮、车帮;挖土装车废弃时不超装;车辆行驶不猛拐、急刹,以防止洒土等。

5.禁止在施工现场焚烧油毡、橡胶、塑料等,以防其产生有毒气体对人员产生不利影响。

6.汽车应作好相关装置,使尾气排放达标。

7.注意做好搅拌站的防尘处治。

8.拆除旧建筑物时,应适当洒水,防止扬尘。

9.防止水源污染。

10.采取防止噪声污染措施。

以上各项,在前面相关的安全规定要求中已有说明,详见其他相关章节。

三、施工现场环境卫生的管理与制度

由于公路工程施工在野外作业,条件差,工作任务繁重。因此,搞好环境卫生就特别重要,同时搞好施工环境卫生也可以说是保障施工生产安全所必备的条件和需要。所以必须高度重视,特别是作为第一责任人的项目经理更应负责组织做好本项工作。

1.环境卫生管理责任区的划分

为了创造舒适的工作环境和为施工安全创造条件,养成良好的文明施工作风,保证职工身体健康,施工区域和生活区域应有明确划分,一般可把施工区和生活区分成若干片,分片包干,建立责任区,从道路交通、消防器材、材料、构件堆放、仓库、加工棚、维修棚、预制场到垃圾、厕所、厨房、宿舍、火炉、吸烟等都有专人负责,做到责任落实到人(名单上墙),使文明施工、环境卫生工作保持经常化、制度化、规范化。

2.环境卫生管理措施与要求

(1)施工现场要天天打扫,保持整洁卫生,场地平整,各类物品堆放整齐,道路平坦并满足施工要求,无堆放物、无散落物,做到无积水、无黑臭、无垃圾,有排水措施。生活垃圾与生产垃圾要分别定点堆放,严禁混放,并应及时清运到规定地点。

(2)施工现场严禁大小便,发现有随地大小便现象要对责任区负责人进行处罚。施工区、生活区有明确划分,设置标志牌,标牌上注明责任人姓名和管理范围。

(3)卫生区的平面图应按比例绘制,并注明责任区编号和负责人姓名。

(4)施工现场零散材料和垃圾,要及时清理,垃圾临时放置不得超过3天,如违反本条规定要处罚工地负责人。

(5)办公室内做到天天打扫,保持整洁卫生,做到窗明地净,文具摆放整齐,达不到要求,对当天值班员罚款。

(6)职工宿舍铺上、铺下做到整洁有序,室内和宿舍四周保持干净,污水和污物、生活垃圾集中堆放,及时外运。发现不符合本条要求,处罚当天卫生值班员。

(7)冬季办公室和职工宿舍取暖炉,必须有验收手续,合格后方可使用。

(8)施工现场的厕所,必须天天清扫,并洒布石灰。

(9)施工现场必须设置保温(冬季)和开水(水杯自备)桶,茶水桶必须有盖并加锁。

(10)施工现场的卫生要定期进行检查,发现问题,应按规章处理,并限期改正。

3.宿舍卫生管理规定

(1)职工宿舍要有卫生管理制度,实行室长负责制,规定一周内每天卫生值日名单并张贴上墙,做到天天有人打扫,保持室内窗明地净,通风良好。

(2)宿舍内各类物品应堆放整齐,不到处乱放,做到整齐美观。

(3)宿舍内保持清洁卫生,清扫出的垃圾倒在指定的垃圾站堆放,并及时清理。

(4)生活废水应有污水池,二楼以上也要有水源及水池,做到卫生区内无污水,无污物,废水不得乱倒乱流。

(5)冬季取暖炉的防煤气中毒设施必须齐全、有效,建立验收合格证制度,经验收合格发证后,方准使用。

(6)未经许可一律禁止使用电炉及其他用电加热器具。

4.办公室的卫生管理规定

(1)办公室的卫生由办公室全体人员轮流值班,负责打扫,排出值班表。

(2)值班人员负责打扫卫生、打水,做好来访记录,整理文具。文具应摆放整齐,做到窗明地净,无蝇、无鼠。

(3)冬季负责取暖炉的看火,落地炉灰及时清扫,炉灰按指定地点堆放,定期清理外运,防止发生火灾。

未经许可一律禁止使用电炉及其他电加热器具。

5.食堂卫生管理规定

根据《食品卫生法》规定,依照食堂规模的大小,入伙人数的多少,应当有相应的食品原料处理、加工、贮存等场所及必要的上、下水等卫生设施。要做到防尘、防蝇,与污染源(污水沟、厕所、垃圾箱等)应保持30m以上的距离。食堂内外每天做到清洗打扫,并保持内外环境的整洁。

1)食品卫生

(1)采购运输

①采购外地食品应向供货单位索取县以上食品卫生监督机构开具的检验合格证或检验单。必要时可请当地食品卫生监督机构进行复验。

②采购食品使用的车辆、容器要清洁卫生,做到生熟分开,防尘、防蝇、防雨、防晒。

③不得采购制售腐败变质、霉变、生虫、有异味或《食品卫生法》规定禁止生产经营的食品。

(2)贮存、保管

①根据《食品卫生法》的规定,食品不得接触有毒物、不洁物。建筑工程使用的防冻盐“亚硝酸钠”等有毒有害物质,各施工单位要设专人专库存放,严禁亚硝酸盐和食盐同仓共贮,要建立健全管理制度。

②贮存食品要隔墙、离地、注意做到通风、防潮、防虫、防鼠。食堂内必须设置合格的密封熟食间,有条件的单位应设冷藏设备。主副食品、原料、半成品、成品要分开存放。

③盛放酱油、盐等副食调料要做到容器物见本色,加盖存放,清洁卫生。

④禁止用铝制品、非食用性塑料制品盛放熟菜。

(3)制售过程的卫生

①制做食品的原料要新鲜卫生,做到不用、不卖腐败变质的食品,各种食品要烧熟煮透,以免食物中毒的发生。

②制售过程及刀、墩、案板、盆、碗及其他盛器、筐、水池子、抹布和冰箱等工具要严格做到消并有序分开,售饭时要用工具销售直接入口食品。

③非经过卫生监督管理部门批准,工地食堂禁止供应生吃凉拌菜,以防肠道传染疾病的发生。剩饭、菜要回锅彻底加热再食用,一旦发现变质,不得食用。

④共用食具要洗净消毒,应有上下水洗手和餐具洗涤设备。

⑤使用的代价券必须每天消毒,防止交叉污染。

⑥盛放丢弃食物的桶(缸)必须有盖,并及时清运。

2)个人卫生

(1)炊管人员操作时必须穿戴好工作服、工作帽,做到“三白”(白衣、白帽、白口罩),并保持清洁整齐,做到文明操作,不赤背,不光脚,禁止随地吐痰。

(2)炊管人员必须做好个人卫生,要坚持做到四勤(勤理发、勤洗澡、勤换衣、勤剪指甲)。

6.炊事人员健康证

为加强建筑工地食堂管理,严防肠道传染病的发生,杜绝食物中毒,把住病从口入关,各单位要加强对民工食堂的治理整顿。凡在岗位上的炊管人员,必须持有所在地区卫生防疫部门办理的健康证和岗位培训合格证,并且每年进行一次体检。凡患有痢疾、肝炎、伤寒、活动性肺结核,渗出性皮肤病以及其他有碍食品卫生的疾病,不得参加接触直接入口食品的制售及食品和器具的洗涤工作。民工炊管人员无健康证的不准上岗,否则予以经济处罚,责令关闭食堂,并追究有关领导的责任。

7.集体食堂发放卫生许可证验收标准

(1)新建、改建、扩建的集体食堂,在选址和设计时应符合卫生要求,远离有毒有害场所,30m内不得有露天坑式厕所、暴露垃圾堆(站)和粪堆畜圈等污染源。

(2)需有与进餐人数相适应的餐厅、制作间和原料库等辅助用房。餐厅和制作间(含库房)、建筑面积比例一般应为1:1.5。其地面和墙裙的建筑材料,要用具有防鼠、防潮和便于洗刷的水泥等。有条件的食堂,制作间灶台及其周围要镶嵌白瓷砖,炉灶应有通风排烟设备。

(3)制作间应分为主食间、副食间、烧火间,有条件的可开设生料间、摘菜间、冷荤间、面点间。做到生与熟,原料与成品、半成品,食品与杂物、毒物(亚硝酸盐、农药、化肥等)严格分开。冷荤间应具备“五专”(专人、专室、专容器用具、专消毒、专冷藏)。

(4)主、副食应分开存放。易腐食品应有冷藏设备(冷藏库或冰箱)。

(5)食品加工机械、用具、炊具、容器应有防蝇、防尘设备。用具、容器和食用苫布(棉被)要有生、熟及反、正面标记,防止食品污染。

(6)采购运输要有专用食品容器及专用车。

(7)食堂应有相应的更衣、消毒、盥洗、采光、照明、通风和防蝇、防尘设备,以及通畅的上下水管道。

(8)餐厅设有洗碗池、残渣桶和洗手设备。

(9)公用餐具应有专用洗刷、消毒和存放设备。

(10)食堂炊管人员(包括合同工、临时工)必须按有关规定进行健康检查和卫生知识培训并取得健康合格证和培训证。

(11)具有健全的卫生管理制度。单位领导要负责食堂管理工作,并将提高食品卫生质量,预防食物中毒,列入岗位责任制的考核评奖条件中。

(12)集体食堂的经常性食品卫生检查工作,各单位要根据《食品卫生法》有关规定和本地颁发的《炊食行业(集体食堂)食品卫生管理标准和要求》及《建筑工地食堂卫生管理标准和要求》进行管理检查。

8.职工饮水卫生规定

施工现场应供应开水,饮水器具要卫生。夏季要确保施工现场的凉开水或清凉饮料供应,暑伏天可增加绿豆汤,防止中暑脱水现象发生。

9.厕所卫生管理

(1)施工现场要按规定设置厕所,厕所的合理设置方案:厕所的设置要离食堂30m以外,屋顶墙壁要严密,门窗齐全有效,便槽内必须铺设瓷砖。厕所要有专人管理,应有化粪池,严禁将粪便直接排入下水道或河流沟渠中,露天粪池必须加盖。

(2)厕所定期清扫制度:厕所设专人天天冲洗打扫,做到无污垢、垃圾及明显臭味,并应有洗手水源,市区工地厕所要有水冲设施保持厕所清洁卫生。

(3)厕所灭蝇蛆措施:厕所按规定采取冲水或加盖措施,定期打药或撒白灰粉,消灭蝇蛆。

总之,公路工程施工现场各有差异,路基工程线长点多,桥梁工程和隧道工程施工则相对集中。在文明施工和环境卫生保护工作中要参考上述有关管理措施与规定要求,结合施工现场的实际情况和安全施工的要求制定出切实可行的文明施工与环境保护的计划、措施与要求。

附录　关于加强公路沿线地质灾害防治工作的紧急通知

交公路发[2003]191号

各省、自治区交通厅，北京、重庆市交通委员会，天津市市政工程局，上海市市政工程管理局，新疆生产建设兵团交通局：

2003年5月11日凌晨1时55分，贵州省三穗县台烈镇宏头村三穗至凯里高速公路正在施工的平溪特大桥3号墩附近发生山体滑坡，滑体总方量约20余万方，其中右侧部分约3万方淹埋了中港第二航务工程局三标段施工项目经理部一栋工棚(17间)及棚内35人。灾害发生后，党中央、国务院领导十分重视，国务院立即派出调查组赶赴现场协助贵州省全力以赴抢救被埋人员，尽一切可能减少伤亡，做好善后工作，查明山体滑坡灾害原因，制定防治措施。在贵州省委、省政府的领导下，经全力抢险救灾，避免了灾害进一步扩大，但被淹埋的35人无一幸存。

这次事故尽管主要是山体滑坡自然灾害造成的，但也给我们增强建设项目安全隐患防范意识敲响了警钟。雨季将至，公路沿线特别是山区地质条件复杂路段极易发生灾害。为认真吸取"贵州省三穗县台烈镇宏头村'5.11'山体滑坡灾害"教训，举一反三做好各方面工作，现将有关事项通知如下：

一、各级交通主管部门要切实加强公路建设安全监督管理，全面落实安全生产责任制，做到常抓不懈，警钟常鸣，坚决杜绝重大灾害、安全、质量事故。各省、自治区、直辖市交通厅(局、委)应组织省交通质量监督站、各项目法人单位立即对在建工程施工现场容易引发地质灾害、高空坠落、坍塌、触电、爆炸等关键部位和施工工序进行重点安全检查，加大对防灾、质量、安全生产的监督力度；加强对农民工的岗前培训和现场技术指导，加强施工机械、设备的维修保养，防止因机械失灵诱发安全事故；及时发现安全生产隐患和薄弱环节，堵塞漏洞，消除事故隐患，将防灾、质量、安全生产管理工作制度化、规范化、标准化。

二、防灾预案是做好地质灾害防治工作的关键环节，各省、自治区、直辖市交通厅(局、委)要密切配合国土资源行政主管部门编制年度公路沿线地质灾害防灾预案，报同级人民政府批准后组织实施。各级交通行政主管部门应根据防灾预案在汛期前组织有关单位对公路沿线地质灾害隐患点进行排查，并做好监测和预警工作，责任到人，发现险情，要及时采取防范措施。

三、加强公路建设前期工作。在自然条件恶劣，地形、地质条件复杂，新构造运动活跃，地震活动频繁地区修建公路，一定要慎之又慎。应采用航测、遥感、地质判释、GPS等综合勘察设计手段，加强基础资料的收集和调查工作；在路线方案比选中要综合考虑生态环境保护、水土保持、地质灾害等影响因素，特别注意设计方案实施的可能性；新建公路工程应避免设计高陡边坡、深挖路堑，路堤高度大於20米应采用高架桥，路堑深度大於30米应采用隧道方案，对岩石破碎、易于发生石块崩落的路段，应及时封闭坡面并设置牢固的坡面防护系统，确保安全。

四、地质灾害危险性评估有助于预防地质灾害。建设、设计、施工及监理等单位必须充分重视评估报告提出的防治建议，在公路基本建设各阶段，采取切实可行的防治地质灾害措施。设计文件上报时应附环境保护、水土保持、地质灾害危险性评估意见；招标文件应明确对环境保护、水土保持、地质灾害危险性评估意见的工程处置措施；工程监理应增加预防地质灾害记录。

五、在自然环境恶劣，地质条件复杂的地区修建公路，项目法人和监理要监督施工单位按照安全生产的有关规定选择临时办公、居住地及设备安置场地，要特别注意避开易于发生崩塌、滑坡、泥石流、岩溶或洞穴坍陷等地质灾害的高陡边坡、不稳定斜坡和沟口低洼处，以避免地质灾害造成人员伤亡和经济财产损失。

六、公路施工过程，将改变岩土体的自然稳定状态，易于诱发崩塌、滑坡等重力地质灾害。各级交通行政主管部门要责成建设或项目法人单位、勘察、设计、施工、监理单位详细查明公路沿线的危岩、不稳定斜坡等地质灾害隐患点，及时制定防治措施，并应加强施工过程中的预加固、截排水等辅助施工措施和监测预警工作。

七、省级公路管理机构，应提前做好公路防汛抢险预案工作和报警制度，对公路沿线排水系统和防护设施欠缺的老路及易发生水毁等自然灾害的路段，要加大汛前检查力度，做好排险加固工作，及早做好抢险机械设备和筑路材料等必要的技术和物资储备；当水毁等自然灾害发生后，公路养护部门应立即组织抢修或修筑临时便道、便桥，尽一切可能确保公路运输安全畅通。

中华人民共和国交通部

二〇〇三年五月二十日

主要参考文献

1 公路工程施工安全技术规程(JTJ 076—95).人民交通出版社,1995

2 杨文渊、徐犇主编.简明公路施工手册.人民交通出版社,1991

3 刘军主编.安全员.中国建筑工业出版社,1999

4 全国建筑施工企业项目经理培训教材编写委员会.施工项目质量与安全管理.中国建筑工业出版社,1995

5 公路环境保护设计规范(JTJ/T 006—98).人民交通出版社,1999

6 职业安全健康管理体系指导意见,国家经贸委职业安全卫生培训中心